U0224865

Word/Excel/PPT
高效办公三合一
应用与技巧大全

视频自学版

恒盛杰资讯　编著

机械工业出版社
China Machine Press

图书在版编目（CIP）数据

Word/Excel/PPT 高效办公三合一应用与技巧大全：视频自学版／恒盛杰资讯编著. —北京：机械工业出版社，2018.5（2019.5 重印）

ISBN 978-7-111-59746-9

Ⅰ．①W… Ⅱ．①恒… Ⅲ．①办公自动化－应用软件 Ⅳ．① TP317.1

中国版本图书馆 CIP 数据核字（2018）第 082652 号

如果您是一位 Office 新手，您是否正在寻找一本内容全面、通俗易懂而又不失专业的 Office 教程？如果您已掌握了一些 Office 基本操作，是否又需要一本包含丰富的行业应用实例范本和 Office 进阶技巧的书呢？……本书系统而全面地介绍了 Office 2013 三大组件 Word、Excel、PowerPoint 的理论知识、操作方法和使用技巧，并配有大量的行业应用实例，让您能够快速、全面地掌握三大组件的操作，是您提高工作效率的得力助手。

全书共 27 章，按照内容的相关性可分为 5 大部分。第 1 部分为基础篇，主要讲解 Office 的操作环境、通用基本操作、文本格式设置、图像的添加与处理等。第 2 部分为 Word 篇，主要讲解项目符号与编号、文档页面格式整理、表格和图表、长文档处理、文档检查与审阅等。第 3 部分为 Excel 篇，主要讲解工作表与单元格的基本操作，数据的输入，数字格式与表格格式设置，公式与函数的应用，数据的排序、筛选与分类整理，数据透视表与透视图的应用，数据关系的可视化分析，高级数据分析工具的应用。第 4 部分为 PowerPoint 篇，主要讲解幻灯片内容的添加与管理、幻灯片动画和交互设计、演示文稿的放映控制与打包发布等。第 5 部分为协作篇，主要讲解 Word、Excel、PowerPoint 三大组件之间的协作。

本书内容涵盖全面，讲解深入浅出，实例针对性和适用性强，适合不同行业、不同职位、不同级别的读者学习和提升 Office 应用技能。

Word / Excel / PPT 高效办公三合一应用与技巧大全（视频自学版）

出版发行：机械工业出版社（北京市西城区百万庄大街 22 号　邮政编码：100037）	
责任编辑：杨　倩	责任校对：庄　瑜
印　　刷：北京天颖印刷有限公司	版　　次：2019 年 5 月第 1 版第 2 次印刷
开　　本：185mm×260mm　1/16	印　　张：28
书　　号：ISBN 978-7-111-59746-9	定　　价：79.80 元

凡购本书，如有缺页、倒页、脱页，由本社发行部调换

客服热线：（010）88379426　88361066　　　　投稿热线：（010）88379604
购书热线：（010）68326294　88379649　68995259　读者信箱：hzit@hzbook.com

Preface 前言

熟练使用微软Office软件套装已成为职场人士必备的职业素养。本书以Office 2013为软件平台，着眼于"应用""技巧""大全"这三个词编写，让您一书在手、办公不愁。

★内容结构

全书共27章，按照内容的相关性可分为5大部分。第1部分为基础篇，包括第1～4章，主要讲解Office的操作环境、通用基本操作、文本格式设置、图像的添加与处理等。第2部分为Word篇，包括第5～9章，主要讲解项目符号与编号、文档页面格式整理、表格和图表、长文档处理、文档检查与审阅等。第3部分为Excel篇，包括第10～20章，主要讲解工作表与单元格的基本操作，数据的输入，数字格式与表格格式设置，公式与函数的应用，数据的排序、筛选与分类整理，数据透视表与透视图的应用，数据关系的可视化分析，高级数据分析工具的应用。第4部分为PowerPoint篇，包括第21～26章，主要讲解幻灯片内容的添加与管理、幻灯片动画和交互设计、演示文稿的放映控制与打包发布等。第5部分为协作篇，包括第27章，主要讲解Word、Excel、PowerPoint三大组件之间的协作。

★编写特色

●本书的"大全"体现在三个方面：一是Office的理论知识全面；二是Office的使用技巧全面；三是实例涉及的行业全面。

●本书的"应用"体现在每个实例都来自各行各业的工作实践，具备较强的实用性和典型性。读者可以从这些实例出发，举一反三、触类旁通，灵活应对其他类似的工作任务。

●本书的"技巧"体现在配备了丰富的技巧点拨，帮助读者掌握更多提高工作效率的窍门。

●书中的大部分技能点和实例都支持"扫码看视频"的学习方式。使用手机微信或其他二维码识别App扫描相应内容旁边的二维码，即可直接在线观看高清学习视频，自学更加方便。

★改版说明

本书自2016年8月首次面市后，收获了诸多好评。本次改版进行了内容修订，增加了手机扫描二维码在线观看学习视频的功能，内容更加紧凑、实用，学习方式更加方便、灵活，希望能够更好地满足广大读者的学习需求。

★读者对象

本书除适合Office新手进行入门学习外，还适合有一定基础的读者学习和掌握更多的实用技能，也可作为大专院校或社会培训机构的教材。

由于编者水平有限，在编写本书的过程中难免有不足之处，恳请广大读者指正批评，除了扫描二维码关注订阅号获取资讯以外，也可加入QQ群227463225与我们交流。

编者

2018年4月

如何获取云空间资料

步骤❶ 扫描关注微信公众号

在手机微信的"发现"页面中点击"扫一扫"功能，如右一图所示，进入"二维码/条码"界面，将手机对准右二图中的二维码，扫描识别后进入"详细资料"页面，点击"关注"按钮，关注我们的微信公众号。

步骤❷ 获取资料下载地址和密码

点击公众号主页面左下角的小键盘图标，进入输入状态，在输入框中输入本书书号的后6位数字"597469"，点击"发送"按钮，即可获取本书云空间资料的下载地址和访问密码。

步骤❸ 打开资料下载页面

方法1：在计算机的网页浏览器地址栏中输入获取的下载地址（输入时注意区分大小写），如右图所示，按Enter键即可打开资料下载页面。

方法2：在计算机的网页浏览器地址栏中输入"wx.qq.com"，按Enter键后打开微信网页版的登录界面。按照登录界面的操作提示，使用手机微信的"扫一扫"功能扫描登录界面中的二维码，然后在手机微信中点击"登录"按钮，浏览器中将自动登录微信网页版。在微信网页版中单击左上角的"阅读"按钮，如右图所示，然后在下方的消息列表中找到并单击刚才公众号发送的消息，在右侧便可看到下载地址和相应密码。将下载地址复制、粘贴到网页浏览器的地址栏中，按Enter键即可打开资料下载页面。

步骤❹ 输入密码并下载资料

在资料下载页面的"请输入提取密码"下方的文本框中输入步骤2中获取的访问密码（输入时注意区分大小写），再单击"提取文件"按钮。在新页面中单击打开资料文件夹，在要下载的文件名后单击"下载"按钮，即可将其下载到计算机中。如果页面中提示选择"高速下载"还是"普通下载"，请选择"普通下载"。下载的资料如为压缩包，可使用7-Zip、WinRAR等软件解压。

> **提示** 读者在下载和使用云空间资料的过程中如果遇到自己解决不了的问题，请加入QQ群227463225，下载群文件中的详细说明，或找群管理员提供帮助。

Contents 目录

第3章　Office文本格式的设置

第4章　图形和图像的添加与处理

第5章　使用项目符号与编号整理文档

第6章　文档页面格式的整理

第7章　使用表格和图表简化数据

第8章　长文档的处理

第9章 检查与审阅文档

第10章　Excel工作表与单元格的基本操作

第11章　数据的快速、有效输入

第12章 数字格式与表格格式的设置

第13章 数据的轻松计算

第14章 各类常用函数的应用

第15章　数据的排序、筛选与分类整理

第16章　使用数据透视表灵活整理大型数据

第17章　单元格内数据关系的图形化分析

第18章 使用图表直观展示数据关系

第19章　模拟运算表和方案管理器的使用

第20章　规划求解与数据分析工具的使用

第21章　幻灯片中静态内容的添加与管理

第22章　幻灯片内动态音像的添加与管理

第23章　使用动画让静态幻灯片动起来

第24章　交互式演示文稿的创建

第25章　演示文稿的放映设置

第26章 演示文稿的打包与发布

第27章 三大组件融会大贯通

第1章 Office 2013 简介

Office 2013 是微软公司推出的新一代办公软件，它提供了灵活而强大的新功能，可以让用户更好地完成工作。在使用 Office 2013 时，要了解 Office 2013 与以前版本的 Office 软件相比，有哪些新功能和优点，Office 软件的安装与启动，Office 2013 的默认操作环境，以及个性化操作环境的定制。

1.1 Office的安装与启动

了解了Office 2013的功能和优点，只能说用户对Office 2013的用处有了基本认识，若要使用Office 2013办公软件中的各项组件来处理工作，还需要将该软件安装到计算机中，并掌握Office 2013各组件的启用方法。

1.1.1 Office的安装

在安装Office 2013时，为避免程序出现运行速度慢、卡顿的问题，系统的配置至少要达到以下要求。

- ◆ CPU：主频至少为1.0 MHz的Intel或AMD系列CPU。
- ◆ 内存：1 GB RAM（32位），2 GB RAM（64位）。
- ◆ 硬盘：至少3 GB的可使用空间。
- ◆ 显卡：64 MB显存，并且支持DirectX 9.0。
- ◆ 光驱：DVD-ROM。

双击Office安装程序，经过短时间等候，在弹出软件许可证条款后，勾选"我接受此协议的条款"，单击"继续"按钮，如图1-1所示。

进入"选择所需的安装"页面，选择需要的安装类型，如单击"自定义"按钮，如图1-2所示。

图1-1　接受协议条款

图1-2　选择所需的安装类型

在"安装选项"选项卡下，选择所需的组件，一般选择常用的组件即可，如图1-3所示。

步骤 04
切换至"文件位置"选项卡，选择文件安装位置，注意安装文件的目标磁盘空间必须满足程序安装的基本要求，如图1-4所示。

图1-3　选择需要的组件

图1-4　选择安装位置

步骤 05
切换至"用户信息"选项卡，填写全名、缩写和公司/组织，单击"立即安装"按钮，如图1-5所示。

步骤 06
用户只需耐心等待，即可完成Office 2013的安装，安装完毕后，关闭对话框即可，如图1-6所示。

图1-5　键入用户信息并立即安装

图1-6　关闭对话框

1.1.2　Office的启动

安装Office 2013组件后，用户若要使用Office 2013组件来撰写和处理工作文件，可以采用以下任意一种方式来启动相应程序。

◆ 快捷方式图标启动：当桌面存在Office各组件的快捷方式图标时，可直接在桌面双击Office组件快捷方式图标启动相应的Office组件。

◆ 快速启动栏按钮启动：当在快速启动栏中存在各组件的快捷方式按钮时，可以直接单击要启动的Office组件按钮启动相应的Office组件。

◆ 在磁贴中启动：在Win8系统的磁贴中，单击需要打开的软件图标即可，如图1-7所示。

◆ 通过现有文件启动：如果要用Office组件编辑某个文件，可以双击该文件，自动以该文件对应的Office组件启动。

图1-7　通过磁贴启动Office组件

1.2 认识Office默认的工作界面

启动Office 2013组件后，想要熟练地使用Office组件处理工作，还需对Office组件默认的工作界面有一定的认识，掌握Office各组件工作界面的构成情况及各命令的分布情况。Office各组件的工作界面相似，均由窗口控制菜单图标、快速访问工具栏、标题栏、窗口控制按钮、功能区标签、功能区、编辑区、滚动条、视图按钮、显示比例、状态栏等元素组成，各元素的位置分布如图1-8所示，且各元素的名称和功能见表1-1。

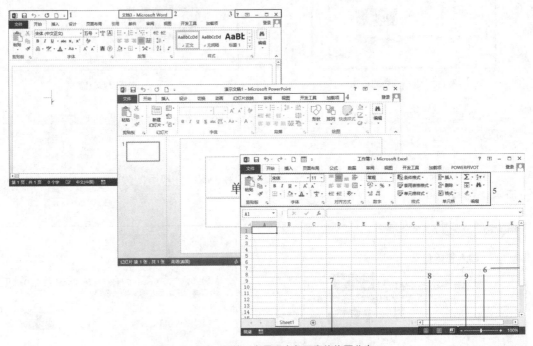

图1-8　Office组件工作界面中各元素的位置分布

表1-1　Office组件工作界面中相同元素的名称及功能

序号	名称	功能
1	快速访问工具栏	用于存放工作中最常用的按钮，如撤销、保存等，用户可根据需要将常用命令添加到该工具栏中
2	标题栏	用于显示当前工作簿或文档的名称
3	窗口控制按钮	最大化、最小化以及关闭窗口的控制按钮
4	选项卡标签	显示各个选项卡名称
5	功能区	显示不同选项卡下的各种命令
6	滚动条	分纵向和横向的滚动条，当内容多于一页文档时可上下或左右滚动查看所有文档内容
7	状态栏	显示当前文档的状态信息
8	视图按钮	可切换到三种不同的视图下浏览文档
9	显示比例	通过拖动中间的缩放滑块可更改当前文档的显示比例

Office各组件的默认工作界面除了相同的元素外，还拥有各自特有的组成元素，各组件特有元素的名称及功能见表1-2。

表1-2 Office各组件特有元素的名称及功能

组件	名称	功能
Word	标尺	用于手动调整页面边距或表格列宽等
	文档编辑区	供用户在其中输入、编辑文档内容
Excel	名称框	显示当前正在操作的单元格或单元格区域名称或者引用
	编辑栏	用于编辑当前单元格中的数据、公式等
	列标和行号	用于标示单元格的位置，即所在行列位置
	工作表标签	用于识别工作表的名称，当前的活动工作表标签显示为背景色
	表格编辑区	由单元格组成，用于存放用户输入的数据、文本
PowerPoint	幻灯片缩略图窗格	在"普通"视图下，用于显示演示文稿中每张幻灯片的缩略图；在"大纲"视图下，用于显示每张幻灯片的标题文本
	备注窗格	用于为当前幻灯片添加备注文本
	使幻灯片适应当前窗口	用于快速调整幻灯片窗格的大小，使其与当前PowerPoint窗口相适应

1.3 定制个性化的工作界面

Office 2013组件的默认工作界面能满足大多数用户的需求，但也有个别特殊情况。而这些个别用户可以根据自己的习惯重新定制，使工作界面更符合自己的个性要求。在Office 2013组件中定制个性化的工作界面方法很简单，大家一起来试试吧。

1.3.1 轻松更换工作界面颜色

Office 2013组件的默认工作界面颜色为白色，若想轻松地将工作界面换成其他颜色，可以使用Office提供的主题来更改。Office组件为用户提供了"白色""浅灰色""深灰色"三种配色方案，用户选择所需配色方案即可更换工作界面颜色。例如，若要将Word 2013组件的工作界面颜色更改为"浅灰色"，可以在启动Word 2013组件后，单击"文件"按钮，在弹出的菜单中单击"选项"命令，弹出"Word 选项"对话框，在"常规"选项卡的"Office主题"下拉列表中选择"浅灰色"选项，如图1-9所示，单击"确定"按钮即可。

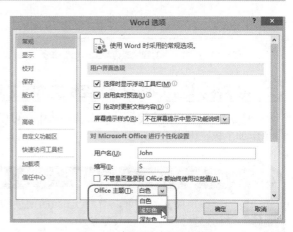

图1-9 轻松更换工作界面颜色

1.3.2 将常用按钮添加至快速访问工具栏

Office 2013组件提供了一个快速访问工具栏区域，该区域用于存放用户常用的一些命令按钮，默认存放的常用命令按钮有保存、撤销和恢复。在使用时，用户只需单击要使用的命令按钮即可，省去了翻查选项卡的时间。在Office组件中将常用命令按钮添加到快速访问工具栏有两种方法；一是将功能区中的命令按钮添加至快速访问工具栏，二是将不在功能区中的命令按钮添加到快速访问工具栏中。

1 将功能区中的按钮添加至快速访问工具栏

如果用户要经常使用某个选项卡下的命令，每次使用都需切换至对应选项卡，很麻烦。若想省去切换选项卡的操作，用户可以将功能区的常用命令直接添加至快速访问工具栏中。

1-1 将"新建批注"命令按钮添加至快速访问工具栏

在审阅文档时，如果用户要反复使用"新建批注"按钮，可以将该按钮添加至快速访问工具栏。

 扫码看视频
 原始文件 无
 最终文件 无

步骤 01 在Word 2013窗口中，切换至"审阅"选项卡，右击"新建批注"按钮，在弹出的快捷菜单中单击"添加到快速访问工具栏"命令，如图1-10所示。

步骤 02 此时所选命令按钮自动添加至快速访问工具栏中，若要使用，只需在快速访问工具栏中单击该命令按钮即可，如图1-11所示。

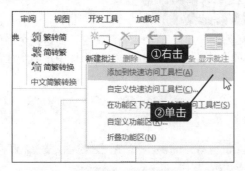

图1-10 单击"添加到快速访问工具栏"命令

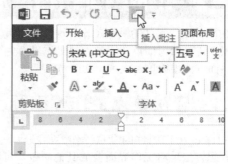

图1-11 添加的常用命令按钮

2 将不在功能区的按钮添加至快速访问工具栏

如果用户要使用的命令按钮不在功能区中，可以使用自定义快速访问工具栏功能，将不在功能区的命令添加至快速访问工具栏。

1-2 将"朗读"命令按钮添加至快速访问工具栏

在审阅文档时可以借助Office的朗读功能，要使用朗读功能，需要首先将其添加至快速访问工具栏中，以便反复使用。

 扫码看视频
 原始文件 无
 最终文件 无

步骤 01 在Word 2013窗口中，在快捷访问工具栏中单击"自定义快速访问工具栏"按钮，在展开的下拉列表中单击"其他命令"选项，如图1-12所示。

步骤 02　弹出"Word选项"对话框，在"快速访问工具栏"选项面板中，单击"从下列位置选择命令"右侧下三角按钮，在展开的下拉列表中单击"不在功能区中的命令"选项，如图1-13所示。

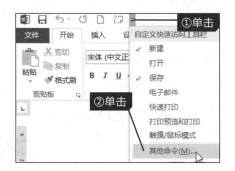

图1-12　单击"其他命令"选项

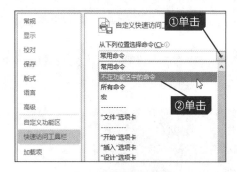

图1-13　选择命令项

步骤 03　在其下的列表中选择"朗读"选项，单击"添加"按钮，如图1-14所示，即可将所选命令添加至"自定义快速访问工具栏"列表框中。

步骤 04　单击"确定"按钮，返回文档中，可以看到在快速访问工具栏中添加了"朗读"按钮，如图1-15所示。

图1-14　选择命令添加

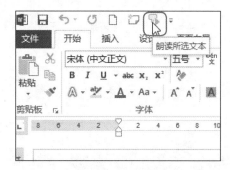

图1-15　添加到快速访问工具栏的按钮

1.3.3　定制个性化的功能区

在Office 2013组件工作界面中，用户除了使用系统默认功能区选项卡快速选择命令外，还可以根据需要建立功能区选项卡，在其中放置一些常用的、默认工作界面中没有的命令按钮，定制符合自己需求的个性化的功能区。

1-3　创建一个数字计算选项卡

如果用户希望在文档中对两个或多个数值进行计算，可以定制一个"计算"选项卡，将"计算"命令添加至该选项卡的命令组中，以便选择使用。

　原始文件　无

　最终文件　无

扫码看视频

步骤 01 启动Word 2013，单击"文件"按钮，在弹出的菜单中单击"选项"命令，如图1-16所示。

步骤 02 弹出"Word选项"对话框，单击"自定义功能区"命令，如图1-17所示。

步骤 03 在"自定义功能区"列表框中选择新建选项卡的位置，单击"新建选项卡"按钮，如图1-18所示。

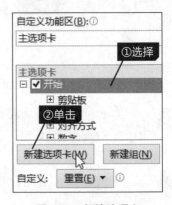

图1-16　单击"选项"命令　　　图1-17　单击"自定义功能区"命令　　　图1-18　新建选项卡

步骤 04 在列表框中选择新建的选项卡，单击"重命名"按钮，如图1-19所示。

步骤 05 弹出"重命名"对话框，在"显示名称"文本框中输入新选项卡的名称"计算"，单击"确定"按钮，如图1-20所示。

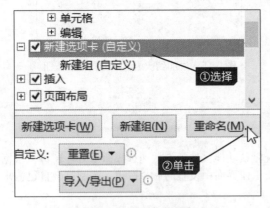

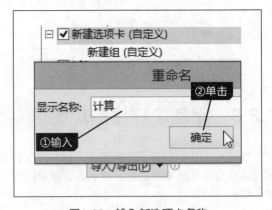

图1-19　重命名选项卡　　　　　　　图1-20　输入新选项卡名称

步骤 06 用相同的方法将"新建组"重命名为"计算"，然后将关于计算的命令，如"求和""工具计算"命令添加至新建组中，单击"确定"按钮，如图1-21所示。

步骤 07 返回Word文档，可以看到功能区中新增了"计算"选项卡，并在其中的"计算"组中显示了新建的命令按钮，如图1-22所示。

图1-21　添加命令

图1-22　自定义的个性化功能区

技巧 1-1　快速将自定义的工作界面移植到其他计算机中使用

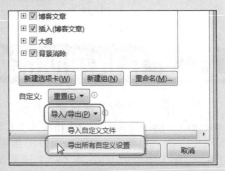

当用户希望将在当前计算机内设置的Office组件的个性化工作界面移植到其他计算机中使用时，可以在"组件选项"对话框的"自定义"功能选项面板中单击"导入/导出"按钮，在展开的下拉列表中单击"导出所有自定义设置"选项来实现。例如，将Word 组件中定制的个性化功能区移植到其他计算机时，可以在Word 2013组件的"Word选项"对话框中单击"导入/导出"按钮，然后单击"导出所有自定义设置"选项，如图1-23所示，将当前自定义设置导出成Office UI文件，然后将该文件复制到目标计算机中，单击"导入/导出"按钮，在展开的下拉列表中单击"导入自定义文件"选项，将该文件导入到Word 2013中即可完成自定义工作界面的移植。

图1-23　快速将自定义的工作界面移植到
其他计算机中使用

1.3.4　轻松控制最近使用的文档记录数目

在Office 2013组件中提供了"最近所用文件"命令，在该选项面板中默认记录了Office组件最近使用的25个文件的路径和文件名，方便用户快速访问已经浏览过的文档。而这个默认记录数目是可以根据实际需要进行更改的。例如，要让Word 2013组件仅记录最近使用的10个文档路径和文件名，可以单击"文件"按钮，在弹出的菜单中单击"选项"命令，弹出"Word选项"对话框，在"高级"选项面板的"显示"选项组中的"显示此数目的'最近使用的文档'"的文本框中输入文档记录数目，如"10"，单击"确定"按钮，如图1-24所示，即可轻松控制最近使用的文档记录数目。

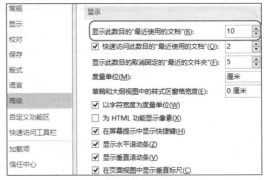

图1-24　轻松控制最近使用的文档
记录数目

技巧 1-2 在"文件"菜单中显示最近使用的文档

在Office组件中用户不仅可以在"最近所用文件"选项面板中查看最近使用的文档，也可以将指定数目的最近使用文档添加至"文件"菜单中，方便直接使用。在添加时，用户只需在"高级"选项卡中的"显示"组中勾选"快速访问此数目的'最近使用的文档'"复选框，并在其后的文本框中输入待显示的数目即可。例如，要在Word 2013组件的"文件"菜单中显示2个数目的最近使用文档，可以在"Word选项"对话框中切换到"高级"选项卡，然后在"显示"组中勾选"快速访问此数目的'最近使用的文档'"复选框，在其后的文本框中输入"2"即可，如图1-25所示。此时在"文件"菜单中将显示最近使用的两个文档名。

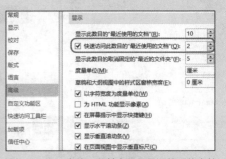

图1-25 在"文件"菜单中显示最近使用的文档

1.4 获取帮助信息

使用Office组件处理日常工作时，往往会遇到一些有关Office组件的问题，此时可以借助Office组件提供的帮助文件来轻松解决。想要获取Office组件的帮助信息，用户可以启动Office 2013的任一组件，按【F1】键或单击"帮助"按钮，打开帮助窗口，在"搜索"框中输入搜索关键词，然后单击"搜索"按钮，如图1-26所示，即可在窗口中显示搜索结果，用户只需选择要查看的链接即可。

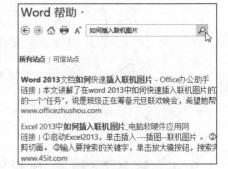

图1-26 获取帮助信息

读书笔记

第2章 Office 的基础操作

Office 文件是特指使用 Microsoft Office 办公软件系列编辑制作的以 .doc（docx）、.xls（xlsx）、.ppt（pptx）等为扩展名的文件。想要快速制作所需的办公文件，可以使用 Microsoft Office 办公软件来创建、保存、打开、编辑、保护和打印等。

2.1 Office文件的创建

想要编辑一份Office文件，首先得掌握使用Microsoft Office创建Office文件的方法，常见的Office文件的创建方法有创建空白的Office文件、根据模板创建Office文件、将现有文件插入到Office文件中等几种。

2.1.1 创建空白的Office文件

一个空白的Office文件可以由用户根据实际需要在其中录入内容、设计页面布局格式等，从而得到用户实际所需的Office文件。一般用户在启动Microsoft Office任意组件时，会自动新建一个空白Office文件。若要在启动Office组件后新建一个空白文件，只需在"新建"选项面板内选择"空白文档"模板来创建即可。

2-1 创建一个空白的Word文档

若要使用Word组件编写办公制度，需先创建一个空白的Word文档。用户可以在Word 2013组件的"新建"选项面板中选择"空白文档"模板来创建。

 原始文件 无

 最终文件 无

 扫码看视频

步骤 01 启动Word 2013，在"可用模板"列表框中单击"空白文档"图标，如图2-1所示。

步骤 02 此时会自动新建一个空白Word文档，并以"文档+数字"形式命名，如图2-2所示。

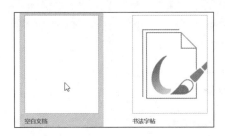

图2-1 单击"空白文档"图标

图2-2 创建的空白文档

31

2.1.2 根据模板创建Office文件

为了帮助用户快速建立所需格式的文件，Office提供了一些预先设计好的模板，如简历、求职信、传单、报告等，用户可以在这些模板中选择一种适合自己实际需要的格式轻松创建与模板页面格式、内容分布相同的Office文件。

 2-2 根据内置模板创建一份简历

简历是对个人学历、经历、特长、爱好及其他有关情况所作的简明扼要的书面介绍。若要使用Word 2013创建一份关于个人简介的简历文档，可以直接在Word 2013中通过简历模板来创建。

 扫码看视频

 原始文件 无

 最终文件 下载资源\实例文件\第2章\原始文件\个人简历.docx

步骤 01 在Word 2013窗口中，单击"文件"按钮，在弹出的菜单中单击"新建"命令，在"可用模板"列表框中单击"基本简历"图标，如图2-3所示。

步骤 02 弹出"基本简历"模板的简单样式及相关介绍，单击"创建"按钮，如图2-4所示。

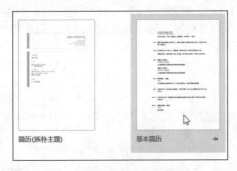

图2-3 单击"基本简历"图标

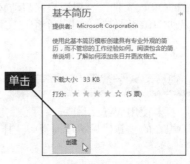

图2-4 单击"创建"按钮

步骤 03 当模板下载完成后，将在新的文档中新建一个基于"基本简历"的文档，如图2-5所示。

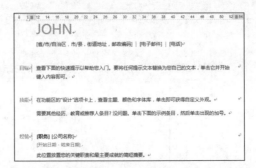

图2-5 根据模板创建的文档

技巧 根据联机模板创建Office文件

2-1

　　如果Office的样本模板不能满足用户的需求，用户可以将计算机接入互联网，在"搜索"文本框中输入需要的模板关键字，然后在搜索结果中选择合适的模板，如图2-6所示，将其下载到当前计算机中，即可快速根据模板创建Office文档。

图2-6　根据联机模板创建Office文件

技巧 根据个人模板创建Office文件

2-2

　　用户可以将一些常用格式的Office文件保存为模板，当需要创建相同格式的文件时，可以直接在"新建"选项面板的"个人"列表框中选择自己保存的模板来快速创建文件，如图2-7所示。

图2-7　根据个人模板创建Office文件

2.1.3　将现有文件插入到Office文件中

　　除了根据模板创建Office文件外，用户还可以通过对象功能将现有的Office文件插入要创建的Office文件中，从而提高工作效率和准确率。

2-3 将3月份工资表插入到Word文档中

　　工资表中要处理的数据较多，通常都是使用Excel来制作。如果上司要求使用Word文档格式递交工资表，则可将用Excel制作好的工资表插入Word文档中。

 原始文件　下载资源\实例文件\第2章\原始文件\3月工资表.xlsx

 最终文件　下载资源\实例文件\第2章\最终文件\3月工资表.docx

扫码看视频

步骤 01　启动Word 2013组件，切换到"插入"选项卡，在"文本"组中单击"对象"按钮，如图2-8所示。

步骤 02　弹出"对象"对话框，切换到"由文件创建"选项卡，单击"浏览"按钮，选择"3月工资表.xlsx"，单击"插入"按钮，如图2-9所示。

图2-8 单击"对象"按钮

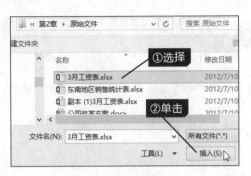

图2-9 选择所需现有文件

步骤 03 插入文件之后，可以在"文件名"文本框中看到文件的路径。单击"确定"按钮，如图2-10所示。

步骤 04 此时在Word中插入了一个和Excel中数据完全一样的表格，如图2-11所示，双击插入的数据，可以对其进行修改。

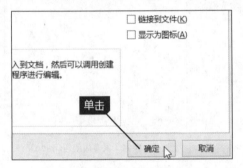

图2-10 单击"确定"按钮

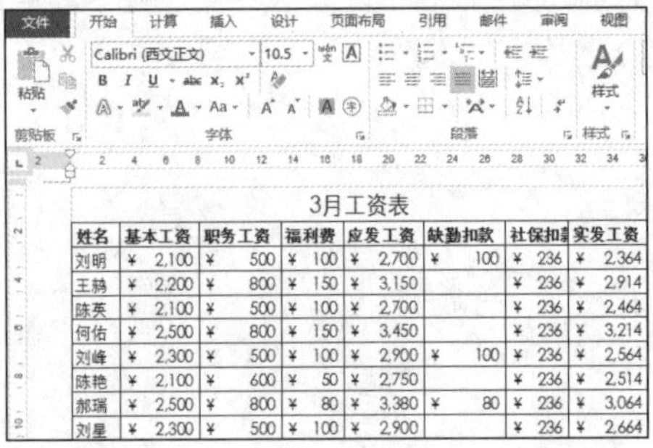

图2-11 根据现有文件插入的文件

2.2 Office文件的保存

创建的Office文件仅仅为用户编写文件内容提供了编写区域，当用户想将编写的文件内容保留下来，则需对Office文件进行保存。保存Office文件有两种形式：一是直接保存，首次保存或直接以覆盖的形式保存时会用到；二是以备份方式保存。

2.2.1 文件的直接保存

想要将Office软件中编写的内容保留下来，需将正在编辑的Office文件以特定的名称保存在指定的磁盘空间中，可以使用Office软件提供的保存功能来实现。

2-4 保存新建的文件

一般在新建文件后，用户应先执行保存操作，为当前文件指定文件名和文件保存位置，方便日后查看。

原始文件 无

最终文件 下载资源\实例文件\第2章\最终文件\销售报表.docx

扫码看视频

步骤 01　启动Word 2013，并根据样本模板中的"报表设计"新建Word文档，若要保存该文档，单击"文件"按钮，在弹出的菜单中单击"保存"命令，如图2-12所示。

步骤 02　首次保存将自动转到"另存为"选项面板，单击"浏览"按钮，根据需要选择当前文件需要保存到的目标文件夹，如图2-13所示。

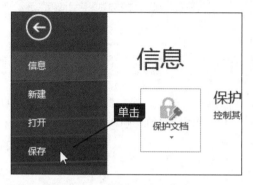

图2-12　单击"保存"命令

图2-13　选择文件保存的目标文件夹

提示　在首次保存文件时，用户还可以单击快速访问工具栏中的"保存"按钮，或按【Ctrl+S】组合键调出"另存为"对话框，设置文件保存的名称、类型及保存位置。

步骤 03　在"文件名"文本框中输入文件名称，如"销售报表"，在"保存类型"下拉列表中选择文件保存的类型，单击"保存"按钮，如图2-14所示。

步骤 04　此时当前文档被重命名为"销售报表"，如图2-15所示，说明文档已按指定的名称保存至指定的磁盘位置了。

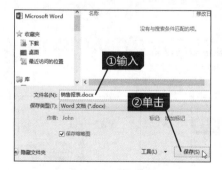

图2-14　设置文件保存名称及类型

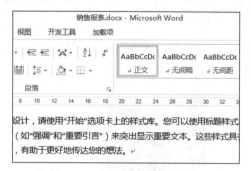

图2-15　保存后的文件

技巧 2-3 更改文件自动保存时间和路径

Office 2013软件为用户提供了自动保存功能，可以定时将当前编辑的文件保存到默认文件位置，避免在断电等突发情况时未能及时保存文件而导致文件丢失。单击"文件"按钮，在弹出的菜单中单击"选项"命令，在弹出的"Word 选项"对话框的"保存"选项卡的"保存文档"选项组中设置保存自动恢复信息时间间隔、自动恢复文件位置、默认文件位置等信息，如图2-16所示，单击"确定"按钮后即可轻松更改文件自动保存时间和路径。

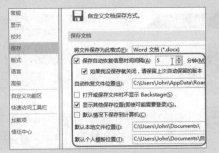

图2-16 更改文件自动保存时间和路径

2.2.2 以备份形式保存

如果用户希望将当前编辑的文件以备份形式保存至其他位置，使用"保存"命令是不能实现的，此时需使用"另存为"命令调出"另存为"对话框，设置待备份文件的名称和保存位置。

示例 2-5 将备份文件保存至其他路径

假设用户希望在使用Excel 2013编辑3月工资表时，将其备份至其他文件夹中，则可以使用"另存为"命令调出"另存为"对话框来设置。

扫码看视频

原始文件 下载资源\实例文件\第2章\原始文件\3月工资表.xlsx

最终文件 下载资源\实例文件\第2章\最终文件\3月工资表.xlsx

步骤 01 打开下载资源\实例文件\第2章\原始文件\3月工资表.xlsx，单击"文件"按钮，在弹出的菜单中单击"另存为"命令，如图2-17所示。

步骤 02 弹出"另存为"对话框，选择保存文件的目标文件夹，并根据需要输入文件名，如图2-18所示。

步骤 03 单击"保存"按钮，打开目标文件夹，可以在其中看到以备份方式保存的文件，如图2-19所示。

图2-17 单击"另存为"命令

图2-18 选择目标文件夹

图2-19 备份的文件

技巧 2.4　将文件中的图片压缩后再保存

一般包含图片的Office文件都会占用较大的磁盘空间，若想减小Office文件的大小，可以将图片压缩后再保存。比如在Word中，我们需要将文档中的图片进行压缩，可以选中图片，切换到"图片工具-格式"选项卡，在"调整"组中单击"压缩图片"选项，然后在弹出的"压缩图片"对话框中勾选"删除图片的裁剪区域"复选框，在"目标输出"组中选择"打印（220 ppi）"选项，然后单击"确定"按钮即可，如图2-20所示。

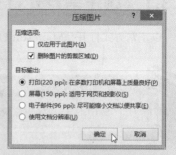

图2-20　将文件中的图片压缩后再保存

三、组件应用分析　共性

PowerPoint、Excel与Word三个组件的首次保存与以备份方式保存文件的方法相同，都是调用"另存为"对话框为文件指定路径和文件名。如图2-21所示为Word组件的"另存为"对话框，图2-22所示为PowerPoint组件的"另存为"对话框。

图2-21　Word组件的"另存为"对话框

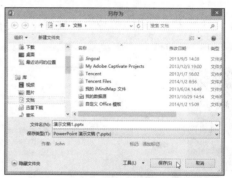

图2-22　PowerPoint组件的"另存为"对话框

2.3　Office文件的打开

如果用户希望对计算机中存放的Office文件进行编辑或处理，首先需要打开这些待处理的Office文件。打开Office文件的方式很多，如直接以正常方式打开、以只读方式打开、以副本方式打开或以打开并修复方式打开，采用不同的打开方式可以实现不同的打开效果，如图2-23所示。

◆ 打开：以默认方式直接打开Office文件。

◆ 以只读方式打开：使用该方式打开的Office文件用户只能阅读，不能修改，并在标题栏中显示"只读"字样。

◆ 以副本方式打开：使用该方式将自动以指定Office文件为样本创建一个副本文件，让用户在编辑文件内容时不影响原文件的内容。

◆ 打开并修复：使用该方式可以在打开已损坏的文件时，对该文件进行适当的修复操作。

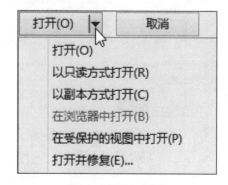

图2-23　打开方式选项

2.3.1 以正常方式打开

以正常方式打开是Microsoft Office软件默认的打开方式，使用它可以快速打开指定的Office文件。

  2-6 以正常方式打开3月工资表

当用户希望对计算机中存放的"3月工资表"进行编辑时，就可以采用"以正常方式"来打开该文件。

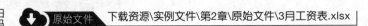 原始文件　下载资源\实例文件\第2章\原始文件\3月工资表.xlsx

 最终文件　无

步骤01 在打开的Excel窗口中，单击"文件"按钮，在弹出的菜单中单击"打开"命令，然后执行"计算机>浏览"命令，如图2-24所示。

步骤02 弹出"打开"对话框，选择待打开文件的保存文件夹，并选择待打开的文件，如图2-25所示。

图2-24　单击"打开"命令

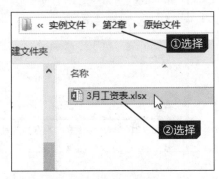

图2-25　选择要打开的文件

步骤03 选择待打开的文件后，单击"打开"按钮，如图2-26所示。

步骤04 此时所选文件以正常方式打开了，如图2-27所示。

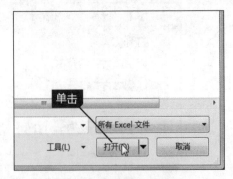

图2-26　单击"打开"按钮

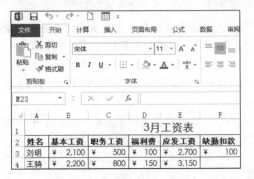

图2-27　以正常方式打开的文件

2.3.2 以副本方式打开

若希望对Office文件的编辑不影响现有的Office文件，可以将Office文件以副本方式打开，直接对副本文件进行编辑即可。

示例 2-7 以副本方式打开3月工资表

若要对3月工资表内的数据进行修改，从而得到4月工资表，用户可以直接使用“以副本方式”打开文件，轻松建立副本来编辑。

原始文件 下载资源\实例文件\第2章\原始文件\3月工资表.xlsx

最终文件 下载资源\实例文件\第2章\最终文件\副本 (1)3月工资表.xlsx

扫码看视频

步骤01 在Excel工作簿中，调出“打开”对话框，选择待打开的文件，如图2-28所示。

步骤02 单击“打开”右侧的下三角按钮，在展开的下拉列表中单击“以副本方式打开”选项，如图2-29所示。

步骤03 此时以副本形式打开选定的文件，并在标题栏中显示“副本(1)”字样，如图2-30所示。

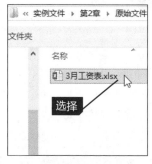

图2-28 选择待打开的文件

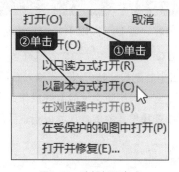

图2-29 选择打开方式

职务工资	福利费	应发工资	缺勤扣款	社
¥ 500	¥ 100	¥ 2,700	¥ 100	¥
¥ 800	¥ 150	¥ 3,150		¥
¥ 500	¥ 100	¥ 2,700		¥
¥ 800	¥ 150	¥ 3,450		¥
¥ 500	¥ 100	¥ 2,900	¥ 100	¥
¥ 600	¥ 50	¥ 2,750		¥
¥ 800	¥ 80	¥ 3,380	¥ 80	¥

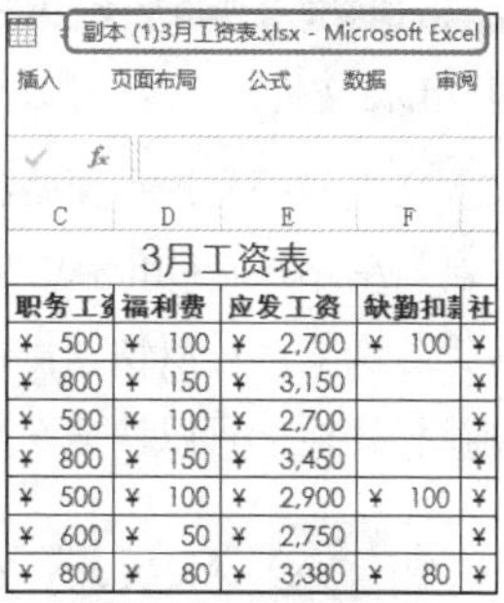

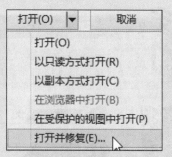

图2-30 以副本形式打开的文件

技巧 2-5 打开并修复受损文件

如果待打开的文件无法正常打开，或是打开的文件以乱码形式显示，那要如何处理呢？此时只需在选中该文件后单击“打开”右侧的下三角按钮，在展开的下拉列表中单击“打开并修复”选项，如图2-31所示，以“打开并修复”方式尝试修复受损的文件，如果修复成功则可以打开文件并正常显示内容。若文件无法修复，则需要用户重新制作。

图2-31 打开并修复受损文件

三组件应用分析

共性

打开文件在Office常用三大组件中都经常用到。用户可在各组件中调用各自的"打开"对话框，它们都包括"打开""以只读方式打开""以副本方式打开""在浏览器中打开""在受保护的视图中打开""打开并修复"等方式，如图2-32所示为PowerPoint 2013的打开方式。

特殊

Office 的三个组件除了共有的打开方式外，Word 2013组件还有其特定的打开方式，如"打开时转换"方式，该方式用于转换启动无法打开的文档，如图2-33所示。

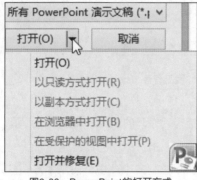

图2-32　PowerPoint的打开方式

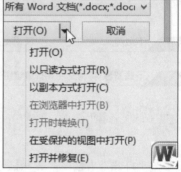

图2-33　Word中的特定打开方式

2.4　常用基本操作

新建Office文件后，要编辑文件内容，需要掌握以下几种常用基本操作。

- ◆ 输入文本和符号：可以轻松地在Office文件中添加文本和符号。
- ◆ 复制与粘贴：在Office文件编辑中复制与粘贴可以节省输入相同内容的输入时间。
- ◆ 撤销与恢复：可以快速撤销和恢复当前编辑文件的某些操作命令。
- ◆ 查找和替换：可以快速在文件中查找想要的信息，并以指定的新信息或格式替换文件内容。

2.4.1　输入文本与符号

Office文件的内容是由文本和符号构成的，想要制作一份Office文件，首先要选择合适的输入法将文本和符号输入到Office文件中。

示例

2-8　在文档中输入制度条例并插入符号

公司制度条例是为了能合理地管理员工而制定的条例。在制作这类制度条例时，首先选择合适的输入法将条例内容文本和条例项目符号输入到Word文档中。

扫码看视频

原始文件　　无

最终文件　　下载资源\实例文件\第2章\最终文件\公司制度条例.docx

步骤01

启动Word 2013，在新建的空白文档中选择合适的输入法，输入考勤管理制度的内容文本，如图2-34所示。

步骤 02 将光标插入点置于要插入符号的位置，切换至"插入"选项卡，在"符号"组单击"符号"按钮，在展开的下拉列表中单击"其他符号"选项，如图2-35所示。

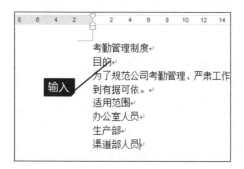

图2-34 输入文本

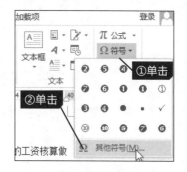

图2-35 单击"其他符号"选项

步骤 03 弹出"符号"对话框，在"符号"选项卡下选择要插入的符号，单击"插入"按钮，如图2-36所示。

步骤 04 用相同的方法在其他位置插入符号，得到如图2-37所示的Word文档效果。

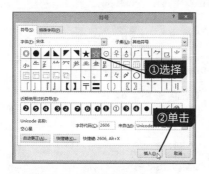

图2-36 选择要插入的符号

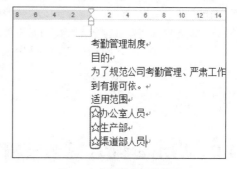

图2-37 插入符号后的效果

技巧 2·6 设置常用符号的快捷键

如果需要在文件中反复插入某个符号，通过"符号"对话框插入比较麻烦，用户可以在"符号"对话框中选定符号，单击"快捷键"按钮，在弹出的"自定义键盘"对话框中，为选定的符号设置快捷键，如图2-38所示，单击"关闭"按钮，即可通过快捷键来插入符号。

图2-38 设置常用符号的快捷键

技巧 2-7　在文件中插入公式

在实际工作中可能会需要在文件中添加计算公式等内容，一般通过输入法无法直接输入复杂的计算公式，如二次公式、二项式定理公式等。想要在文件中添加这类公式，可以使用Office软件提供的"公式"功能，使用预置公式样式或是"公式工具-设计"选项卡的命令来设计公式。用户只需切换至"插入"选项卡，在"符号"组中单击"公式"下侧的下三角按钮，在展开的公式库中选择所需公式，如图2-39所示，即可在文件中插入该公式。

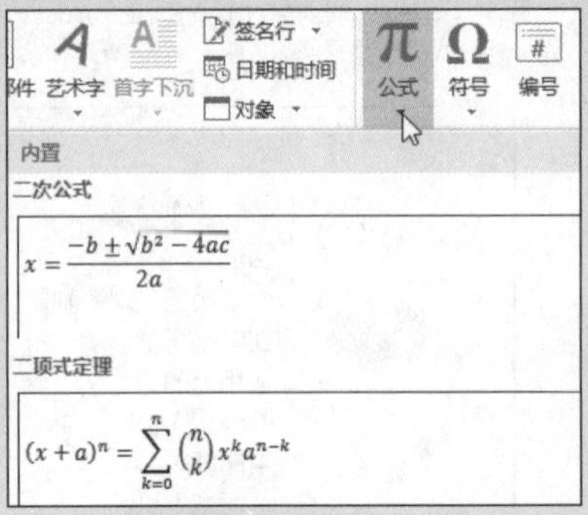

内置

二次公式

$$x = \frac{-b \pm \sqrt{b^2 - 4ac}}{2a}$$

二项式定理

$$(x + a)^n = \sum_{k=0}^{n} \binom{n}{k} x^k a^{n-k}$$

图2-39　在文件中插入公式

技巧 2-8　使用快捷键快速输入相同文本

在Excel中，若要将上面单元格中的内容复制到下面的单个或多个单元格中，可以通过以下方法来实现。在单元格B5中输入"电器设备"，然后选中单元格区域B5:B10，直接按【Ctrl+D】组合键即可，如图2-40所示。如果要向右输入相同的数据，则选中要复制数据的单元格及其右侧的一个或多个单元格，然后按【Ctrl+R】组合键即可。

	A	B	C	D
1	企业名称	所属行业		
2	HI企业	白色家电		
3	JK股份	白色家电		
4	KJ企业	电力		
5	YI企业	电器设备		
6	TY企业	电器设备		
7	HE企业	电器设备		
8	LO企业	电器设备		
9	PO企业	电器设备		
10	HU企业	电器设备		

图2-40　使用快捷键快速输入相同文本

2.4.2　巧用复制/粘贴节省输入时间

当Office文件中需要录入的内容已存在于其他或当前Office文件中，用户可以使用复制和粘贴功能将已有内容复制到当前位置，以节省再次逐字录入文本的时间。

示例 2-9　对文档中相同的内容进行复制

公司作息制度是公司对员工的上班、下班及工作时间的规定。在输入公司作息制度时，如果"迟到"与"早退"条例相似，可以通过复制"迟到"条例，然后对该条例内容进行简单的修改，从而快速完成"早退"条例的输入。

扫码看视频

　原始文件　下载资源\实例文件\第2章\原始文件\公司作息制度.docx

　最终文件　下载资源\实例文件\第2章\最终文件\公司作息制度.docx

步骤 01　打开下载资源\实例文件\第2章\原始文件\公司作息制度.docx，选择需要复制的文本并右击，在弹出的快捷菜单中单击"复制"命令，如图2-41所示。

步骤 02　右击目标位置，在弹出的快捷菜单中单击"粘贴选项"选项组中的"只保留文本"图标，如图2-42所示，即可将所选文本粘贴到目标位置。

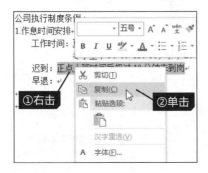

图2-41　单击"复制"命令

图2-42　单击"只保留文本"图标

三 组件应用分析

共性　复制/粘贴命令是Office三大组件中较为常用的操作，它可以将选定的文本以指定的方式粘贴到目标位置。PowerPoint组件中的粘贴选项与Word组件中的粘贴选项类似，但新增了"图片"粘贴方式，如图2-43所示。

特殊　Excel组件中的粘贴选项比较多，它不仅包括基本的粘贴选项，还提供粘贴公式、公式和数字格式、数值、转置、无边框、数值和数字格式等选项，如图2-44所示。

图2-43　PowerPoint中的粘贴选项

图2-44　Excel中的粘贴选项

技巧 2-9　使用格式刷快速复制格式

在Office文件中编辑文本时，若想使用文件中现有的文本格式，可以选择包含要应用格式的文本，在"开始"选项卡下"剪贴板"组中单击"格式刷"按钮，如图2-45所示，然后选择待应用该格式的文本，即可将选定的格式应用到该文本上。

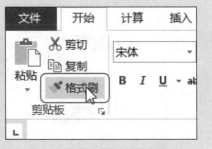

图2-45　使用格式刷快速复制格式

技巧 2-10 转置表格中的数据

在Excel工作簿中，如果想将表格中的列数据转换为行数据，可以使用粘贴选项中的"转置"功能来实现。选择要转置的数据区域，在"剪贴板"组中单击"复制"按钮，然后右击目标单元格，在弹出的快捷菜单中单击"选项性粘贴"中的"转置"命令，如图2-46所示，即可将列单元格内数据转换为行数据。如果想要将行数据转换为列数据，也可使用相同方法实现。

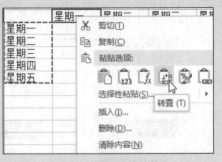

图2-46 转置表格中的数据

2.4.3 批量查找和替换指定字符

想要在拥有大量文本和数据信息的Office文件中快速查找某个字符或替换指定字符，可以使用Office软件提供的"查找和替换"功能提高工作效率。

示例 2-10 查找文档中的公司名称并进行替换

公司简介是对公司概况、公司发展状况、公司文化、公司主要产品等的简单介绍。想在公司简介文档中更改现有公司名称，可以通过"查找和替换"对话框来快速查找和批量替换。

扫码看视频

 原始文件 下载资源\实例文件\第2章\原始文件\公司简介.docx

 最终文件 下载资源\实例文件\第2章\最终文件\公司简介.docx

步骤 01 打开下载资源\实例文件\第2章\原始文件\公司简介.docx，在"开始"选项卡的"编辑"组中单击"查找"右侧的下三角按钮，在展开的下拉列表中单击"高级查找"选项，如图2-47所示。

步骤 02 弹出"查找和替换"对话框，在"查找"选项卡的"查找内容"文本框中输入要查找的文本，单击"阅读突出显示"按钮，在展开的下拉列表中单击"全部突出显示"选项，如图2-48所示。

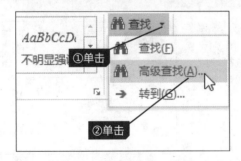

图2-47 单击"高级查找"选项

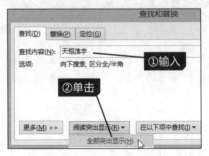

图2-48 查找指定文本字符

步骤 03　此时在文档中以默认的黄色底纹突出显示查找到的公司名称，如图2-49所示。

步骤 04　若要批量替换查找到的文本字符，切换至"替换"选项卡，在"替换为"文本框中输入替换为的目标文本字符，单击"全部替换"按钮，如图2-50所示。

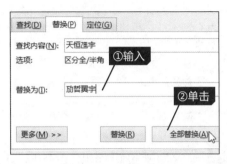

图2-49　突出显示查找的文本字符　　　　图2-50　批量替换文本

步骤 05　弹出Microsoft Word提示框，提示"全部完成。完成3处替换"，单击"确定"按钮，如图2-51所示。

步骤 06　返回文档中，可以看到文档中的"天恒洇宇"全部替换为"励哲翼宇"，如图2-52所示。

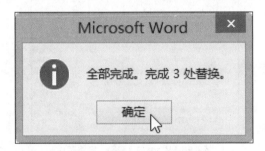

图2-51　Microsoft Word提示框　　　　图2-52　批量替换文本的效果

技巧 2-11　模糊查找内容

当用户希望在Office文件中查找包含某个文本的字符，可以使用通配符"*"和"?"来代替要查找文本字符串中不清楚的字符。其中"*"代表一串字符文本，"?"代表一个字符文本。例如，要在数据表格中查找"王"姓员工信息，则可以在"查找和替换"对话框的"查找内容"文本框中输入"王*"，如图2-53所示，单击"查找下一处"按钮来查找。

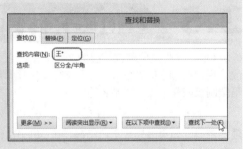

图2-53　模糊查找内容

技巧 2-12　批量查找和替换指定的格式

　　当用户希望将Office文件中的某种文本格式快速更改为另一种指定格式时，也可以通过"查找和替换"对话框来批量完成。例如，在Word文档中要查找和替换指定格式，只需打开"查找和替换"对话框，切换至"替换"选项卡，将光标插入点置于"查找内容"文本框或"替换为"文本框，单击"更多"按钮，展开搜索选项，单击"格式"按钮，可以设置要查找和替换的指定格式，如图2-54所示，将文本格式替换为"字体"为"华文细黑"，"字体颜色"为"红色"，设置完成后单击"全部替换"按钮即可轻松替换。

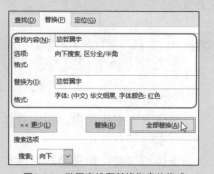

图2-54　批量查找和替换指定的格式

三组件应用分析

共性　　在Office的三个组件中查找和替换功能都是经常使用的操作，可以借助"查找和替换"功能快速查找和替换指定字符、格式等，在查找和替换时可以设置区分大小写、全字匹配、区分全/半角等形式。如图2-55所示为PowerPoint组件中的"替换"对话框。

特殊　　在Word组件中查找文本字符时，除了可以使用"查找和替换"对话框外，还可以使用"导航"窗格，在该窗格的搜索框中输入待查找的文本，将自动在文档中突出显示所有查找到的文本，如图2-56所示。

图2-55　PowerPoint中的"替换"对话框

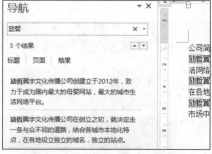

图2-56　Word中"导航"窗格查找

2.5　Office文件的保护

　　Office文件是使用较广泛的文件类型，它可以存储涉及公司或个人重要的数据，为了防止他人查看或修改，用户必须学会对Office文件进行保护。常见的Office文件保护方法有加密保护、以最终状态保护、按人员限制权限和添加数字签名等。

　　◆ 用密码进行加密：调出"加密文档"对话框，要求用户在"密码"文本框中输入作为访问和修改权限的密码，如果丢失或忘记密码，该Office文件将无法访问或修改。

　　◆ 标记为最终状态：将文档标记为最终状态后，文档变为只读状态，将禁用或关闭键入、编辑命令和校对标记。可以轻松帮助用户防止审阅者或读者无意中更改文档。

　　◆ 按人员限制权限：利用Microsoft账户或Microsoft Windows 账户限制文件可以访问或编辑的人员，保证拥有权限人员可访问，其他人员无权访问。

　　◆ 添加数字签名：数字签名是通过使用计算机加密对文档、电子邮件和宏等数字信息进行身份验证。数字签名可以是系统提供的，也可以是用户自行定义的，用以保证文件的完整性、真实性。

2.5.1　加密保护Office文件

用密码进行加密是保护Office文件最常用的方法，它通过调用"加密文档"对话框，对文件的访问权限和修改权限进行限制，使无权限者无法接触文件内容。

2-11　使用密码对工资表进行保护

很多公司的员工薪资都是相对保密的，因此在制作工资表后，要即时对工资表进行加密，避免无关人员查看。

原始文件　下载资源\实例文件\第2章\原始文件\3月工资表.xlsx

最终文件　下载资源\实例文件\第2章\最终文件\使用密码加密工资表.xlsx

扫码看视频

步骤01　打开下载资源\实例文件\第2章\原始文件\3月工资表.xlsx，单击"文件"按钮，在弹出的菜单中单击"信息"命令，如图2-57所示。

步骤02　在"信息"选项面板中单击"保护工作簿"按钮，在展开的下拉列表中单击"用密码进行加密"选项，如图2-58所示。

图2-57　单击"信息"命令

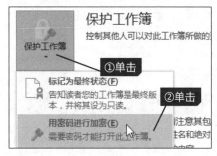

图2-58　单击"用密码进行加密"选项

步骤03　弹出"加密文档"对话框，在"密码"文本框中输入密码，如"123456"，单击"确定"按钮，如图2-59所示。

步骤04　弹出"确认密码"对话框，在"重新输入密码"文本框中再次输入密码"123456"，单击"确定"按钮，如图2-60所示，即可为工资表添加访问密码，无密码者无权访问该工作簿。

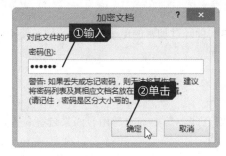

图2-59　输入密码

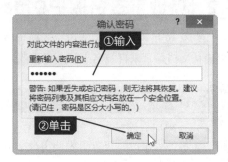

图2-60　再次输入密码

技巧 2-13 设置Office文件的修改权限

Office中的"用密码进行加密"功能设置的是文件的打开权限，若想设置文件的修改权限，只需在"信息"选项面板中单击"保护工作簿"按钮，然后在弹出的下拉菜单中选择"保护当前工作表"选项，弹出"保护工作表"对话框，在"取消工作表保护时使用的密码"文本框中输入密码，如图2-61所示，单击"确定"按钮，然后在弹出的"确认密码"对话框中再次输入密码字符，单击"确定"按钮即可轻松完成文件的修改权限设置。

图2-61 设置Office文件的修改权限

技巧 2-14 文档的格式和编辑限制

文档格式和编辑限制仅仅是Word 2013为了保持统一的外观，或是禁止某些项目的编辑而提供的一种限制编辑功能，它可以有效地保护Word文件内容和格式不被他人修改。在设置时，用户只需在Word 2013的"信息"选项面板中单击"保护文档"按钮，在展开的下拉列表中单击"限制编辑"选项，打开"限制格式和编辑"窗格，在其中可对格式和编辑进行限制设置，然后启用强制保护功能，如图2-62所示。

图2-62 文档的格式和编辑限制

技巧 2-15 对单元格中的公式进行保密设置

若用户不希望表格中的计算公式被他人查看，可以隐藏单元格内的公式，仅显示公式计算结果。选择包含公式的单元格区域并右击，在弹出的快捷菜单中单击"设置单元格格式"命令，在弹出的"设置单元格格式"对话框中的"保护"选项卡下勾选"隐藏"复选框，如图2-63所示，单击"确定"按钮，然后切换至"审阅"选项卡，单击"保护工作表"按钮，即可隐藏单元格中的公式。

图2-63 对单元格中的公式进行保密设置

2.5.2 以数字签名保护Office文件

数字签名是电子邮件、宏或电子文档等数字信息上的一种经过加密的电子身份验证戳。使用数字签名可以确认文档是否来自签名人且未经更改。

示例 2-12 在聘用合同中添加签名行

聘用合同是用人单位与员工之间签订的用工合同，想要确定聘用合同来自签名人，且未被他人窜改，可以事先使用数字签名来保护文档。

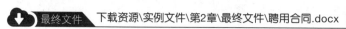 原始文件　下载资源\实例文件\第2章\原始文件\聘用合同.docx

最终文件　下载资源\实例文件\第2章\最终文件\聘用合同.docx

步骤01 打开下载资源\实例文件\第2章\原始文件\聘用合同.docx，单击"文件"按钮，在弹出的菜单中单击"信息"命令，然后单击"保护文档"按钮，在展开的下拉列表中单击"添加数字签名"选项，如图2-64所示。

步骤02 弹出"签名"对话框，若要更改默认证书，单击"更改"按钮，如图2-65所示。

图2-64　单击"添加数字签名"选项

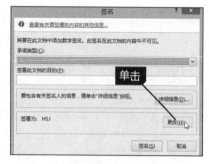

图2-65　单击"更改"按钮

步骤03 弹出"Windows 安全"对话框，在列表框中选择证书，如选择自定义的"HSJ"选项，单击"确定"按钮，如图2-66所示。

步骤04 返回"签名"对话框，在"承诺类型"中选择"创建和批准此文档"选项，在"签署此文档的目的"文本框中输入目的文本，例如"合同签订"，单击"签名"按钮，如图2-67所示。

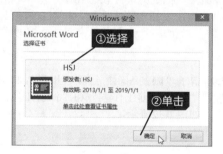

图2-66　选择证书

图2-67　输入签署此文档的目的

步骤05 弹出"签名确认"提示框，提示已成功将您的签名与此文档一起保存，单击"确定"按钮，如图2-68所示。

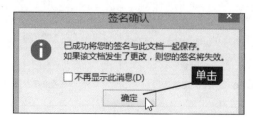

图2-68　签名确认

步骤 06 返回文档，在功能区下方将以黄色警告条显示"标记为最终版本"，如图2-69所示。如果要对文档继续编辑，则单击"仍然编辑"按钮，然后选择删除签名即可。

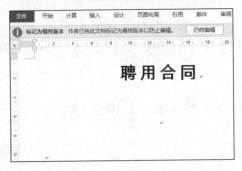

图2-69　数字签名后的效果

技巧 2-16 借助"文档检查"删除文档信息

　　若用户不希望将文件标题、主题、作者、备注等文档信息暴露在其他人面前，可以使用Office软件提供的"文档检查"功能来删除文档属性和个人信息。只需在"信息"选项面板中单击"检查问题"按钮，在展开的下拉列表中单击"检查文档"选项，弹出"文档检查器"对话框，单击"检查"按钮后，在列表框中单击"文档属性和个人信息"选项中的"全部删除"按钮，如图2-70所示，即可清除文件的标题、作者等信息。

图2-70　借助"文档检查"删除文档信息

三组件应用分析

共性　　Office三个组件的保护功能均包括用密码进行加密、标记为最终状态和添加数字签名三种，其操作方法也相似，如在PowerPoint组件中想要用密码加密演示文稿，只需在"信息"选项面板中单击"保护演示文稿"按钮，在展开的下拉列表中单击"用密码进行加密"选项，如图2-71所示。

特殊　　除了共有的保护功能外，在Word组件中另外新增了"限制编辑"选项，用于控制他人对此文档所作的更改类型，在Excel 组件中则增加了"保护当前工作表"和"保护工作簿结构"两个选项，用于保护工作表数据和工作簿结构，如图2-72所示。

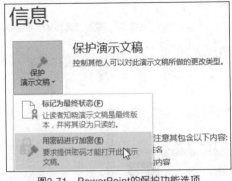

图2-71　PowerPoint的保护功能选项

图2-72　Excel 的保护功能选项

2.6 视图与窗口的调整

为了满足用户在不同情况下编辑、查看文档效果的需要，Office软件提供了多种视图方式和窗口调整方法，帮助用户轻松查看所需内容。

◆ 视图方式：即文件内容显示的视图方式，不同Office组件中的视图方式不同，如Word 2013视图方式包括页面视图、阅读版式视图、Web版式视图、大纲视图和草稿。Excel 2013视图方式包括普通、页面布局、分页预览、自定义视图和全屏显示。PowerPoint视图方式包括普通视图、幻灯片浏览、备注页和阅读视图。

◆ 窗口调整方法：即对窗口进行的操作，如新建窗口、拆分窗口、重排窗口等。

2.6.1 以大纲视图查看文档结构

大纲视图方式是按照文档中标题的层次来显示文档的，用户可以通过折叠或展开文档大纲来隐藏或查看某个标题下的内容，从而轻松了解文档的整体结构。

 2-13 使用大纲视图查看公司改革方案结构

公司改革方案是根据公司当前情况进行经营和管理改革的文案，想要查看公司改革方案的大纲结构，可以通过"大纲视图"来查看，使改革方案的结构一目了然。

 原始文件　下载资源\实例文件\第2章\原始文件\公司改革方案.docx

 最终文件　无

 扫码看视频

步骤 01 打开下载资源\实例文件\第2章\原始文件\公司改革方案.docx，切换至"视图"选项卡，在"视图"组中单击"大纲视图"按钮，如图2-73所示。

步骤 02 进入大纲视图，以大纲方式显示了文档整体内容，并显示出"大纲"选项卡，如图2-74所示，用户可以根据需要来设置大纲级别，如要隐藏某部分内容可单击"大纲工具"组中的"折叠"按钮；如要调整文档的大纲级别，可在"显示级别"下拉列表中选择，也可以通过升级或降级实现调整。

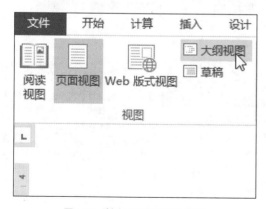

图2-73　单击"大纲视图"按钮

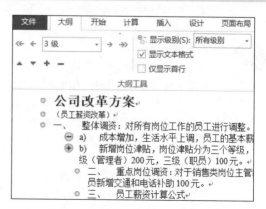

图2-74　以大纲视图显示的文档内容

2.6.2 拆分文件窗口

拆分文件窗口是将整个窗口拆分为两个或四个小窗口，常用于Office文件内容较多且需要反复校对查阅两个或四个位置内容的情况。

2-14　拆分销售报表以查看不同的部分

销售报表是对一段时间内产品销售情况的报告，要查看比较销售报表中两个位置差异较大的数据时，可以将销售报表的整个窗口拆分为两个小窗口，然后在不同的窗口中拖动滚动条轻松比较两部分内容。

扫码看视频

原始文件　下载资源\实例文件\第2章\原始文件\销售报表.xlsx

最终文件　下载资源\实例文件\第2章\最终文件\销售报表.xlsx

步骤01　打开下载资源\实例文件\第2章\原始文件\销售报表.xlsx，选中作为拆分点的单元格，如选中A10单元格，如图2-75所示。

步骤02　切换至"视图"选项卡，在"窗口"组中单击"拆分"按钮，如图2-76所示。

步骤03　此时以选中单元格为准将窗口拆分为两个小窗口，用户可以滚动鼠标滑块调整窗口中显示的内容，从而轻松比较工作表中的数据，如图2-77所示。

图2-75　选中拆分点单元格　　图2-76　单击"拆分"按钮　　图2-77　拆分窗口的效果

技巧　冻结窗格

2-17

当表格中的行列数据很多，通过拖动滚动条查阅表格内容时，会自动将位于表格顶端和左侧的标题字段隐藏，使用户难以分清表格行列内容等问题。此时可以通过"冻结窗格"功能按指定位置冻结窗格的顶端和左侧表格行列数据，使其始终显示在屏幕上，不随滚动条的滚动隐藏。在设置表格标题冻结时，只需选择要冻结处右下角的单元格，切换至"视图"选项卡，在"窗口"组中单击"冻结窗格"按钮，在展开的下拉列表中单击"冻结拆分窗格"选项，如图2-78所示，也可以直接在下拉列表中选择"冻结首行"或"冻结首列"选项，对表格的第1行或第1列进行冻结。

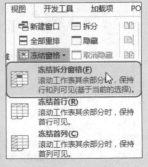

图2-78　冻结窗格

2.6.3　并排查看多个窗口内容

Office软件中，并排查看是指将同一组件的所有打开窗口并排显示，可以在屏幕中对不同窗口中的内容进行比较。

2-15 并排比较多区域的销售统计表

　　如果用户需要比较多区域的销售统计情况，可以同时打开各区域销售统计表，然后使用并排比较功能，将多个工作簿窗口并排放置在屏幕中进行比较。

原始文件　　下载资源\实例文件\第2章\原始文件\销售统计-东南.xlsx、销售统计-西南.xlsx

最终文件　　无

 扫码看视频

步骤01　　打开下载资源\实例文件\第2章\原始文件\销售统计-东南.xlsx、销售统计-西南.xlsx，切换至"视图"选项卡，在"窗口"组中单击"全部重排"按钮，如图2-79所示。

步骤02　　弹出"重排窗口"对话框，单击选中"水平并排"单选按钮，单击"确定"按钮，如图2-80所示。

步骤03　　此时当前打开的Excel工作簿以水平方式并排显示在窗口中，用户可以通过拖动滚动条对两个窗口中的内容进行比较，如图2-81所示。

图2-79　单击"全部重排"按钮

图2-80　选择排列方式

图2-81　并排比较的窗口

三 组件应用分析

共性　　Office三个组件都包括窗口的新建、重排和窗口切换功能，可以对同一组件中不同窗口的内容进行查看。如果要比较同一窗口的不同部分内容，可以在"窗口"组单击"新建窗口"按钮，如图2-82所示，新建一个与现有内容完全相同的窗口，然后通过并排查看来比较同一文件的不同部分内容。

特殊　　Office三个组件除了拥有相同的窗口操作方法外，还拥有各自特定的操作方法，如Excel组件有"冻结窗格"功能，PowerPoint组件有"移动拆分"功能，如图2-83所示。

图2-82　Word组件中的新建窗口功能

图2-83　PowerPoint组件中的移动拆分功能

2.7 Office文件的打印输出

为了保存或传阅文件资料，常常会通过打印机将制作好的文件资料输出到纸张上。为了达到更好的输出效果，需要对打印资料的实际效果进行预览，再调整打印参数，最后才打印输出。

2.7.1 预览打印效果

打印预览可以预先查看待打印文件的实际输出效果，以有效地帮助用户核实打印区域是否在纸张范围内或是以更好的方式进行显示。

 2-16 预览待打印的报表

为确保待打印报表的输出效果是用户实际需要的，可以在打印之前使用打印预览功能查看报表的打印效果。

 扫码看视频

 原始文件 下载资源\实例文件\第2章\原始文件\销售报表.xlsx

 最终文件 无

步骤01 打开下载资源\实例文件\第2章\原始文件\销售报表.xlsx，单击"文件"按钮，在弹出的菜单中单击"打印"命令，如图2-84所示。

步骤02 在"打印"选项面板的"预览"区，可以看到销售报表输出到纸张上的实际效果，如图2-85所示，用户可以使用预览区下方的"缩放到页面"和"显示边距"按钮，对预览区内容进行查看和调整。

图2-84 单击"打印"命令　　　　图2-85 预览实际打印效果

2.7.2 设置打印参数

设置打印参数是指设置输出文件的内容范围、纸张放置方向、纸张大小、页边距、每页内容版式及文件打印份数等。通过这些参数的设置可以保证输出的文件符合公司或个人的需求。

 2-17 设置报表的打印选项以最佳状态进行打印

在输出销售报表时，想让输出的报表内容与纸张完全匹配，而不是只占据纸张的某个角落，可以在"打印"选项面板中对文件的打印参数进行设置。

步骤 01 打开下载资源\实例文件\第2章\原始文件\销售报表.xlsx，在"打印"选项面板中，在"设置"选项组中单击"打印整个工作簿"右侧的下三角按钮，在展开的下拉列表中单击"打印活动工作表"选项，如图2-86所示。

步骤 02 单击"正常边距"右侧的下三角按钮，在展开的下拉列表中单击"自定义边距"选项，如图2-87所示。

步骤 03 弹出"页面设置"对话框，在"居中方式"选项组中勾选"水平"复选框，如图2-88所示，单击"确定"按钮，可将表格放置在纸张水平居中位置。

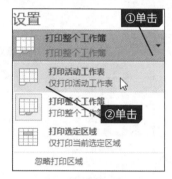
图2-86 设置打印范围

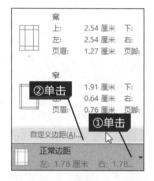
图2-87 单击"自定义边距"选项

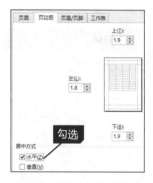
图2-88 勾选"水平"复选框

步骤 04 单击"无缩放"右侧的下三角按钮，在展开的下拉列表中单击"自定义缩放选项"选项，如图2-89所示。

步骤 05 弹出"页面设置"对话框，在"页面"选项卡下单击"缩放比例"单选按钮，在文本框中输入显示比例，如"150"，如图2-90所示，单击"确定"按钮，可以在预览区看到放大后的表格。

步骤 06 设置完成后，在"份数"文本框中输入打印份数，如"4"，单击"打印"按钮，如图2-91所示，即可通过连接的打印机打印4份报表。

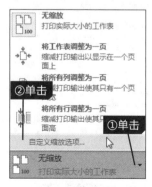
图2-89 单击"自定义缩放选项"选项

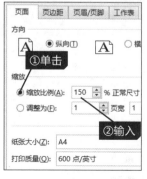
图2-90 设置缩放比例

图2-91 设置打印份数并打印

提示

在PowerPoint中设置打印参数时，不仅可以设置一页中幻灯片的张数，还可以为每张幻灯片添加方框等。在设置时，只需在"打印"选项面板中单击"整页幻灯片"选项，在展开的下拉列表中单击"幻灯片加框"选项，即可为整页中的每张幻灯片添加方框。

技巧 2-18 逆序打印文档

打开"Word选项"对话框，在"高级"选项面板的"打印"选项组中勾选"逆序打印页面"复选框，如图2-92所示，单击"确定"按钮后执行打印操作，即可实现逆序打印。

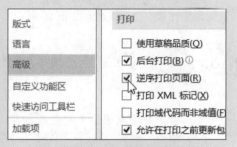

图2-92　逆序打印文档

技巧 2-19 双面打印文档

所谓双面打印就是指打印机在纸张的一面打印后，再将纸张翻转重新送回纸通道完成另一面的打印工作，使用双面打印方式可以有效地节省纸张。在Word 2013中要设置双面打印，只需在"打印"选项面板中，单击"单面打印"右侧的下三角按钮，在展开的下拉列表中单击"手动双面打印"选项，如图2-93所示，即可提示打印第二面时重新加载纸张。

图2-93　双面打印文档

三组件应用分析

共性

在Office三个组件中，Word与Excel组件都提供了一个"页面布局"选项卡，用户可以在"页面设置"组中事先设置文件页面的纸张方向、纸张大小、页边距等，除此之外还可以调出"页面设置"对话框，对一些打印参数进行设置，如在Excel的"页面设置"对话框的"工作表"选项卡内，可以设置打印标题、网格线打印、单色打印、批注、错误单元格打印等，如图2-94所示。

特殊

PowerPoint组件没有提供"页面布局"选项卡，用户可以在"打印"选项面板中设置幻灯片打印范围、每页打印的幻灯片张数及幻灯片的打印颜色等，如图2-95所示。

图2-94　Excel组件中的页面设置

图2-95　PowerPoint的打印参数设置

第3章

Office 文本格式的设置

一份完整的文件通常由主次分明的文字组成，而Office软件中直接输入的文本默认格式都是相同的，让阅读者不知道重点在哪里。想要改变这种情况，用户可以通过设置字符格式、使用艺术字美化、设置段落格式，或是使用样式等操作来轻松调整。

3.1 设置字符格式

设置字符格式其实就是文本的字体、字号、字形、字体颜色、下画线等的设置。在Office软件中，可以通过"字体"组、"字体"对话框或浮动工具栏设置字符格式。

◆ "字体"组：位于"开始"选项卡中，包括字体、字号、字体颜色等常用字符设置命令按钮。

◆ "字体"对话框：该对话框不仅包括"字体"组中的常用命令，还包括一些效果设置和字符间距调整的命令。

◆ 浮动工具栏：它是用户在选定文本时出现的工具栏，包含了常用的字符格式设置命令，如字体、字号、字体颜色等。

3.1.1 通过"字体"组设置字符格式

"字体"组是Office软件常用字符格式命令集，包括常用的"字体""字号""增大/减小字号""加粗""倾斜""下画线""字体颜色"等命令按钮，如图3-1所示为Word 2013的"字体"组命令。

◆ 字体：该下拉列表中包括了计算机中安装的所有字体样式，用户可以根据实际需求选择合适的字体。

◆ 字号：更改文本的字体大小。

◆ 增大/减小字号：按默认数值增大或减小字号。

◆ 加粗：将文本的线条加粗。

◆ 倾斜：让文本按一定角度倾斜显示。

◆ 下画线：在文本下方添加指定样式的线条。

◆ 字体颜色：更改文字的外观颜色。

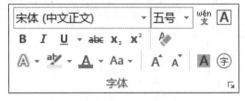

图3-1　Word 2013的"字体"组命令

3-1　设置通知的标题文本

通知是一种使用范围广、使用频率高、时效性强的告知事项的文字或口信。在通知文档中要将表示主题的标题突出显示，可以通过设置字符格式来区分标题与正文内容。

原始文件　下载资源\实例文件\第3章\原始文件\通知.docx

最终文件　下载资源\实例文件\第3章\最终文件\通知.docx

扫码看视频

57

步骤 01　打开下载资源\实例文件\第3章\原始文件\通知.docx，选择需要设置字符格式的文本，如图 3-2所示。

步骤 02　在"开始"选项卡的"字体"组中单击"字体"右侧的下三角按钮，在展开的下拉列表中选择合适的字体，如选择"华文楷体"选项，如图3-3所示。

步骤 03　单击"字号"右侧的下三角按钮，在展开的下拉列表中选择合适的字号，如"三号"，如图3-4所示。

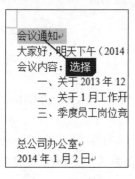

图3-2　选择文本

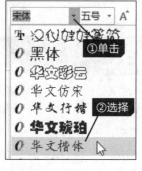

图3-3　选择字体

图3-4　选择字号

步骤 04　要加粗文字的轮廓线，单击"加粗"按钮，如图3-5所示。

步骤 05　单击"下画线"右侧的下三角按钮，在展开的下拉列表中选择合适的下画线样式，如选择"双下画线"，如图3-6所示。

步骤 06　返回文档，可以看到所选文本应用了设置的字体、字号、字形和下画线样式，效果如图3-7所示。

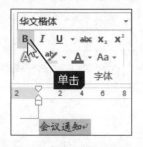

图3-5　单击"加粗"按钮

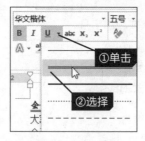

图3-6　选择下画线样式

图3-7　设置字符格式的效果

技巧 3-1　在"字体"组中设置文本效果

在Word文档的"字体"组中提供了"文本效果"按钮，可以通过预置的一套轮廓、阴影、映像和发光等外观效果快速更改所选文本的外观样式，还可以在"文本效果"下拉列表中通过"轮廓""阴影""映像""发光"选项分别设置所选文本的轮廓颜色、样式、阴影效果、映像效果和发光效果，如图3-8所示。

图3-8　在"字体"组中设置文本效果

技巧 3-2　为文本添加上下标

上标和下标是指一行中位置比正文略高或略低的文本，如x^2、a等。在Word文档中按正常的字符录入法输入文本，然后选择要更改为上标或下标的文本，在"字体"组中单击"上标"或"下标"按钮，如图3-9所示，即可获得上标或下标效果。

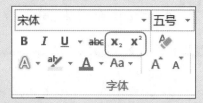

图3-9　为文本添加上下标

技巧 3-3　显示和突出文本

若要突出显示Word文档中的重要内容文本，可以通过"以不同颜色突出显示文本"功能，像使用荧光笔标记一样将所选文字内容突出显示出来。在"字体"组中单击"以不同颜色突出显示文本"右侧的下三角按钮，在展开的下拉列表中选择所需颜色，如图3-10所示，待鼠标指针呈 状时，拖动鼠标指针选择待突出显示的文本即可。

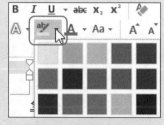

图3-10　显示和突出文本

技巧 3-4　快速清除文本格式

如果用户对设置的文本格式不满意，想还原至默认字体格式，可以使用"字体"组中的"清除格式"按钮来实现。选择需要清除格式的文本，在"字体"组中单击"清除格式"按钮，如图3-11所示，可以清除所选内容的格式，仅保留纯文本。

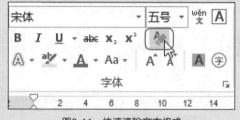

图3-11　快速清除文本格式

3.1.2　通过"字体"对话框设置字符格式

除了使用"字体"组中的命令按钮逐项设置所选文本的字符格式外，还可以直接使用"字体"对话框调整所选字符的格式，如字体、字号、字体颜色、字符间距等，如图3-12所示。

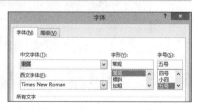

图3-12　Word "字体"对话框

示例 3-2　设置介绍信内容字体格式

介绍信是用来介绍联系接洽事宜的一种应用文，因此在介绍信中需将被介绍到单位的人员、所处职务及介绍目的突出显示，可以通过"字体"对话框更改这些信息的字符格式。

 原始文件　下载资源\实例文件\第3章\原始文件\介绍信.docx

 最终文件　下载资源\实例文件\第3章\最终文件\介绍信.docx

扫码看视频

步骤 01　打开下载资源\实例文件\第3章\原始文件\介绍信.docx，按住【Ctrl】键选中要设置的文本，在"开始"选项卡单击"字体"组的对话框启动器，如图3-13所示。

步骤 02　弹出"字体"对话框，在"字体"选项卡设置"字体"为"楷体_GB2312"、"字形"为"加粗"、"字号"为"四号"、"字体颜色"为"红色"、"下画线线型"为"单横线"，如图3-14所示。

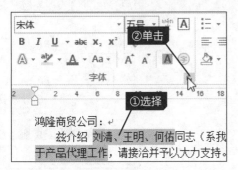

图3-13　选择要设置的文本

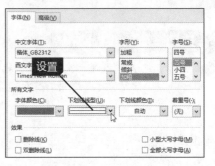

图3-14　设置字体格式

步骤 03　切换至"高级"选项卡，在"间距"下拉列表中选择"加宽"选项，在其后的"磅值"文本框中输入"1磅"，如图3-15所示。

步骤 04　单击"确定"按钮，返回文档，可以看到所选文本应用了设置的字符格式，如图3-16所示。

图3-15　设置字符间距

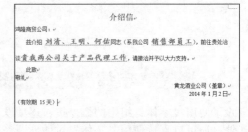

图3-16　设置后的文本格式

3.1.3　通过浮动工具栏快速设置字符格式

当用户仅需对某一处的文本字符格式进行设置时，可以通过选择文本时出现的浮动工具栏来快速更改字符的字体、字号、字体颜色等格式，如图3-17所示。

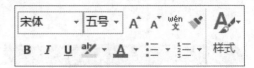

图3-17　Word浮动工具栏

3-3　设置证明信内容字体格式

　　证明信是为证明一个人的身份或一件事而提供的书信。用户可以拖动选择文本，在出现的浮动工具栏中对证明信内容的字体格式进行设置。

原始文件　下载资源\实例文件\第3章\原始文件\证明信.docx

最终文件　下载资源\实例文件\第3章\最终文件\证明信.docx

步骤 01　打开下载资源\实例文件\第3章\原始文件\证明信.docx，选择证明信的内容文本，将鼠标指向出现的浮动工具栏，如图3-18所示。

步骤 02　在该浮动工具栏中设置"字体"为"楷体"、"字号"为"四号"、"字形"为"倾斜"，此时所选文本应用了相应的字符格式，如图3-19所示。

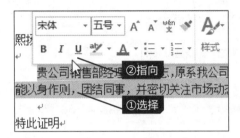

图3-18　选择文本

图3-19　使用浮动工具栏设置字符格式

三组件应用分析

共性　在Office三个组件中，PowerPoint与Word组件的"字体"设置方法相似，都可使用"字体"对话框的"字体"和"字符间距"选项卡内的命令来设置文本的字符格式、特殊效果及字符间距等。如图3-20所示为在PowerPoint中调出"字体"对话框，在"字符间距"选项卡中设置字符间距。

特殊　Excel组件中的"字体"设置与Word和PowerPoint组件不同，它包括在"设置单元格格式"对话框中，且无法调整字符之间的间距，如图3-21所示。若要更改Excel中字符之间的间距，一般借助空格或是单元格分散对齐来设置。

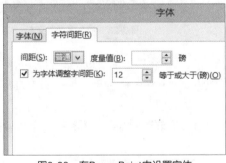

图3-20　在PowerPoint中设置字体

图3-21　在Excel中设置字体格式

3.2　使用艺术字美化标题

艺术字是一种具有美观有趣、易认易识、醒目张扬等特性的字符，常应用于设计宣传、广告、商标、标语、黑板报、企业名称、会场布局、展览会及商品包装等。

Office软件提供了艺术字功能，用户可以根据提供的预置艺术字样式快速在文件中添加艺术字，也可以通过"艺术字"组中的命令来更改艺术字的颜色、轮廓和文本效果等。

3.2.1　插入艺术字

Office软件提供了多种预置的艺术字样式，用户在使用时可以直接使用预置的艺术字样式，轻松创建艺术字文本。

　3-4　为邀请函插入艺术字标题

　　邀请函是邀请某人某单位参加某项活动所发出的请约性书信。为了突出邀请函标题，用户可以使用艺术字进行美化，使邀请函更加美观、大方。

 扫码看视频

 原始文件　下载资源\实例文件\第3章\原始文件\邀请函.docx

 最终文件　下载资源\实例文件\第3章\最终文件\邀请函.docx

 　打开下载资源\实例文件\第3章\原始文件\邀请函.docx，切换至"插入"选项卡，在"文本"组中单击"艺术字"按钮，在展开的库中选择所需艺术字样式，如图3-22所示。

步骤02　在文档中插入艺术字编辑框，输入艺术字文本"邀请函"，如图3-23所示。

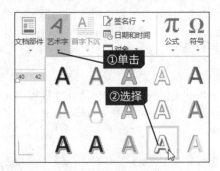

图3-22　选择艺术字样式

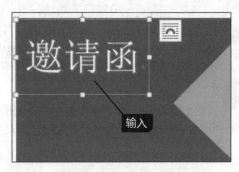

图3-23　输入艺术字文本

 　选择艺术字文本，切换至"开始"选项卡，在"字体"组中设置文本的"字体"为"方正舒体"、"字号"为"初号"、"字形"为"加粗"，如图3-24所示。

 　设置好字符格式后，更改艺术字的文字方向为"垂直"，得到如图3-25所示的标题效果。

图3-24　设置字符格式

图3-25　插入的艺术字标题

3.2.2 设置艺术字样式

如果用户对文档中插入的默认样式的艺术字颜色、轮廓和文字效果不满意，可以通过"绘图工具-格式"选项卡下的"艺术字样式"组中的命令进行更改。

 3-5 调整邀请函中艺术字标题的样式

使用艺术字添加邀请函标题后，如果希望将邀请函的标题更改得与众不同，则可以使用"艺术字样式"组中的命令来更改艺术字样式。

原始文件 下载资源\实例文件\第3章\原始文件\邀请函.docx

最终文件 下载资源\实例文件\第3章\最终文件\邀请函1.docx

 扫码看视频

步骤01 打开下载资源\实例文件\第3章\原始文件\邀请函.docx，选中需要设置样式的艺术字编辑框，如图3-26所示。

步骤02 切换至"绘图工具-格式"选项卡，在"艺术字样式"组中单击"文本填充"右侧的下三角按钮，在展开的颜色列表中选择需要的颜色，如图3-27所示。

图3-26 选中艺术字文本

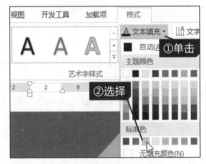

图3-27 更改文本填充颜色

步骤03 单击"文本轮廓"右侧的下三角按钮，在展开的颜色列表中选择需要的颜色，如图3-28所示。

步骤04 单击"文本效果"按钮，在展开的下拉列表中单击"阴影>右下斜偏移"选项，如图3-29所示。

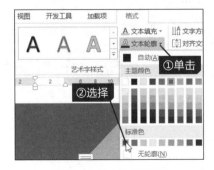

图3-28 更改文本轮廓颜色

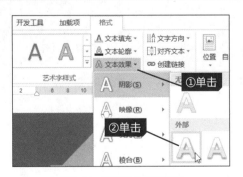

图3-29 设置文本阴影效果

步骤 05 单击"文本效果"按钮，在展开的下拉列表中单击"映像>紧密映像，接触"选项，如图3-30所示。

步骤 06 此时可以看到所选艺术字文本应用了设置的填充颜色、轮廓颜色、阴影和映像效果，如图3-31所示。除此之外，还可以在"文本效果"下拉列表中设置文本的发光、棱台、三维旋转和转换路径等效果。

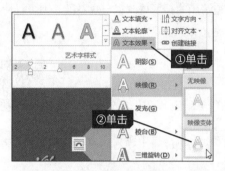

图3-30　选择映像效果

图3-31　设置后的艺术字标题

技巧 3-5　调整艺术字的文字方向

默认情况下，艺术字编辑框中的文本方向为从左到右横向排列，如果用户希望将艺术字更改为竖排文字，可以使用"绘图工具-格式"选项卡下的"文本"组中的"文字方向"功能来更改，在"文字方向"下拉列表中包括"水平""垂直""将所有文字旋转90°""将所有文本旋转270°""将中文文字符旋转270°""文本方向选项"几个选项，用户可以使用任一选项调整艺术字的文字方向，如图3-32所示。注意，该方法仅适用于Word组件，在Excel和PowerPoint组件中无法使用该功能，因为在Excel组件中要调整文字方向需使用"对齐方式"组中的方向按钮，PowerPoint组件中则需使用"段落"组中的文字方向按钮。

图3-32　调整艺术字的文字方向

技巧 3-6　更改艺术字的对齐方式

默认情况下，艺术字编辑框中的文本采用的是顶端对齐方式排列，若要让艺术字编辑框中的文本相对于文本框中部对齐或底端对齐，可以选择艺术字编辑框，在"绘图工具-格式"选项卡的"文本"组中单击"对齐文本"按钮，如图3-33所示，在展开的下拉列表中选择相应的对齐方式即可。而在Excel组件中可使用"对齐方式"组中的"顶端对齐""垂直居中""底端对齐"按钮来设置，在PowerPoint组件中则是使用"段落"组中的"对齐文本"按钮来设置。

图3-33　更改艺术字的对齐方式

3.3 文本段落格式设置

文本字符格式设置仅仅是针对组成文档的文本字符外观而言，仅能从字符外观来判断内容的变化。为了让文档结构清晰、层次分明，用户还需对文档的段落格式，即一段文档的缩进、间距、对齐方式、大纲级别等进行调整。

3.3.1 段落缩进格式

段落缩进指文本与页面边界之间的距离，通过调整段落缩进可以使文档结构更明确。常见的段落缩进有首行缩进、左缩进、右缩进和悬挂缩进四种方式。

◆ 首行缩进：仅段落首行文本向右缩进至指定字符的位置，其他行不缩进，以作为区分各个段落的标志。

◆ 左（右）缩进：整个段落的所有行的左（右）边界同时向左（右）缩进至指定字符位置。

◆ 悬挂缩进：段落首行除外，其他行向右缩进至指定字符位置。

 3-6　统一调整员工守则首行缩进2字符

员工守则是公司要求员工遵守的一些条款制度，有助于企业对员工的管理。在编写员工守则时，一般直接在Word文档中输入文本，默认是以左侧边缘对齐录入的，为了使各段落的区分更明显，一般会为段落设置首行缩进2字符。

原始文件　下载资源\实例文件\第3章\原始文件\员工守则.docx

最终文件　下载资源\实例文件\第3章\最终文件\员工守则.docx

 扫码看视频

步骤 01　打开下载资源\实例文件\第3章\原始文件\员工守则.docx，选择需要调整缩进的段落，在"开始"选项卡下单击"段落"组中对话框启动器，如图3-34所示。

步骤 02　弹出"段落"对话框，在"缩进和间距"选项卡的"缩进"选项组中将"特殊格式"设置为"首行缩进"，在"缩进值"文本框中输入"2字符"，如图3-35所示。

图3-34　单击"段落"对话框启动器

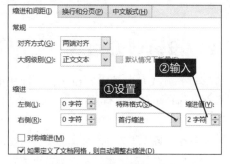

图3-35　设置段落首行缩进

步骤 03　设置完成后，单击"确定"按钮，返回文档，可以看到所选段落的首行均缩进了2个字符，如图3-36所示，使文档的段落区分更明显。

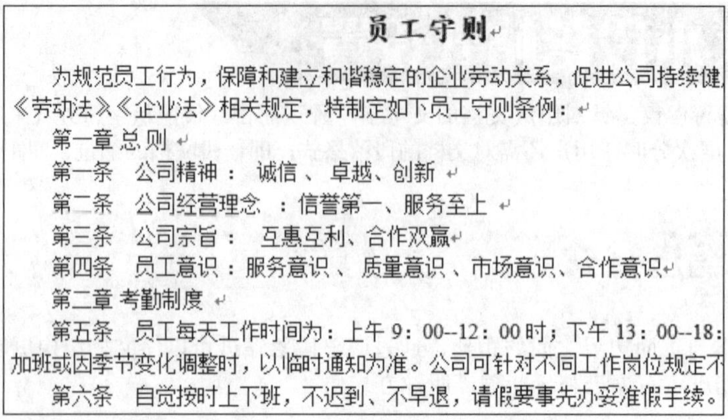

员工守则

　　为规范员工行为，保障和建立和谐稳定的企业劳动关系，促进公司持续健
《劳动法》《企业法》相关规定，特制定如下员工守则条例：

第一章 总 则

第一条　公司精神：　诚信、卓越、创新

第二条　公司经营理念：信誉第一、服务至上

第三条　公司宗旨：　互惠互利、合作双赢

第四条　员工意识：服务意识、质量意识、市场意识、合作意识

第二章 考勤制度

第五条　员工每天工作时间为：上午 9：00--12：00 时；下午 13：00--18：
加班或因季节变化调整时，以临时通知为准。公司可针对不同工作岗位规定不

第六条　自觉按时上下班，不迟到、不早退，请假要事先办妥准假手续。

图3-36　首行缩进2字符的效果

技巧 3-7　减少和增加缩进量

　　在文档段落编排中，想要快速调整文档段落的缩进量，可以使用Office组件提供的"增加缩进量"或"减少缩进量"按钮来快速调整，每单击一次"增加缩进量"按钮，所选段落就会自动使文档向右缩进1字符，而每单击一次"减少缩进量"按钮，所选段落就会自动对文档向左缩进1字符，如图3-37所示。

图3-37　减少和增加缩进量

技巧 3-8　巧用标尺设置段落缩进

　　在Office组件中除了使用"段落"对话框设置段落缩进外，还可以借助标尺辅助工具中的浮标来轻松更改段落缩进。在标尺中放置了"左缩进""首行缩进""悬挂缩进""右缩进"四个浮标，用户可以拖动标尺中的浮动标记来更改缩进量。如图3-38所示，如果认为该方法调整的段落缩进不精确，可以按住【Alt】键再拖动浮标调整。

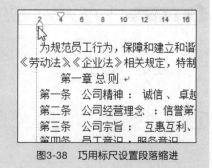

图3-38　巧用标尺设置段落缩进

3.3.2　段落对齐方式

　　段落对齐方式是段落内容在文档页面中的横向排列方式，常见的对齐方式有左对齐、右对齐、居中、两端对齐和分散对齐等，如图3-39所示。

◆ 左对齐：将段落文本沿文本编辑页面左侧边缘对齐。

◆ 右对齐：将段落文本沿文本编辑页面右侧边缘对齐。

◆ 居中：以文档编辑页面水平中心为准进行对齐排列。

◆ 两端对齐：以文档编辑页面的两侧边缘为准进行排列。

◆ 分散对齐：以文档编辑页面的两侧边缘为准分散文本进行对齐。

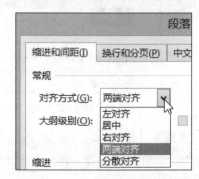

图3-39　Word中包含的段落对齐方式

3-7 调整来客登记表中文本的对齐方式

来客登记表是用于记录到公司拜访人员信息的表格。为了让来客登记表更整洁美观，用户可以使用"段落"组中提供的对齐方式来调整表格文本对齐方式。

原始文件 下载资源\实例文件\第3章\原始文件\来客登记表.docx

最终文件 下载资源\实例文件\第3章\最终文件\来客登记表.docx

扫码看视频

步骤 01 打开下载资源\实例文件\第3章\原始文件\来客登记表.docx，选择需要设置段落对齐方式的文本，在"开始"选项卡下"段落"组中单击"分散对齐"按钮，如图3-40所示。

步骤 02 此时所选表格中的文本以表格边缘为准进行了分散对齐，如图3-41所示。

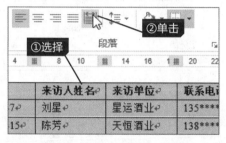

图3-40　单击"分散对齐"按钮

日　　期	来 访 人 姓 名	来 访 单 位
2013-12-7	刘　　星	星 运 酒 业
2013-12-15	陈　　芳	天 恒 酒 业

图3-41　分散对齐文本的效果

技巧 3.9 设置跨单元格居中对齐

在Excel 2013的单元格中设置文本对齐时，一般是针对单个单元格来对齐的，若想以多个单元格为基准进行居中对齐，则可以选择要设置对齐方式的单元格区域，打开"设置单元格格式"对话框，在"对齐"选项卡中单击"水平对齐"右侧的下三角按钮，在展开的下拉列表中单击"跨列居中"选项，如图3-42所示，即可设置文本跨多个单元格居中显示。

图3-42　设置跨单元格居中对齐

3.3.3　段间距格式设置

段间距主要指段落与段落之间的距离。为文档设置段间距格式可以轻松调整文本段落之间的位置，让文档内容疏密适度。

3-8 调整人事任用制度各段落的间距

人事任用制度是关于用人的行动准则、管理体制的文件。为了使人事任用制度各段落划分更清晰，可以适当调整段前与段后的间距。

原始文件　　下载资源\实例文件\第3章\原始文件\人事任用制度.docx

最终文件　　下载资源\实例文件\第3章\最终文件\人事任用制度.docx

步骤 01　打开下载资源\实例文件\第3章\原始文件\人事任用制度.docx，选择要调整段落间距的段落，如图3-43所示。

步骤 02　打开"段落"对话框，在"缩进和间距"选项卡下的"间距"选项组中设置"段前"和"段后"间距均为"0.5行"，如图3-44所示。

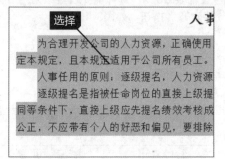

图3-43　选择要设置的段落

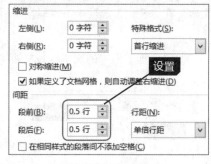

图3-44　设置段落间距

步骤 03　设置完成后单击"确定"按钮，所选段落的段前和段后间距进行了相应的调整，如图3-45所示。

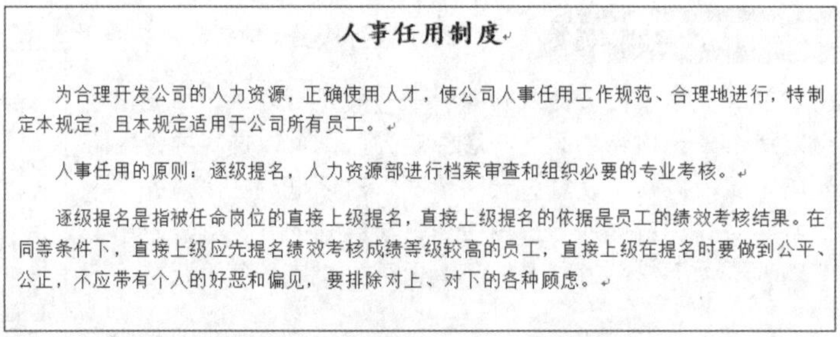

> **人事任用制度**
>
> 　　为合理开发公司的人力资源，正确使用人才，使公司人事任用工作规范、合理地进行，特制定本规定，且本规定适用于公司所有员工。
>
> 　　人事任用的原则：逐级提名，人力资源部进行档案审查和组织必要的专业考核。
>
> 　　逐级提名是指被任命岗位的直接上级提名，直接上级提名的依据是员工的绩效考核结果。在同等条件下，直接上级应先提名绩效考核成绩等级较高的员工，直接上级在提名时要做到公平、公正，不应带有个人的好恶和偏见，要排除对上、对下的各种顾虑。

图3-45　调整段落间距后的效果

技巧 3-10　调整行距

　　在Office组件中不仅可以调整字符、段落间距，还可以使用"段落"对话框中的"行距"下拉列表中的选项轻松调整行与行之间的距离。常见的行距有单倍行距、1.5倍行距、2倍行距、最小值、固定值、多倍行距等，如图3-46所示。其中单倍、1.5倍、2倍和多倍行距都是以当前默认行距为准来设置的，最小值是适应行上最大字体的最小行距，固定值则以用户指定的磅值来设置固定行距。除此之外，还可以直接单击"开始"选项卡在"段落"组中的"行和段落间距"下三角按钮，然后在展开的列表中选择要设置的行距和段落间距。

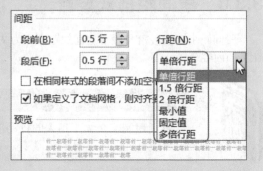

图3-46　调整行距

技巧　设置段落的换行和分页

3.11

在文档中排版段落时，还可以控制段落的换行和分页，使段落的换行与分页更符合实际需求。要控制段落换行和分页，只需打开"段落"对话框，在"换行和分页"选项卡中勾选合适的分页条件复选框，如图3-47所示，单击"确定"按钮即可。

◆ 孤行控制：用于避免段落的首行出现在页面底端，也可以避免段落的最后一行出现在页面的顶端。

◆ 与下段同页：使所选段落与下一段段落归于同一页。

◆ 段中不分页：使一个段落不被分在两个页面中，保证段落在页面中的完整性。

◆ 段前分页：在所选段落前插入一个强制分页符，保证所选段落将在下一页内显示。

◆ 取消行号：取消所选段落前的行号。

◆ 取消断字：在所选的段落中取消断字。

图3-47　设置段落的换行和分页

三组件应用分析

共性　在Office三个组件中，PowerPoint与Word组件相同，都可使用"段落"对话框设置文本段落之间的缩进、间距等。PowerPoint的"段落"对话框仅可以设置段落的对齐方式、缩进和间距，以及中文版式，如图3-48所示，比Word组件的"段落"对话框设置少了段落大纲级别、段落换行和分页控制。

特殊　Excel组件中不能使用"段落"来设置段落格式，因为Excel组件的文本都放置在单元格内，用户若想调整文本前后的缩进间距则可以通过"对齐"选项卡的"缩进"来设置或是通过添加空格来设置，如图3-49所示，而间距则可以通过行高和列宽来调整。

图3-48　在PowerPoint中设置段落格式

图3-49　在Excel中设置单元格文本缩进量

3.4　使用样式快速格式化文本

样式是可以应用到对象的预定义格式，使用它不仅可以帮助用户确保格式编排的一致性，还能提高用户更新文本格式的效率。

3.4.1　应用默认样式

Word 2013内置了标题、标题1、副标题、强调、要点等15种文本样式，用户可以为文本内容应用这些样式，快速更改文本的外观。

3-9　为公司章程的标题应用默认标题样式

公司章程是公司的规章制度，在制作这类文档时，用户可用内置的标题样式，快速更改章程中同一级别的标题样式，日后如果对标题样式不满意，还可以一次性更改。

扫码看视频

原始文件　下载资源\实例文件\第3章\原始文件\公司章程.docx

最终文件　下载资源\实例文件\第3章\最终文件\公司章程.docx

步骤01 打开下载资源\实例文件\第3章\原始文件\公司章程.docx，选择要应用样式的标题，如图3-50所示。

步骤02 在"开始"选项卡下的"样式"组中选择要应用的样式，如"标题"样式，如图3-51所示。

步骤03 此时所选段落应用了选定的样式，如图3-52所示。

图3-50　选择段落

图3-51　选择样式

图3-52　应用样式效果

3.4.2　新建样式

若内置样式不能满足用户的需求，可在"样式"窗格中新建所需样式。

  3-10　为公司章程中的二级标题新建样式

在格式化公司章程时，若要将条例设置为二级标题，并以"黑体""五号"字符格式显示，可以在文档中新建样式来统一更改二级标题的外观。

扫码看视频

 原始文件　下载资源\实例文件\第3章\原始文件\公司章程1.docx

 最终文件　下载资源\实例文件\第3章\最终文件\公司章程1.docx

步骤01 打开下载资源\实例文件\第3章\原始文件\公司章程1.docx，选择要应用样式的段落，在"开始"选项卡下单击"样式"组中的对话框启动器，如图3-53所示。

步骤02 弹出"样式"窗格，若要新建样式则单击"新建样式"按钮，如图3-54所示。

图3-53　单击"样式"对话框启动器

图3-54　单击"新建样式"按钮

步骤 03　弹出"根据格式设置创建新样式"对话框，在"名称"文本框中输入样式名称，如"二级标题"。在"格式"选项组中设置"字体"为"黑体"、"字号"为"五号"，如图3-55所示。

步骤 04　单击"格式"按钮，在展开的下拉列表中单击"段落"选项，如图3-56所示。

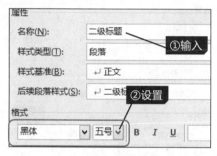

图3-55　设置样式的字符格式

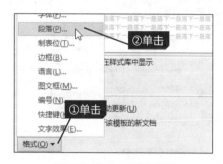

图3-56　单击"段落"选项

步骤 05　弹出"段落"对话框，在"缩进和间距"选项卡下单击"大纲级别"右侧的下三角按钮，在展开的下拉列表中选择大纲级别，如选择"2级"选项，如图3-57所示。

步骤 06　依次单击"确定"按钮，返回文档中，此时所选段落应用了新建的"二级标题"样式，如图3-58所示。

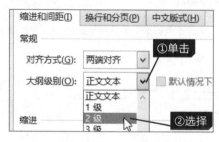

图3-57　设置大纲级别

图3-58　应用新建样式后效果

3.4.3　更改样式

如果用户对内置或自定义的样式不满意，可以使用"更改样式"功能快速更换样式集、颜色、字体、段落间距等，从而得到新的样式，也可以右击要修改的样式，在弹出的快捷菜单中单击"修改"命令，在弹出的"修改样式"对话框中重新设置样式的字符、段落等格式。

3-11 更改新建样式的格式

如果用户对新建的样式不满意，可以通过以下方法更改。

 原始文件　下载资源\实例文件\第3章\原始文件\公司章程2.docx

 最终文件　下载资源\实例文件\第3章\最终文件\公司章程2.docx

步骤 01　打开下载资源\实例文件\第3章\原始文件\公司章程2.docx，在"样式"窗格中右击要更改的样式，在弹出的快捷菜单中单击"修改"命令，如图3-59所示。

步骤 02　弹出"修改样式"对话框，在其中设置样式的字符格式为"华文细黑""小四"，如图3-60所示，设置完成后单击"确定"按钮。

图3-59　单击"修改"命令

图3-60　修改字符格式

步骤 03　返回文档中，可以看到应用新建样式的文本格式发生了改变，且文本之间的段落间距也发生了相应的变化，如图3-61所示。

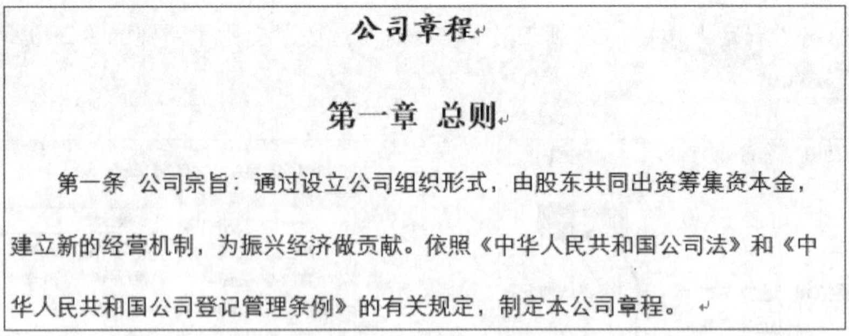

公司章程

第一章　总则

第一条　公司宗旨：通过设立公司组织形式，由股东共同出资筹集资本金，

建立新的经营机制，为振兴经济做贡献。依照《中华人民共和国公司法》和《中

华人民共和国公司登记管理条例》的有关规定，制定本公司章程。

图3-61　更改样式后的文档效果

提示

如果用户希望将文档中设置的某个字符、段落格式设置为样式快速应用到其他文档段落中，可以选择设置好字符和段落格式的文本，然后在"样式"组中单击快翻按钮，在展开的下拉列表中单击"将所选内容保存为新快速样式"选项，即可将所选内容的格式新建为新的快速样式。

如果用户不再需要某个应用的样式，可以在"样式"窗格中右击要清除的样式，在弹出的快捷菜单中单击"清除X个实例的格式"选项即可将文档中应用的样式清除，若只需删除快速样式库中的样式，而不清除文档中的样式，则在快捷菜单中单击"从快速样式库中删除"命令即可。

技巧 3-12 将当前样式集和主题样式设置为新文档默认样式

当用户希望将当前Word文档中应用的样式集、主题样式应用到新建的文档中时，可以将当前应用的样式集和主题样式设置为"基于该模板的新文档"，在新建文档时自动使用该样式集和主题样式。在"根据格式设置创建新样式"或"修改样式"对话框中选中"基于该模板的新文档"单选按钮，如图3-62所示，即可将当前样式集和主题样式设置为新文档的默认样式。

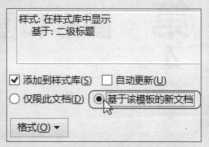

图3-62 将当前样式集和主题样式设置为新文档默认样式

技巧 3-13 合并样式

当用户希望在新的Excel工作簿中应用现有工作簿中自定义的单元格样式时，可以使用"合并样式"功能，将现有工作簿中自定义的样式复制到新的Excel工作簿中。打开要应用自定义样式的新工作簿，在"开始"选项卡的"样式"组中单击"单元格样式"按钮，在展开的下拉列表中单击"合并样式"选项，弹出"合并样式"对话框，选择要合并样式来源，单击"确定"按钮，如图3-63所示，即可将现有工作簿中的自定义单元格样式添加到新工作簿的样式库中。

图3-63 合并样式

三组件应用分析

共性 样式在Office的三个组件中都经常会用到，只是使用的样式种类不同，而本节介绍的文本样式只在Word和Excel组件中使用。Excel中的文本样式与Word中的样式也不同，它是针对单元格来设置的，主要用于更改单元格的填充颜色、边框样式和颜色以及单元格内容的格式，如图3-64所示。

特殊 在PowerPoint组件中没有文本样式应用功能，但可以通过幻灯片母版设置文本段落格式，如图3-65所示，从而轻松更改幻灯片中标题和正文内容的格式。

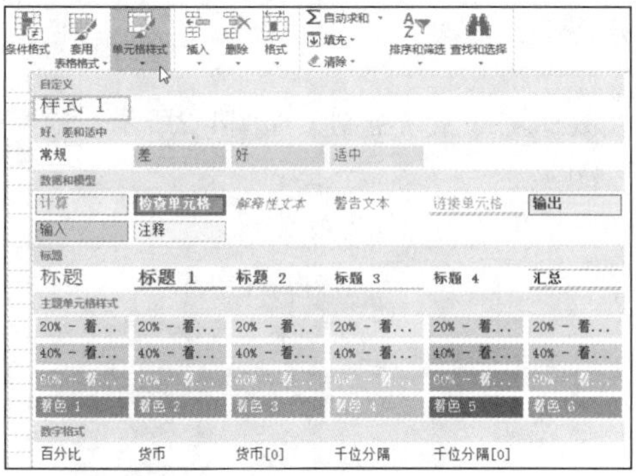

图3-64 在Excel中使用单元格样式

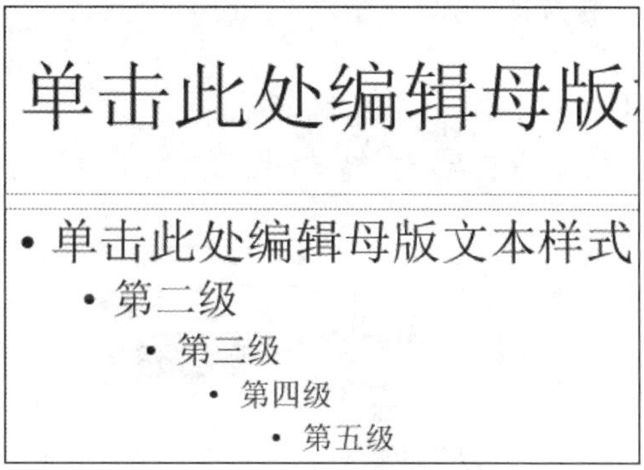

图3-65 在幻灯片母版中设置文本格式

第4章 图形和图像的添加与处理

虽然由单一文字构成的Office文件也能表现文件撰写者的意图，但如果撰写者在文档中添加了图形或图像，不仅可以补充文字无法说明的内容，使文档主题更清晰、明确，还可以起到美化文档页面的效果。

4.1 使用图形绘制主题示意图

示意图是由一些简单的图形组合构成的表示某个主题的图形，常见的构成示意图的图形有圆形、矩形、线条、箭头等。Office组件提供了一系列绘制示意图的图形，用户可根据实际需求选择并绘制图形。

4.1.1 绘制形状

在Word 2013中绘制形状非常简单，只需在"插入"选项卡的"插图"组中单击"形状"按钮，在展开的库中选择所需形状，然后在文档编辑区中按住鼠标左键拖动即可轻松绘制。

 4-1 绘制椭圆

用户只需在形状库中选择椭圆形状，待指针呈十字形时在文档中拖动鼠标左键，即可绘制一个椭圆。

扫码看视频

原始文件　　无

最终文件　　下载资源\实例文件\第4章\最终文件\绘制椭圆.docx

步骤01 启动Word 2013，切换至"插入"选项卡，在"插图"组中单击"形状"按钮，在展开的库中选择"椭圆"形状，如图4-1所示。

步骤02 待指针呈十字形，在文档中目标位置按住鼠标左键拖动绘制，如图4-2所示，拖至适当大小后，释放鼠标左键，即可以在文档中绘制一个椭圆。

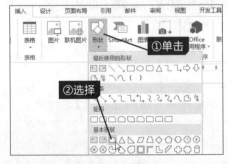

图4-1　选择形状

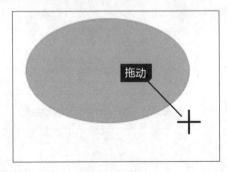

图4-2　绘制形状

技巧 绘制圆形或正方形

4-1 　若要绘制圆形或正方形等形状，可以按住【Shift】键拖动鼠标，拖至适当大小后，释放鼠标左键，然后放开【Shift】键，即可在文档中绘制出圆形或正方形，如图4-3所示。

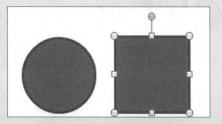

图4-3　绘制圆形或正方形

技巧 在形状中添加文字

4-2 　若想让绘制的图形表现具体信息，还需在形状中添加说明文字。用户只需右击绘制的形状，在弹出的快捷菜单中单击"添加文字"命令，如图4-4所示，激活形状上的编辑框，即可在形状中输入所需文本。

图4-4　在形状中添加文字

4.1.2　套用形状样式

　　Office组件预置了多种形状样式，它可以快速更改形状的填充颜色、边框样式等。用户只需先选择要更改的形状，再选择要应用的形状样式即可。

 4-2 为绘制的椭圆套用形状样式

　　在文档中绘制形状时，会自动为形状应用默认的蓝色边框与蓝色填充色，若想快速更改椭圆的外观样式，可直接套用预置的形状样式。

 原始文件 下载资源\实例文件\第4章\原始文件\套用形状样式.docx

 最终文件 下载资源\实例文件\第4章\最终文件\套用形状样式.docx

扫码看视频

步骤 01 　打开下载资源\实例文件\第4章\原始文件\套用形状样式.docx，选择要应用样式的形状，切换至"绘图工具-格式"选项卡，在"形状样式"组中单击快翻按钮，在展开的库中选择需要的样式，如图4-5所示。

步骤 02 　此时所选形状应用了选定的形状样式，如图4-6所示。

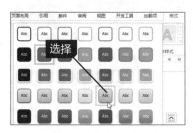

图4-5　选择要应用的形状样式

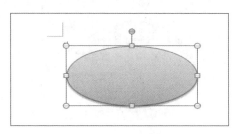

图4-6　应用样式后效果

技巧 更改形状

4-3

如果用户对文档中绘制的形状不满意，想更换为其他形状，可以选中已绘制的形状，切换至"绘图工具-格式"选项卡，在"插入形状"组中单击"编辑形状"按钮，在展开的下拉列表中单击"更改形状"选项，然后在展开的形状库中选择新的形状，即可将选定的形状更改为新选择的形状，如图4-7所示。

图4-7　更改形状

4.1.3　自定义形状的样式

在Office组件中除了可用预置的形状样式快速更改形状样式外，还可用"形状样式"组中的"形状填充""形状轮廓""形状效果"功能自定义形状的样式，如图4-8所示。

◆ 形状填充：用于填充所选形状内部空间，可以用纯色、渐变色、图片或纹理等填充。

◆ 形状轮廓：用于更改所选形状的轮廓线条，可以更改轮廓的颜色、粗细、线条样式和箭头形状。

◆ 形状效果：用于更改形状的阴影、映像、发光、柔化边缘、棱台或三维旋转格式，从而增加形状的特殊效果。

图4-8　自定义形状选项

4-3 手动设置笑脸形状的填充色、轮廓及效果

在文档中绘制笑脸后，可以通过"形状样式"组中的"形状填充""形状轮廓""形状效果"手动设置笑脸形状的填充色、轮廓及效果。

扫码看视频

原始文件　下载资源\实例文件\第4章\原始文件\笑脸.docx

最终文件　下载资源\实例文件\第4章\最终文件\笑脸.docx

步骤01 打开下载资源\实例文件\第4章\原始文件\笑脸.docx，选择要设置格式的形状，如图4-9所示。

步骤02 切换至"绘图工具"中的"格式"选项卡，在"形状样式"组中单击"形状填充"右侧的下三角按钮，在展开的下拉列表中选择所需颜色，如图4-10所示。

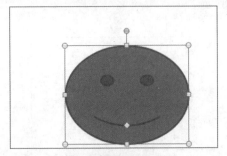

图4-9　选择要设置的形状

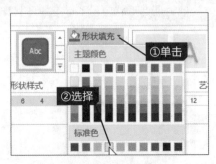

图4-10　设置形状填充颜色

步骤 03 单击"形状轮廓"右侧的下三角按钮，在展开的下拉列表中选择所需颜色，如图4-11所示。

步骤 04 单击"形状效果"右侧的下三角按钮，在展开的下拉列表中指向"阴影"选项，然后单击"右下斜偏移"图标，如图4-12所示。

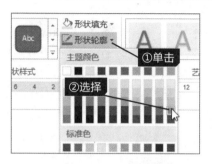

图4-11　选择形状轮廓颜色

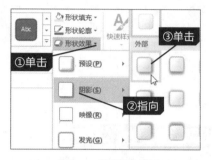

图4-12　设置阴影效果

步骤 05 再次单击"形状效果"右侧的下三角按钮，在展开的下拉列表中指向"映像"选项，然后单击"紧密接触，映像"图标，如图4-13所示。

步骤 06 此时所选形状应用了自定义的形状填充、轮廓和效果，如图4-14所示。

图4-13　设置映像效果

图4-14　手动设置后的笑脸效果

技巧 4-4　以渐变色填充形状

渐变色是由一种颜色逐渐过渡到另一种颜色的混合效果。在设置形状填充时，除了使用纯色填充外，还可以使用双色或多种颜色渐变来填充，用户只需选择待设置的形状，在"形状样式"组中单击"形状填充"右侧的下三角按钮，在展开的下拉列表中指向"渐变"选项，然后在展开的渐变样式中选择所需样式，如图4-15所示，或是单击"其他渐变"选项，弹出"设置形状格式"对话框，在"填充"选项面板中单击选中"渐变填充"单选按钮，根据需要设置预设颜色、类型、方向、角度和渐变光圈等。

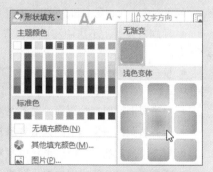

图4-15　以渐变色填充形状

技巧 4-5　以图片填充形状

　　当用户希望将某张图片以特定的几何形状展示时，可以使用"形状"功能绘制几何形状，然后选中形状，单击"形状填充"右侧的下三角按钮，在展开的下拉列表中单击"图片"选项，弹出"插入图片"对话框，选择所需图片，单击"插入"按钮，如图4-16所示，即可以选定的图片填充所选形状。

图4-16　以图片填充形状

技巧 4-6　以图案填充形状

　　在Office组件中还可以使用图案来填充形状，用户只需选择要设置的形状，单击"形状样式"组中的对话框启动器，打开"设置形状格式"对话框，在"填充"选项面板中单击选中"图案填充"单选按钮，然后在其下的列表框中选择图案样式，并设置图案颜色，如图4-17所示，即可以设置的图案填充所选形状。若想以某种预置纹理填充，可以在"填充"选项面板中单击选中"图片或纹理填充"单选按钮，然后单击"纹理"按钮，选择所需纹理样式。

图4-17　以图案填充形状

4.1.4　多个形状的对齐与分布

　　一般表现某个主题的示意图都是由几个形状组合构成的，在绘制示意图后，用户需要对多个形状的位置进行排列。想要快速将多个形状排列整齐，一般需借助"绘图工具-格式"选项卡的"排列"组中的"对齐"功能来实现。对齐功能包括左对齐、左右居中、右对齐、顶端对齐、上下居中、底端对齐、横向分布、纵向分布、对齐页面、对齐边距、对齐所选对象、查看网格线和网格设置等选项，如图4-18所示。

　　◆ 左对齐、左右居中和右对齐：用于设置多个形状在水平位置上的对齐方式。

　　◆ 顶端对齐、上下居中和底端对齐：用于设置多个形状在垂直方向上的对齐方式。

　　◆ 横向分布和纵向分布：以所选形状两端形状为准，从横向和纵向两个方向平均分配形状间的距离。

　　◆ 对齐页面：以文档页面为对齐基准。

　　◆ 对齐边距：以文档边距为对齐基准。

　　◆ 对齐所选对象：以所选形状的相对位置为基准。

　　◆ 查看网格线：在文档中显示网格线，以校正形状排列位置。

　　◆ 网格设置：用于设置网格线的水平和垂直间距，以及网格起点位置等。

图4-18　绘图工具的对齐功能

4-4　对齐绘制的流程图

　　流程图一般以多个形状和表示业务流向的箭头表示，若想使绘制的流程图结构清晰、排列整齐美观，可以借助"排列"组中的"对齐"按钮来快速调整。

原始文件　下载资源\实例文件\第4章\原始文件\采购业务流程图.docx

最终文件　下载资源\实例文件\第4章\最终文件\采购业务流程图.docx

扫码看视频

步骤01　　打开下载资源\实例文件\第4章\原始文件\采购业务流程图.docx，按住【Ctrl】键依次单击要排列的形状，如图4-19所示。

步骤02　　切换至"绘图工具-格式"选项卡，在"排列"组中单击"对齐"按钮，在展开的下拉列表中选择对齐方式，如"上下居中"选项，如图4-20所示。

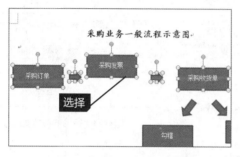

图4-19　选择要排列的多个形状

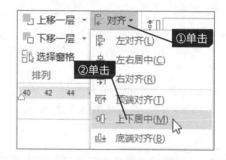

图4-20　选择所需对齐方式

步骤03　　再次单击"对齐"按钮，在展开的下拉列表中单击"横向分布"选项，如图4-21所示。

步骤04　　此时所选形状以上下居中对齐，并以横向平均分布形状之间的距离，再用相同方法设置其他形状的位置，得到如图4-22所示的排列效果。

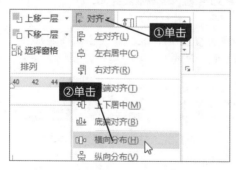

图4-21　单击"横向分布"选项

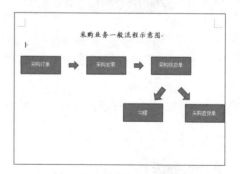

图4-22　排列形状后效果

提示　　在对齐形状之前，用户可以在"排列"组中单击"选择窗格"按钮，展开"选择和可见性"窗格，在窗格中按住【Ctrl】键选择要对齐的多个对象。

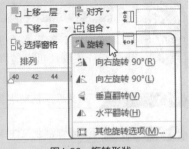

技巧 旋转形状

4-7

　　当在文档中绘制的形状角度不符合用户实际需求时，可以通过"排列"组中的"旋转"功能来快速旋转形状。单击"旋转"按钮，在展开的下拉列表中选择旋转选项，如图4-23所示，如果该下拉列表中的选项不符合用户要求，可单击"其他旋转选项"选项，弹出"设置形状格式"对话框，在"大小"选项卡的"旋转"选项组中输入形状旋转的角度来自定义旋转方向。

图4-23　旋转形状

4.1.5　图形的叠放次序

　　在文档中绘制的形状或是插入的对象都是放置在不同的层次中的，如果形状之间有重叠，则上层形状会遮盖下层形状。若要将被遮盖的形状显示出来，可以通过"排列"组中的"上移一层""下移一层"功能调整形状的叠放次序，如图4-24所示。

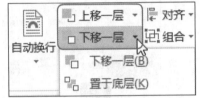

　　◆ 上移一层：该功能包括"上移一层""置于顶层""浮于文字上方"选项，用于将所选形状上移一层、置于顶层或是使其浮于文字上方。

　　◆ 下移一层：该功能包括"下移一层""置于底层""衬于文字下方"选项，用于将所选形状下移一层、置于底层或是使其衬于文字下方。

图4-24　图形的叠放次序

示例 4-5　调整欢迎光临示意图的形状叠放次序

　　在绘制欢迎光临示意图时，示意图的笑脸形状被矩形形状遮挡了，想将其显示出来，可以通过调整图形的叠放次序来实现。

扫码看视频

原始文件　下载资源\实例文件\第4章\原始文件\设置图形叠放次序.docx

最终文件　下载资源\实例文件\第4章\最终文件\设置图形叠放次序.docx

步骤 01　打开下载资源\实例文件\第4章\原始文件\设置图形叠放次序.docx，右击需要调整层次的形状，单击"置于顶层"中的"置于顶层"命令，如图4-25所示。

步骤 02　此时所选形状置于所有形状的最顶层，效果如图4-26所示。

图4-25　单击"置于顶层>置于顶层"命令

图4-26　调整形状叠放次序后的效果

4.1.6 多个图形之间的组合

若要对多个图形进行统一移动、修改等操作，用户可以使用"排列"组中的"组合"功能，将多个图形组合为一个整体。

 4-6 将流程图中的所有形状进行组合

在文档中如果要整体移动流程图的位置，首先需要将构成流程图的多个图形组合成一个整体，以免移动时不小心改变了流程图中各个形状的相对位置。

原始文件 下载资源\实例文件\第4章\原始文件\采购业务流程图1.docx

最终文件 下载资源\实例文件\第4章\最终文件\采购业务流程图1.docx

 扫码看视频

步骤 01 打开下载资源\实例文件\第4章\原始文件\采购业务流程图1.docx，在"开始"选项卡下的"编辑"组中单击"选择"按钮，在展开的下拉列表中单击"选择对象"选项，如图4-27所示。

步骤 02 按住【Ctrl】键，依次选择多个待组合的形状，如图4-28所示。

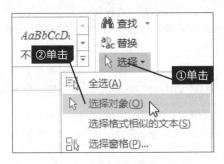

图4-27 单击"选择对象"选项

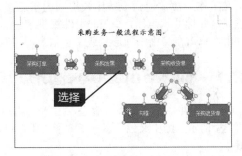

图4-28 选择多个待组合的形状

步骤 03 切换至"绘图工具-格式"选项卡，在"排列"组中单击"组合"按钮，在展开的下拉列表中单击"组合"选项，如图4-29所示。

步骤 04 此时所选形状组合为一个整体，如图4-30所示。

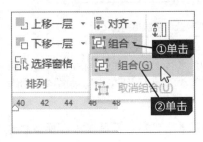

图4-29 单击"组合"选项

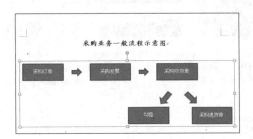

图4-30 组合后的形状效果

三组件应用分析

共性

在Office三个组件中，用户都可以使用形状绘制主题示意图，其每个组件的形状绘制、格式设置和排列方法都相同，如要在PowerPoint组件中绘制示意图，只需切换至"插入"选项卡，在"插图"组中单击"形状"按钮，在展开的下拉列表中选择所需形状，然后在幻灯片中绘制，如图4-31所示。

特殊

在Word组件中提供了其他两个组件没有的"位置"和"自动换行"功能，可以快速调整图形在文档页面中的位置和形状与文字的环绕方式，如图4-32所示。

图4-31　在PowerPoint中插入形状

图4-32　在Word中更改图形环绕方式

4.2 使用SmartArt图形制作标准示意图

在工作中常常遇到一些比较规则的示意图，如组织结构图、关系图、流程图等。为了方便用户快速建立这些标准示意图，Office组件提供了SmartArt图形功能，它将信息和观点以固定布局形状表示出来，用户只需在其中添加形状或文本信息即可轻松创建。

4.2.1 插入SmartArt图形

Office组件提供了列表、流程、循环、层次结构、关系、矩阵、棱锥图和图片等类别的标准示意图，每种类型的示意图中又包括多种子图形，用户可以根据实际需要选择这些预置的图形布局轻松建立标准示意图。

4-7 插入公司组织结构图

公司组织结构图是公司管理权限结构的示意图，用户可以直接在"层次结构"选项面板中选择合适的图形布局来创建。

扫码看视频

⬇ 原始文件　下载资源\实例文件\第4章\原始文件\公司组织结构图.docx

⬇ 最终文件　下载资源\实例文件\第4章\最终文件\公司组织结构图.docx

步骤01　打开下载资源\实例文件\第4章\原始文件\公司组织结构图.docx，将光标插入点置于要插入图形的位置，切换至"插入"选项卡，在"插图"组中单击"SmartArt"按钮，如图4-33所示。

步骤02　弹出"选择SmartArt图形"对话框，单击"层次结构"选项，然后在右侧面板中选择所需子图形布局"组织结构图"选项，如图4-34所示。

图4-33　单击"SmartArt"按钮

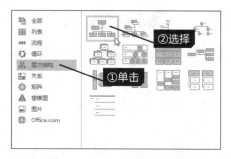

图4-34　选择"SmartArt图形"布局

 步骤03 此时在光标插入点所在位置插入了所选图形布局的SmartArt图形，如图4-35所示。

步骤04 单击形状中的"文本"字样，在其中输入所需的文本，如图4-36所示，即可完成公司组织结构图的制作。

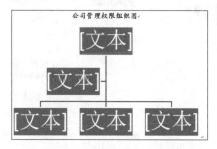

图4-35　插入的SmartArt图形

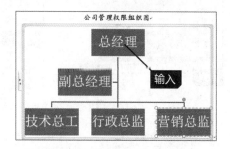

图4-36　输入公司组织结构内容

技巧 4-8　更改SmartArt图形的某个形状

如果用户对SmartArt图形中默认的几何形状不满意，可以根据需要将SmartArt图形形状更改为形状库中的任意形状。在SmartArt图形中选中要更改的单个形状，然后在"SmartArt工具-设计"选项卡下的"形状"组中单击"更改形状"按钮，在展开的列表中单击要应用的形状即可，如图4-37所示。

图4-37　更改SmartArt图形的某个形状

4.2.2　修改SmartArt图形

如果默认的SmartArt图形布局不能满足用户的需求，用户可以切换至"SmartArt工具-设计"选项卡，在"创建图形"组中使用"添加形状""添加项目符号""文本窗格""升级""降级"等功能来修改形状，从而得到结构、布局更完整的所需图形。

 示例 4-8　往组织结构图中添加形状

在【示例4-7】中建立的公司组织结构图只有顶级管理层的结构图解，没有具体的中层管理结构图解，为了使公司组织结构图更完整，用户可以使用"创建图形"组中的"添加形状"功能往组织结构图中添加形状完善结构图。

| 原始文件 | 下载资源\实例文件\第4章\原始文件\公司组织结构图1.docx |
| 最终文件 | 下载资源\实例文件\第4章\最终文件\公司组织结构图1.docx |

步骤 01 打开下载资源\实例文件\第4章\原始文件\公司组织结构图1.docx，选中作为添加形状位置标准的形状，如图4-38所示。

步骤 02 切换至"SmartArt工具"中的"设计"选项卡，在"创建图形"组中单击"添加形状"右侧的下三角按钮，在展开的下拉列表中单击"在下方添加形状"选项，如图4-39所示。

步骤 03 此时在所选形状下方添加了新形状，右击新形状，在弹出的快捷菜单中单击"编辑文字"命令，如图4-40所示。

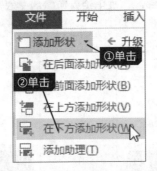

图4-38　选择形状　　　　图4-39　单击"在下方添加形状"选项　　　　图4-40　单击"编辑文字"命令

步骤 04 在形状的编辑框中输入"研发部"，如图4-41所示。

步骤 05 用相同的方法在组织结构图中添加其他部门名称，如图4-42所示，完成公司组织结构图的制作。

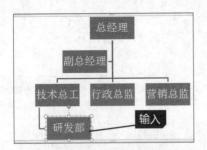
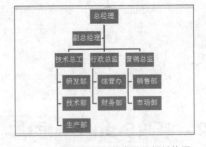

图4-41　在新形状中输入相应的文本　　　　图4-42　添加形状后的完整组织结构图

技巧 4-9　修改SmartArt图形的布局

如果文档中创建的SmartArt图形布局不符合用户的实际需求，用户可以在"SmartArt工具"中的"设计"选项卡，单击"布局"组中的快翻按钮，在展开的库中选择新的图形布局样式，如图4-43所示。除此之外，还可以单击"其他布局"选项，在弹出的"选择SmartArt图形"对话框中选择其他类型的SmartArt图形布局。

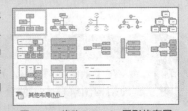

图4-43　修改SmartArt图形的布局

4.2.3 设置SmartArt图形颜色和样式

　　Office组件为SmartArt图形提供了一种快速简便的SmartArt样式，该样式包括形状填充、边距、阴影、线条样式、渐变和三维透视等。除此之外，还可以使用"形状样式"组中的"形状填充""形状轮廓""形状效果"等功能自定义设置SmartArt图形中的一个或多个形状的外观样式。

 4-9 更改组织结构图的配色方案和样式

　　在【示例4-8】中创建的公司组织结构图应用的是当前文档默认的主题配色方案和样式，如果想更改组织结构图的配色方案和样式，可以通过"SmartArt样式"组中的"更改颜色"和"SmartArt样式"来实现。

 原始文件　下载资源\实例文件\第4章\原始文件\公司组织结构2.docx

 最终文件　下载资源\实例文件\第4章\最终文件\公司组织结构2.docx

 扫码看视频

步骤 01　打开下载资源\实例文件\第4章\原始文件\公司组织结构2.docx，选择要更改配色方案和样式的SmartArt图形，如图4-44所示。

步骤 02　切换至"SmartArt工具"中的"设计"选项卡，在"SmartArt样式"组中单击"更改颜色"下三角按钮，在展开的下拉列表中选择所需颜色，如图4-45所示。

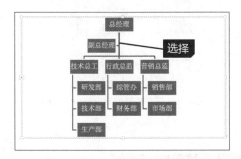

图4-44　选择要更改的SmartArt图形

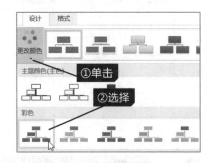

图4-45　选择所需颜色

步骤 03　单击"SmartArt样式"组中的快翻按钮，在展开的样式库中选择所需样式，如图4-46所示。

步骤 04　此时所选SmartArt图形应用了选定的配色方案和SmartArt样式，效果如图4-47所示。

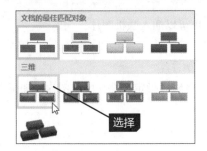

图4-46　选择所需SmartArt样式

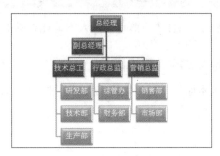

图4-47　应用颜色和样式后的图形效果

技巧 4-10 自定义SmartArt图形的颜色和样式

除了使用SmartArt快速样式快速更改SmartArt图形的颜色和样式外，还可以使用与形状样式设置相同的方法来自定义SmartArt图形的颜色和样式，只需切换至"SmartArt工具-格式"选项卡，在"形状样式"组中使用"形状样式""形状填充""形状轮廓""形状效果"功能，如图4-48所示，来设置SmartArt图形中单个形状的填充、边框样式和形状效果格式。

图4-48 自定义SmartArt图形的颜色和样式

三组件应用分析

共性 在Office三个组件中，SmartArt图形的创建与格式设置方法均相同，但Excel和PowerPoint组件提供了"转换为形状"功能，可以将SmartArt图形转换为形状的组合，如图4-49所示。

特殊 在PowerPoint组件中，用户除了能使用"选择SmartArt图形"对话框中的图形布局来创建SmartArt图形外，还可以选择要转换为SmartArt图形的文本，在"段落"组中使用"转换为SmartArt"功能，将文本轻松转换为所需的SmartArt图形，如图4-50所示。

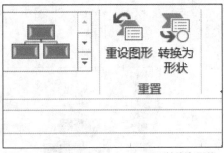

图4-49 在Excel中将SmartArt图形转换为形状

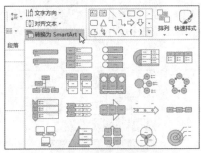

图4-50 将文本转换为SmartArt图形

4.3 使用图片补充说明文档

图片是由点、线和符号等组成的图像，它可以直观反映事物的真实形象。在文档中使用图片可以将抽象的文字表现得更直观，使读者更易理解，同时还能美化文档页面，避免文档出现单调、枯燥的问题。

4.3.1 插入图片

在Office组件中，既可以插入本地计算机中存储的图片，也可以插入联机图片。

◁1 插入本地计算机图片

插入本地计算机图片其实就是通过"插入图片"对话框，将磁盘指定文件夹中的图片添加至当前文档中。

4-10 在景点推荐中插入景点图片

景点推荐文档是对一些景点特点进行介绍的文档，在这类文档中适当地使用景点图片不仅可以表现景点的特点，还可以使文档的页面更美观。

原始文件 下载资源\实例文件\第4章\原始文件\景点推荐.docx、桂林.jpg

最终文件 下载资源\实例文件\第4章\最终文件\景点推荐.docx

 扫码看视频

步骤01 打开下载资源\实例文件\第4章\原始文件\景点推荐.docx，将光标插入点置于要插入图片的位置，切换至"插入"选项卡，在"插图"组中单击"图片"按钮，如图4-51所示。

步骤02 弹出"插入图片"对话框，选择需要插入的图片，如图4-52所示。

步骤03 选择图片后，单击"插入"按钮，即可将所选图片插入到文档中指定位置，如图4-53所示。

图4-51　单击"图片"按钮

图4-52　选择需要插入的图片

图4-53　插入的图片

2 插入联机图片

在Word文档中，用户除了可以插入计算机磁盘中存储的图片外，还可以插入联机图片，即使用程序内置的必应图像搜索引擎来搜索并插入网络上的图片。

4-11 在公司车辆管理表中插入图片

公司车辆管理表是用于管理公司车辆使用、检修情况的表格。如果需要在表格中插入车辆图片作为修饰，但在计算机中又没找到合适的图片，就可以利用联机图片功能来搜索并插入图片。

原始文件 下载资源\实例文件\第4章\原始文件\公司车辆管理表.xlsx

最终文件 下载资源\实例文件\第4章\最终文件\公司车辆管理表.xlsx

 扫码看视频

步骤01 打开下载资源\实例文件\第4章\原始文件\公司车辆管理表.xlsx，切换至"插入"选项卡，在"插图"组中单击"联机图片"按钮，如图4-54所示。

步骤 02 弹出"插入图片"对话框，在"必应图像搜索"文本框中输入关键词"车辆"，如图4-55 所示，单击"搜索"按钮。

图4-54 单击"联机图片"按钮

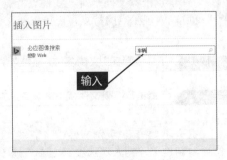

图4-55 搜索图片

步骤 03 此时在列表框中显示搜索结果，选择需要插入的图片并单击"插入"按钮，如图4-56所示。

步骤 04 此时所选图片插入到了工作表中，将其移至适当位置，并调整其大小，即可完成图片的添加，如图4-57所示。

图4-56 选择并插入图片

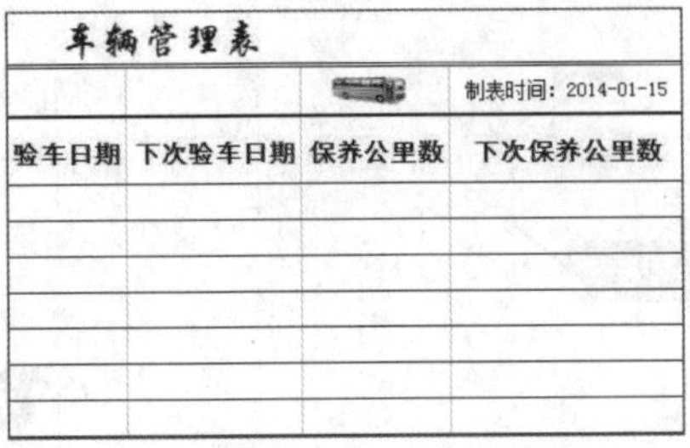

车辆管理表			
		制表时间：2014-01-15	
验车日期	下次验车日期	保养公里数	下次保养公里数

图4-57 调整插入的图片

技巧 4-11 插入屏幕剪辑

在Office 2013中，用户可以快速轻松地将屏幕剪辑插入到Office 文件中，以增强其可读性。屏幕剪辑也称屏幕截图，可以是当前打开 的某个窗口内容，也可以是屏幕中某个图像的一部分。若想将屏幕中 某个图像的一部分添加到文件中，可以单击"屏幕截图"按钮，在展 开的下拉列表中单击"屏幕剪辑"选项，如图4-58所示，在屏幕中拖 动鼠标选取待插入到文档中的部分图像。

图4-58 插入屏幕剪辑

4.3.2 简单处理图片

如果文档中的图片效果不符合用户的需求，可以借助Office组件提供的图片处理功能，如对比度、 亮度、颜色、饱和度调整及图片背景删除等，使文件中的图片与文本内容更协调。

1 调整图片的亮度和饱和度

想使图片的亮度有所改善，图片的颜色更鲜艳，可以通过适当调整图片的亮度和饱和度来实现。

4-12 调整图片的亮度和饱和度

在景点推荐文档中已添加了景点图片，当用户希望景点图片更明亮、颜色更鲜艳时，可以通过调整亮度和饱和度来更改。

原始文件 下载资源\实例文件\第4章\原始文件\景点推荐1.docx

最终文件 下载资源\实例文件\第4章\最终文件\景点推荐1.docx

扫码看视频

步骤01 打开下载资源\实例文件\第4章\原始文件\景点推荐1.docx，选择待设置的图片，如图4-59所示。

步骤02 切换至"图片工具-格式"选项卡，在"调整"组中单击"更正"按钮，在展开的库中选择所需亮度和对比度样式，如图4-60所示。

图4-59 选择待设置的图片

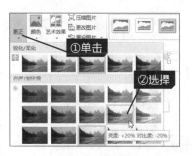

图4-60 更改亮度和对比度

步骤03 单击"颜色"按钮，在展开的库中选择所需饱和度样式，如图4-61所示。

步骤04 此时所选图片应用了选定的亮度、对比度和饱和度，如图4-62所示。

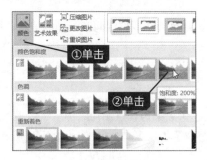

图4-61 更改图片饱和度

图4-62 更改亮度、对比度、饱和度后的效果

2 更改图片的颜色

在文件中插入图片可以为文件增色不少，但并不是所有的图片都符合我们的要求，若想更改图片的颜色，可在"调整"组中使用"颜色"功能来尝试调整。

4-13 将图片更改为灰度图

在景点推荐文件中，如想查看文件黑白打印的效果，可以将文件中的图片更改为灰度图来查看。

原始文件　下载资源\实例文件\第4章\原始文件\景点推荐2.docx

最终文件　下载资源\实例文件\第4章\最终文件\景点推荐2.docx

步骤 01 打开下载资源\实例文件\第4章\原始文件\景点推荐2.docx，选择待设置的图片，如图4-63所示。

步骤 02 在"调整"组中单击"颜色"按钮，在展开的库中选择"重新着色"组中的"灰度"样式，如图4-64所示。

步骤 03 此时所选图片的颜色更改为灰度效果，如图4-65所示。

图4-63　选择图片

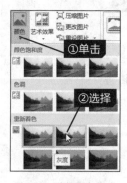
图4-64　选择颜色样式

图4-65　更改颜色后效果

3 为图片添加艺术效果

Office 2013预置的艺术效果可以快速更改图片的透明度、画笔大小、裂缝间距、详细信息、粒度大小等，使图片看上去更有质感，更符合文档内容。

4-14 为图片添加艺术效果

在景点推荐文件中，可以使用Office组件提供的艺术效果为景点图片添加下雪效果。

原始文件　下载资源\实例文件\第4章\原始文件\景点推荐3.docx

最终文件　下载资源\实例文件\第4章\最终文件\景点推荐3.docx

步骤 01 打开下载资源\实例文件\第4章\原始文件\景点推荐3.docx，选择要应用艺术效果的图片，如图4-66所示。

步骤 02 在"调整"组中单击"艺术效果"按钮，在展开的库中选择所需艺术效果，如选择"线条图"样式，如图4-67所示。

步骤 03 此时所选图片应用了所选样式，添加了下雪效果，如图4-68所示。

图4-66 选择图片

图4-67 选择艺术效果

图4-68 应用后的艺术效果

4 去除图片背景

在Office组件中，用户可以通过消除图片的背景来强调或突出图片的主题，或是隐藏图片中的杂乱细节。

 4-15 为插入的产品图片去除背景

产品促销单是一种宣传产品的传单，一般包含产品的图片、基本参数及价格等数据。在制作时，常需隐藏产品图片的背景，用户可以使用"删除背景"功能，将产品图片的背景消除，仅保留图片的主体部分。

原始文件 下载资源\实例文件\第4章\原始文件\产品促销单.docx

最终文件 下载资源\实例文件\第4章\最终文件\产品促销单.docx

 扫码看视频

步骤 01 打开下载资源\实例文件\第4章\原始文件\产品促销单.docx，选择要删除背景的图片，在"调整"组中单击"删除背景"按钮，如图4-69所示。

步骤 02 此时显示"背景消除"上下文选项卡，并以洋红色自动将图片的大部分背景标示出来，如图4-70所示。

图4-69 单击"删除背景"按钮

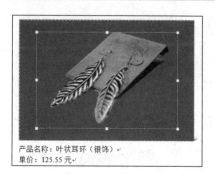

图4-70 自动标出的待删除背景区

步骤 03 在"背景消除"选项卡的"优化"组中单击"标记要删除的区域"按钮，如图4-71所示。

步骤 04 此时鼠标指针呈铅笔状，拖动鼠标将需要消除的背景图像标记出来，如图4-72所示。

步骤 05 标记完成后，单击图片外的任意空白区域，即可退出背景消除状态，图中仅显示保留部分的图像，如图4-73所示。

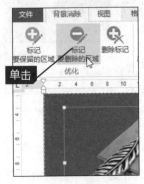

图4-71 单击"标记要删除的区域"按钮

图4-72 标记待删除部分

图4-73 删除背景效果

技巧 4-12 重设效果不满意的图片

在Office 2013组件中，如果用户对设置的图片效果不满意，可以在"调整"组中单击"重设图片"右侧的下三角按钮，在展开的下拉列表中单击"重设图片"选项，如图4-74所示，清除对图片的所有修改，图片还原至插入文档时的效果。

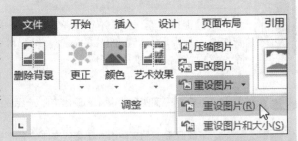

图4-74 重设效果不满意的图片

4.3.3 设置图片样式

Office组件预设的图片样式可以快速更改图片的边框样式、阴影、映像、柔化边缘、凹凸和三维旋转等效果。用户也可以根据需要在"图片样式"组中设置图片的某一项效果样式。

示例 4-16 为产品图片套用样式

为了使产品促销单中的产品图片更加突出、明显，用户可以应用Office组件提供的图片样式进行设置。

扫码看视频

 原始文件 下载资源\实例文件\第4章\原始文件\产品促销单.docx

 最终文件 下载资源\实例文件\第4章\最终文件\产品促销单1.docx

步骤 01 打开下载资源\实例文件\第4章\原始文件\产品促销单.docx，选择要应用图片样式的图片，如图4-75所示。

步骤 02 切换至"图片工具-格式"选项卡，单击"图片样式"组中的快翻按钮，在展开的库中选择所需样式，如图4-76所示。

步骤 03 此时所需图片应用了选定的图片样式，如图4-77所示，然后用相同的方法设置其他图片的图片样式。

图4-75 选择图片

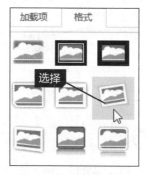
图4-76 选择图片样式

图4-77 应用图片样式的效果

4.3.4 裁剪图片

在Office组件中，可以使用图片裁剪工具删除图片中不需要的部分。裁剪的方式有多种，如图4-78所示，具体的作用如下。

◆ 裁剪：按矩形手动裁剪图片四周多余部分图像。

◆ 裁剪为形状：快速将所选图片的外观裁剪为特定的形状，它将自动修整图片以填充形状，但同时会保持图片的比例。

◆ 纵横比：可以将图片裁剪为通用的照片或纵横比，使其轻松适合图片框。

◆ 填充：在保持图片原始纵横比的同时快速填充图片，裁剪后的图片区以外的所有部分都将被裁剪掉。

◆ 调整：在保持图片原始纵横比的同时快速调整图片大小以适合图片区域。

图4-78 图片的裁剪功能

4-17 裁剪插入的景点图片

在景点推荐文档中插入的图片，默认以矩形形式存放，若想使插入文档中的图片以云朵状外观显示，可以通过"裁剪为形状"功能来实现。

 原始文件　下载资源\实例文件\第4章\原始文件\景点推荐4.docx

 最终文件　下载资源\实例文件\第4章\最终文件\景点推荐4.docx

 扫码看视频

步骤 01 打开下载资源\实例文件\第4章\原始文件\景点推荐4.docx，选择要裁剪为特定形状的图片，如图4-79所示。

步骤 02 切换至"图片工具"中的"格式"选项卡，在"大小"组中单击"裁剪"下三角按钮，在展开的下拉列表中单击"裁剪为形状"中的"云形"选项，如图4-80所示。

步骤 03 此时所选图片的外观更改为云形，如图4-81所示。

图4-79 选择要裁剪的图片

图4-80 裁剪为特定形状

图4-81 裁剪后的图片效果

4.3.5 调整图片的环绕方式

默认情况下，在Office文件中插入的图片都是以"嵌入方式"插入的，如果希望图片与文字的结合方式更符合实际需求，用户可以通过"自动换行"功能，更改图片的环绕方式来实现。常见的环绕方式有嵌入型、四周型环绕、紧密型环绕、穿越型环绕、上下型环绕、衬于文字下方、浮于文字上方等，如图4-82所示。

◆ 嵌入型：是Office文件图片插入的默认方式。

◆ 四周型环绕：无论图片是否为矩形图片，文字以矩形方式环绕在图片的四周。

◆ 紧密型环绕：如果图片为矩形，则文字以矩形方式环绕在图片周围，如果图片是不规则图形，则文字根据不规则图片的边缘进行紧密环绕。

◆ 穿越型环绕：若不规则图片存在空白区域，则文字可以穿越空白区环绕图片。

◆ 上下型环绕：文字环绕在图片的上方和下方。

◆ 衬于文字下方：图片在下，文字在上，文字会覆盖图片。

◆ 浮于文字上方：图片在上，文字在下，图片会覆盖文字，与"衬于文字下方"相反。

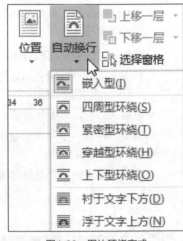

图4-82 图片环绕方式

示例 4-18 调整景点图片在文稿中的环绕方式

在制作景点推荐文档时，若想使文字紧密围绕在图片的四周，则可以通过更改图片的环绕方式来实现。

扫码看视频

原始文件 下载资源\实例文件\第4章\原始文件\景点推荐5.docx

最终文件 下载资源\实例文件\第4章\最终文件\景点推荐5.docx

步骤 01　打开下载资源\实例文件\第4章\原始文件\景点推荐5.docx，选择要调整环绕方式的图片，如图4-83所示。

步骤 02　在"排列"组中单击"自动换行"按钮，在展开的下拉列表中单击"紧密型环绕"选项，如图4-84所示。

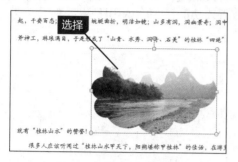

图4-83　选择要调整的图片

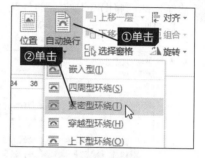

图4-84　选择环绕方式

步骤 03　此时图片周围的文字紧密围绕在图片四周，如图4-85所示。

图4-85　更改环绕方式后文档效果

技巧 4-13　调整图片的位置

在Office 2013文件中，如果希望快速将图片移至文档页面的顶端左侧，或是顶端居中、顶端右侧位置等，可以在选中图片后，在"排列"组中单击"位置"按钮，在展开的下拉列表中选择所需位置样式，如图4-86所示。

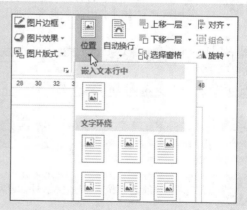

图4-86　调整图片的位置

共性　图片的添加与处理在Office的三个组件中都经常用到，且操作方法基本相同。例如，在PowerPoint组件中处理图片的方法与Word组件中处理图片的方法类似。选中待处理的图片，在"图片工具"中的"格式"选项卡的"调整"组中选择合适的命令，如单击"更正"按钮，在展开的下拉列表中可选择合适的亮度和对比度样式，如图4-87所示。

特殊　Word 组件中的图片处理功能比Excel和PowerPoint组件多出了"位置"和"自动换行"功能，即调整图片与文字的环绕方式和相对位置的功能。在Excel组件中没有"位置"和"自动换行"按钮，如图4-88所示。

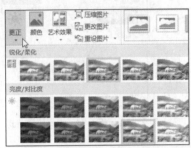

图4-87　在PowerPoint中处理图片

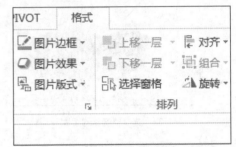

图4-88　在Excel中没有位置和自动换行功能

4.4　使用文本框灵活安排文档内容

文本框是一种可移动、可调整大小的文字或图形容器，它可以将文字或图形以对象形式添加到文档中，将其作为文档的一种装饰，使文档更加灵活、生动。在文档中使用文本框的方法与在文档中绘制形状、设置形状格式相似。

4-19　在宣传文稿中插入文本框灵活排版文档

宣传文稿是用于宣传某个活动、某个产品的文件。在制作时，一般会采用多种文字布局来设计，如将活动的时间、地点以竖排文本显示在文稿中，可以使文稿版面更加灵活，而在添加这类文本时常用文本框来添加。

原始文件　下载资源\实例文件\第4章\原始文件\宣传文稿.docx

最终文件　下载资源\实例文件\第4章\最终文件\宣传文稿.docx

步骤01　打开下载资源\实例文件\第4章\原始文件\宣传文稿.docx，切换至"插入"选项卡，在"文本"组中单击"文本框"按钮，在展开的下拉列表中单击"绘制竖排文本框"选项，如图4-89所示。

步骤02　在文档的适当位置绘制文本框，然后在其中输入所需文本，如图4-90所示。

步骤03　选择添加的文本框，切换至"绘图工具"中的"格式"选项卡，在"排列"组中单击"自动换行"按钮，在展开的下拉列表中选择合适的环绕方式，如图4-91所示，此时文本框以指定环绕方式嵌入到文档中，使文档内容更协调。

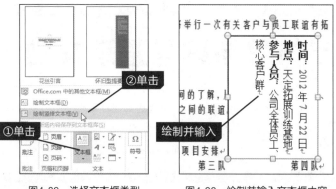

图4-89　选择文本框类型　　　　图4-90　绘制并输入文本框内容　　　　图4-91　选择环绕方式

三组件应用分析

共性

　　在Office的三个组件中绘制文本框都经常用到，且操作方法基本相同。如在Excel组件中绘制文本框，只需切换至"插入"选项卡，在"文本"组中单击"文本框"下三角按钮，选择适合的文本框类型，然后在工作表中绘制即可，如图4-92所示。

特殊

　　Word组件中提供的文本框比PowerPoint和Excel组件中的文本框多出一组预设的文本框样式，可以快速建立特定外观的文本框，如图4-93所示。

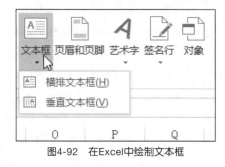

图4-92　在Excel中绘制文本框　　　　图4-93　在Word中插入内置文本框

读书笔记

第 5 章

使用项目符号与编号整理文档

一份完整的文件通常由具有层次关系的文字组成，若这些文字在Word文档中一一呈现，阅读者要花费很多时间去厘清主次。若是在Word文档中使用项目符号突出重点或者使用编号增加段落的逻辑关系，再或者使用多级列表划分文档的结构层，就能让阅读者一目了然了。

5.1 文本的选择

在Word 2013中对文本进行操作时，大多数情况下都需先选择要操作的文本，才能进行相应的操作。可以选择单行、单段文本和多行、多段文本。

5.1.1 单行、单段文本的选择

在Word 2013中可以通过单击鼠标和拖动鼠标的方法选择文本，在选择单行和单段文本时，可以通过单击鼠标快速选择。

◆ 选择单行文本：将鼠标指针移动到要选择的行的左侧，当鼠标指针变成 ↗ 后，单击鼠标。

◆ 选择单段文本：将鼠标指针移动到要选择的段落的左侧，当鼠标指针变成 ↗ 后，双击鼠标。在段落中三击鼠标可以选择该段文本。

5-1 选择开幕词中的单行和单段文本

开幕词是某个活动或者会议开幕时，某些人员如企业领导、政府领导，为活动或会议发表的开幕演讲。在开幕词文档中通常需要选择单行或单段的文本，对其进行编辑或者设置，可以通过单击鼠标的方法快速选择。

扫码看视频

原始文件 下载资源\实例文件\第5章\原始文件\开幕词.docx

最终文件 无

步骤01 打开下载资源\实例文件\第5章\原始文件\开幕词.docx，将鼠标指针移动到要选择的单行文本左侧，当其变成 ↗ 后单击，选择单行文本后的效果如图5-1所示。

步骤02 将鼠标指针移动到要选择的段落的左侧，当其变成 ↗ 后双击，选择单段文本后的效果如图5-2所示。

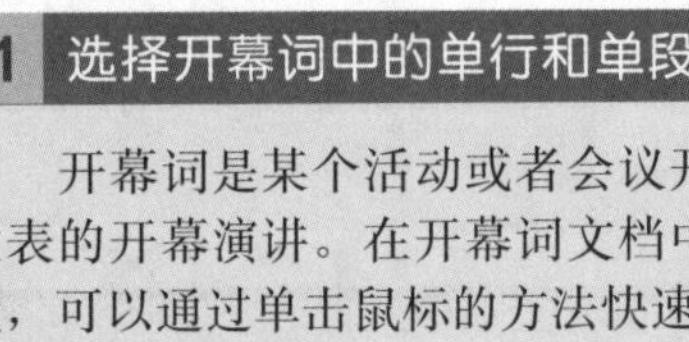

图5-1 选择单行

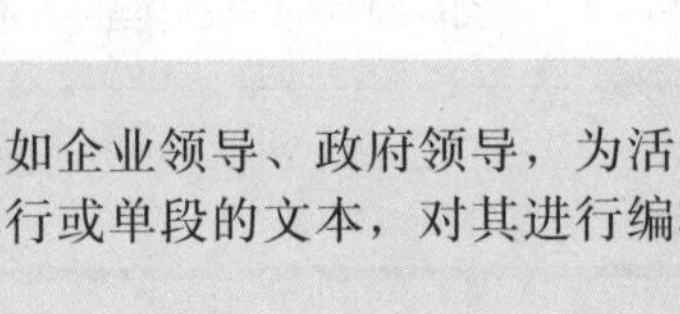

图5-2 选择单段

技巧　**快速选取不连续的文本**

5-1

在文档编辑时，有时为了提取文档中有价值的数据，需要选取不连续的内容。利用鼠标拖动先将需要选取的第一个区域选中。按【Ctrl】键的同时继续用鼠标拖动选择其他区域，直到最后一个区域选取完成后，松开鼠标即可。选取后的效果如图5-3所示。

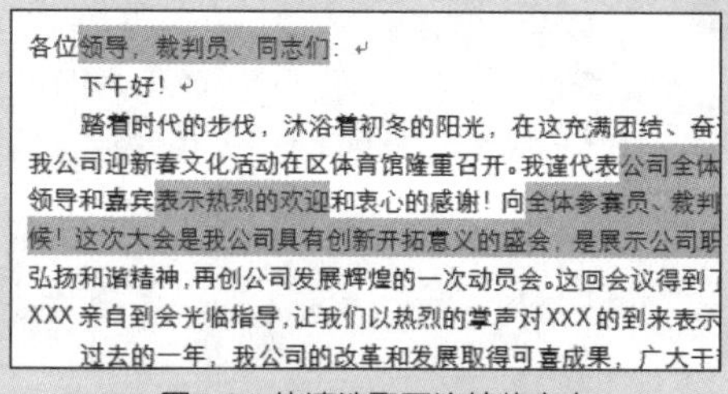

图5-3　快速选取不连续的文本

5.1.2　多行、多段文本的选择

选择多行或多段文本也是Word中编辑文字之前，常用的文本选择操作之一。使用键盘操作结合鼠标操作的方法可以完成操作。

◆ 选择多行文本：将鼠标指针移动到文档的左侧，当其变成 ∅ 单击鼠标，选择第一行文本，按【Ctrl】键的同时依次在需要选择的行的左侧单击，可选择多行文本。若要选择连续的多行文本，可在选择第一行文本后，按【Shift】键的同时在要选择的最后一行的左侧单击。

◆ 选择多段文本：将鼠标指针移动到文档的左侧，当其变成 ∅ 双击鼠标，选择第一段文本，按【Shift】键的同时在要选择的最后一段的左侧单击可选择这当中的所有段。

示例

5-2　**选择开幕词中的多行和多段文本**

开幕词的正文内容有很多段，有时候需要对多行或多段文字进行编辑操作。因此首先需要选择多行和多段，再进行其他操作。

　原始文件　下载资源\实例文件\第5章\原始文件\开幕词.docx

　扫码看视频

　最终文件　无

步骤01　打开下载资源\实例文件\第5章\原始文件\开幕词.docx，将鼠标指针移动到左侧空白处选择第一行，按【Shift】键的同时单击要选择的最后一行的左侧，可以看到选择多行文本后的效果，如图5-4所示。

步骤02　在左侧空白处双击鼠标，选择第一段，按【Shift】键的同时单击要选择的最后一段左侧，可以看到选择多段文本后的效果，如图5-5所示。

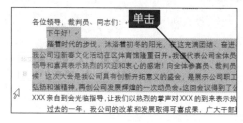

图5-4　选择多行

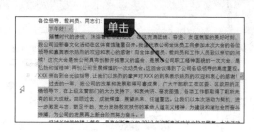

图5-5　选择多段

技巧 5-2 选择全文

将鼠标指针指向文档左侧，当鼠标指针变成斜向右上方的箭头后，快速三击鼠标，即可选择全文，效果如图5-6所示。按【Ctrl+A】组合键，也可以选择全文。

图5-6　选择全文

三组件应用分析

共性

在Excel组件中需要选择单个单元格、多个单元格、单行、单列的文本。单击某个单元格可选择该单元格中的文本。拖动鼠标，可选择鼠标经过的单元格。按【Ctrl】键的同时，单击单元格，可选择多个单元格。在工作表区域中的行号或列标位置单击，可选择相应的行或列，如图5-7所示。按住【Ctrl】键的同时，单击行号或列标可选择多行或多列。

特殊

在PowerPoint组件中，幻灯片中的内容是以占位符形式存在的，因此，选择占位符就可以选择占位符中的所有文本内容，如图5-8所示。若要选择占位符中的部分文字，可按住鼠标左键不放，拖动鼠标，鼠标指针经过的位置即可被选中。

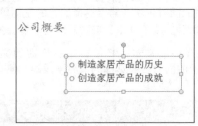

图5-7　选择单行文本　　　　图5-8　在PowerPoint中选择文本

5.2 使用项目符号突出重要信息

项目符号被用于对并列关系的事物进行强调说明。在Word 2013中不仅可以使用内置的项目符号，还可以自定义新的项目符号。

5.2.1 使用内置项目符号

Word 2013提供了多种内置的项目符号，包括带填充效果的圆形、方形、钻石形，以及选中标记、箭头等，用户可以直接将其应用到文档中。

示例 5-3 为办公室条例添加统一的内置项目符号

办公室条例是用于规范办公室行为的条款。办公室条例中有多条并列关系的条例，为其添加统一的项目符号，可使条例的关系一目了然。

扫码看视频

原始文件　下载资源\实例文件\第5章\原始文件\办公室条例.docx

最终文件　下载资源\实例文件\第5章\最终文件\办公室条例.docx

步骤 01
打开下载资源\实例文件\第5章\原始文件\办公室条例.docx，选择要添加项目符号的条例，在"开始"选项卡中单击"项目符号"下三角按钮，在展开的下拉列表中选择合适的项目符号，如图5-9所示。

步骤 02
随后可以看到条例段落设置项目符号后的效果，如图5-10所示。

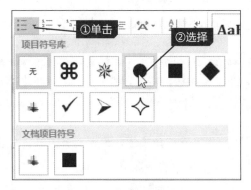

图5-9 选择项目符号

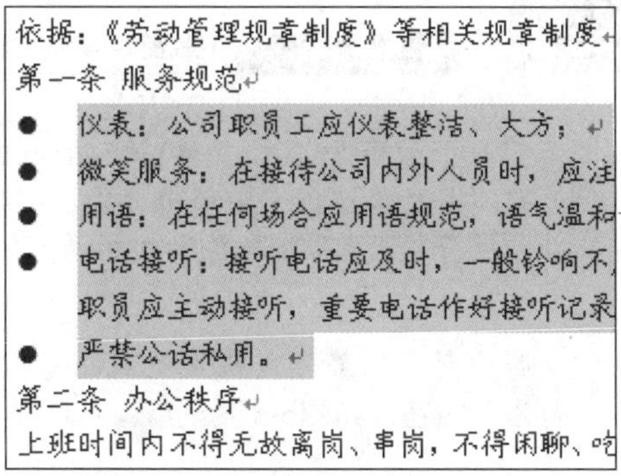

图5-10 设置项目符号后的效果

技巧 5-3 设置自动更正选项

在Word 2013中可以使用"自动更正"功能将词组、字符或图形替换成特定的词组、字符或图形，从而提高输入和拼写检查效率。还可以设置是否自动应用项目符号。单击"文件"按钮，在弹出的菜单中单击"选项"命令，在弹出的"Word 选项"对话框的"校对"选项卡中单击"自动更正选项"按钮。弹出"自动更正"对话框，在"键入时自动套用格式"选项卡下勾选"键入时自动应用"组中的"自动项目符号列表"复选框，如图5-11所示，单击"确定"按钮后，可在键入时自动应用项目符号。

图5-11 设置自动更正选项

 提示
在使用项目符号时，可以更改项目符号列表级别。单击"项目符号"下三角按钮，在展开的下拉列表中指向"更改列表级别"，再在下级列表中选择合适的级别即可。

5.2.2 自定义新的项目符号

若用户对内置的项目符号不满意，还可以将图片或符号自定义为新的项目符号，并且可以和内置的项目符号一样应用到文档中。

1 自定义符号型项目符号

在Word 2013中可以使用其提供的符号自定义项目符号，其操作方法非常简单。在"开始"选项卡下，单击"项目符号"下三角按钮，在展开的下拉列表中单击"定义新项目符号"选项。在弹出的"定义新项目符号"对话框中单击"符号"按钮即可开始自定义符号型项目符号。

5-4 自定义办公室条例中的符号型项目符号

除了在办公室条例中使用Word 2013中预置的几种符号型项目符号，用户还可以自定义个性化项目符号。

原始文件　下载资源\实例文件\第5章\原始文件\办公室条例1.docx

最终文件　下载资源\实例文件\第5章\最终文件\办公室条例1.docx

打开下载资源\实例文件\第5章\原始文件\办公室条例1.docx，选择要添加项目符号的条例，在"开始"选项卡中单击"项目符号"右侧的下三角按钮，在展开的下拉列表中单击"定义新项目符号"选项，如图5-12所示。

弹出"定义新项目符号"对话框，单击"对齐方式"下三角按钮，设置对齐方式，单击"符号"按钮，如图5-13所示。

弹出"符号"对话框，选择合适的字体，再选择需要的符号，如图5-14所示。

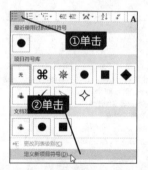  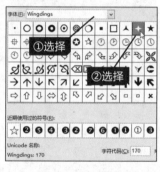

图5-12　单击"定义新项目符号"选项　　图5-13　单击"符号"按钮　　图5-14　选择符号

单击两次"确定"按钮，返回文档中，可看到自定义项目符号的效果，如图5-15所示。

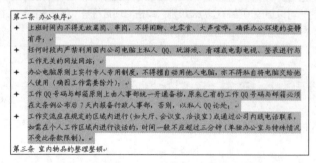

图5-15　添加自定义符号型项目符号的效果

2 自定义图片型项目符号

在Word 2013中只预置了一种图片型项目符号，但是用户可以自定义图片型项目符号。在"定义新项目符号"对话框中，单击"图片"按钮，即可开始自定义。

自定义办公室条例中的图片型项目符号

每个企业都有自己的办公室条例，不仅在条例的内容上可以体现企业的风格，还可以在项目符号上体现企业的文化。用户可以使用自定义图片型项目符号来体现。

原始文件　下载资源\实例文件\第5章\原始文件\办公室条例2.docx

最终文件　下载资源\实例文件\第5章\最终文件\办公室条例2.docx

 扫码看视频

步骤01　打开下载资源\实例文件\第5章\原始文件\办公室条例2.docx，选择要添加项目符号的条例，在"开始"选项卡中单击"项目符号"右侧的下三角按钮，在展开的下拉列表中单击"定义新项目符号"选项，如图5-16所示。

步骤02　弹出"定义新项目符号"对话框，单击"对齐方式"下三角按钮，设置对齐方式，单击"图片"按钮，如图5-17所示。

步骤03　弹出"插入图片"对话框，在"必应图像搜索"文本框中输入"警告符号"并搜索，在搜索结果中选择合适的图片后单击"插入"按钮，如图5-18所示。

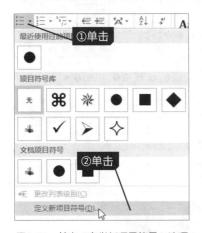

图5-16　单击"定义新项目符号"选项

图5-17　单击"图片"按钮

图5-18　选择图片

　返回文档中可以看到自定义图片型项目符号的效果，如图5-19所示。

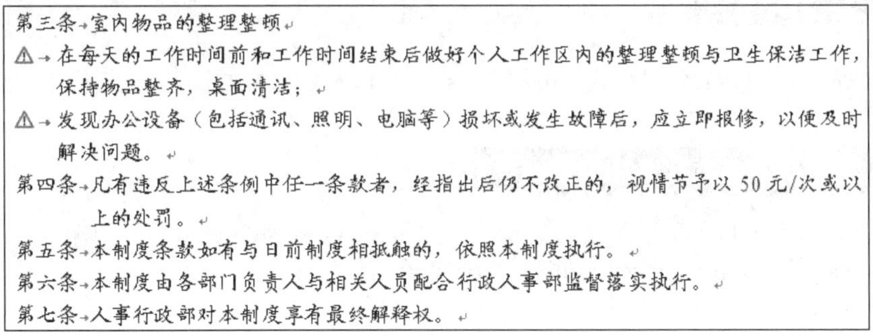

第三条　室内物品的整理整顿

⚠　在每天的工作时间前和工作时间结束后做好个人工作区内的整理整顿与卫生保洁工作，保持物品整齐，桌面清洁；

⚠　发现办公设备（包括通讯、照明、电脑等）损坏或发生故障后，应立即报修，以便及时解决问题。

第四条　凡有违反上述条例中任一条款者，经指出后仍不改正的，视情节予以50元/次或以上的处罚。

第五条　本制度条款如有与目前制度相抵触的，依照本制度执行。

第六条　本制度由各部门负责人与相关人员配合行政人事部监督落实执行。

第七条　人事行政部对本制度享有最终解释权。

图5-19　添加自定义图片型项目符号的效果

技巧 5-4 插入计算机中的图片定义项目符号

自定义图片型项目符号时，还可以插入计算机中存储的图片文件作为项目符号。在"定义新项目符号"对话框中单击"图片"按钮，在弹出的"插入图片"对话框中单击"浏览"按钮，如图5-20所示。弹出"插入图片"对话框，选择合适的图片，单击"插入"按钮。返回"图片项目符号"对话框中，单击"确定"按钮即可。

图5-20　插入本地图片定义项目符号

三组件应用分析

共性

在Office三个组件中，PowerPoint与Word组件相同，都可使用项目符号来强调并列的项目文本。在PowerPoint的"开始"选项卡的"项目符号"下拉列表中可以选择和自定义项目符号，如图5-21所示。

特殊

在Excel组件中不能使用项目符号，但可在每个项目文本所在的单元格前添加符号来标注，在"插入"选项卡单击"符号"按钮，弹出"符号"对话框，选择符号即可，如图5-22所示。

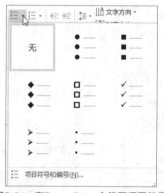

图5-21　在PowerPoint中使用项目符号

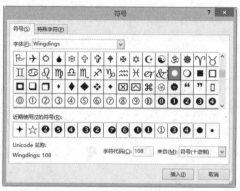

图5-22　在Excel中插入符号

5.3 使用编号增强段落逻辑关系

项目符号适用于并列关系的段落，而Word 2013中的编号可以清楚地反映并列关系中事物的个数和顺序，从而增强段落的逻辑关系。

5.3.1 使用内置编号

Word 2013提供了7种内置编号样式，用户可以在文字输入之前或文字输入之后应用这些内置编号。

示例 5-6 为公司最新项目添加内置编号

公司最新项目用于记录公司最新项目的相关内容，如项目信息、招标内容等。在制作公司最新项目文档时，需要添加编号增强段落逻辑关系。

步骤 01　打开下载资源\实例文件\第5章\原始文件\公司最新项目.docx，选择要添加编号的文本，在"开始"选项卡中单击"编号"右侧的下三角按钮，在展开的下拉列表中选择合适的编号，如图5-23所示。

步骤 02　随后，可以看到添加编号后的效果，如图5-24所示。

图5-23　选择编号　　　　　图5-24　添加编号后的效果

5.3.2　设置编号值及格式

应用内置编号之后，可以更改编号值及格式。在"开始"选项卡下，单击"编号"右侧的下三角按钮，在展开的下拉列表中单击"定义新编号格式"选项，在打开的对话框中设置即可。

5-7　更改项目列表中编号的格式

在文档中使用内置编号后，还可以更改编号的格式。打开"定义新编号格式"对话框即可更改。

步骤 01　打开下载资源\实例文件\第5章\原始文件\公司最新项目1.docx，选择编号，在"开始"选项卡下单击"编号"右侧的下三角按钮，在展开的下拉列表中单击"定义新编号格式"选项，如图5-25所示。

步骤 02　弹出"定义新编号格式"对话框，单击"字体"按钮，如图5-26所示。

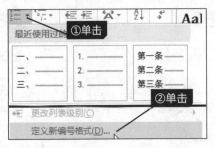

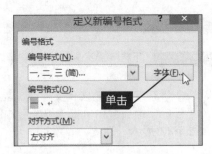

图5-25　单击"定义新编号格式"选项　　　　　图5-26　单击"字体"按钮

步骤03　打开"字体"对话框，设置字体颜色、下画线线型、下画线颜色，单击"确定"按钮，如图5-27所示。

步骤04　返回"定义新编号格式"对话框中，单击"确定"按钮，返回文档中，可以看到更改格式后的编号效果，如图5-28所示。

图5-27　设置字体　　　　　图5-28　更改格式后的编号效果

5.3.3　自定义编号起始值

除了设置编号值及格式，用户还可以自定义编号起始值，如在应用了汉字数字编号的文档中，将起始值设置为○或其他的数值。

5-8 调整项目列表中编号的起始值

在公司最新项目文档中，应用了内置编号样式后，若要将编号的起始值设置为○，可在"起始编号"对话框中完成。

原始文件　下载资源\实例文件\第5章\原始文件\公司最新项目2.docx

最终文件　下载资源\实例文件\第5章\最终文件\公司最新项目2.docx

步骤01　打开下载资源\实例文件\第5章\原始文件\公司最新项目2.docx，选择编号，在"开始"选项卡下，单击"编号"下三角按钮，在展开的下拉列表中单击"设置编号值"选项。弹出"起始编号"对话框，单击"值设置为"的微调按钮设置值为"○"，单击"确定"按钮，如图5-29所示。

步骤02　随后，可以看到调整起始值后的效果，如图5-30所示。

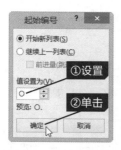

图5-29 设置起始编号

图5-30 调整起始值后的效果

三组件应用分析

共性

编号在Office的三个组件中都经常会用到，在PowerPoint组件中使用编号的方法与在Word组件中使用编号的方法类似。在"开始"选项卡的"编号"下拉列表中可以选择合适的编号和设置编号值及格式，如图5-31所示。

特殊

在Excel组件中没有"编号"按钮，不过在单元格中插入"符号"对话框中的编号能达到同样的效果。在"插入"选项卡单击"符号"按钮，在弹出的"符号"对话框中选择编号即可，如图5-32所示。

图5-31 在PowerPoint中使用编号

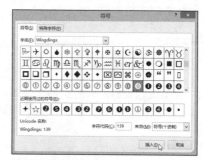

图5-32 在Excel中插入编号

5.4 使用多级列表划分文档层次

当文件中含有多个层次的项目时，项目符号和编号不能清楚地展示文档的层次，使用多级列表则能够让每段的项目符号或编号根据段落的缩进范围而变化，从而划分文档的层次。

5.4.1 使用内置多级列表

Word 2013提供了7种内置多级列表。在使用之前需要以不同的缩进表示不同的层次。从第二层开始缩进，并且层次间的缩进量应该是一致的，否则可能会出现错误编号。选中要应用多级列表的文档，在"开始"选项卡中单击"多级列表"下三角按钮，在展开的下拉列表中选择合适的多级列表即可。

示例

5-9 为标题大纲套用内置多级列表

教学大纲是指教育机构编写的每门学科的教学纲要。为教学大纲应用多级列表可以清楚地看到纲要的结构层次。在应用多级列表之前，需要将纲要中的文本按照层次缩进，以便于应用多级列表。

原始文件　下载资源\实例文件\第5章\原始文件\教学大纲.docx

最终文件　下载资源\实例文件\第5章\最终文件\教学大纲.docx

步骤01 打开下载资源\实例文件\第5章\原始文件\教学大纲.docx，选择要应用多级列表的文本，在"开始"选项卡下单击"多级列表"右侧的下三角按钮，在展开的下拉列表中选择合适的样式，如图5-33所示。

步骤02 随后即可查看添加多级列表后文档按层次显示的效果，如图5-34所示。

图5-33　选择多级列表

图5-34　应用多级列表后的效果

5.4.2　更改列表级别

应用内置多级列表后，若级别不合适，可选中要更改列表级别的文档，在"开始"选项卡单击"多级列表"下三角按钮，在展开的下拉列表中指向"更改列表级别"选项，在展开的下级列表中选择合适的列表级别。

5-10 更改标题大纲中二、三级标题的级别

为教学大纲应用内置多级列表后，可能会发生错误，造成级别的错误判断，此时可手动更改错误的级别。

原始文件　下载资源\实例文件\第5章\原始文件\教学大纲1.docx

最终文件　下载资源\实例文件\第5章\最终文件\教学大纲1.docx

步骤01 打开下载资源\实例文件\第5章\原始文件\教学大纲1.docx，选择要更改级别的文本，在"开始"选项卡中单击"多级列表"右侧的下三角按钮，在展开的下拉列表中指向"更改列表级别"，在下级列表中选择合适的级别，如"2级"选项，如图5-35所示。

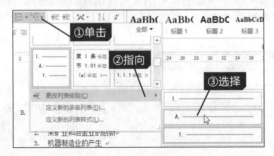

图5-35　更改列表级别

步骤 02

随后即可看到更改级别后3级变成2级的效果，如图5-36所示。

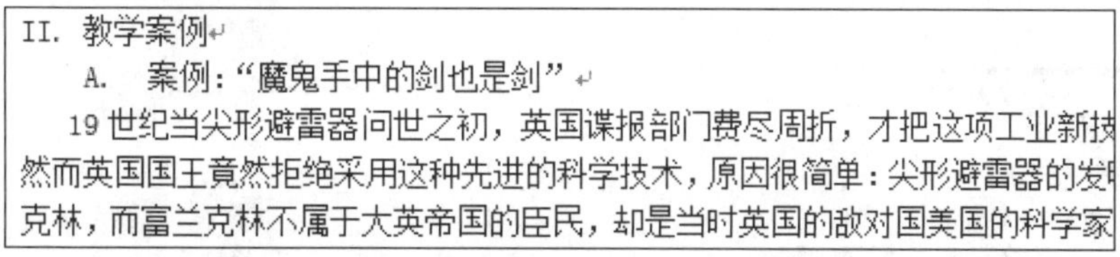

> II. 教学案例
>   A. 案例："魔鬼手中的剑也是剑"
>   19世纪当尖形避雷器问世之初，英国谍报部门费尽周折，才把这项工业新技
> 然而英国国王竟然拒绝采用这种先进的科学技术，原因很简单：尖形避雷器的发
> 克林，而富兰克林不属于大英帝国的臣民，却是当时英国的敌对国美国的科学家

图5-36 更改列表级别后的效果

5.4.3 定义新的多级列表

除了使用内置的多级列表，用户还可以根据实际需要定义新的多级列表，如定义多级列表中列表的级别、定义列表的格式。

示例 5-11 为标题大纲定义新的多级列表

如果内置的多级列表不能满足实际的需要，可定义新的多级列表便于使用。

原始文件 下载资源\实例文件\第5章\原始文件\教学大纲2.docx

最终文件 下载资源\实例文件\第5章\最终文件\教学大纲2.docx

步骤 01

打开下载资源\实例文件\第5章\原始文件\教学大纲2.docx，选择要添加多级列表的文本，在"开始"选项卡中单击"多级列表"下三角按钮，在展开的下拉列表中单击"定义新的多级列表"选项，如图5-37所示。

步骤 02

弹出"定义新多级列表"对话框，单击"单击要修改的级别"列表框中的"1"，单击"此级别的编号样式"右侧的下三角按钮，选择编号样式，在"输入编号的格式"文本框中的序号"一"后输入"、"，再单击"单击要修改的级别"列表框中的"2"，如图5-38所示。

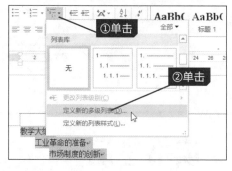

图5-37 单击"定义新的多级列表"选项

图5-38 定义级别1

步骤 03

选择编号样式，输入编号格式，设置完毕后，单击"确定"按钮，如图5-39所示。

步骤 04

返回文档中可以看到应用定义的多级列表后的效果，如图5-40所示。

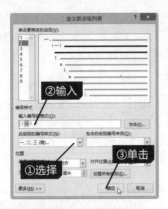

图5-39　定义级别2

图5-40　应用定义新的多级列表后的效果

技巧 5-5　设置各级别的字体格式

定义新的多级列表时，除了设置编号样式和输入编号格式，还可以设置各级别的字体格式。在"定义新的多级列表"对话框中，单击"字体"按钮。弹出"字体"对话框，在"字体"选项卡下可设置字体、字形、字号、字体颜色、下画线线型、下画线颜色等内容，如图5-41所示。在"高级"选项卡下可设置字符间距、OpenType功能等内容。设置完毕后，单击"确定"按钮。

图5-41　设置各级别的字体格式

技巧 5-6　定义新的列表样式

设置列表样式可以对包括列表后的文字在内的内容设置样式，方便对文档中的各个层次应用不同的样式，便于创建目录。在"开始"选项卡的"样式"组中可快速应用样式。当然，也可以自定义新的列表样式。在"开始"选项下，单击"多级列表"下三角按钮，在展开的下拉列表中单击"定义新的列表样式"选项，打开"定义新列表样式"对话框，在该对话框中可设置属性、格式等内容，单击"格式"下三角按钮，还可以设置文字、段落等的格式，设置完毕后，单击"确定"按钮，如图5-42所示，即可完成新的列表样式的定义。

图5-42　定义新的列表样式

读书笔记

第6章 文档页面格式的整理

文档内容输入完毕后，对文档的页面格式进行整理，可以使文档更专业、更美观。在Word 2013中整理文档页面格式的功能包括设置页边距和纸张大小、设置页面背景格式、分栏排版、中文版式、首字下沉、添加页眉和页脚等。在分栏排版或添加页眉和页脚时，还可以先使用分隔符对文档的内容进行划分。

6.1 页面设置

在Word 2013中，可以设置纸张大小、页边距，还可以设置页面背景，包括设置水印、页面颜色和边框。这几项设置可以在"页面布局"和"设计"选项卡下完成。

6.1.1 页边距和纸张大小的设置

在打印文档之前，设置文档的页边距和纸张大小，可以使文档更美观、更规范。页边距是指页面四周的空白区域，纸张大小指文档的页面尺寸。在Word 2013中有两种方法设置页边距和纸张大小：一是直接在功能区中设置，如图6-1所示；二是在"页面设置"对话框中设置。

图6-1 设置页边距和纸张大小

◆ 在功能区中设置：切换至"页面布局"选项卡，单击"页边距"或"纸张大小"下三角按钮，在展开的下拉列表中选择合适的页边距或纸张大小。

◆ 在"页面设置"对话框中设置：在"页面布局"选项卡中单击"页面设置"组中的对话框启动器。弹出"页面设置"对话框，分别在"页边距"和"纸张"选项卡下设置。

6-1 调整领用条的页面

在领用办公用品或其他物品时，需要填写领用条，因此需要将领用条打印出来供领取物品的人员填写。在打印之前为了使打印效果更美观，也为了节约纸张，需要设置领用条的页边距和纸张大小。

 原始文件   下载资源\实例文件\第6章\原始文件\领用条.docx

 最终文件   下载资源\实例文件\第6章\最终文件\领用条.docx

 扫码看视频

 步骤 01   打开下载资源\实例文件\第6章\原始文件\领用条.docx，切换至"页面布局"选项卡，单击"页面设置"组中的"页边距"下三角按钮，在展开的下拉列表中选择合适的页边距，这里选择"窄"选项，如图6-2所示。

步骤 02 在"页面布局"选项卡下单击"页面设置"组中的对话框启动器，如图6-3所示，打开"页面设置"对话框。

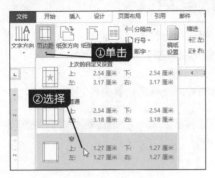

图6-2 设置页边距

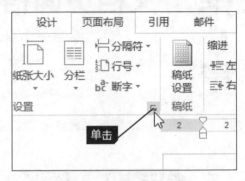

图6-3 单击对话框启动器

步骤 03 弹出"页面设置"对话框，切换至"纸张"选项卡下，单击"纸张大小"下三角按钮，选择合适的纸张，如图6-4所示，单击"确定"按钮。

步骤 04 返回Word文档中，可以看到设置页边距和纸张大小后的效果，如图6-5所示。

图6-4 设置纸张大小

图6-5 设置后的效果

6.1.2 水印效果设置

水印效果是在文档的背景上添加的虚影效果，在Word 2013中，这个虚影可以是文字，也可以是图片。Word 2013内置了8种水印样式，在"设计"选项卡下的"页面背景"组中单击"水印"下三角按钮，在展开的下拉列表中选择即可直接使用。还可以自定义水印效果，在"水印"对话框中设置，如图6-6所示。

◆ 无水印：删除水印效果。

◆ 图片水印：添加图片，并将其设置为水印效果。

◆ 文字水印：输入文字，并设置为水印效果。

图6-6 水印效果设置

6-2 为公司内部处罚条例添加水印

在打印一些重要文件时给文档加上水印，如"绝密""保密"字样，可以让获得文件的人知道该文档的重要性。为加强员工的管理，规范公司纪律处罚政策及管理程序，规范员工的行为，创造一种高效、公正、公平的工作环境，确保生产、经营活动的正常进行，公司都会制定一些内部处罚条例，而这个条例仅仅在公司内部使用。

原始文件 下载资源\实例文件\第6章\原始文件\公司处罚制度.docx

最终文件 下载资源\实例文件\第6章\最终文件\公司处罚制度.docx

扫码看视频

步骤01 打开下载资源\实例文件\第6章\原始文件\公司处罚制度.docx，在"设计"选项卡下单击"页面背景"组中的"水印"下三角按钮，在展开的下拉列表中选择合适的水印效果，如图6-7所示。

步骤02 随后可以看到添加水印后的文档效果，如图6-8所示。

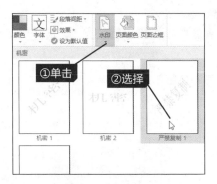

图6-7 设置水印

图6-8 设置水印后的效果

技巧 6-1 自定义文字水印效果

除了使用Word内置的水印样式，用户还可以自定义图片或文字水印效果。在自定义文字水印效果时，可以为文字水印设置语言、文字、字体、字号、颜色、半透明、版式等效果。

单击"水印"下三角按钮，在展开的下拉列表中单击"自定义水印"选项。弹出"水印"对话框，单击"文字水印"单选按钮，根据需要设置文字水印的属性，设置完毕后，单击"确定"按钮，如图6-9所示，即可在文档中添加文字水印效果。

图6-9 自定义文字水印效果

6.1.3 页面颜色和边框

在Word 2013中可以为页面添加页面颜色，即页面的背景色，还可以添加或更改页面周围的边框。

◆ 设置页面颜色：在"设计"选项卡中单击"页面背景"组中的"页面颜色"下三角按钮，在展开的下拉列表中可以为页面选择纯色的背景色，单击"填充效果"选项，还可设置渐变色、纹理、图案、图片等背景。

◆ 添加边框：单击"页面背景"组中的"页面边框"按钮，在弹出的"边框和底纹"对话框中可以添加页面边框和底纹。在设置"页面边框"时，可将其应用于"整篇文档""本节""本节-仅首页""本节-除首页外所有页"选项。

  为宣传单添加页面颜色和边框

　　宣传单就是平常说的传单，分为两大类：一类主要用于推销产品、发布一些商业信息；另一类是义务宣传，如宣传无偿献血。为了引起人们的注意，宣传单都有背景颜色，有的甚至添加了边框。

原始文件 下载资源\实例文件\第6章\原始文件\宣传单.docx

最终文件 下载资源\实例文件\第6章\最终文件\宣传单.docx

步骤 01 打开下载资源\实例文件\第6章\原始文件\宣传单.docx，在"设计"选项卡下单击"页面背景"组中的"页面颜色"下三角按钮，在展开的下拉列表中选择合适的颜色，如图6-10所示。

步骤 02 单击"页面背景"组中的"页面边框"按钮，如图6-11所示。

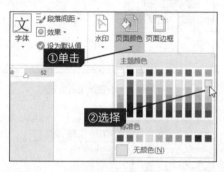

图6-10　设置页面颜色

图6-11　单击"页面边框"按钮

步骤 03 弹出"边框和底纹"对话框，默认在"页面边框"选项卡下，单击"方框"按钮，选择样式和颜色，单击"确定"按钮，如图6-12所示。

步骤 04 返回文档中可以看到设置背景颜色和页面边框后的效果，如图6-13所示。

图6-12　设置页面边框

图6-13　设置背景颜色和边框后的效果

　　在"边框和底纹"对话框的"页面边框"选项卡下，单击"艺术型"下三角按钮，在展开的下拉列表中选择合适的艺术型可以为边框设置艺术效果。

选中要添加颜色和边框的文字或段落，在"边框和底纹"对话框中，可以为其添加颜色和边框。

选中要添加颜色和边框的段落，在"设计"选项卡下单击"页面背景"组中的"页面边框"按钮。弹出"边框和底纹"对话框，在"边框"选项卡下设置边框样式等属性，设置"应用于"为"段落"，如图6-14所示。同样，在"底纹"选项卡中设置底纹，并将"应用于"设置为"段落"，单击"确定"按钮，即可为选定的段落添加颜色和边框。

图6-14　为指定段落添加颜色和边框

三组件应用分析

共性　在Office三个组件中，Excel与Word组件设置纸张大小和页边距的方法相同，都可以在"页面布局"选项卡的"页面设置"组中进行设置，如图6-15所示。

特殊　在Excel中只能以图片的形式设置背景颜色，并且只能以为单元格设置边框的方式设置页面边框。在PowerPoint中可以在"设计"选项卡下单击"幻灯片大小"按钮，设置幻灯片的大小，如图6-16所示。也可以在"背景"组中设置背景样式。

图6-15　在Excel中设置页边距和纸张大小

图6-16　在PowerPoint中设置大小

6.2 分栏排版

分栏是将文档全部页面或选中的内容设置为多栏，从而呈现出报纸、杂志中经常使用的多栏排版页面。在Word 2013中可以使用内置的分栏版式分栏，也可以自定义分栏版式，还可以设置分栏的位置。

6.2.1 创建分栏版式

Word 2013内置了5种分栏类型：一栏、两栏、三栏、偏左、偏右。用户可以根据实际需要选择合适的分栏类型。在"页面布局"选项卡下单击"页面设置"组中的"分栏"下三角按钮，在展开的下拉列表中选择合适的样式就可创建分栏。

示例 6-4　对调查报告进行分栏

调查报告是对某项工作、某个时间、某个问题经过深入细致的调查后，将调查中收集到的材料加以系统整理、分析研究，以书面形式汇报调查情况的一种文书。若为调查报告设置分栏，可使其排版更加合理。

原始文件　下载资源\实例文件\第6章\原始文件\调查报告.docx

最终文件　下载资源\实例文件\第6章\最终文件\调查报告.docx

扫码看视频

步骤 01 打开下载资源\实例文件\第6章\原始文件\调查报告.docx，在"页面布局"选项卡下单击"分栏"下三角按钮，在展开的下拉列表中单击合适的选项，如"两栏"，如图6-17所示。

步骤 02 随后，可看到文档分成两栏后的效果，如图6-18所示。

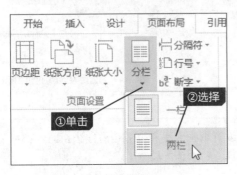

图6-17　创建分栏

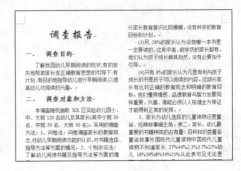

图6-18　分成两栏后的效果

6.2.2　调整栏宽和栏数

若用户对内置的分栏版式不满意，还可以根据需要手动调整栏宽和栏数。单击"分栏"下三角按钮，在展开的下拉列表中单击"更多分栏"选项。弹出"分栏"对话框，如图6-19所示，进行设置即可。还可以使用标尺调整栏宽。

- ◆ 栏数：最多可设置11栏。
- ◆ 宽度：每栏的宽度。
- ◆ 间距：栏与栏之间的空白宽度。
- ◆ 分隔线：勾选该复选框可在栏之间添加分隔线。
- ◆ 栏宽相等：勾选该复选框，只设置一个宽度即可。
- ◆ 开始新栏：可让文档在另一页开始新栏。

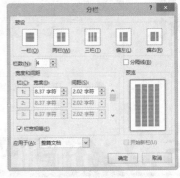

图6-19　设置分栏

示例 6-5 调整调查报告文稿中的栏宽和栏数

一般情况下，报纸、杂志都以标准的两栏显示，调查报告为调查结果的书面汇总形式，一般都以通栏显示。为了体现个性化和实际需要，可以自行调整其栏宽和栏数。

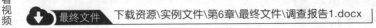

原始文件　下载资源\实例文件\第6章\原始文件\调查报告1.docx

最终文件　下载资源\实例文件\第6章\最终文件\调查报告1.docx

步骤 01 打开下载资源\实例文件\第6章\原始文件\调查报告1.docx，将鼠标指针移动到文档开始位置处，单击"分栏"下三角按钮，在展开的下拉列表中单击"更多分栏"选项，弹出"分栏"对话框，设置栏数，如设置为"4"，设置宽度，如设置为"8字符"，间距会自动调整，单击"确定"按钮，如图6-20所示。

步骤 02 随后可以看到设置了特定栏数和栏宽后的文档效果，如图6-21所示。

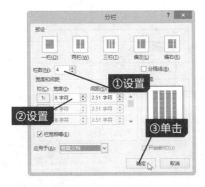

图6-20　设置栏数和宽度

图6-21　调整分栏后的效果

6.2.3　设置分栏位置

在Word 2013中有两个方法可以设置分栏的位置：一是将光标插入点置于要分栏的位置之前，在"分栏"对话框中，设置"应用于"为"插入点之后"，将之后的文本分栏；二是选择要设置分栏的内容，在"分栏"对话框中，将"应用于"设置为"所选文字"。

6-6　更改调查报告的分栏位置

在实际应用中，有时只需要对调查报告文档的部分内容进行分栏，在Word 2013中可快速调整分栏的位置。

原始文件　下载资源\实例文件\第6章\原始文件\调查报告2.docx

最终文件　下载资源\实例文件\第6章\最终文件\调查报告2.docx

扫码看视频

步骤01　打开下载资源\实例文件\第6章\原始文件\调查报告2.docx，选择要分栏的文本"三、调查结果和分析"，打开"分栏"对话框，设置分栏栏数和宽度，设置"应用于"为"所选文字"，单击"确定"按钮，如图6-22所示。

步骤02　即可看到只为所选内容设置分栏后的文档效果，如图6-23所示。

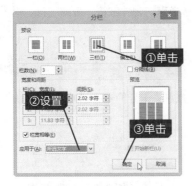

图6-22　设置应用于"所选文字"

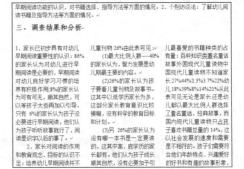

图6-23　设置分栏位置后的效果

技巧 单栏与多栏混合排版

若要在"分栏"对话框中将单栏与多栏混合排版，可以使用插入"分隔符"的方法达到目的。

将光标插入点置于要分栏的开始位置，在"页面布局"选项卡中单击"分隔符"下三角按钮，在展开的下拉列表中单击"连续"选项，如图6-24所示，即可在该位置插入分节符。按照同样的方法在分栏结束的位置插入分节符。将鼠标指针插入到开始处的分节符位置，单击"分栏"下三角按钮，选择合适的分栏版式，即可将分节符之间的文本设置为分栏。按照同样的方法，为其他文本设置分栏版式。

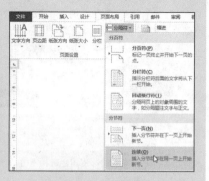

图6-24 单栏与多栏混合排版

三组件应用分析

共性

在Office三个组件中，PowerPoint与Word组件相同，都可以设置分栏排版。在PowerPoint的"开始"选项卡中单击"分栏"下三角按钮，选择合适的分栏选项即可，如图6-25所示。也可以在"分栏"对话框中自定义栏数和间距，如图6-26所示。

特殊

Excel中没有分栏功能。用户可将数据调整到各单元格中实现分栏效果。

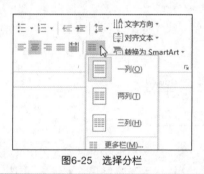

图6-25 选择分栏

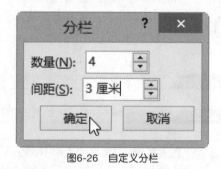

图6-26 自定义分栏

6.3 中文版式

根据中国人的阅读习惯，Word 2013中的中文版式提供了拼音指南、合并字符、带圈字符、纵横混排和双行合一等功能。

6.3.1 加注拼音

拼音指南可以为文字加注拼音，以明确该文字的发音。添加方法十分简单：选中文字，在"开始"选项卡的"字体"组中单击"拼音指南"按钮。

6-7 为员工新闻稿中的生僻字添加拼音

员工新闻稿是企业内部的新闻稿件，在稿件中向企业员工宣传企业的头版新闻、重要事件等内容。若稿件中含生僻字，可以为其添加拼音便于阅读。

原始文件 下载资源\实例文件\第6章\原始文件\员工新闻稿.docx

最终文件 下载资源\实例文件\第6章\最终文件\员工新闻稿.docx

扫码看视频

步骤01 打开下载资源\实例文件\第6章\原始文件\员工新闻稿.docx，选择要添加拼音的文本，如“撰”，在“开始”选项卡下，单击“拼音指南”按钮，如图6-27所示。

②单击
①选择
段落
标题
标题 1
部门简介
业界新闻
员工简介
人事新闻
生日和周年纪念日
当员工清楚公司的目标并认识到自
他们通常会表现出更高的工作积极
您可以通过撰写员工事迹与成绩来
成功的新闻稿，关键在于对读者有
同时要确保这些信息是读者需要的

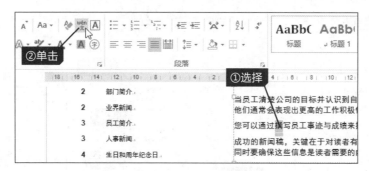

图6-27 单击“拼音指南”按钮

步骤02 打开“拼音指南”对话框，设置字体、字号等内容，单击“确定”按钮，如图6-28所示。

步骤03 返回文档中可以看到添加拼音后的效果，如图6-29所示。

拼音指南
基准文字(B):
拼音文字(R):
撰
①设置
对齐方式(L): 1-2-1
偏移量(O): 0
字体(F): 黑体
字号(S): 10
预览
zhuàn
撰
②单击
确定
取消

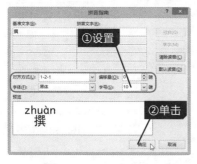

图6-28 设置拼音属性

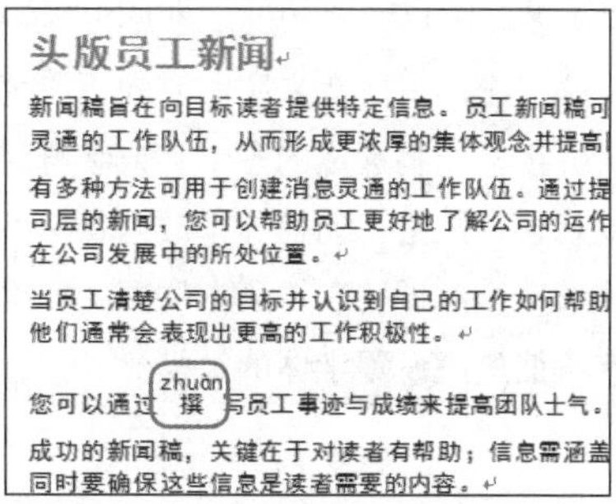

头版员工新闻
新闻稿旨在向目标读者提供特定信息。员工新闻稿可
灵通的工作队伍，从而形成更浓厚的集体观念并提高
有多种方法可用于创建消息灵通的工作队伍。通过提
司层的新闻，您可以帮助员工更好地了解公司的运作
在公司发展中的所处位置。
当员工清楚公司的目标并认识到自己的工作如何帮助
他们通常会表现出更高的工作积极性。
您可以通过 zhuàn 撰 写员工事迹与成绩来提高团队士气。
成功的新闻稿，关键在于对读者有帮助；信息需涵盖
同时要确保这些信息是读者需要的内容。

图6-29 添加拼音后的效果

6.3.2 带圈字符

在Word 2013中设置带圈字符是指在字符周围添加圆圈或边框，以强调圆圈或者边框中的字符。可先输入字符，再为字符添加圆圈或边框，也可直接在“带圈字符”对话框中设置。

示例 6-8 为文件登记表中10之后的序号添加带圈数字

文件登记表用于登记文件入档情况，需要使用带圈编号对其进行编号。在Word文档中通过插入符号功能只能添加1～10的带圈数字。可以使用“带圈字符”功能添加10以上的带圈数字。

原始文件 下载资源\实例文件\第6章\原始文件\文件登记表.docx

最终文件 下载资源\实例文件\第6章\最终文件\文件登记表.docx

扫码看视频

步骤 01   打开下载资源\实例文件\第6章\原始文件\文件登记表.docx，选择要添加编号的位置，在"开始"选项卡下单击"带圈字符"按钮，如图6-30所示。

步骤 02   弹出"带圈字符"对话框，设置样式，输入文字，选择圈号，单击"确定"按钮，如图6-31所示。

步骤 03   返回文档中可以看到插入的序号11的带圈数字效果，如图6-32所示。

图6-30 单击"带圈字符"按钮

图6-31 设置带圈字符

图6-32 带圈编号的效果

6.3.3 双行合一

在Word 2013的"中文版式"中包含纵横混排、合并字符、双行合一、调整宽度、字符缩放功能，如图6-33所示。

图6-33 中文版式

- ◆ 纵横混排：将所选文字的方向更改为水平。
- ◆ 合并字符：将选定的多个字或字符组合为一个字符。
- ◆ 双行合一：把一句语句排成两行，然后放在一行中编排。
- ◆ 调整宽度：调整字符所占位置的宽度。
- ◆ 字符缩放：设置字体的纵横比。

6-9   为邀请函中的文字设置双行合一效果

在Word中可设计邀请函并实现快速打印，若邀请的是夫妇，一般以双行合一的效果呈现。

 扫码看视频

⬇ 原始文件   下载资源\实例文件\第6章\原始文件\邀请函.docx

⬇ 最终文件   下载资源\实例文件\第6章\最终文件\邀请函.docx

步骤 01   打开下载资源\实例文件\第6章\原始文件\邀请函.docx，选择要设置的文字，在"开始"选项卡下单击"中文版式"下三角按钮，在展开的下拉列表中单击"双行合一"选项，如图6-34所示。

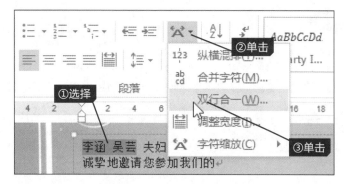

图6-34 单击"双行合一"选项

步骤 02 弹出"双行合一"对话框，勾选"带括号"复选框，选择括号样式，单击"确定"按钮，如图6-35所示。

步骤 03 返回文档中可以看到设置双行合一后的效果，如图6-36所示。

图6-35 设置双行合一

图6-36 设置后的效果

技巧 6-4 合并字符

合并字符功能可将多个字符合并为一个字符。选中字符，在"开始"选项卡下单击"中文版式"中的"合并字符"选项。弹出"合并字符"对话框，设置字体和字号，单击"确定"按钮，如图6-37所示，将字符合并。

图6-37 合并字符

技巧 6-5 字符缩放

在设置字符时，可设置字符的纵横比，但是其高度不变。

选择要缩放的字符，在"开始"选项卡中单击"中文版式"下三角按钮，在展开的下拉列表中指向"字符缩放"选项，在展开的下级列表中选择合适的比例即可。当比例小于100%，则比正常的字符窄；当大于100%，则比正常的字符宽，如图6-38所示。

图6-38 字符缩放

技巧 6-6　纵横混排

使用纵横混排，可将选中的文字以"纵"的方式显示。

选择文字，在"开始"选项卡下执行"中文版式"中的"纵横混排"命令。弹出"纵横混排"对话框，勾选"适应行宽"复选框，单击"确定"按钮，如图6-39所示。返回文档中，可看到纵横混排后的效果。

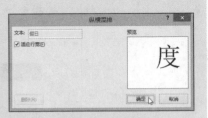

图6-39　纵横混排

三组件应用分析

共性　在Excel组件中可以实现编辑拼音、带圈文字和双行合一的效果。为文字编辑拼音时，选择单元格，在"开始"选项卡中单击"显示或隐藏拼音字段"下三角按钮，设置即可，如图6-40所示。在单元格中按【Alt+Enter】组合键强制换行可实现双行合一的效果。Excel中要输入10以后的带圈编号，可用形状工具，在形状中输入数字即可，如图6-41所示。

特殊　PowerPoint组件中没有编辑拼音和双行合一的效果，但是可在"符号"对话框中设置快捷键插入带圈字符。

图6-40　在Excel中编辑拼音

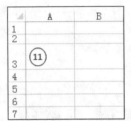

图6-41　在Excel中插入带圈编号

6.4　首字下沉

首字下沉是指将段落的第一行第一字字体变大，并且下沉一定距离，段的其他部分保持原样。将光标插入点置于要设置首字下沉的段落中，切换至"插入"选项卡，单击"文本"组中的"首字下沉"下三角按钮，在展开的下拉列表中单击合适的选项，如"下沉"，可设置首字下沉。还可以选择"首字下沉选项"选项，在"首字下沉"对话框中自定义字体、下沉的行数和距正文的距离。

示例 6-10　将新闻稿的首字进行下沉

新闻稿是企业编写的企业重大事件的新闻稿件，可向媒体公开。首字下沉的用途非常广，在报纸、杂志上经常会看到首字下沉的效果。在新闻稿中设置首字下沉，可让文字更加美观、有个性，也更能引起人们的注意。

扫码看视频

原始文件　下载资源\实例文件\第6章\原始文件\新闻稿.docx

最终文件　下载资源\实例文件\第6章\最终文件\新闻稿.docx

步骤 01　打开下载资源\实例文件\第6章\原始文件\新闻稿.docx，将光标插入点置于要设置首字下沉的段落中，在"插入"选项卡下单击"首字下沉"下三角按钮，在展开的下拉列表中单击"下沉"选项，如图6-42所示。

步骤02 随后可以看到设置首字下沉后的效果，下沉的行数默认为3行，如图6-43所示。

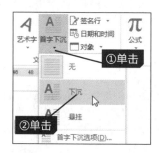

图6-42 单击“下沉”选项

XXX 协会 XX 专业委员会成立，XX 担任主任委员单位

为了加强 XX 行业管理，引导 XX 行业快速健康发展，由 XXX 协会牵头，2011 年 7 月 6 日，XXX 协会 XX 专业委员会成立大会暨全国 XX 行业生产技术与市场发展研讨会在京胜利召开。

此次会议上，XX 市 XXX 股份有限公司当选为 XX 专业委员会主任委员单位，XXX 市 XXX 股份有限公司副总裁 XXX 当选为第一届分委会秘书长。这体现了国家主管部门和同行业者对 XX 在行业中不论是地位还是影响力的认可。

倡导健康美味，XX 铁强化 XX “加铁不加价”

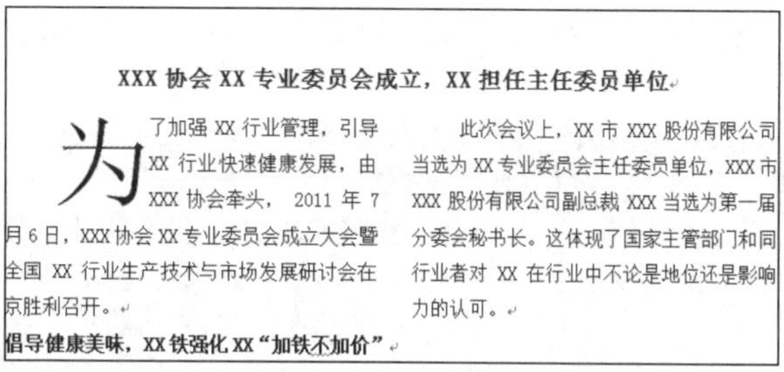

图6-43 设置首字下沉后的效果

技巧 6-7 设置首字悬挂效果

在实际应用中经常设置首字悬挂效果。首字悬挂是指段落的第一个字紧靠左侧变大，下面的每一行文字都从悬挂的字的右侧起始，首字就像单独悬空在段落外面。

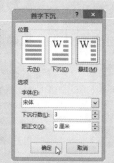

将光标插入点置于要设置首字悬挂的段落中，在“插入”选项卡中单击“首字下沉”下三角按钮，在展开的下拉列表中单击“首字下沉选项”选项，弹出“首字下沉”对话框，单击“悬挂”按钮，设置字体、下沉行数和距正文的距离，单击“确定”按钮，如图6-44所示，即可为该段落设置首字悬挂。

图6-44 设置首字悬挂效果

三组件应用分析

共性 首字下沉在Word和PowerPoint组件中都比较常用。不过，在PowerPoint中需要利用多个占位符手动设置首字下沉的效果。在某个占位符中输入较大号的文字，在另外两个占位符中输入较小号的文字，并调整其位置使其呈现出首字下沉的效果，如图6-45所示。

特殊 在Excel中首字下沉的效果不常用。要实现首字下沉的效果，可以在单元格中手动设置，将某个单元格区域合并，并将合并后的文字调整为较大的字号，呈现出首字下沉效果，如图6-46所示。

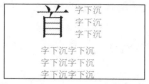

图6-45 在PowerPoint中首字下沉

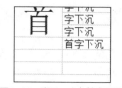

图6-46 在Excel中首字下沉

6.5 添加页眉和页脚

页眉和页脚通常用于显示文档的附件信息，如时间、日期、页码、单位名称、徽标等。其中，页眉在页面的顶部，页脚在页面的底部。Word 2013为用户提供了默认的页眉和页脚，也可以自定义页眉和页脚，还可以添加页码并为其设置格式。

6.5.1 插入默认的页眉和页脚

Word 2013为用户提供了多种页眉和页脚格式。在"插入"选项卡中单击"页眉"或"页脚"下三角按钮，在展开的下拉列表中选择合适的样式，再输入相应的内容即可插入页眉或页脚。

 6-11 为岗位职责说明书插入页眉和页脚

岗位职责指一个岗位所要求的需要完成的工作内容以及应当承担的责任范围。岗位是组织为完成某项任务而确立的，由工种、职务、职称和等级等内容组成。职责是职务与责任的统一，由授权范围和相应的责任两部分组成。一般在岗位职责说明书的页眉和页脚会加入公司名称等信息。

 扫码看视频

 原始文件　下载资源\实例文件\第6章\原始文件\岗位职责说明书.docx

 最终文件　下载资源\实例文件\第6章\最终文件\岗位职责说明书.docx

步骤 01　打开下载资源\实例文件\第6章\原始文件\岗位职责说明书.docx，在"插入"选项卡下单击"页眉"下三角按钮，在展开的下拉列表中选择合适的样式，如图6-47所示。

步骤 02　随后可以看到插入页眉后的效果，输入公司名称和日期，如图6-48所示。

图6-47　选择页眉样式

图6-48　插入页眉后的效果

步骤 03　页眉输入完毕后，在下拉列表中单击"编辑页眉"选项，打开"页眉和页脚工具-设计"选项卡，单击"页脚"下三角按钮，在展开的下拉列表中选择合适的样式，如图6-49所示。

步骤 04　选择的样式直接插入了页码效果，完成了页脚的插入，单击"关闭页眉和页脚"按钮，如图6-50所示。

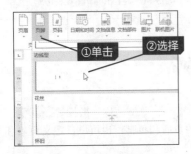

图6-49　选择页脚样式

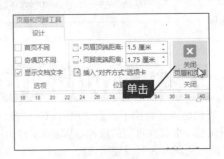

图6-50　单击"关闭页眉和页脚"按钮

步骤 05　返回文档中，可以看到插入页眉和页脚后的效果，如图6-51所示。

图6-51　插入默认的页眉和页脚后的效果

6.5.2　自定义页眉和页脚

在Word 2013中自定义页眉和页脚样式时，用户可以在页眉和页脚中加入多个元素，如日期和时间、文档部件、图片、图形等。

 6-12　自定义岗位职责说明书的页眉和页脚

当内置的页眉和页脚样式不能满足用户的需要时，用户可以自定义页眉和页脚样式。在"插入"选项卡下单击"页眉"下三角按钮，在展开的下拉列表中单击"编辑页眉"选项，就可以打开"页眉和页脚工具-设计"选项卡，开始自定义页眉和页脚样式。

 原始文件　下载资源\实例文件\第6章\原始文件\岗位职责说明书1.docx

 最终文件　下载资源\实例文件\第6章\最终文件\岗位职责说明书1.docx

 扫码看视频

步骤 01　打开下载资源\实例文件\第6章\原始文件\岗位职责说明书1.docx，进入页眉编辑状态，在"页眉和页脚工具-设计"选项卡下单击"日期和时间"按钮，如图6-52所示。

步骤 02　弹出"日期和时间"对话框，选择合适的可用格式，单击"确定"按钮，如图6-53所示。

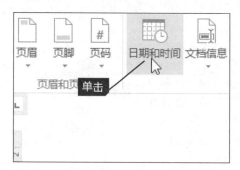

图6-52　单击"日期和时间"按钮

图6-53　设置日期和时间格式

步骤 03　按照同样的方法在页眉中加入其他的元素，页眉设置完毕后，单击"转至页脚"按钮，如图6-54所示。

步骤 04　单击"文档部件"下三角按钮，在展开的下拉列表中单击"文档属性"选项，在展开的下级列表中单击合适的属性，如图6-55所示。

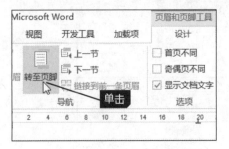

图6-54　单击"转至页脚"按钮

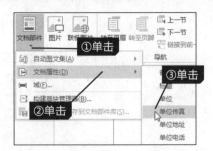

图6-55　插入文档属性

步骤 05　输入正确的属性文字。完成页脚的设置后，单击"关闭页眉和页脚"按钮。返回文档中看到自定义的页眉和页脚效果，如图6-56所示。

图6-56　自定义页眉和页脚效果

技巧 6-8　设置首页不同的页眉页脚

在实际应用中，因为首页的内容不同，需要设置与后面的页数不同的页眉和页脚。在"页眉和页脚工具-设计"选项卡可设置。

设置好所有的页眉和页脚后，在"页眉和页脚工具-设计"选项卡勾选"首页不同"复选框，如图6-57所示。首页的页眉和页脚将被清空，重新设置即可。

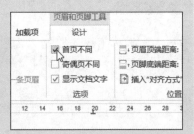

图6-57　设置首页不同的页眉页脚

技巧 6-9　设置奇偶页不同的页眉页脚

在实际应用中，因为奇数页和偶数页的内容不同，或者为了凸显出奇数页和偶数页，需要为奇偶页设置不同的页眉和页脚。在"页眉和页脚工具-设计"选项卡下可以完成设置。

在"页眉和页脚工具-设计"选项卡下勾选"奇偶页不同"复选框，如图6-58所示，再分别为奇数页和偶数页设置页眉和页脚。

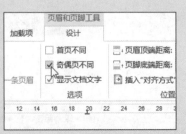

图6-58　设置奇偶页不同的页眉页脚

6.5.3　添加页码并设置格式

　　为文档添加页码是常用的操作之一。可以在页面的顶端、页面的底端、页边距或者页面中的其他位置添加页码。若要在页眉或页脚中添加其他的元素，如文字或图片，可以先添加页眉或页脚，再在页眉或页脚中添加页码。页码添加好后可为其设置页码格式或页码编号。

6-13　在岗位职责说明书中添加页码

　　若岗位职责说明书总页数较多，需在页脚的部分添加页码，以显示总页数和当前页数。

　原始文件　下载资源\实例文件\第6章\原始文件\岗位职责说明书2.docx

　最终文件　下载资源\实例文件\第6章\最终文件\岗位职责说明书2.docx

　扫码看视频

　步骤 01　　打开下载资源\实例文件\第6章\原始文件\岗位职责说明书2.docx，进入页脚编辑状态，在"页眉和页脚工具-设计"选项卡下单击"页码"下三角按钮，在展开的下拉列表中指向"当前位置"选项，在展开的下级列表中选择合适的样式，如图6-59所示。

图6-59　选择合适的页码样式

步骤 02　　单击"页码"下三角按钮，在展开的下拉列表中单击"设置页码格式"选项，如图6-60所示。

步骤 03　　弹出"页码格式"对话框，选择合适的编号格式，单击"起始页码"单选按钮，单击右侧的微调按钮设置起始页，单击"确定"按钮，如图6-61所示。

步骤 04　　设置完成后即可查看设置格式后的效果，如图6-62所示。

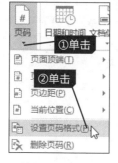

图6-60　单击"设置页码格式"选项

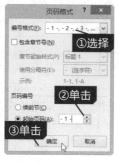

图6-61　设置页码

图6-62　最终效果

技巧 6-10 为目录与正文设置两种不同格式的页码

在实际应用中，需要为目录与正文设置两种不同格式的页码，可在文本中加入分节符来实现。

将光标插入点置于目录末尾，在"页面布局"选项卡下单击"分隔符"下三角按钮，在展开的下拉列表中单击"下一页"选项，如图6-63所示。插入页码，并为目录与正文设置不同的页码格式。在设置正文的页码格式时，在"页码格式"对话框中，选择合适编号格式和页码编号即可。

图6-63　为目录与正文设置两种
不同格式的页码

三组件应用分析

共性

Office三组件插入页码和页脚的方法相同，都是在"插入"选项卡下单击"页眉和页脚"按钮。在Excel的"页眉和页脚工具-设计"选项卡下，选择合适的页眉和页脚元素插入页眉或页脚中即可，如图6-64所示。

特殊

在PowerPoint软件中，在"插入"选项卡中单击"页眉和页脚"按钮，弹出"页眉和页脚"对话框，可以添加日期和时间、幻灯片编号及页脚等，如图6-65所示。

图6-64　在Excel中添加页眉页脚

图6-65　在PowerPoint中添加页眉页脚

6.6 使用分隔符划分文档内容

通过在文字中插入分隔符，可以把Word文档分成多个部分，还可以对这些部分单独进行页面设置和灵活排版，满足比较复杂的文档页面要求。Word 2013中的分隔符包括分页符、分栏符、自动换行符、分节符。

◆ 分页符：标记一页终止并开始下一页的点。

◆ 分栏符：指示分栏符后面的文字将从下一栏开始。

◆ 自动换行符：即软回车，换行不换段。在应用格式时用处很大。

◆ 分节符：插入分节符，可以在下一页、同一页、下一偶数页或下一奇数页上开始新页。

6.6.1 使用分页符划分页

分页符是分页的一种符号，用于上一页结束或下一页开始的位置。当文本或图形等内容填满一页时，Word会插入一个自动分页符并开始新的一页。如果要在某个特定位置强制分页，可手动插入"分页符"，这样可以确保章节标题总在新的一页开始。将光标插入点置于要插入分页符的位置，在"页面布局"选项卡下单击"分隔符"下三角按钮，在展开的下拉列表中单击"分页符"选项。

6-14 将产品说明书划分为多页

产品说明书是一种常见的说明文，是生产者向消费者全面、明确地介绍产品名称、用途、性质、性能、原理、构造、规格、使用方法、维护保养、注意事项等内容而撰写的文字材料。使用分页符对产品说明书进行手动分页，不仅格式美观，还方便阅读。

 原始文件 下载资源\实例文件\第6章\原始文件\产品说明书.docx

 最终文件 下载资源\实例文件\第6章\最终文件\产品说明书.docx

 扫码看视频

步骤 01 打开下载资源\实例文件\第6章\原始文件\产品说明书.docx，将光标插入点置于要插入分页符的位置，在"页面布局"选项卡下单击"分隔符"右侧的下三角按钮，在展开的下拉列表中单击"分页符"选项，如图6-66所示。

步骤 02 随后可以看到插入分页符以后的位置在新的一页开始，如图6-67所示，按照同样的方法，在产品说明书中其他位置处插入分页符，将说明书划分为多页。

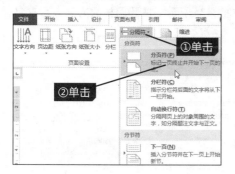

图6-66 单击"分页符"选项

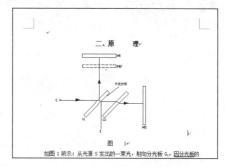

图6-67 插入分页符后的效果

6.6.2 使用分节符划分小节

节是文档的组成部分。插入分节符之前，Word默认将整篇文档视为一节。在改变行号、分栏数或页眉页脚、页边距等特性时，需要创建新的节。在Word 2013中，分节符包括下一页、连续、偶数页、奇数页四种。在"页面布局"选项卡下单击"分隔符"下三角按钮，在展开的下拉列表中选择合适的分节符。

6-15 将产品说明书划分为多个小节

将产品说明书划分为多个小节，可以方便页码的添加和产品说明书版式的排列。

 原始文件 下载资源\实例文件\第6章\原始文件\产品说明书1.docx

 最终文件 下载资源\实例文件\第6章\最终文件\产品说明书1.docx

 扫码看视频

步骤 01 打开下载资源\实例文件\第6章\原始文件\产品说明书1.docx，将光标插入点置于要插入分节符的位置，在"页面布局"选项卡下单击"分隔符"右侧的下三角按钮，在展开的下拉列表中选择合适的分节符，这里选择"下一页"，如图6-68所示。

步骤 02 随后可以看到分节符后的内容移动到了下一页，如图6-69所示。

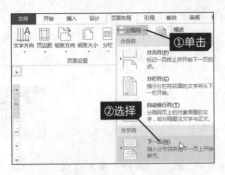

图6-68 选择"下一页"选项

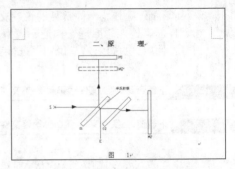

图6-69 插入分节符后的效果

步骤 03 将光标插入点置于要插入连续分节符的位置，单击"分隔符"下三角按钮，在展开的下拉列表中单击"连续"选项，如图6-70所示。

步骤 04 随后即可看到插入连续分节符的效果。若在"开始"选项卡的"段落"组中单击"显示/隐藏编辑标记"按钮，可看到插入的"分节符"，如图6-71所示。按照同样的方法，可在其他大标题处插入连续分节符，方便设置页码。

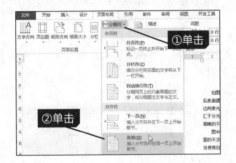

图6-70 单击"连续"选项

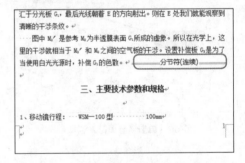

图6-71 插入连续分节符后的效果

提示 分页符只是将文本分页，而分节符是使两段文本分属不同章节，在排版时，可对不同节使用不同版式。

三组件应用分析

共性 在Office三组件中Excel的分隔符只有分页符类型，选择要插入分页符的单元格，在"页面布局"选项卡下单击"分隔符"下三角按钮，在展开的下拉列表中单击"插入分页符"选项，如图6-72所示，可以插入分页符。

特殊 在PowerPoint组件中不使用分隔符，因为PowerPoint演示文稿由单个的幻灯片组成。

图6-72 在Excel中使用分页符

第7章 使用表格和图表简化数据

在实际工作中，经常会制作一些有关数据的记录或统计的文件，如档案索引、图书借阅登记、报价单等，它们常常是以表格形式呈现的。表格用行、列交叉的网格来清晰记录各项数据的详细信息，使阅读者能快速查阅想要的内容。除此之外，用户还可以根据表格数据，在文档中建立图表，以图形直观反映数据之间的关系。

7.1 创建表格

在日常工作、学习和生活中，常常会需要使用表格清晰简明地表达相关类型的数据项。在Word文档中创建表格，有手动绘制表格和自动创建表格两种方法。

7.1.1 手动绘制表格

手动绘制表格即通过在文档中拖动鼠标来绘制出表格的边框，从而得到所需的表格。绘制表格的过程中还可以在"表格工具-设计"选项卡的"边框"组中设置表格边框的线条样式、粗细、颜色等格式选项，如图7-1所示。

◆ 笔样式：用于选择表格的边框样式，如单横线、虚线、双横线等。

图7-1 手动绘制表格

◆ 笔画粗细：用于设置边框线条的粗细。

◆ 笔颜色：用于设置边框线条的颜色。

◆ 边框：用于添加或删除表格的边框线。

◆ 边框刷：用于应用所设置的边框样式。

 7-1 绘制档案索引表

档案索引表是记录档案编号、档案名称、建档日期、存放位置、保管期限的表格，用户可以根据该表格中记录的数据快速检索所需档案。想在文档中建立一个档案索引表，可以通过手动绘制表格来实现。

 原始文件　下载资源\实例文件\第7章\原始文件\员工档案索引表.docx

 最终文件　下载资源\实例文件\第7章\最终文件\员工档案索引表.docx

 扫码看视频

 步骤01 打开下载资源\实例文件\第7章\原始文件\员工档案索引表.docx，切换至"插入"选项卡，在"表格"组中单击"表格"按钮，在展开的下拉列表中单击"绘制表格"选项，如图7-2所示。

步骤02 此时鼠标指针呈铅笔状，在适当位置单击鼠标左键，按住鼠标左键不放，拖至适当大小可绘制边框的外框线，如图7-3所示。

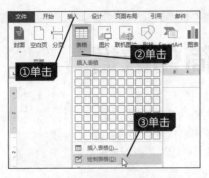

图7-2 单击"绘制表格"选项

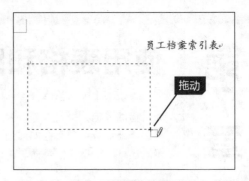

图7-3 绘制表格外框框线

步骤 03 切换至"表格工具-设计"选项卡，在"边框"组中单击"笔样式"右侧的下三角按钮，在展开的下拉列表中选择笔样式，如图7-4所示。

步骤 04 单击"笔画粗细"右侧的下三角按钮，在展开的下拉列表中选择所需笔画粗细选项，如图7-5所示。

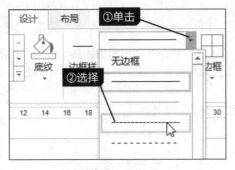

图7-4 选择笔样式

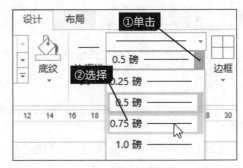

图7-5 选择笔画粗细

步骤 05 单击"笔颜色"右侧的下三角按钮，在展开的颜色列表中选择所需颜色，如图7-6所示。

步骤 06 设置好边框线条样式后，拖动鼠标在表格内绘制水平和垂直边框线条，绘制完成后双击鼠标左键退出表格绘制状态，然后在表格中输入所需内容文本，如图7-7所示。

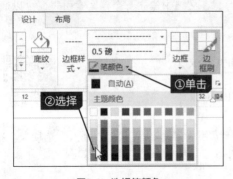

图7-6 选择笔颜色

图7-7 绘制水平和垂直边框线并输入表格内容

提示 手动绘制表格时，按【Esc】键亦可快速退出表格绘制状态。

技巧
7.1 **擦除绘制错误的线条**

在绘制表格时，如果出现绘制错误的线条，用户可以在"表格工具-布局"选项卡下的"绘图"组中单击"橡皮擦"按钮，启动橡皮擦功能，待指针呈橡皮擦状时，单击要删除的线条，如图7-8所示，即可将该线条清除。

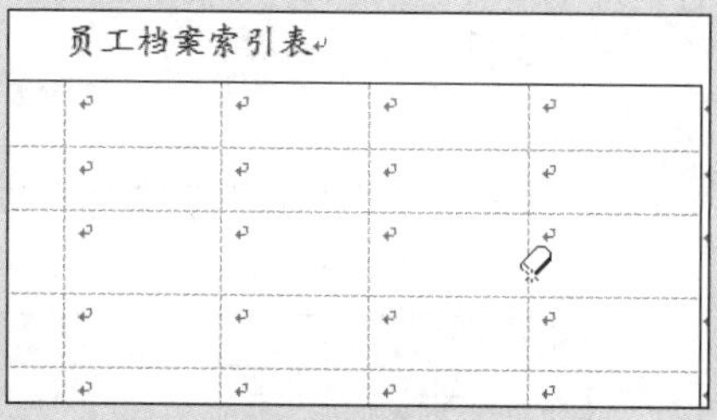

图7-8 擦除绘制错误的线条

技巧
7.2 **为表格添加斜线表头**

在日常工作中，常常遇到需要在表头的单元格中绘制斜线，并在斜线的左下方和右上方填写项目名称，从而标明表格行列的项目内容。在Word 2013组件中，斜线表头可以通过绘制表格功能来制作。先将光标插入点置于表格中，在"表格工具-布局"选项卡下的"绘图"组中单击"绘制表格"按钮，进入表格绘制状态，沿要添加斜线的单元格绘制对角线即可，如图7-9所示。

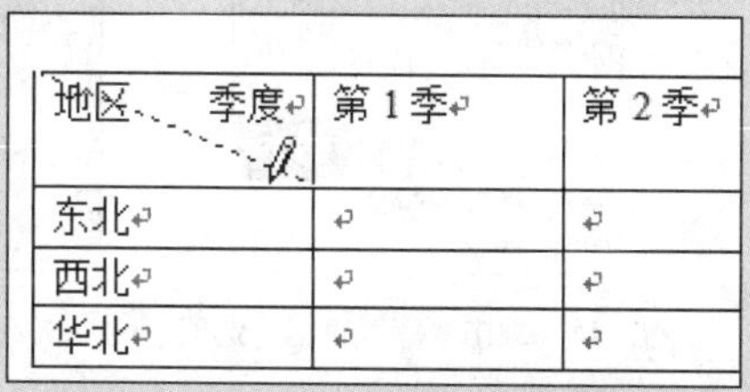

图7-9 为表格添加斜线表头

7.1.2 自动创建表格

在Word 2013中，除了根据需要手动绘制表格，对一些相对标准的表格，用户可以采用自动创建表格功能来创建。常见的自动创建表格方法有快速选定行列数插入、指定行列数创建、文本转换成表格和快速表格等，如图7-10所示。

◆ 快速选定行列数插入：在"表格"下拉列表中选择表格的行数和列数快速插入。

◆ 插入表格：调用"插入表格"对话框，输入精确的行、列数创建表格，用于创建指定行、列数的大型表格。

◆ 文本转换成表格：将所选文本按分隔符转换为相应的表格。

◆ 快速表格：选定内置的表格样式，快速建立指定样式的表格。

图7-10 自动创建表格方法

示例 **7-2** **创建图书借阅登记表**

图书借阅登记表是记录员工借阅图书名称、类别编号、总编号、借阅人、借阅日期、归还日期的表格，是比较标准的表格，用户可以通过"插入表格"对话框轻松创建。

原始文件　下载资源\实例文件\第7章\原始文件\图书借阅登记表.docx

最终文件　下载资源\实例文件\第7章\最终文件\图书借阅登记表.docx

扫码看视频

步骤
01 打开下载资源\实例文件\第7章\原始文件\图书借阅登记表.docx，切换至"插入"选项卡，在"表格"组中单击"表格"按钮，在展开的下拉列表中单击"插入表格"选项，如图7-11所示。

步骤 02 弹出"插入表格"对话框，在"列数"和"行数"文本框中输入列数和行数，单击"确定"按钮，如图7-12所示。

步骤 03 此时在文档中插入了指定行和列的表格，如图7-13所示。

图7-11 单击"插入表格"选项　　图7-12 输入表格行、列数　　图7-13 插入的表格

技巧 7.3 为新表格记忆尺寸

使用"插入表格"对话框自动创建表格时，用户可在"'自动调整'操作"选项组中设置创建的表格的列宽格式，如单击选中"固定列宽"单选按钮，将自动根据输入框中输入的列宽值调整，单击选中"根据内容调整表格"单选按钮，创建的表格将根据单元格中输入的内容长度自动调整列宽。单击选中"根据窗口调整表格"单选按钮，将自动根据文档页面的宽度平均分布列宽。当用户希望将此次设置的表格尺寸应用到再次创建表格时，只需勾选"为新表格记忆此尺寸"复选框，如图7-14所示，单击"确定"按钮即可。

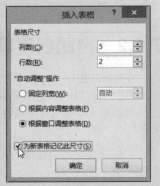

图7-14 为新表格记忆尺寸

技巧 7.4 插入快速表格

Word组件还提供了一系列快速表格，用户可以根据实际需求选择相应选项来创建指定格式的表格。在插入快速表格时，用户只需单击"表格"按钮，在展开的下拉列表中指向"快速表格"选项，在展开的下级列表中选择所需表格样式，如图7-15所示，即可在文档中快速插入选定样式的表格。

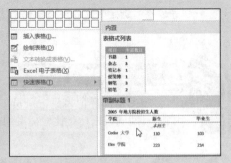

图7-15 插入快速表格

三组件应用分析

共性

在Office三个组件中，PowerPoint与Word组件相同，都可以通过"表格"按钮来创建表格，在PowerPoint的"插入"选项卡的"表格"组中单击"表格"按钮，在展开的下拉列表中选择适合的表格插入方法，如图7-16所示，即可轻松创建所需表格，但它没有Word组件中的"文本转换成表格"和"快速表格"功能。

特殊

Excel组件中插入表格的方法与其他两个组件不同，因为Excel组件本身就是一个大型表格，因此在创建表格时，一般采用"边框"下拉列表的绘制边框来绘制表格边框线条，如图7-17所示。

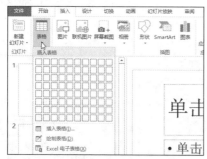

图7-16　在PowerPoint中创建表格

图7-17　在Excel中绘制表格边框

7.2 编辑表格数据

在文档中创建的表格是一个由行、列交叉而成的网格，如果没在其中输入任何数据，它仅仅是网格，并无实际意义，因此在创建表格后，用户应及时通过编辑表格数据来丰富表格。常见的编辑表格数据方法有输入表格数据、设置表格数据的对齐方式、表格数据的计算、表格中数据的排序和重复标题行内容等。

7.2.1 在表格中输入数据

没有数据的表格是毫无意义的，因此在表格中输入数据是建立有效表格最基本的方式。在表格中输入数据的方法很简单，只需将光标插入点置于要输入数据的单元格内，输入相应的数据即可。

7-3 输入借阅登记表的内容

在【示例7-2】中建立了图书借阅登记表的表格，用户只需在网格中输入借阅登记表的项目名称和内容，即可完成图书借阅登记表的建立。

原始文件　下载资源\实例文件\第7章\原始文件\图书借阅登记表1.docx

最终文件　下载资源\实例文件\第7章\最终文件\图书借阅登记表1.docx

扫码看视频

步骤01

打开下载资源\实例文件\第7章\原始文件\图书借阅登记表1.docx，将光标插入点置于要输入数据的表格单元格中，如图7-18所示。

步骤02

选择合适的输入法在单元格中输入所需数据，如图7-19所示，即可完成图书借阅登记表内容的输入。

图7-18　将光标插入点置于要输入的单元格

图7-19　输入项目名称后的表格

技巧 7-5　根据内容自动调整表格大小

在Word 2013中默认插入的表格是按固定列宽平均分配各列列宽的。当某一列内容过多，无法在单元格内完整显示时，用户可以通过拖动单元格的列框线调整单元格大小，也可以在输入文本内容后，切换至"表格工具"中的"布局"选项卡，在"单元格大小"组中单击"自动调整"按钮，在展开的下拉列表中单击"根据内容自动调整表格"选项，如图7-20所示，即可以使表格每列列宽均适合单元格内的内容。

图7-20　根据内容自动调整表格大小

技巧 7-6　在Word表格中设置重复标题行

当Word 2013中插入的表格内容需跨多页显示时，第二页开始表格便没有项目名称字段（标题），不便于阅读。若想在每一页中均显示项目名称字段（标题），可以借助"重复标题行"功能来实现。在设置时，只需在表格中选中标题行内容，切换至"表格工具"中的"布局"选项卡，单击"数据"组中的"重复标题行"按钮，如图7-21所示，即可在每一页的首行显示表格标题。而在Excel组件中想要跨页重复标题，则需在打印时，指定打印标题行，亦可为表格添加重复标题行。

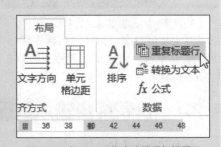

图7-21　在Word表格中设置重复标题行

7.2.2　表格数据对齐方式

在Word表格中输入的数据默认以靠上两端对齐方式显示。当表格默认的对齐方式不符合要求时，可以在"表格工具-布局"选项卡的"对齐方式"组中选择合适的对齐方式来更改。常见的表格对齐方式有靠上两端对齐、靠上居中对齐、靠上右对齐、中部两端对齐、水平居中、中部右对齐、靠下两端对齐、靠下居中对齐和靠下右对齐等。

示例 7-4　统一借阅登记表内容的对齐方式

一般情况下，直接输入的图书借阅登记表的项目名称对齐方式都是默认为靠上两端对齐的方式显示的。当用户希望表格的项目名称水平居中显示时，可直接通过单击"对齐方式"组中的"水平居中"按钮来设置。

原始文件 下载资源\实例文件\第7章\原始文件\图书借阅登记表2.docx

最终文件 下载资源\实例文件\第7章\最终文件\图书借阅登记表2.docx

步骤 01 打开下载资源\实例文件\第7章\原始文件\图书借阅登记表2.docx，选择需要设置数据对齐方式的表格单元格，如图7-22所示。

步骤 02 切换至"表格工具-布局"选项卡，在"对齐方式"组中单击"水平居中"按钮，如图7-23所示。

步骤 03 此时所选单元格内的数据以水平居中方式显示，如图7-24所示。

图7-22 选择要设置的单元格

图7-23 单击"水平居中"按钮

图7-24 水平居中显示效果

技巧 7-7 设置单元格的边距

单元格边距是指表格单元格中的内容与单元格边框的距离。要更改默认单元格边距，只需选择要设置的表格单元格，在"对齐方式"组中单击"单元格边距"按钮，弹出"表格选项"对话框，在"默认单元格边距"选项组中的"上""下""左""右"文本框中输入边距数值，设置完成后单击"确定"按钮，如图7-25所示。

图7-25 设置单元格的边距

7.2.3 表格中数据的计算

虽然Word中的表格以文本为主，但也可以使用Word提供的函数对表格中的数据进行计算。Word提供的函数有SUM()、COUNT()、ABS()、AVERAGE()、IF()、MAX()等。在计算时，用户可以在"数据"组中单击"公式"按钮，打开"公式"对话框来进行函数的调用。

7-5 计算报价单中的合计金额

报价单主要用于供应商给客户报价，类似价格清单。当用户需要计算报价单中所有产品的合计金额时，可以使用"公式"功能轻松计算。

原始文件　下载资源\实例文件\第7章\原始文件\产品报价单.docx

最终文件　下载资源\实例文件\第7章\最终文件\产品报价单.docx

步骤01　打开下载资源\实例文件\第7章\原始文件\产品报价单.docx，将光标插入点置于要显示计算结果的单元格，在"数据"组中单击"公式"按钮，如图7-26所示。

步骤02　弹出"公式"对话框，在"公式"文本框中输入了默认的求和计算公式，在"编号格式"下拉列表中选择合适的编号格式，单击"确定"按钮，如图7-27所示。

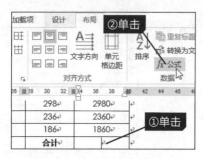

图7-26　单击"公式"按钮

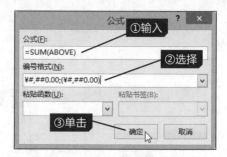

图7-27　输入计算公式并设置编号格式

步骤03　返回文档中，可看到光标插入点所在单元格中显示了公式计算结果，如图7-28所示。

公司名称: 庆恒伊妹资讯有限公司						
详细地址: 天厦路兴壶太厦 132 号						
联系电话: 138****5289			传真电话: 139****5287			
联系人: 陈恒			报价日期: 2012 年 7 月 1 日			
序号	品名	数量	单位	规格	单价	金额
1	主机箱	10	台	ATX	180	18000
2	中央处理器	10	个	奔腾 4	298	2980
3	内存	10	条	1G	236	2360
4	声卡	10	条	X – Fi	186	1860
					合计	¥25,200.00

图7-28　显示计算结果

7.2.4　表格中数据的排序

当用户希望Word中的表格数据按照一定规律显示时，可以通过对指定列的数据进行升、降序排列，重新组织各行在表格中的次序。

示例 7-6　对产品单价表中的单价进行排序

　　产品单价表是记录各产品单位价格的表格，若想把产品的单价从低到高进行排序，可以通过"数据"组中的"排序"功能来设置。

原始文件　下载资源\实例文件\第7章\原始文件\产品单价表.docx

最终文件　下载资源\实例文件\第7章\最终文件\产品单价表.docx

步骤01 打开下载资源\实例文件\第7章\原始文件\产品单价表.docx，选择包含要排序数据的表格，如图7-29所示。

步骤02 切换至“表格工具-布局”选项卡，在“数据”组中单击“排序”按钮，如图7-30所示。

产品单价表

时间：2014年1月23日　　单位：元

品牌	市场价	产品型号	优惠率	最高限价
红溪	568	52°浓香型	4%	545
粮糖	608	53°浓香型	3%	589
笑間	588	53°浓香型	3.5%	567
五谷	668	52°浓香型	3.9%	699
杰銀	668	52°浓香型	9.5%	604

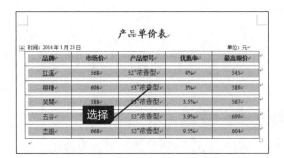

图7-29 选择要排序的数据

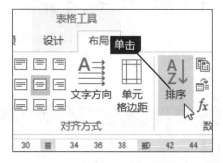

图7-30 单击“排序”按钮

步骤03 弹出“排序”对话框，在“主要关键字”选项组中设置主要关键字为“市场价”，单击选中“升序”单选按钮，单击“确定”按钮，如图7-31所示。

步骤04 返回文档，此时表格中的“市场价”进行了升序排列，如图7-32所示。

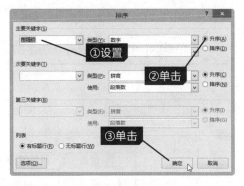

图7-31 设置排序条件

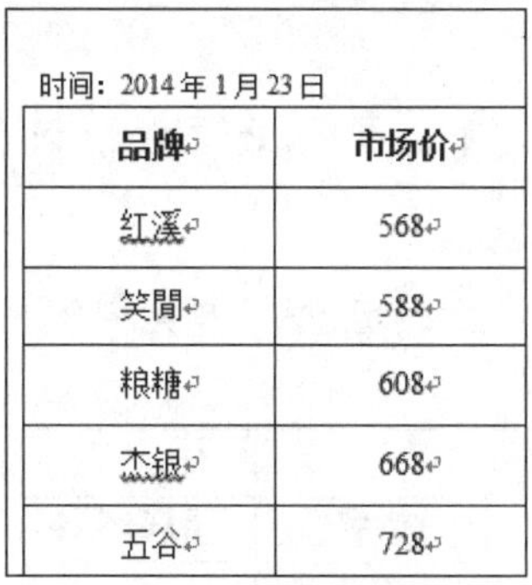

时间：2014年1月23日

品牌	市场价
红溪	568
笑間	588
粮糖	608
杰銀	668
五谷	728

图7-32 显示排序结果

技巧 7-8 将表格内容转换为文本

在Word文档中，若要将表格转换为常规文本，以指定的分隔符将表格的各个项目分开，可以选中表格中的任意单元格，切换至“表格工具-布局”选项卡，在“数据”组中单击“转换为文本”按钮，弹出“表格转换成文本”对话框，在“文字分隔符”选项组中选择分隔符，并单击“确定”按钮，如图7-33所示，即可将表格转换为常规文本。

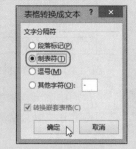

图7-33 将表格内容转换为文本

7.3 表格格式的编辑

标准的表格不仅要拥有正确的数据，还应有整齐、漂亮的外观，这就需要用户对表格的格式进行设置。常见的表格格式编辑操作包括单元格的合并与拆分、单元格高度和宽度调整、表格边框和底纹样式设置等。

7.3.1 合并与拆分单元格

所谓合并单元格，就是把所选的相邻单元格合并为一个单元格；而拆分单元格正好相反，是将一个单元格拆分为多个单元格。合并与拆分单元格常常用在表格的制作中，能使表格内容清晰整齐，内容更易阅读。

 示例 7-7 通过合并与拆分单元格制作员工考勤登记表表头

员工考勤登记表是记录员工考勤统计情况的表格，为了使表格的表头更符合实际需求，用户可以通过"合并单元格"和"拆分单元格"功能来轻松设置。

扫码看视频

 原始文件　下载资源\实例文件\第7章\原始文件\员工考勤登记表.docx

最终文件　下载资源\实例文件\第7章\最终文件\员工考勤登记表.docx

步骤 01 打开下载资源\实例文件\第7章\原始文件\员工考勤登记表.docx，选择需要合并的单元格，如图7-34所示。

步骤 02 切换至"表格工具-布局"选项卡，在"合并"组中单击"合并单元格"按钮，如图7-35所示。

步骤 03 此时所选多个单元格合并为一个单元格，如图7-36所示。

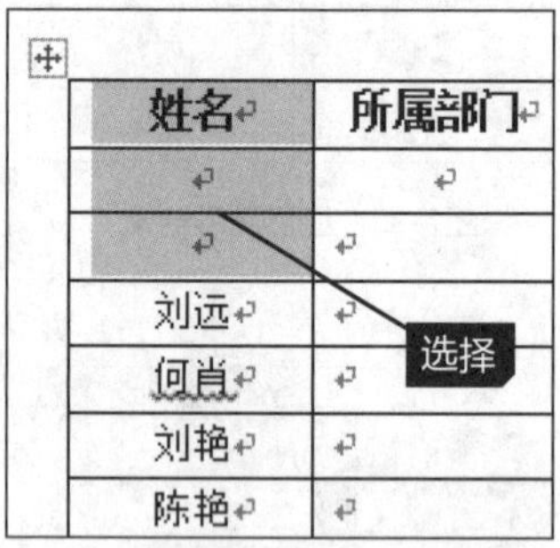

图7-34　选择要合并的单元格 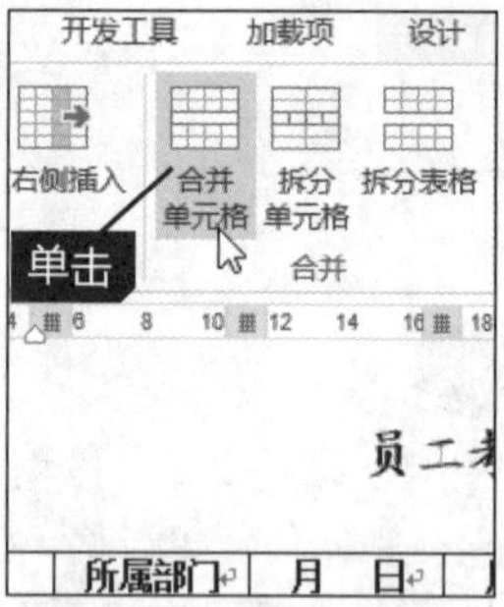　　　图7-35　单击"合并单元格"按钮 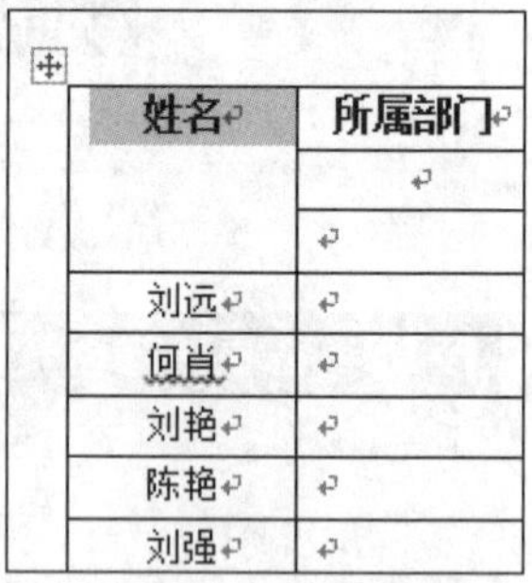　　　图7-36　合并单元格效果

步骤 04 用相同的方法将"所属部门"所在单元格与其下方的两个单元格合并为一个单元格。然后选择待拆分的单元格，在"合并"组中单击"拆分单元格"按钮，如图7-37所示。

步骤 05 弹出"拆分单元格"对话框，在"列数"和"行数"文本框中输入拆分单元格后的单元格的列数和行数，单击"确定"按钮，如图7-38所示。

步骤 06 此时所选单元格拆分为指定的行数和列数，如图7-39所示。

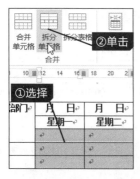

图7-37　单击"拆分单元格"

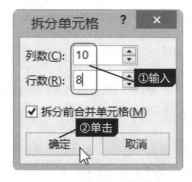

图7-38　设置拆分行数和列数

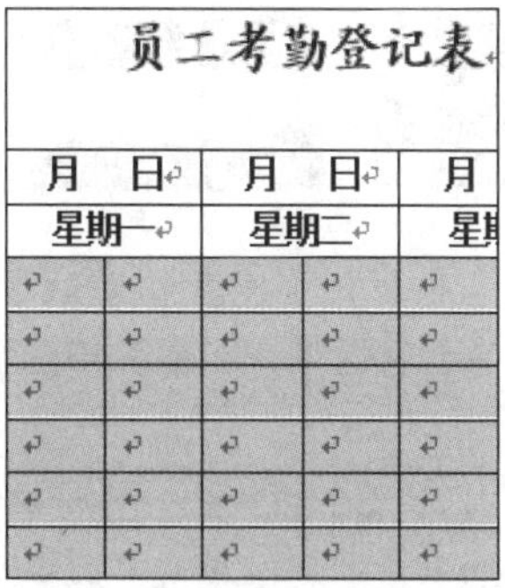

图7-39　拆分单元格后效果

技巧 拆分和合并表格

7-9

在Word文档中，用户还可以根据需要将一个表格拆分为两个表格，也可以将两个表格合并为一个表格。在拆分表格时，只需将光标插入点置于要拆分行的任意单元格，切换至"表格工具-布局"选项卡，在"合并"组中单击"拆分表格"按钮，如图7-40所示，则以光标插入点所在单元格为基准，将一个表格拆分为两个表格。若要将两个表格合并为一个表格，只需删除两个表格之间的空行，即可自动将两个表格合并为一个表格。

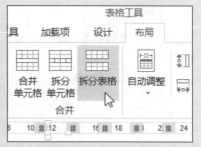

图7-40　拆分和合并表格

技巧 均分各行各列

7-10

在Word文档中，若要快速平均分配表格的单元格行和列，可以选中表格，切换至"表格工具-布局"选项卡，在"单元格大小"组中单击"分布行"或"分布列"按钮，如图7-41所示，即可自动根据窗口大小均分各行和各列的高度与宽度，使表格的所选行或所选列都等高或等宽。

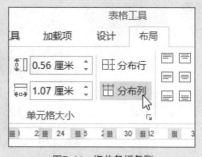

图7-41　均分各行各列

7.3.2　设置表格边框样式

在Word文档中创建的表格，其边框默认为黑色单线，当用户希望建立个性化的表格时，可以借助"边框和底纹"对话框中的"边框"或使用"表格样式"组中的"边框"功能快速更改边框效果。

示例 7-8 为出差补助统计表设置边框样式

出差补助统计表是记录员工出差时间、出差地点、各项补助标准和补助费用的表格。为了清晰地划分各项补助数据，用户可以使用表格的边框样式进行设置。

扫码看视频

原始文件　下载资源\实例文件\第7章\原始文件\出差补助统计表.docx

最终文件　下载资源\实例文件\第7章\最终文件\出差补助统计表.docx

步骤01 打开下载资源\实例文件\第7章\原始文件\出差补助统计表.docx，选择需要设置边框样式的单元格区域，如图7-42所示。

步骤02 切换至“表格工具-设计”选项卡，在“表格样式”组中单击“边框”下三角按钮，在展开的下拉列表中单击“边框和底纹”选项，如图7-43所示。

8月度出差补助统计表

单位：元

出差天数	出差地点	交通补助	餐补	合计
6	都江堰	190	480	670
3	遂宁	150	250	400
3	巴中	320	350	670
2	南充	165	180	345
1	乐	100	80	180
5	峨眉山	250	350	600

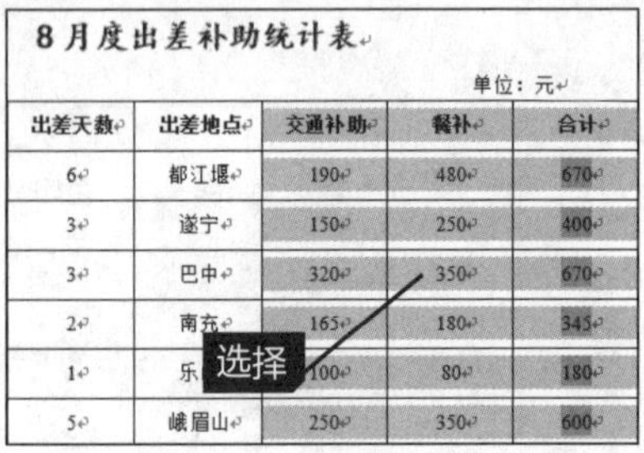

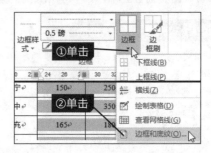

图7-42　选择待设置的单元格区域

图7-43　单击“边框和底纹”选项

步骤03 弹出“边框和底纹”对话框，在“边框”选项卡中设置线条样式，然后在右侧“预览”选项组中设置边框线条样式，设置后单击“确定”按钮，如图7-44所示。

步骤04 返回文档中，此时所选单元格区域应用了设置的边框线条样式，效果如图7-45所示。

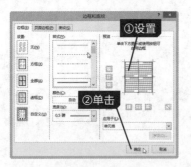

图7-44　设置边框线条样式

8月度出差补助统计表

部门：销售部　　单位：元

姓名	职位	出差天数	出差地点	交通补助	餐补	合计
刘明	县级主管	6	都江堰	190	480	670
黄艳	县级主管	3	遂宁	150	250	400
陈强	片区经理	3	巴中	320	350	670
刘沣	片区经理	2	南充	165	180	345
陈琳	县级主管	1	乐山	100	80	180
王琴	县级主管	5	峨眉山	250	350	600
刘俊	业务员	2	雅安	320	60	380
李杰	业务员	3	简阳	210	150	360
何锐	业务员	4	崇州	150	240	390

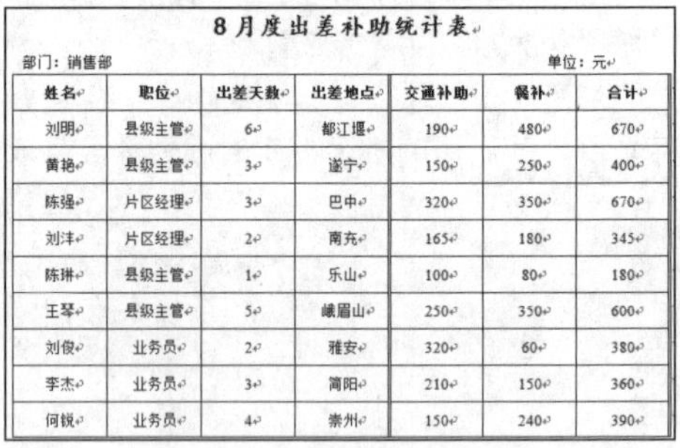

图7-45　设置边框样式后的效果

技巧 7-11 轻松在表格的单元格中插入水平线

有时在表格中要表示某个单元格不能输入数据，常常用斜线或水平横线来占位置，如要在Word表格中插入水平横线，可以直接选择待插入水平线的单元格，切换至“表格工具-设计”选项卡，在“表格样式”组中单击“边框”下三角按钮，在展开的下拉列表中单击“横线”选项，如图7-46所示，即可在所选单元格中插入水平线。

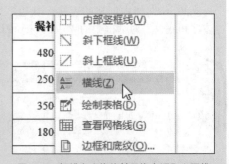

图7-46　轻松在表格的单元格中插入水平线

7.3.3 设置表格底纹样式

表格底纹样式即表格的单元格填充样式，可以用纯色、图案等填充单元格。在表格中设置底纹样式可以有效地突出表格中的重点数据内容。

示例 7-9 为出差补助统计表的标题行添加底纹

制作出差补助统计表时，需要将表格的标题行突出显示出来，使用“表格样式”组中的“底纹”功能可以轻松设置单元格的填充颜色。

原始文件　下载资源\实例文件\第7章\原始文件\出差补助统计表.docx

最终文件　下载资源\实例文件\第7章\最终文件\出差补助统计表1.docx

扫码看视频

步骤01 打开下载资源\实例文件\第7章\原始文件\出差补助统计表.docx，选择要设置底纹样式的单元格，在“表格样式”组中单击“底纹”下三角按钮，在展开的颜色列表框中选择所需颜色，如图7-47所示。

步骤02 此时所选单元格以选定的颜色填充，得到如图7-48所示的效果。

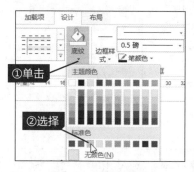

图7-47　设置底纹颜色

8月度出差补助统计表

部门：销售部　　单位：元

姓名	职位	出差天数	出差地点	交通补助	餐补	合计
刘明	县级主管	6	都江堰	190	480	670
黄艳	县级主管	3	遂宁	150	250	400
陈强	片区经理	3	巴中	320	350	670
刘沣	片区经理	2	南充	165	180	345
陈琳	县级主管	1	乐山	100	80	180
王琴	县级主管	5	峨眉山	250	350	600
刘俊	业务员	2	雅安	320	60	380
李杰	业务员	3	简阳	210	150	360
何锐	业务员	4	崇州	150	240	390

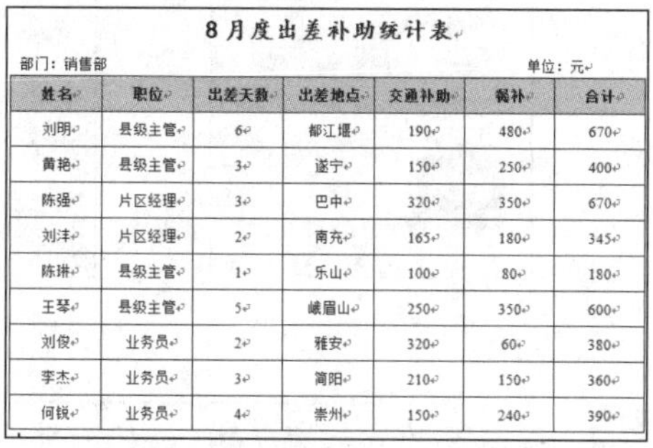

图7-48　设置底纹样式后的效果

技巧 7-12 以图案填充表格底纹

在Word 2013表格中除了使用纯色填充表格底纹外，还可以选择要填充底纹的单元格，调出“边框和底纹”对话框，在“底纹”选项卡的“图案”选项组中选择图案样式和颜色，如图7-49所示，设置完成后单击“确定”按钮，即可以特定的图案填充单元格底纹。

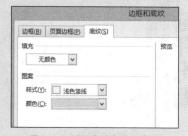

图7-49　以图案填充表格底纹

7.3.4 套用预置表格样式

Word 2013组件预置了141种表格样式，可以帮助用户快速设置表格外观样式。套用表格样式的方法很简单，用户只需选择要应用样式的表格，然后选择合适的表格样式即可。

7-10 为出差补助统计表套用表格样式

出差补助表是一个行、列对称的表格，若想以隔行底纹填充形式区分表格每一行内容，可以直接套用预置的表格样式来快速设置。

扫码看视频

📥 原始文件　下载资源\实例文件\第7章\原始文件\出差补助统计表.docx

📥 最终文件　下载资源\实例文件\第7章\最终文件\出差补助统计表2.docx

步骤01　打开下载资源\实例文件\第7章\原始文件\出差补助统计表.docx，选择需要应用表格样式的单元格区域，如图7-50所示。

步骤02　切换至"表格工具-设计"选项卡，单击"表格样式"组中快翻按钮，在展开的库中选择所需样式，如图7-51所示。

步骤03　此时所选表格应用了选定的表格样式，效果如图7-52所示。

图7-50　选择表格

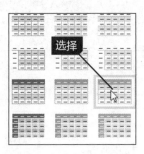

图7-51　选择表格样式

图7-52　套用表格样式效果

三组件应用分析

共性　表格格式编辑在Office的三个组件中都经常用到。在PowerPoint组件中对表格格式进行编辑的方法与Word组件中编辑表格格式的方法相似，均在"表格工具"选项卡中进行设置，但在PowerPoint组件中设置表格底纹样式时，可以用图片、纹理等对象来填充，如图7-53所示。

特殊　在Excel组件中设置表格格式与其他两个组件不同，在Excel组件中设置表格边框和底纹样式是通过"字体"组中的"边框"和"填充颜色"来设置的，也可以直接在"样式"组中单击"套用表格格式"按钮，选择预置的表格样式来快速更改表格区域的外观样式，如图7-54所示，但在套用该表格格式时，会自动将普通数据区域转换为带有排序和筛选功能的表格。

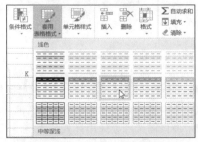

图7-53　在PowerPoint中设置表格格式　　图7-54　在Excel中套用表格格式

7.4 在文档中创建图表

在文档中用户可以通过图表来将某种事物的现象和某些数据的抽象关系图形化，让阅读者可以通过直观的图形轻松掌握数据的结构、关系等属性信息。在文档中创建图表的方法很简单，用户只需直接在"插入"选项卡的"插图"组中单击"图表"按钮，调出"插入图表"对话框，选择所需图表类型，并输入图表源数据即可轻松创建。

 7-11 插入各区域销售额对比情况图

公司在分析各区域销售额数据时，可以通过创建图表功能，将各区销售额数据转换为直观的柱形图，以柱形的长短来形象比较各区域销售额数据大小。

⬇ 原始文件 下载资源\实例文件\第7章\原始文件\各区域销售额对比情况图.docx

⬇ 最终文件 下载资源\实例文件\第7章\最终文件\各区域销售额对比情况图.docx

 扫码看视频

步骤01 打开下载资源\实例文件\第7章\原始文件\各区域销售额对比情况图.docx，将光标插入点置于要添加图表的位置，切换至"插入"选项卡，在"插图"组中单击"图表"按钮，如图7-55所示。

步骤02 弹出"插入图表"对话框，选择所需图表类型，单击"确定"按钮，如图7-56所示。

图7-55 单击"图表"按钮

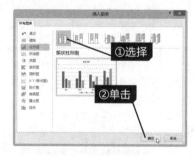

图7-56 选择图表类型

步骤03 在文档中插入默认的源数据的图表，在自动打开的"Microsoft Word中的图表"窗口中输入各区域销售额数值，并调整数据区域大小，如图7-57所示。

步骤04 返回文档中，可以看到创建的默认簇状柱形图的数据更改为指定的数据源，以柱形长短显示了各区域的销售额比较情况，如图7-58所示。

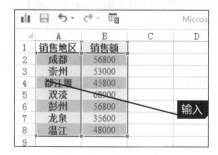

图7-57 输入图表源数据

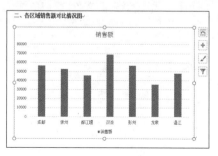

图7-58 创建的簇状柱形图

技巧 7-13 插入Microsoft Excel图表

　　若要在Word 2013文档中插入Microsoft Excel图表，可以通过Word组件的"对象"功能来插入。在设置时，只需切换至"插入"选项卡，在"文本"组中单击"对象"按钮，弹出"对象"对话框，在"新建"选项卡的"对象类型"列表框中选择"Microsoft Excel图表"选项，如图7-59所示，或是切换至"由文件创建"选项卡中选择现有包括图表的Excel工作簿，设置完成后单击"确定"按钮，即可完成在文档中插入Microsoft Excel图表的操作。

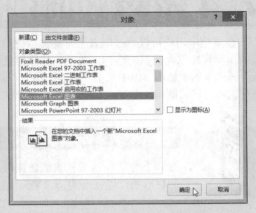

图7-59　插入Microsoft Excel图表

7.5 编辑图表

　　在文档中创建图表后，用户还可以借助Word组件提供的"图表工具-设计"和"图表工具-格式"选项卡下的命令来更改图表的类型、源数据、图表布局、图表样式及图表各元素的格式等，使创建的图表拥有一个新的、具有个性特征的专业外观。

7.5.1 更改图表类型

　　当文档中创建的图表不能充分展示数据间的关系时，用户可以通过"更改图表类型"功能更换当前图表类型来重新展示。Word组件中提供了柱形图、折线图、饼图、条形图、面积图、XY散点图、股价图、曲面图、圆环图、气泡图和雷达图共11大类图表，各大类图表又包括众多子图表类型，足够让用户选到最适合表现数据关系的图表。

示例 7-12 将各区域销售额对比情况柱形图更改为条形图

　　在【示例7-11】中插入了簇状柱形图用于比较各区域的销售额数据，如果用户希望以条形图来比较这些与时间无关的数据，可以通过"更改图表类型"功能来实现。

扫码看视频

原始文件　下载资源\实例文件\第7章\原始文件\各区域销售额对比情况图1.docx

最终文件　下载资源\实例文件\第7章\最终文件\各区域销售额对比情况图1.docx

步骤 01　　打开下载资源\实例文件\第7章\原始文件\各区域销售额对比情况图1.docx，选择待更改图表类型的图表，如图7-60所示。

步骤 02　　切换至"图表工具-设计"选项卡，在"类型"组中单击"更改图表类型"按钮，如图7-61所示。

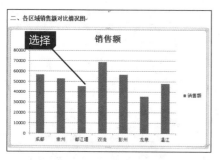

图7-60 选择待更改类型的图表

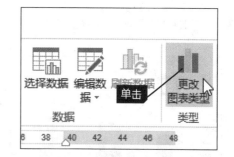

图7-61 单击"更改图表类型"按钮

步骤 03　弹出"更改图表类型"对话框，单击"条形图"选项，然后单击簇状条形图图标，如图7-62所示。

步骤 04　选择图表类型后单击"确定"按钮，返回文档中，可以看到所选图表由簇状柱形图更改为了簇状条形图，效果如图7-63所示。

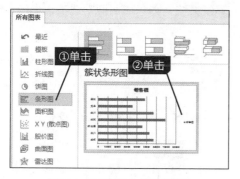

图7-62 选择更改为的图表类型

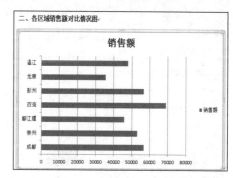

图7-63 更改图表类型后效果

7.5.2 调整图表位置与大小

在Word 2013文档中插入的图表默认是以文档页面宽度为图表的宽度并以嵌入方式插入文档中的，当用户希望调整图表在文档中的位置和图表大小时，可以切换至"图表工具-格式"选项卡，单击"大小"组中的对话框启动器，在"布局"对话框中设置图表的位置、文字环绕方式和图表大小等参数，来更改图表位置和大小。

7-13 调整区域销售额对比图的位置和大小

在销售报告中适当地使用图表，能将销售数据中反映的重点信息形象、直观地展示出来。为了使图表与文档内容有效结合，用户可以调整销售报告中图表的位置和大小。

原始文件 　下载资源\实例文件\第7章\原始文件\区域销售额对比图.docx

最终文件 　下载资源\实例文件\第7章\最终文件\区域销售额对比图.docx

扫码看视频

步骤 01　打开下载资源\实例文件\第7章\原始文件\区域销售额对比图.docx，选择要设置位置和大小的图表，如图7-64所示。

步骤02 切换至"图表工具-格式"选项卡，单击"大小"组中的对话框启动器，如图7-65所示。

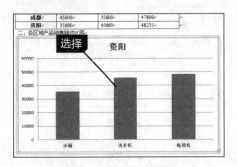

图7-64 选择要设置的图表

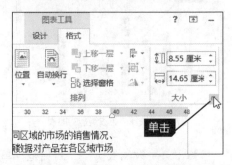

图7-65 单击"大小"组对话框启动器

步骤03 弹出"布局"对话框，在"大小"选项卡下设置"高度"和"宽度"的绝对值，如图7-66所示。

步骤04 切换至"文字环绕"选项卡，单击选择合适的环绕方式，如"四周型"选项，如图7-67所示。

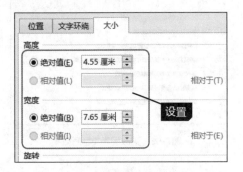

图7-66 设置图表高度和宽度

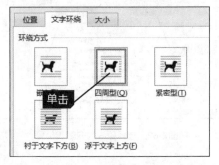

图7-67 选择文字环绕方式

步骤05 设置完成后单击"确定"按钮，然后用相同的方法设置"成都"地区的销售额对比图，得到如图7-68所示的效果。

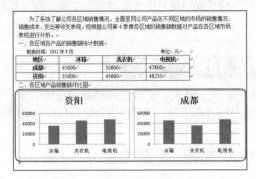

图7-68 更改图表位置和大小后效果

在编辑图表时，Office的三个组件的方法相似，这里仅介绍一些简单的操作，对于图表各元素的格式的设置将在第18章中进行详细介绍。

第8章

长文档的处理

　　创建和编辑包含多个章节或部分的文档，如行业报告、论文等，是无法用普通的编辑方法简洁地查看或修改文档内容的。遇到这类问题，用户可以借助Word组件提供的长文档处理技巧，如目录、书签、脚注、尾注及题注等，组织和维护长文档内容，便于读者快速了解文档结构，定位文档内容，以及标出文档内容的出处等。

8.1 设置大纲级别提取文档目录

　　对于一个具有多个章节或部分的文档而言，通过大纲级别合理安排文档内容层次，然后利用目录将文档结构提取出来，可以帮助读者轻松掌握文档的层次结构。

8.1.1 设置文档大纲级别

　　大纲级别是用于为文档中的段落指定层次结构的段落格式。Word提供了9级标题格式，最高级为1级，最低级为9级，最后还有一个非标题的"正文文本"级别。使用大纲级别可以划分文档内容及层次，让读者轻松掌握文档内容的逻辑关系和层次结构。要设置文档大纲级别，可通过"视图"选项卡的"大纲视图"按钮进入大纲视图来设置。

8-1 为行业报告各级标题添加不同的大纲级别

　　行业报告是对本行业市场情况进行系统分析的书面文件，它从行业环境、行业结构、行业市场等方面进行分析。在制作果汁行业分析报告时，如果希望读者能快速掌握报告内容的层次结构，可通过设置章节所在段落的大纲级别来达到目的。

 原始文件 下载资源\实例文件\第8章\原始文件\果汁行业分析报告.docx

最终文件 下载资源\实例文件\第8章\最终文件\果汁行业分析报告.docx

扫码看视频

步骤01 打开下载资源\实例文件\第8章\原始文件\果汁行业分析报告.docx，切换至"视图"选项卡，在"视图"组中单击"大纲视图"按钮，如图8-1所示。

步骤02 进入大纲视图页面，并调出"大纲"选项卡，如图8-2所示。

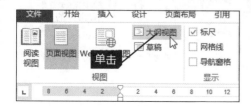

图8-1　单击"大纲视图"按钮

图8-2　大纲视图页面

步骤03 将光标插入点置于要设置大纲级别的段落，在“大纲”选项卡的“大纲工具”组中单击“大纲级别”右侧的下三角按钮，在展开的下拉列表中选择所需级别，如图8-3所示。

步骤04 此时所选段落应用了设置的大纲级别，如图8-4所示。

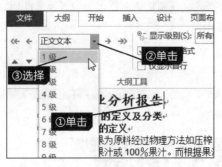

文件
大纲
开始
插入
设计
页面布
正文文本
显示级别(S):
1 级
4 级
5 级
7 级
8 级
③选择
②单击
①单击
大纲工具

图8-3　设置大纲级别

文件
大纲
开始
插入
设计
页面布局
1 级
显示级别(S): 所有级别
显示文本格式
仅显示首行
大纲工具
果汁行业分析报告
一、　果汁的定义及分类
（一）果汁的定义
果汁是以水果为原料经过物理方法如压榨、离
量可分析纯果汁或 100%果汁。而根据果汁按
清果汁澄清透明，如雪梨汁，而混浊果汁均匀

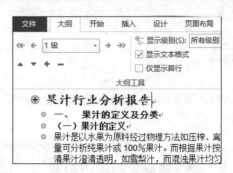

图8-4　设置大纲级别后效果

步骤05 用相同的方法设置文档中其他标题的段落级别，得到如图8-5所示的效果。

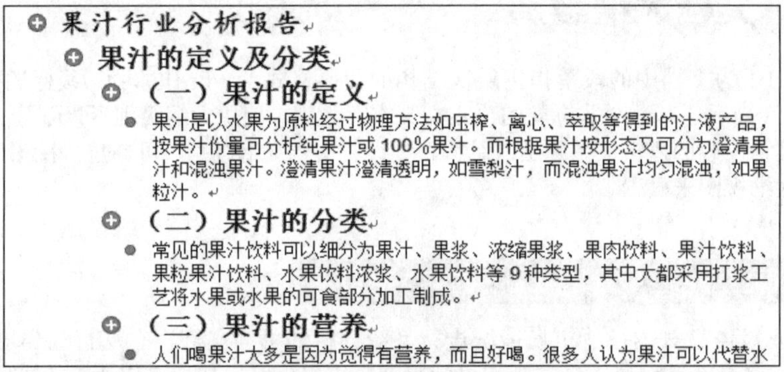

果汁行业分析报告
果汁的定义及分类
（一）果汁的定义
果汁是以水果为原料经过物理方法如压榨、离心、萃取等得到的汁液产品，按果汁份量可分析纯果汁或 100%果汁。而根据果汁按形态又可分为澄清果汁和混浊果汁。澄清果汁澄清透明，如雪梨汁，而混浊果汁均匀混浊，如果粒汁。
（二）果汁的分类
常见的果汁饮料可以细分为果汁、果浆、浓缩果浆、果肉饮料、果汁饮料、果粒果汁饮料、水果饮料浓浆、水果饮料等 9 种类型，其中大都采用打浆工艺将水果或水果的可食部分加工制成。
（三）果汁的营养
人们喝果汁大多是因为觉得有营养，而且好喝。很多人认为果汁可以代替水

图8-5　设置其他标题段落大纲级别效果

提示 在设置段落大纲级别时，用户不仅可以通过“大纲视图”来设置，也可以选择要设置的段落，调出“段落”对话框，在“大纲级别”下拉列表中选择“段落的大纲级别”选项来轻松设置所选段落的大纲级别，使用该方法设置大纲级别不会更改文本的段落格式。

技巧 8-1　在大纲级别中仅显示首行

在大纲视图页面设置大纲级别时，如果用户认为每个级别下段落的文档内容过多，仅需要集中注意力在标题上，可以在“大纲”选项卡的“大纲工具”组中勾选“仅显示首行”复选框，如图8-6所示，即可仅显示大纲标题以及标题下各段落的首行内容，将其余内容隐藏，以便于查看段落分布。

文件
大纲
开始
插入
设计
页面布局
3 级
显示级别(S): 所有级别
显示文本格式
仅显示首行
大纲工具
果汁行业分析报告
一、　果汁的定义及分类
（一）果汁的定义
果汁是以水果为原料经过物理方法如
（二）果汁的分类

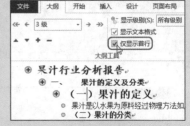

图8-6　在大纲级别中仅显示首行

技巧
8-2 只显示指定级别的内容

调整文档标题的大纲级别后，如果用户想隐藏各大纲级别下的具体段落内容，可以使用"显示级别"功能只显示所选级别及以上的标题内容。如要显示1级到3级的标题内容，只需在"大纲工具"组中单击"显示级别"右侧的下三角按钮，在展开的下拉列表中单击"3级"选项，如图8-7所示，即可在文档中只显示1级至3级的标题内容。

图8-7 只显示指定级别的内容

技巧
8-3 使用样式快速更改大纲级别

Word组件中提供了常用的标题样式，使用它们也可以快速更改文本段落的大纲级别。默认提供的标题样式有1～4级。在使用时，只需选中要设置的段落，在"样式"组中单击快翻按钮，在展开的库中选择所需标题样式即可，如图8-8所示。

图8-8 使用样式快速更改
大纲级别

技巧
8-4 运用"导航"窗格快速定位文档内容

在Word 2013组件中用户可以借助"导航"窗格的"标题"选项卡来显示文档中设置好的各级标题内容。通过这些标题内容可以在文档中快速定位到指定内容的位置。用户只需在"视图"选项卡的"显示"组中勾选"导航窗格"复选框，然后在显示的"导航"窗格中单击要定位的标题，如图8-9所示，即可快速定位文档内容。

图8-9 运用"导航"窗格快速
定位文档内容

8.1.2 插入内置目录样式

目录是为方便读者检索和阅读文档内容而制作的文档大纲。在Word 2013的"导航"窗格中虽然可以看到文档的大纲结构，但若要将大纲结构提取出来，则需要通过插入目录（内置或自定义目录）来实现。

示例
8-2 为果汁行业分析报告插入目录

为果汁行业分析报告设置好标题大纲级别后，可以通过"插入目录"功能将文档中设置好的大纲级别标题提取出来，生成单独的、可用于检索文档内容的目录。

 原始文件 下载资源\实例文件\第8章\原始文件\果汁行业分析报告1.docx

 最终文件 下载资源\实例文件\第8章\最终文件\果汁行业分析报告1.docx

 扫码看视频

步骤 01 打开下载资源\实例文件\第8章\原始文件\果汁行业分析报告1.docx，切换至"引用"选项卡，在"目录"组中单击"目录"按钮，在展开的样式库中选择需要插入的目录样式，如图8-10所示。

步骤 02 此时根据所选目录样式，将文档设置好的大纲标题提取出来，得到如图8-11所示的目录。

图8-10　选择目录样式

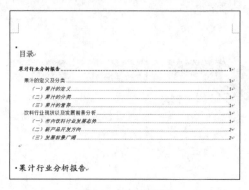

图8-11　插入的目录

技巧 8-5　将当前段落添加到目录

当用户希望将当前段落添加到目录中作为目录的一个检索条目时，可以选中待添加的段落文本，在"目录"组中单击"添加文字"下三角按钮，在展开的下拉列表中选择当前段落要添加到的标题级别，如图8-12所示，即可将所选段落添加到目录中。

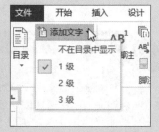

图8-12　将当前段落添加到目录

8.1.3　设置目录格式

在Word 2013中用户可以根据设置好的大纲级别自动生成目录，若想更改内置目录的各个级别的文字格式，可以调出"目录"对话框，使用其中的"修改"功能更改。

示例 8-3　调整果汁行业分析报告中目录的格式

在【示例8-2】中已为果汁行业分析报告添加了相应的目录，如果对内置的目录格式不满意，可以调出"目录"对话框，轻松更改现有目录的文本和段落格式。

扫码看视频

原始文件　下载资源\实例文件\第8章\原始文件\果汁行业分析报告2.docx

最终文件　下载资源\实例文件\第8章\最终文件\果汁行业分析报告2.docx

步骤 01 打开下载资源\实例文件\第8章\原始文件\果汁行业分析报告2.docx，选择待修改格式的目录，切换至"引用"选项卡，在"目录"组中单击"目录"按钮，在展开的下拉列表中单击"自定义目录"选项，如图8-13所示。

步骤 02 弹出"目录"对话框，然后单击"修改"按钮，如图8-14所示。

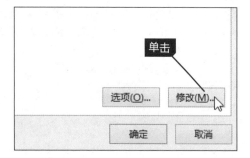

图8-13 单击"自定义目录"选项　　　　　　　　图8-14 单击"修改"按钮

步骤 03 弹出"样式"对话框，在"样式"列表框中选择要更改的目录级别，如选择"目录1"，单击"修改"按钮，如图8-15所示。

步骤 04 弹出"修改样式"对话框，在该对话框中设置文本的字符格式、段落格式等，如将"宋体"更改为"华文细黑"，如图8-16所示。

图8-15 选择要更改的目录级别　　　　　　　　图8-16 设置目录文本的文本格式

步骤 05 设置完成后单击"确定"按钮，用相同的方法设置其他目录级别格式，设置完成后依次单击"确定"按钮，弹出Microsoft Word提示框，询问是否替换所选目录，如图8-17所示，单击"是"按钮。

步骤 06 返回文档中可以看到所选目录的文本格式更新为修改后的格式，如图8-18所示。

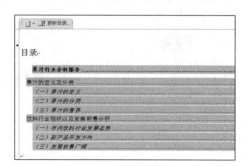

图8-17 Microsoft Word提示框　　　　　　　　图8-18 修改格式后的目录

技巧 8-6 将目录转换为普通文本

在Word文档中直接插入的目录是以域形式存在的，用户可以按住【Ctrl】键单击快速定位到指定的段落中。当用户希望将目录转换为普通文本时，只需选择目录，按【Ctrl+Shift+F9】组合键，即可将目录文本转换为带下画线的文本，如图8-19所示。

图8-19　将目录转换为普通文本

8.1.4　更新目录

若是在已添加目录的文档中对文档的内容进行了修改，造成标题和页码发生了变化，可通过"更新目录"功能对文档的目录大纲进行更新，避免出现目录大纲与内容不符的情况。更新目录有两种方式：一种是只更新页码，另一种是更新整个目录。

 示例 8-4 更新果汁行业分析报告的目录

当用户在添加目录的果汁行业分析报告中又添加了部分内容时，应及时使用"更新目录"功能重置目录，保证目录与文档内容的一致性。

 扫码看视频

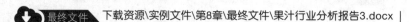

原始文件　下载资源\实例文件\第8章\原始文件\果汁行业分析报告3.docx

最终文件　下载资源\实例文件\第8章\最终文件\果汁行业分析报告3.docx

步骤 01 打开下载资源\实例文件\第8章\原始文件\果汁行业分析报告3.docx，在文档中修改内容后，在目录域中单击"更新目录"按钮，如图8-20所示。

步骤 02 弹出"更新目录"对话框，单击选中"更新整个目录"单选按钮，单击"确定"按钮，如图8-21所示。

步骤 03 此时自动根据修改后的大纲标题重置了文档的目录与页码，得到新目录，如图8-22所示。

图8-20　单击"更新目录"按钮

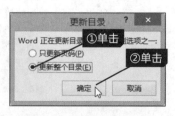

图8-21　选择更新目录方式

图8-22　更新后的目录

8.2 使用书签标记查阅位置

书签是标记读者阅读到什么地方，记录阅读进度而夹在书里的小薄片。在Word组件中用户可以使用书签标记和命名文档中某一位置或选择的对象，以便轻松定位至该处。

8.2.1 添加/删除书签

在Word文档中要使用书签来定位文档内容，可以通过"插入"选项卡"链接"组中的"书签"功能在文档中添加书签，而对于那些多余的、无用的书签，则可将其删除。

 8-5 在旅游规划案文档中添加书签以便快速定位

旅游规划案是对某个景点开发旅游的整体、长期、发展计划的行动方案，为了标记方案中不同内容的位置，用户可以在旅游规划案中添加书签，从而实现文档内容的快速定位。

 原始文件 下载资源\实例文件\第8章\原始文件\旅游规划案.docx

 最终文件 下载资源\实例文件\第8章\最终文件\旅游规划案.docx

 扫码看视频

步骤01 打开下载资源\实例文件\第8章\原始文件\旅游规划案.docx，将光标插入点置于要添加书签的位置，切换至"插入"选项卡，在"链接"组中单击"书签"按钮，如图8-23所示。

步骤02 弹出"书签"对话框，在"书签名"文本框中输入书签名称"方案A"，单击"添加"按钮，如图8-24所示。然后用相同的方法在方案B处添加"方案B"书签。

图8-23 单击"书签"按钮

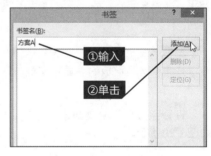

图8-24 添加书签

 提示
在添加书签后，用户可以在"书签"对话框中单击选中"名称"或"位置"单选按钮，设置书签名在"书签"对话框中的显示顺序。对于那些不再需要的书签，可以在书签名列表框中选中，然后单击"删除"按钮，将其删除。

步骤03 在添加书签后，要快速定位到书签标记的段落，只需再次单击"书签"按钮，弹出"书签"对话框，在"书签名"列表框中选择所需书签名，单击"定位"按钮，如图8-25所示。

步骤04 此时文档中的光标插入点自动跳转到书签"方案A"所在位置，如图8-26所示。

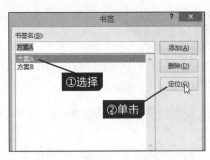

图8-25　使用书签快速定位

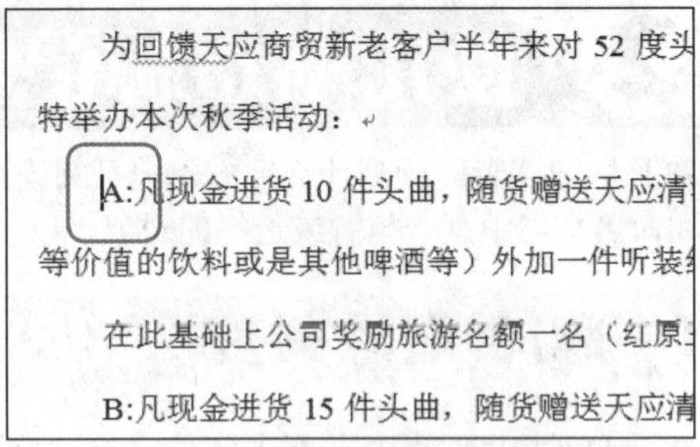

图8-26　书签定位到的位置

8.2.2　隐藏/显示书签

默认情况下添加到Word文档的书签是不在文档中显示书签标记的，如果用户希望在文档中显示添加的书签标记，需通过"Word选项"进行设置。

 8-6 隐藏/显示文稿中的书签

为了在旅游规划案文档中查看添加的书签位置，用户可以通过"Word选项"设置来显示文档中添加的书签位置。

扫码看视频

 原始文件　下载资源\实例文件\第8章\原始文件\旅游规划案1.docx

 最终文件　下载资源\实例文件\第8章\最终文件\旅游规划案1.docx

步骤 01 打开下载资源\实例文件\第8章\原始文件\旅游规划案1.docx，在默认情况下文档中没有显示添加的书签标记，如图8-27所示。

步骤 02 单击"文件"按钮，在弹出的菜单中单击"Word选项"命令，弹出"Word选项"对话框，在"高级"选项面板的"显示文档内容"选项组中勾选"显示书签"复选框，如图8-28所示。

步骤 03 设置完成后单击"确定"按钮，即可看到文档中添加书签的位置显示了相应的书签标记，如图8-29所示。

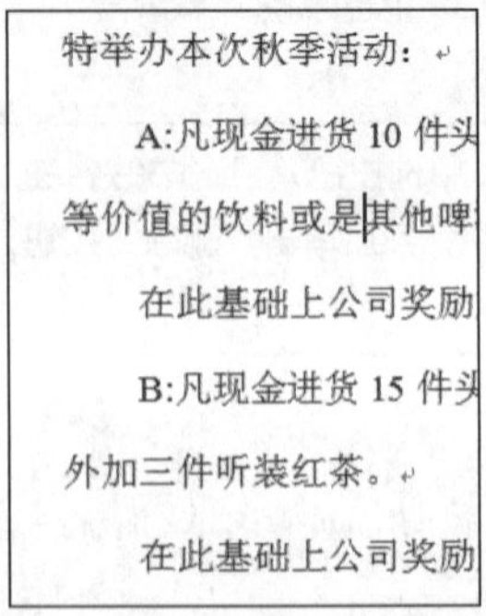

图8-27　未显示书签效果

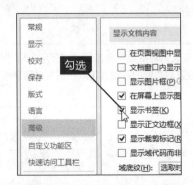

图8-28　勾选"显示书签"复选框

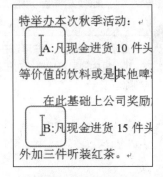

图8-29　显示的书签标记

8.3 使用脚注和尾注标出引文出处

脚注和尾注是文档中为引文提供解释、批注以及相关参考资料出处的工具，它可以对文档内容进行补充说明。脚注一般位于页面的底部作为当前页面中某处内容的注释。尾注一般位于文档的末尾，用于列出引文的出处等。

8.3.1 插入脚注或尾注

在文档中插入脚注或尾注非常简单，用户只需指定要插入脚注或尾注的位置，然后通过“引用”选项卡的“脚注”组中的“插入脚注”或“插入尾注”按钮即可轻松添加。

示例 8-7 为企业利润大幅增长的原因分析文档添加脚注或尾注

在企业利润大幅增长的原因分析文档中分析了企业利润增长的原因，在分析时借助了大量的数据来量化利润增长情况。若要在文档中标明这些数据的来源，可以使用尾注来指明数据出处，若要对文档中某个名词进行补充说明，则可以插入脚注来实现。

原始文件 下载资源\实例文件\第8章\原始文件\企业利润大幅增长的原因分析.docx

最终文件 下载资源\实例文件\第8章\最终文件\企业利润大幅增长的原因分析.docx

扫码看视频

步骤01 打开下载资源\实例文件\第8章\原始文件\企业利润大幅增长的原因分析.docx，将光标插入点置于要插入尾注的位置，切换至“引用”选项卡，在“脚注”组中单击“插入尾注”按钮，如图8-30所示。

步骤02 此时在光标插入点处插入尾注编号，并在文档末尾显示尾注区，在其中可以输入描述文字中的数据来源，如图8-31所示。

设计
页面布局
引用
邮件
插入尾注
下一条脚注
显示备注
单击
脚注
插入引文
管理源
样式:
书目
引文与书目
7-12 月份，企业各分店实现利

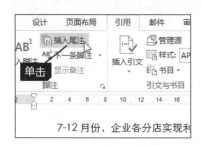

图8-30 单击“插入尾注”按钮

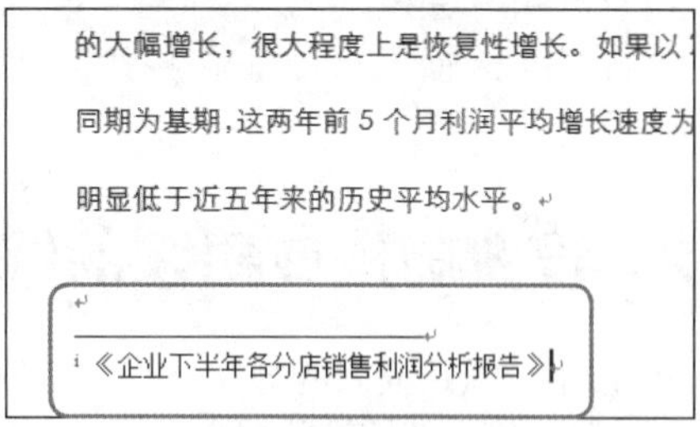

的大幅增长，很大程度上是恢复性增长。如果以
同期为基期，这两年前 5 个月利润平均增长速度为
明显低于近五年来的历史平均水平。
《企业下半年各分店销售利润分析报告》

图8-31 输入尾注信息

提示 当用户不再需要文档中添加的脚注或尾注，可以直接选择脚注或尾注编号，按【Delete】键将所选脚注或尾注删除。

步骤03 在文档中插入脚注与插入尾注的方法相似，只需选择要插入脚注的文本，在“脚注”组中单击“插入脚注”按钮，如图8-32所示。

步骤04 此时所选文本添加了脚注编号，并在当前页底部显示脚注区，在其中输入要补充的脚注说明文本，完成脚注的添加，如图8-33所示。

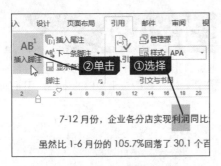

图8-32　单击"插入脚注"按钮

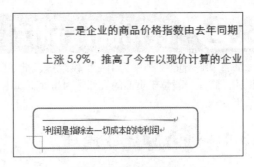

图8-33　输入脚注文本

技巧 8-7　快速查看脚注或尾注

在Word文档中添加了很多与内容相关的脚注或尾注后，若要查看脚注或尾注信息，可以在"脚注"组中单击"下一条脚注"右侧的下三角按钮，在展开的下拉列表中选择要显示的脚注或尾注选项，如图8-34所示，即可快速跳转到相应的脚注或尾注位置。若要滚动文档，显示脚注或尾注所处的位置，可以单击"显示备注"按钮，弹出"显示备注"对话框，选择是查看脚注区还是查看尾注区，设置后单击"确定"按钮，即可快速跳转到相应的区域。

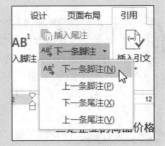

图8-34　快速查看脚注或尾注

技巧 8-8　更改脚注或尾注的显示位置

在Word文档中添加的脚注默认在页面底端，尾注默认在文档末尾，如果用户希望将脚注从页面底端移至文字下方，可以单击"脚注"组中对话框启动器，弹出"脚注和尾注"对话框，在"位置"选项组中单击选中"脚注"单选按钮，在其后的下拉列表中选择"文字下方"选项，如图8-35所示，即可更改脚注的显示位置。用相同的方法可以将尾注的位置从文档末尾移至小节末尾。

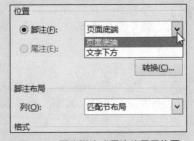

图8-35　更改脚注或尾注的显示位置

8.3.2　设置脚注或尾注的编号格式

在Word中，默认插入的脚注是以阿拉伯数字来编号的，而尾注则是以罗马数字来标记的。如果用户希望更改脚注或尾注的默认编号格式，可以调出"脚注和尾注"对话框来更改。

示例 8-8　更改企业利润大幅增长的原因分析文档中的脚注或尾注的编号格式

要将企业利润大幅增长的原因分析文档中的脚注编号格式由数字"1""2"更改为"①""②"，将尾注"I""II"更改为"A""B"形式，可通过"脚注和尾注"对话框来更改。

 扫码看视频

 原始文件　下载资源\实例文件\第8章\原始文件\企业利润大幅增长的原因分析1.docx

 最终文件　下载资源\实例文件\第8章\最终文件\企业利润大幅增长的原因分析1.docx

步骤01　打开下载资源\实例文件\第8章\原始文件\企业利润大幅增长的原因分析1.docx，在"引用"选项卡下，单击"脚注"组中的对话框启动器，如图8-36所示。

步骤02　弹出"脚注和尾注"对话框，单击选中"脚注"单选按钮，如图8-37所示。

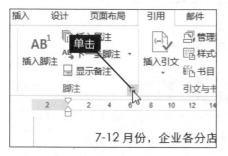

图8-36　单击"脚注"对话框启动器

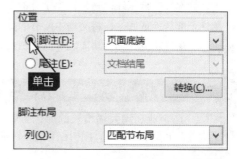

图8-37　单击选中"脚注"单选按钮

步骤03　在"编号格式"下拉列表中选择所需编号格式"①,②,③…"，单击"应用"按钮，如图8-38所示。

步骤04　此时文档中的脚注编号由数字"1"更改为"①"，如图8-39所示。

图8-38　设置脚注编号格式

7-12 月份，企业各分店实现利润①同比增长 7

虽然比 1-6 月份的 105.7%回落了 30.1 个百分点，

近五年来的同期最高增速。今年以来企业利润的大

主要有以下几个原因：

一是企业的主营业务收入大幅增长。1-5 月份

图8-39　更改脚注编号格式效果

步骤05　在文档中选中尾注，调出"脚注和尾注"对话框，单击选中"尾注"单选按钮，然后设置编号格式，单击"应用"按钮，如图8-40所示。

步骤06　此时文档中的尾注编号更改为选定的编号样式，如图8-41所示。

图8-40　设置尾注编号格式

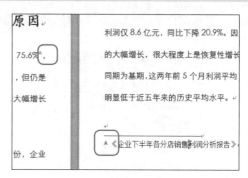

图8-41　更改编号格式后的尾注

8.3.3 脚注与尾注的相互转换

在Word文档中添加的脚注和尾注是可以相互转换的，既可以将脚注转换为尾注，也可以将尾注转换为脚注。在Word 2013中脚注与尾注的转换有三种方式，分别为将脚注全部转换为尾注、尾注全部转换成脚注以及脚注和尾注相互转换。

◆ 脚注全部转换成尾注：将文档中所有的脚注转换为尾注，而原尾注不发生改变。

◆ 尾注全部转换成脚注：将文档中所有的尾注转换为脚注，而原脚注不发生改变。

◆ 脚注和尾注相互转换：将原脚注转换为尾注，将原尾注转换为脚注。

 8-9 将企业利润大幅增长的原因分析文档中的脚注与尾注互换

在企业利润大幅增长的原因分析文档中，用户若希望将脚注转换为尾注，尾注转换为脚注，可以通过"脚注和尾注相互转换"选项来实现。

扫码看视频

原始文件 下载资源\实例文件\第8章\原始文件\企业利润大幅增长的原因分析2.docx

最终文件 下载资源\实例文件\第8章\最终文件\企业利润大幅增长的原因分析2.docx

步骤01 打开下载资源\实例文件\第8章\原始文件\企业利润大幅增长的原因分析2.docx，可以看到页面底端添加的脚注内容，如图8-42所示。

步骤02 按【示例8-8】步骤01的方法调出"脚注和尾注"对话框，在"位置"选项组中单击"转换"按钮，如图8-43所示。

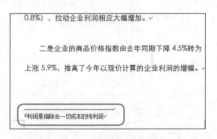

图8-42 显示原脚注信息

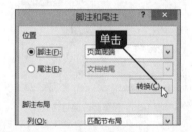

图8-43 单击"转换"按钮

步骤03 弹出"转换注释"对话框，单击选中"脚注和尾注相互转换"单选按钮，单击"确定"按钮，如图8-44所示。

步骤04 返回文档中，可以看到原脚注转换为尾注，如图8-45所示，原尾注转换为脚注信息。

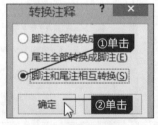

图8-44 选择转换方式

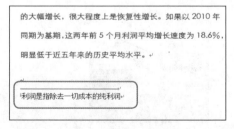

图8-45 脚注转换为尾注

在Word文档中添加的脚注或尾注默认为数字或字母编号，若想在脚注或尾注区的编号前添加特殊符号，将其更改为[1]、☆①等形式，则可以打开"题注和尾注"对话框，在"格式"选项组中单击"自定义标记"后的"符号"按钮，调出"符号"对话框，选择所需符号，单击"插入"按钮，将其添加至"自定义标记"文本框中，如图8-46所示，单击"确定"按钮即可轻松在脚注或尾注的编号前添加特殊符号。

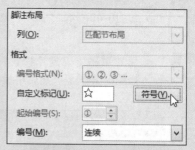

图8-46 在脚注或尾注标记中添加特殊的符号

8.4 使用题注为表格或图片添加自动编号

题注是给文档中添加的图片、表格、图表、公式等对象添加的名称和编号。在文档中使用题注功能可以保证文档中图片、表格或图表等对象在移动或修改时，其编号自动更新，避免出现对象与编号错位的情况发生。

8.4.1 添加题注

在文档中若要对已添加图片、图表或表格等对象添加题注，只需选中要添加题注的对象，通过"引用"选项卡下"题注"组中的"插入题注"按钮实现添加。

示例 8-10 为新品介绍中的图片添加题注

为了推广公司的新产品，常常会制作新品介绍文档来展示新产品，在这类文档中需要用图片展示产品外观和特点，为了更便于区别各个产品，可以使用"题注"组中的"插入题注"按钮，调用"题注"对话框为产品图片添加题注。

 原始文件 下载资源\实例文件\第8章\原始文件\新品介绍.docx

 最终文件 下载资源\实例文件\第8章\最终文件\新品介绍.docx

扫码看视频

步骤01 打开下载资源\实例文件\第8章\原始文件\新品介绍.docx，选择要添加题注的对象，在"引用"选项卡下"题注"组中单击"插入题注"按钮，如图8-47所示。

步骤02 弹出"题注"对话框，单击"新建标签"按钮，如图8-48所示。

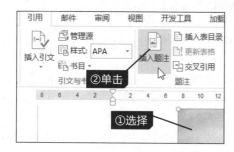

图8-47 单击"插入题注"按钮

图8-48 单击"新建标签"按钮

步骤 03 弹出"新建标签"对话框，在"标签"文本框中输入新标签名称"图"，单击"确定"按钮，如图8-49所示。

步骤 04 再次单击"确定"按钮，返回文档，在所选图片下方添加了"图"标签，输入图片的名称，如图8-50所示，然后用相同的方法添加其他图片的题注。

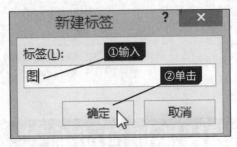

图8-49　输入标签名称

图8-50　输入题注名称

技巧 8-10　自动插入题注

在Word文档中除了手动为对象添加题注外，还可以设置图片、图表等对象插入时自动添加题注。用户只需在"题注"对话框中单击"自动插入题注"按钮，弹出"自动插入题注"对话框，在"插入时添加题注"列表框中勾选要添加的题注，在"选项"选项组中设置题注的使用标签、位置，以及新建标签及编号格式等，如图8-51所示。设置完成后单击"确定"按钮，就可实现插入对象时自动添加相应格式的题注。

图8-51　自动插入题注

8.4.2　插入图表目录

在长文档中，如果用户想快速定位到相应的图片、图表等对象处，可以在为图片、图表等对象添加题注后，根据添加的题注建立图表目录，该目录由题注自动生成。

示例 8-11　为新品介绍文档插入图表目录

为了快速在新品介绍文档中定位到某一产品图片，可以通过"题注"组中的"插入表目录"按钮，提取文档中添加的题注名称，生成所有题注的图表目录来实现。

扫码看视频

原始文件　下载资源\实例文件\第8章\原始文件\新品介绍1.docx

最终文件　下载资源\实例文件\第8章\最终文件\新品介绍1.docx

步骤 01 打开下载资源\实例文件\第8章\原始文件\新品介绍1.docx，将光标插入点置于要插入目录的位置，切换至"引用"选项卡，在"题注"组中单击"插入表目录"按钮，如图8-52所示。

步骤 02 弹出"图表目录"对话框，在"图表目录"选项卡中设置目录的格式、题注标签及目录中显示的内容，设置完成后单击"确定"按钮，如图8-53所示。

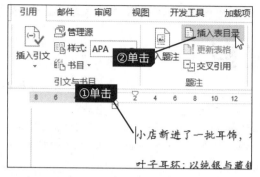

图8-52　单击"插入表目录"按钮　　　　　　　　图8-53　设置图表目录格式

步骤03　返回文档，在光标插入点位置插入了图表目录，如图8-54所示，用户可以按住Ctrl键单击目录条，快速定位到指定题注位置。

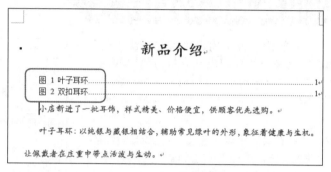

图8-54　插入的图表目录

技巧8-11　更新图表目录

在已建立图表目录的文档中，对文档中的图表对象的顺序、题注名称等进行修改后，用户需及时在"题注"组中单击"更新表格"按钮，如图8-55所示，更新图表目录，让图表目录与文档内的题注相对应。

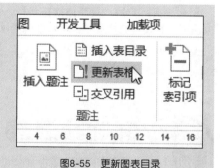

图8-55　更新图表目录

读书笔记

第9章

检查与审阅文档

　　文档编辑完毕后，常常需要其他人帮助检查与审阅，从而保证文档内容的正确、语句的通顺和流畅。审阅者在检查和审阅文档时常常需借助Word组件中的检查拼写和语法错误、字数统计、简繁转换、批注和修订等功能来协助检查以提高检查效率。其中批注和修订可以帮助审阅者轻松标记出文件中需要修改或有疑问的地方，让撰写者可以快速找到需要改动的位置。

9.1 检查拼写和语法错误

　　在文档编辑过程中，若想快速找出内容拼写和语法上的错误（在Word中会自动以红色波浪线标记出含有拼写错误的词或短语，以蓝色波浪线标记出语法错误的词或短语），可以在"校对"组中单击"拼写和语法"按钮，调出"语法"窗格来判断，如图9-1所示。

◆ 输入错误或特殊用法：在文本中以蓝色波浪线显示含有语法错误的短语，以红色波浪线显示包含拼写错误的短语。

◆ 忽略：忽略当前所选文本的拼写或语法错误。

◆ 全部忽略：忽略文档中所有相同文本的拼写或语法错误。

◆ 词典：启用"更新微软拼音输入法词典"对话框，可在其中自造词，有效避免拼写或语法错误的再次出现。

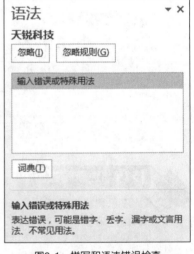

图9-1　拼写和语法错误检查

9-1　检查和校对合同内容

　　保密合同是为了保证公司的信息不被恶意或无意泄露，对员工进行限制的一种规章制度。在合同内容输入完成后，为了保证合同内容的准确性，用户可以启用"拼写和语法错误"功能，将与Word组件默认拼写和语法不同的词、短语进行检查，从而轻松校对合同内容。

扫码看视频

⬇ 原始文件　　下载资源\实例文件\第9章\原始文件\员工保密合同.docx

⬇ 最终文件　　下载资源\实例文件\第9章\最终文件\员工保密合同.docx

步骤01　打开下载资源\实例文件\第9章\原始文件\员工保密合同.docx，切换至"审阅"选项卡，在"校对"组中单击"拼写和语法"按钮，如图9-2所示。

步骤02　弹出"语法"窗格，若用户确认短语为所需文本，单击"忽略"按钮即可，如图9-3所示。

图9-2 单击"拼写和语法"按钮

图9-3 单击"忽略"按钮

步骤 03
自动跳转到下一处拼写或语法错误处，用户可以选择合适的方法进行处理，如果确认短语的文本正确，则继续单击"忽略"按钮，如图9-4所示。

步骤 04
完成拼写和语法检查后，将弹出Microsoft Word提示框，提示拼写和语法检查已完成，如图9-5所示，单击"确定"按钮，经过检查后，文件中的红色或蓝色标记将被清除。

图9-4 继续检查拼写和语法错误

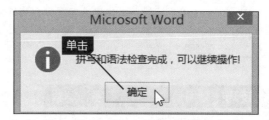

图9-5 确认拼写和语法检查已完成

提示
默认情况下，Word组件自动启用了拼写和语法检查功能，若想隐藏该功能，可以调出"Word选项"对话框，在"校对"选项面板的"在Word中更正拼写和语法时"选项组中取消勾选"键入时检查拼写""键入时标记语法错误""经常混淆的单词""随拼写检查语法"复选框，设置完成后单击"确定"按钮即可。

三 组件应用分析

共性
Office三个组件都有校对功能，可以帮助用户快速检查拼写、语法错误，查阅名词解释、同义词等。例如，在Excel组件中要查看工作表中某个单词的同义词，可以直接选中要查看单词所在单元格，在"校对"组中单击"同义词库"按钮，弹出"同义词库"窗格，自动搜索所选单元格内包含的单词的同义词，如图9-6所示。

特殊
在Excel和PowerPoint组件中没有Word组件中提供的字数统计功能，因为Excel组件是以单元格为基本单位的网格，一般以单元格来计数。在统计单元格个数时，则以COUNT()、COUNTA()、COUNTBLANK()等函数来完成。而PowerPoint组件则是以幻灯片为基本单位，用户可以在状态栏中快速查阅当前演示文稿中包含的幻灯片页数，以及当前编辑的幻灯片的位置，如图9-7所示。

图9-6　Excel中的信息检查功能

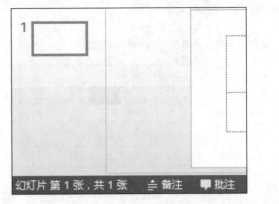

图9-7　在PowerPoint中查看幻灯片页数

技巧 9-1　自定义词典

　　自定义词典是标准词典中没有但操作者又希望拼写检查时作为正确单词接受的单词的列表。要编辑自定义词典，只需调出"Word选项"对话框，在"校对"选项面板中单击"自定义词典"按钮，在"自定义词典"对话框的词典列表中勾选Word 2013默认的自定义词典"CUSTOM.DIC"，然后单击"编辑单词列表"按钮，如图9-8所示，在打开的对话框中输入需要添加的单词，进行单词添加即可。

图9-8　自定义词典

技巧 9-2　巧用信息检索查看名词解释

　　在文档校对过程中，如果用户希望查看文档中某个词的解释，可以选中待解释的词，在"审阅"选项卡的"校对"组中单击"信息检索"按钮，调出"信息检索"窗格，对相关的名词解释进行搜索，如图9-9所示。当然，用户也可以直接在"信息检索"窗格的搜索框中输入待检索的词语信息，单击"搜索"按钮进行名词解释搜索。

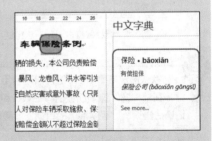

图9-9　巧用信息检索查看名词解释

9.2 字数统计

　　在Word 2013中编辑文档后，用户可以借助"字数统计"工具方便快捷地掌握所编辑文档包含的页数、字数、字符数（不计空格）、字符数（计空格）、段落数、行数等信息，以对所编辑文档有整体的了解。

示例 9-2　统计新撰写条例中的字数

　　授权协议是为了授权别人帮助自己完成某项工作而签写的一种协议文档。如果用户在撰写该协议后，要了解协议的字数，可以通过"字数统计"工具来快速统计。

 原始文件 下载资源\实例文件\第9章\原始文件\授权协议条例.docx

扫码看视频

最终文件 无

步骤01 打开下载资源\实例文件\第9章\原始文件\授权协议条例.docx，切换至"审阅"选项卡，在"校对"组中单击"字数统计"按钮，如图9-10所示。

步骤02 弹出"字数统计"对话框，在其中显示了页数、字数、字符数、段落数、行数等统计信息，如图9-11所示，在查看完成后单击"关闭"按钮即可。

图9-10 单击"字数统计"按钮

图9-11 显示统计的信息

 提示 在Word 2013组件中除了使用"字数统计"工具查看文档页数、字数外，还可以在Word 2013组件窗口的状态栏中快速查看当前文档的页数及当前页数和字数。

9.3 简繁转换

简繁转换即将中文文本由简体中文转换为繁体中文，或是由繁体中文转换为简体中文。用户只需选择待转换的文本，在"审阅"选项卡的"中文简繁转换"组中选择适合的转换方式，如繁转简、简转繁，即可轻松完成中文文本的简繁转换，如图9-12所示。

◆ 繁转简：将所选繁体中文文本转换为简体中文文本。

◆ 简转繁：将所选简体中文文本转换为繁体中文文本。

◆ 简繁转换：调用"中文简繁转换"对话框，用户根据实际需要选择转换方向，还可以设定词汇的转换选项。

图9-12 中文简繁转换

 示例 **9-3 将邀请函文本转换为繁体**

如果用户希望将邀请函的文本内容由简体中文转换为繁体中文，可以通过"简转繁"功能实现快速转换。

 原始文件 下载资源\实例文件\第9章\原始文件\邀请函.docx

 最终文件 下载资源\实例文件\第9章\最终文件\邀请函.docx

扫码看视频

步骤 01 打开下载资源\实例文件\第9章\原始文件\邀请函.docx，按【Ctrl+A】组合键选中邀请函中所有文本，切换至"审阅"选项卡，在"中文简繁转换"组中单击"简转繁"按钮，如图9-13所示。

步骤 02 此时可以看到文档中的简体中文全部转换为繁体中文，如图9-14所示。

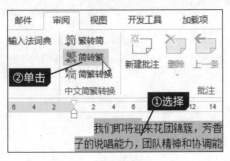

图9-13 单击"简转繁"按钮

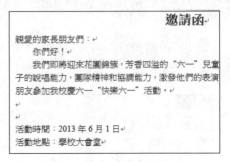

图9-14 转换为繁体的文本

提示 在Word组件中单击"简繁转换"按钮，在弹出的"中文简繁转换"对话框中勾选"转换常用词汇"复选框，则在转换时除了会对单字进行转换，还会对部分词汇进行转换，如将"软件"转换为"軟體"。

技巧 9.3 用三种方式翻译文本

在文档编辑过程中，有时会需要制作中英文对照的文档，若当前仅有中文文本或英文文本，要获取相应的翻译文本，可以借助Word组件提供的"翻译"功能。如图9-15所示，Word组件共提供三种翻译方式：一是翻译文档，可在Web浏览器中显示机器翻译；二是翻译所选文字，在"信息检索"窗格中显示本地和联机服务中的翻译；三是翻译屏幕提示，也称英语助手，启用后，可以随时指定一个单词或选择一个短语查看即时翻译信息。

图9-15 用三种方式翻译文本

9.4 使用批注在文档中添加批注信息

审阅者在校对文档时，若对文档有疑问或修改意见，可以使用批注将疑问或意见以附加框形式添加在文档中。使用批注对文档进行注释时，不会影响文档内容或格式。

9.4.1 添加批注

要在文档中插入批注，只需使用"审阅"选项卡"批注"组中的命令，此时会在文档中插入批注框，在批注框中输入注释文本即可。

示例 9-4 批注公司车辆管理规定

公司车辆管理规定是公司为合理管理汽车的一种规定条例，在制作条例后，若审阅者希望撰写者对某些内容作详细说明，可以使用批注框注释自己的意见，以更好地帮助撰写者进一步提升文档的内容质量。

原始文件 下载资源\实例文件\第9章\原始文件\公司车辆管理规定.docx

 最终文件 下载资源\实例文件\第9章\最终文件\公司车辆管理规定.docx

 扫码看视频

步骤01 打开下载资源\实例文件\第9章\原始文件\公司车辆管理规定.docx，选择待添加批注的文本，切换至"审阅"选项卡，在"批注"组中单击"新建批注"按钮，如图9-16所示。

步骤02 此时在文档所选文本上插入批注框，然后在批注框中输入注释文本，如图9-17所示，完成批注信息的添加。

图9-16 单击"新建批注"按钮

图9-17 输入注释文本

 提示 完成批注的审阅后，用户可以选中待清除的批注框，然后在"批注"组中单击"删除"按钮，或是右击要删除的批注信息，在弹出的快捷菜单中单击"删除批注"命令删除批注。

9.4.2 查看不同审阅者的批注

有时文档的审阅可能会在多个用户间进行。若要分开查阅不同审阅者给出的意见，用户可以通过"修订"组中"显示标记"功能的"特定人员"选项来实现。

 9-5 按不同审阅者逐条查看批注内容

当公司车辆管理规定经多人校对后，每个人对公司车辆管理规定条例的意见也都以批注形式添加在文档中，如果希望按不同审阅者逐条查看批注内容，可以通过"显示标记"和"上一条/下一条"按钮来轻松查看。

 原始文件 下载资源\实例文件\第9章\原始文件\公司车辆管理规定1.docx

 最终文件 下载资源\实例文件\第9章\最终文件\公司车辆管理规定1.docx

 扫码看视频

步骤01 打开下载资源\实例文件\第9章\原始文件\公司车辆管理规定1.docx，在"审阅"选项卡的"修订"组中单击"显示标记"按钮，在展开的下拉列表中指向"特定人员"选项，然后在级联列表中取消勾选不查看其批注信息的审阅者名称，如图9-18所示。

步骤02 取消选择的审阅者的批注信息被隐藏了，仅显示勾选的审阅者的批注信息，如图9-19所示。

图9-18 取消勾选不查看的审阅者

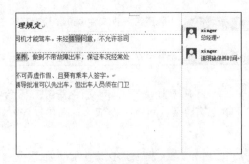

图9-19 仅显示某审阅者的批注信息

步骤 03 若要快速跳转到下一条批注信息，可在"批注"组中单击"下一条"按钮，如图9-20所示。

步骤 04 自动从当前光标插入点处跳转到其后的一个批注信息中，如图9-21所示。

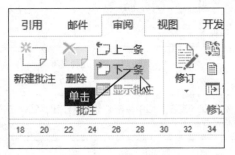

图9-20 单击"下一条"按钮

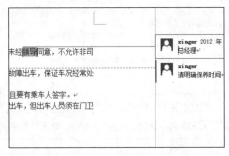

图9-21 快速跳转批注信息

三组件应用分析

共性 在Office三个组件中，用户都可以使用批注为文件内容进行补充和注释。但在PowerPoint和Excel组件中新建的批注信息默认处于隐藏状态，用户要查看批注信息一般要指向批注标记或是使用"显示/隐藏批注"命令才行。在Excel组件中要显示工作表中添加的所有批注信息，需在"批注"组中单击"显示所有批注"按钮，如图9-22所示。

特殊 在PowerPoint组件中使用批注时，我们可以单击批注图标快速对其进行编辑，如图9-23所示，而在Excel组件中新建批注后，会自动将"新建批注"按钮切换至"编辑批注"按钮，让用户可以对批注进行编辑。而Word组件中要编辑批注信息只需直接单击要编辑的批注框，在其中修改批注内容即可。

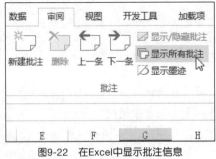

图9-22 在Excel中显示批注信息

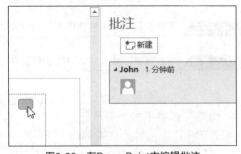

图9-23 在PowerPoint中编辑批注

9.5 使用修订标记文档修改内容

　　修订是指以特殊标记在文档中标记出审阅者对文档进行的插入、删除或其他操作。使用修订可以让原作者轻松了解审阅者对文档的修改，并根据实际情况决定是否接受修订。

9.5.1 启用修订并修订文档

　　审阅者在校对文档时，需启用修订功能，对文档内容进行插入、删除、替换及移动等编辑操作时，将会以特殊标记标示出修订信息。

 9-6 在修订状态下修改车辆保险条例

　　车辆保险条例用于列举公司车辆哪些情况属于保险报销范围，哪些情况不能报销。一般会在拟定好车辆保险条例后，交由后勤部领导查阅，而领导在查阅时，会以修订状态将自己的意见添加到文档中，让原作者参考修改。

 原始文件　下载资源\实例文件\第9章\原始文件\车辆保险条例.docx

 最终文件　下载资源\实例文件\第9章\最终文件\车辆保险条例.docx

 扫码看视频

步骤 01 　　打开下载资源\实例文件\第9章\原始文件\车辆保险条例.docx，切换至"审阅"选项卡，在"修订"组中单击"修订"按钮，如图9-24所示。

步骤 02 　　启用修订后，审阅者就可以在文档中对文档内容进行编辑，如删除文本以双删除线标记，而插入内容则以双下画线标记，如图9-25所示。

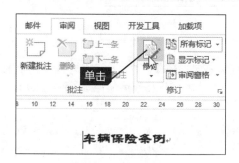

图9-24 启用修订功能

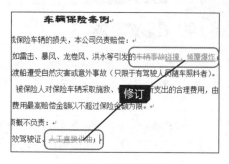

图9-25 修订文档信息

技巧 9-4 轻松更改修订标记样式或颜色

　　在Word 2013中启用修订后，审阅者对文档的每种编辑操作都有相应的标记样式，方便原作者辨识审阅者对文档的操作类型。如果审阅者希望更改修订标记的样式，可在"修订"组中单击"扩展"按钮，调出"修订选项"对话框，然后单击"高级选项"按钮，在"标记"选项组中根据需要对修订标记样式及颜色进行更改，如图9-26所示。

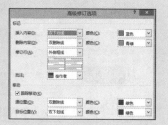

图9-26 轻松更改修订标记样式或颜色

技巧 **更改审阅者的用户信息**

9.5

在Word 2013中若要更改批注者的用户信息，只需在"修订"组中单击"扩展"按钮，在展开的下拉列表中单击"更改用户名"选项，此时会弹出"Word选项"对话框，在"常规"选项面板的"用户名"和"缩写"文本框中输入新的用户名，单击"确定"按钮即可，如图9-27所示。

图9-27　更改审阅者的用户信息

9.5.2　分类查看修订信息

原作者在查看审阅者审阅后的文档时，可以通过"审阅窗格"进行分类查看。使用"审阅窗格"可以显示文档中存在的可见修订和批注的确切数目，也可以轻松读取在批注框中容纳不下的长批注信息。"审阅窗格"包括"水平审阅窗格"和"垂直审阅窗格"两类。

◆ 水平审阅窗格：在屏幕底部显示审阅窗格，并在窗格中显示修订的摘要信息。
◆ 垂直审阅窗格：在屏幕侧边显示审阅窗格，并在窗格中显示修订的摘要信息。

示例

9-7　**使用审阅窗格查看修订和批注信息**

当原作者希望快速掌握文档的修订数量，以及需要按主文档修订和批注、页眉和页脚修订、文本框修订等类型的划分来查看修订和批注信息时，则需调出"审阅窗格"来实现。

扫码看视频

原始文件　下载资源\实例文件\第9章\原始文件\车辆保险条例1.docx

最终文件　无

步骤01

打开下载资源\实例文件\第9章\原始文件\车辆保险条例1.docx，在"修订"组中单击"审阅窗格"右侧的下三角按钮，在展开的下拉列表中单击"垂直审阅窗格"选项，如图9-28所示。

步骤02

在屏幕侧边显示"审阅窗格"，在窗格顶端显示当前文档的修订摘要信息，包括修订的总数量和各类修订数，并在窗格中显示各项修订详细内容，如图9-29所示。

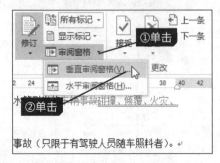

图9-28　单击"垂直审阅窗格"选项

图9-29　垂直审阅窗格显示的修订信息

9-6

在Word 2013中若要查看文档修订前或是修订后的效果，用户可以在"修订"组中单击"显示以供审阅"右侧的下三角按钮，在展开的下拉列表中选择合适的显示方式。该显示方式包括"简单标记""所有状态""无标记""原始状态"四个选项，如图9-30所示。

图9-30 以不同的状态查看带修订的文档

9-7

在Word 2013中文档的修订信息默认为"仅在批注框中显示批注和格式"，如果审阅者想以批注框显示所有修订信息，则可以在"修订"组中单击"显示标记"按钮，在展开的下拉列表中指向"批注框"选项，然后在展开的下拉列表中单击"在批注框中显示修订"选项，如图9-31所示。

图9-31 轻松更改修订信息的显示方式

9.5.3 接受/拒绝修订信息

原作者在拿到修订后的文档后，不仅可以查看哪些地方作了修订，还可以借助"接受修订"和"拒绝修订"功能选择接受或拒绝修订。接受修订将保留审阅者修订后的信息，而拒绝修订则会将审阅者的修改清除而保留原有信息。在Word组件中接受修订或拒绝修订均有四个选项，如图9-32所示。

◆ 接受并移到下一条/拒绝并移到下一条：接受/拒绝当前所选修订信息，并自动跳转到下一条修订信息。

◆ 接受修订/拒绝修订：接受/拒绝当前所选修订信息。

◆ 接受所有显示的修订/拒绝所有显示的修订：对当前文档中显示的所有修订进行接受/拒绝。

◆ 接受对文档的所有修订/拒绝对文档的所有修订：将文档中显示或不显示的所有修订信息全部接受/拒绝。

图9-32 接受/拒绝修订信息

9-8 接受/拒绝对车辆保险条例的修订

原作者在接到审阅者修订后的车辆保险条例后，要根据实际情况对修订信息进行判断，采取对应的接受或拒绝操作，从而完成车辆保险条例的修改。

原始文件 下载资源\实例文件\第9章\原始文件\车辆保险条例2.docx

最终文件 下载资源\实例文件\第9章\最终文件\车辆保险条例2.docx

扫码看视频

步骤 01 打开下载资源\实例文件\第9章\原始文件\车辆保险条例2.docx，将光标插入点置于要接受的修订信息中，在"更改"组中单击"接受"下三角按钮，在展开的下拉列表中单击"接受此修订"选项，如图9-33所示。

步骤 02 此时光标插入点所在位置的文本修订被接受了，如图9-34所示。

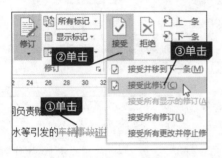

图9-33 单击"接受此修订"选项

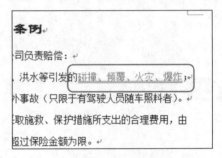

图9-34 接受修订效果

步骤 03 若要拒绝某个修订信息，右击要拒绝的修订信息，在弹出的快捷菜单中单击"拒绝删除"命令，如图9-35所示。

步骤 04 此时文档中的修订信息被清除了，且还原至修订前的状态，如图9-36所示，然后用相同的方法接受或拒绝其他修订内容。

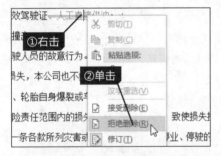

图9-35 单击"拒绝删除"命令

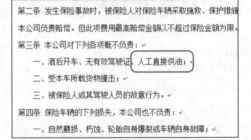

图9-36 拒绝修订效果

9.5.4 比较原文档和修订文档

在文档校对过程中，当用户希望精确比较文档修订前后两个版本内容时，可以使用Word组件提供的"比较"功能对两个文档进行比较。此功能只显示两个文档的不同部分，并将精确比较结果显示在新建的第三篇文档中。

示例 9-9 比较车辆保险条例修订前后的效果

当用户希望比较车辆保险条例文档修订前后的内容，可以启动Word组件的精确比较功能将修订前后的文档放在一个窗口中比较，并将比较结果显示在新文档中。

扫码看视频

  原始文件 下载资源\实例文件\第9章\原始文件\车辆保险条例.docx、车辆保险条例2.docx

最终文件 无

步骤 01 打开下载资源\实例文件\第9章\原始文件\车辆保险条例.docx，在"审阅"选项卡下的"比较"组中单击"比较"按钮，在展开的下拉列表中单击"比较"选项，如图9-37所示。

步骤 02 弹出"比较文档"对话框，在"原文档"下拉列表中选择未修订的原文档，在"修订的文档"下拉列表中选择修订后的文档，单击"确定"按钮，如图9-38所示。

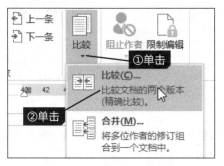

图9-37　单击"比较"选项

图9-38　选择要比较的原文档和修订文档

步骤 03 弹出Microsoft Word提示框，提示所比较的两个文档中有一个或全部含有修订。为进行比较，Word会将这些修订视为已接受，单击"是"按钮，如图9-39所示。

图9-39　Microsoft Word提示框

步骤 04 此时在Word组件窗口中显示了审阅窗格、比较的文档、原文档和修订文档几个窗口，如图9-40所示。方便用户比较文档修订前后的内容及修订内容。

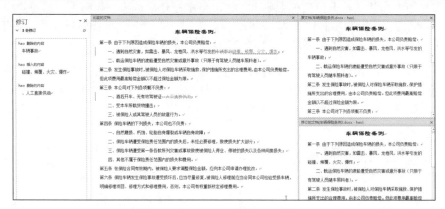

图9-40　精确比较原文档与修订文档的内容

技巧 9-8　将多个审阅者的修订信息组合到一个文档中

如果某文档被多名审阅者分别进行了审阅，则可以使用合并功能将所有审阅者的修订信息都合并到单个文档中。可以在Word组件中单击"比较"组中的"比较"按钮，在展开的下拉列表中单击"合并"按钮，如图9-41所示，弹出"合并文档"对话框，将多个审阅者的修订信息组合到一个文档中查看。

图9-41　将多个审阅者的修订信息组合到一个文档中

提示

在比较原文档和修订文档时，用户可以使用"比较"下拉列表中的"显示源文档"选项轻松控制源文档、原始文档、修订后文档的显示和隐藏。

技巧 9-9　更改精确比较文档的选项

在Word 2013中比较文档修订前后内容时，可以在"比较文档"对话框中单击"更多"按钮，在展开的"比较设置"和"显示修订"选项组中设置两个文档要比较的具体内容，如图9-42所示。

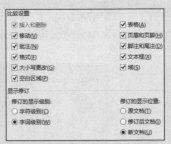

图9-42　更改精确比较文档的选项

三组件应用分析

共性

Office三个组件都有修订功能，可以轻松标记出审阅者对文档、工作簿或演示文稿所作的修改。在Excel组件中要启动修订，只需在"审阅"选项卡下的"更改"组中单击"修订"按钮，在弹出的下拉菜单中单击"突出显示修订"选项，弹出"突出显示修订"对话框，勾选"编辑时跟踪修订信息，同时共享工作簿"复选框，如图9-43所示，单击"确定"按钮，即可开始记录审阅者对工作簿内容的编辑信息。

特殊

PowerPoint组件中修订功能的启用与其他两个组件不同，首先在"审阅"选项卡下单击"比较"按钮，在打开的"修订"窗格中显示了两个演示文稿修改的内容，最后通过"接受""拒绝"等功能完成修订内容的接受或拒绝操作，从而实现演示文稿的审阅，如图9-44所示。

图9-43　在Excel中启用修订功能

图9-44　在PowerPoint中使用修订进行审阅

第 10 章

Excel 工作表与单元格的基本操作

在日常工作中，经常需要创建一些拥有大量数据、需要进行数据计算的表格，此时可以使用Excel组件来完成。Excel 组件是一个拥有强大存储、整理、计算、分析功能的电子表格。想要在Excel组件中建立数据表格，用户必须掌握工作表和单元格的基本操作。

10.1 工作表的基本操作

一个Excel工作簿文件是由一个或多个工作表构成的，工作表是存储数据的具体表格。用户在建立数据表格之前，应掌握工作表的基本操作，如插入、删除、重命名、工作表标签颜色更改、移动、复制、隐藏和显示等操作，才能在工作簿中为数据表格建立存储空间位置。

10.1.1 添加和删除工作表

默认情况下，在创建Excel工作簿时会自动创建三个工作表，分别以"Sheet1""Sheet2""Sheet3"命名。当工作簿中的工作表不足时，可以通过单击"插入工作表"按钮，使用快捷菜单中的"插入"命令，或是通过"单元格"组中的"插入"功能来添加工作表。反之，对于工作簿中多余的工作表可以使用快捷菜单中的"删除"命令和功能区中的"删除"功能来删除。

◆ 单击"插入工作表"按钮：在工作表标签区中单击"插入工作表"按钮直接插入工作表，并自动以"Sheet+数字"形式命名。

◆ 快捷菜单中插入/删除命令：在工作表标签区右击任意工作表标签，在弹出的快捷菜单中单击"插入"命令轻松插入工作表；若要删除工作表，右击要删除的工作表，在弹出的快捷菜单中单击"删除"命令即可。

◆ 功能区中插入/删除功能：单击"单元格"组中"插入"右侧的下三角按钮，在展开的下拉列表中单击"插入工作表"选项来插入工作表；将要删除的工作表激活为当前活动工作表，在"单元格"组中单击"删除"右侧的下三角按钮，在展开的下拉列表中单击"删除工作表"选项即可快速删除工作表。

示例 **10-1** 在人事资料表中添加新工作表并删除原有的资料表

人事资料表是记录员工姓名、性别、出生年月、民族、籍贯信息的表格。如果用户希望在工作簿中新建工作表并删除现有表格，可以使用"插入工作表"和"删除工作表"来实现。

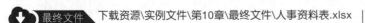

原始文件　下载资源\实例文件\第10章\原始文件\人事资料表.xlsx

最终文件　下载资源\实例文件\第10章\最终文件\人事资料表.xlsx

扫码看视频

步骤 **01**　打开下载资源\实例文件\第10章\原始文件\人事资料表.xlsx，可看到工作簿中仅有"资料表"工作表，若要新建工作表，在工作表标签区中单击"插入工作表"按钮，如图10-1所示。

步骤 02　此时在工作表中新建了一张空白工作表，并自动为插入的工作表命名，如图10-2所示。

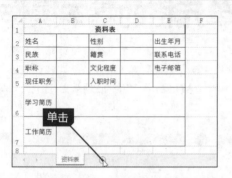

图10-1　单击"插入工作表"按钮

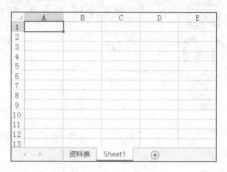

图10-2　插入的新工作表

步骤 03　若要删除"资料表"工作表，则右击该工作表标签，在弹出的快捷菜单中单击"删除"命令，如图10-3所示。

步骤 04　弹出Microsoft Excel提示框，询问是否永久删除工作表，单击"删除"按钮，即可将所选工作表删除，如图10-4所示。

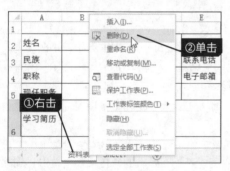

图10-3　单击"删除"命令

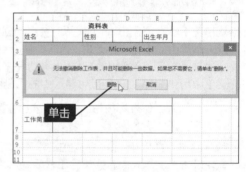

图10-4　确认删除工作表

提示　当用户希望在工作簿中添加指定类型的表格，如工作表或图表时，使用"插入工作表"按钮无法实现，此时必须使用快捷菜单中的"插入"命令来实现。在单击"插入"命令后，弹出"插入"对话框，在"常用"选项卡下选择要插入的表格类型，单击"确定"按钮即可快速插入特定类型的表格。

技巧 10-1　快速选取工作表组

在Excel工作簿中要快速选择多个工作表时，可以选择第一个工作表标签，按住【Shift】键，再单击最后一个工作表标签，即可快速选择从第一个到最后一个工作表之间的工作表组，也可以选择第一个工作表标签，按住【Ctrl】键，依次单击要选择的工作表标签。除此之外，用户还可以右击任意一个工作表标签，在弹出的快捷菜单中单击"选定全部工作表"命令，如图10-5所示，快速选择工作簿中所有工作表。

图10-5　快速选取工作表组

技巧 10-2　快速查看靠后或靠前的工作表

当工作簿中包含的工作表数量过多时，若要快速查看靠前或靠后被折叠隐藏的工作表名称，可以在工作表标签中单击"▶""◀"按钮，如图10-6所示。

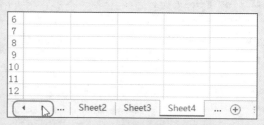

图10-6　快速查看靠后或靠前的工作表

提示

选择工作表组后可以使用插入或删除命令，在工作簿中快速插入多个工作表或是删除所选的工作表，但在删除工作表时，必须在工作簿中保留一个可见工作表。

10.1.2　更改工作表名称和标签颜色

为了便于查找工作表和了解工作表中的大致内容，用户应及时为工作簿中插入的工作表取一个有实际意义的名称，便于识别。同时用户也可以在工作表标签区中设置工作表标签的颜色，以颜色来区分工作表内容。

示例 10-2　对插入的工作表进行重命名并更改其标签颜色

在【示例10-1】的人事资料表工作簿中插入了新工作表，若该工作表用于统计公司的所有人事资料，可以将其名称重命名为"人事资料统计表"，并将工作表标签颜色更改为"红色"进行标记。

　原始文件　下载资源\实例文件\第10章\原始文件\人事资料表1.xlsx

　最终文件　下载资源\实例文件\第10章\最终文件\人事资料表1.xlsx

 扫码看视频

步骤 01　打开下载资源\实例文件\第10章\原始文件\人事资料表1.xlsx，右击需要重命名的工作表标签，在弹出的快捷菜单中单击"重命名"命令，如图10-7所示。

步骤 02　激活工作表标签的文本编辑框，在其中输入工作表的名称文本"人事资料统计表"，如图10-8所示，输入完成后按【Enter】键。

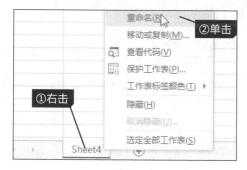

图10-7　单击"重命名"命令

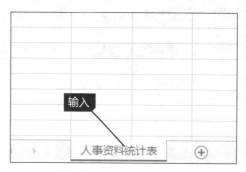

图10-8　输入工作表名称

179

步骤 03 右击需要更改工作表标签颜色的"人事资料统计表"工作表标签，在弹出的快捷菜单中单击"工作表标签颜色>红色"命令，如图10-9所示。

步骤 04 此时所选工作表标签更改为红色，如图10-10所示。

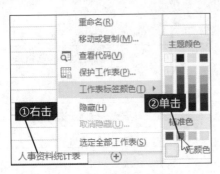

图10-9　更改工作表标签颜色

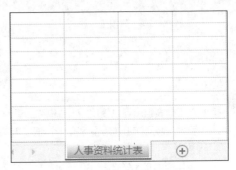

图10-10　更改后的工作表标签

> **提示** 在重命名工作表时，用户还可以双击要重命名的工作表标签或是按【F2】键，激活工作表标签文本编辑框，输入名称，完成工作表名称的重命名。

10.1.3　移动和复制工作表

在Excel工作簿中用户可以通过移动或复制工作表来调整工作表的位置或是新建与现有工作表内容相同的工作表。移动和复制工作表的方法很简单，一般在同一个工作簿中移动或复制工作表均采用鼠标拖动来实现，在不同工作簿之间移动或复制工作表时采用"移动或复制工作表"对话框来实现。

1　同一工作簿中工作表的移动与复制

在同一Excel工作簿中移动与复制工作表非常简单，若要移动工作表，只需选中要移动的工作表将其拖至目标位置，释放鼠标左键即可，而复制工作表时，只需按住【Ctrl】键再拖动要复制的工作表至目标位置后释放鼠标，再放开【Ctrl】键即可完成工作表的复制。

10-3　调整员工签到表中工作表顺序

员工签到表工作簿中存放了多日的签到情况，若要按日期顺序排列工作表，可以使用鼠标拖动来完成。

扫码看视频

原始文件　下载资源\实例文件\第10章\原始文件\员工签到表.xlsx

最终文件　下载资源\实例文件\第10章\最终文件\员工签到表.xlsx

步骤 01 打开下载资源\实例文件\第10章\原始文件\员工签到表.xlsx，选中要调整位置的工作表，按住鼠标左键拖动至目标位置，如图10-11所示。

步骤 02 拖至目标位置后入释放鼠标左键，即可将所选工作表移至目标位置，如图10-12所示。

图10-11　移动工作表

图10-12　移动工作表后的效果

2　不同工作簿之间工作表的移动或复制

不同工作簿之间工作表的移动或复制使用鼠标与按键无法实现，需要通过"移动或复制工作表"对话框来设置，在设置时用户只需选择要移动或复制的目标工作簿，若是复制则需勾选"建立副本"复选框，而移动则不需要勾选该复选框。

10-4　将员工签到表中的指定工作表复制到新工作簿中

为了将员工签到表中的"8月1日"签到表复制到新工作簿中，作为建立9月员工签到表工作簿的模板，可以通过"移动或复制工作表"对话框来实现。

原始文件　下载资源\实例文件\第10章\原始文件\员工签到表.xlsx

最终文件　下载资源\实例文件\第10章\最终文件\复制工作表到新工作簿.xlsx

扫码看视频

步骤01　打开下载资源\实例文件\第10章\原始文件\员工签到表.xlsx，右击需要复制的工作表，在弹出的快捷菜单中单击"移动或复制"命令，如图10-13所示。

步骤02　弹出"移动或复制工作表"对话框，在"将选定工作表移至工作簿"下拉列表中选择"新工作簿"选项，勾选"建立副本"复选框，单击"确定"按钮，如图10-14所示。

步骤03　此时将自动新建一个工作簿，并将所选工作表复制到新工作簿中，如图10-15所示，采用这种方式新建的工作簿仅包含选定的工作表。

图10-13　单击"移动或复制"命令

图10-14　设置工作表复制选项

图10-15　复制的工作表

10.1.4　隐藏和显示工作表

在工作簿中想要保护某些数据不被他人访问，可以通过Excel工作簿提供的隐藏工作表功能将存放数据的工作表隐藏，而要访问这些数据，则可以通过"取消隐藏工作表"功能将隐藏的工作表显示出来。在隐藏工作表时可以一次性隐藏多个工作表，而在取消工作表隐藏时只能逐一取消被隐藏的工作表。

10-5　隐藏人事流动表中工作表以保护10月人员流动数据

人事流动月报表是用于记录一个月内公司员工入职与离职人员信息的表格，假设在人事流动月报表中记录了10月和11月的人事流动数据，若想禁止他人直接查看10月的人事流动数据，可以通过隐藏10月工作表来实现。

原始文件　下载资源\实例文件\第10章\原始文件\人事流动月报表.xlsx

最终文件　下载资源\实例文件\第10章\最终文件\人事流动月报表.xlsx

步骤01　打开下载资源\实例文件\第10章\原始文件\人事流动月报表.xlsx，右击需要隐藏的"10月"工作表标签，在弹出的快捷菜单中单击"隐藏"命令，如图10-16所示。

步骤02　此时所选工作表被隐藏了，如图10-17所示。

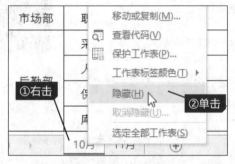

图10-16　单击"隐藏"命令　　　　　　　　　图10-17　隐藏工作表效果

若要取消工作表的隐藏，用户只需右击任意工作表标签，在弹出的快捷菜单中单击"取消隐藏"命令，弹出"取消隐藏"对话框，在其中选择要取消隐藏的工作表，单击"确定"按钮即可。

10.2　单元格的基本操作

在Excel工作簿中创建数据表格，除了要掌握工作表的基本操作外，还应掌握单元格的基本操作，如单元格的选定、插入、删除、行高和列宽调整，以及工作表内行、列数据的隐藏与显示等。

10.2.1　选定单元格

单元格是Excel工作表的基本组成单位，要在工作表中建立数据表格，首先涉及在工作表的单元格中输入数据，而在输入数据之前，需要先选择要存入数据的单元格。在工作表中选定单元格的方法很简单，常见的选择单元格方法有：

◆ 选中单个单元格：通过直接单击单元格来选中单个单元格。

◆ 选中相邻的多个单元格：通过鼠标拖动选择相邻的多个单元格，或者使用【Shift】键与鼠标左键单击选择多个相邻单元格。

◆ 选中不相邻的多个单元格：使用【Ctrl】键与鼠标左键单击选中多个不相邻单元格。

◆ 选中整行或整列单元格：通过鼠标单击行号或列标来选中整行或整列单元格。

示例 10-6　选定考勤统计表的不同数据区域

考勤统计表用于统计公司一个月内各员工的出勤情况数据，要在考勤统计表中选择不同数据区域进行考勤填写时，可以使用鼠标拖动和键盘按键来快速选取。

原始文件　下载资源\实例文件\第10章\原始文件\考勤统计表.xlsx

最终文件　无

扫码看视频

步骤 01　打开下载资源\实例文件\第10章\原始文件\考勤统计表.xlsx，单击要选择数据区域的第一个单元格，按住鼠标左键拖至待选择区域的最后一个单元格，即可快速选择鼠标经过的相邻单元格区域，如图10-18所示。

步骤 02　若要在此基础上增加另一个不相邻区域的单元格，可以按住【Ctrl】键，再拖动鼠标选择要选择的单元格区域，如图10-19所示。

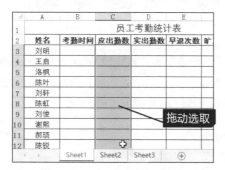

图10-18　选择相邻单元格区域

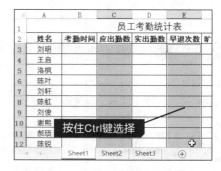

图10-19　选择不相邻单元格区域

技巧 10-3　选择多行或多列

在Excel工作表中单击行号或列标可以快速选择单行或单列数据，如果用户希望选择多行或多列数据，可以在选择一行（一列）数据后，按住鼠标左键不放，向下（向右）拖动，即可选择相邻的多行或多列数据，如图10-20所示。若要选择不相邻多行或多列时，只需在选择第一行或第一列后，按住【Ctrl】键再单击选择其他待选择的行或列即可。

图10-20　选择多行或多列

技巧 10-4　使用快捷键选择指定行到首行或末行的连续行

在Excel工作表中如果用户希望快速选择指定行之上或之后表格数据所在连续行，可以先选择指定行，然后按【Ctrl+Shift+↑】组合键选择指定行到首行之间的所有连续行。或按【Ctrl+Shift+↓】组合键选择指定行到末行之间的所有连续行。如图10-21所示。

选择指定列到首列或末列之间的连续列与选择连续行的方法类似，只是选择指定列到首列之间连续列的组合键为【Ctrl+Shift+←】，选择指定列到末列之间连续列的组合键为【Ctrl+Shift+→】。

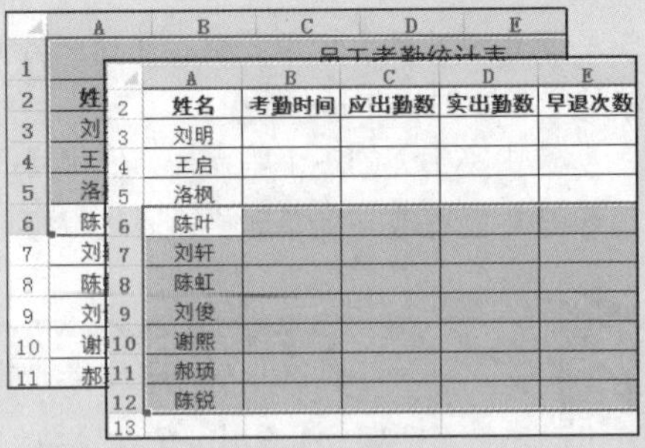

图10-21　使用快捷键选择指定行到首行或末行的连续行

 技巧 10-5 快速选择多个工作表中的相同区域

在工作簿中要选择多个工作表中相同区域，可以先按【Ctrl】键选择要选择相同区域的多个工作表，然后在当前工作表中选择单元格区域，随后切换至工作表组的其他工作表中，便可以看到其他工作表中相同单元格区域也被选择了，如图10-22所示。

图10-22　快速选择多个工作表中相同区域

10.2.2　插入和删除单元格

用户在编辑工作表中的数据时，若发现出现数据遗漏或有重复的无效数据，可以通过插入和删除单元格来更改。常用右键快捷菜单命令和功能区中的插入或删除功能来插入和删除单元格。

 示例 10-7 在考勤统计表中插入行并删除不需要的行

当公司出现新进员工和离职员工时，要及时在考勤统计表中插入单元格，用于添加新进员工信息，并将包含离职员工信息的单元格删除，完成考勤统计表的更新。

 扫码看视频

⬇ 原始文件　下载资源\实例文件\第10章\原始文件\考勤统计表.xlsx

⬇ 最终文件　下载资源\实例文件\第10章\最终文件\考勤统计表.xlsx

步骤 01 打开下载资源\实例文件\第10章\原始文件\考勤统计表.xlsx，选中要插入单元格处的单元格，如图10-23所示。

步骤 02 在"开始"选项卡的"单元格"组中单击"插入"下三角按钮，在展开的下拉列表中单击"插入单元格"选项，如图10-24所示。

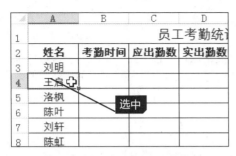

图10-23　选择要插入单元格的位置

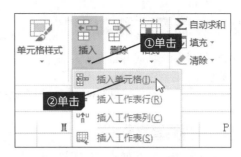

图10-24　单击"插入单元格"选项

步骤 03　弹出"插入"对话框，选择插入单元格时原单元格的移动方向，如单击选中"整行"单选按钮，单击"确定"按钮，如图10-25所示。

步骤 04　此时在所选单元格处插入了一空行，原单元格数据自动向下移动一行，如图10-26所示。

图10-25　选择单元格移动方向

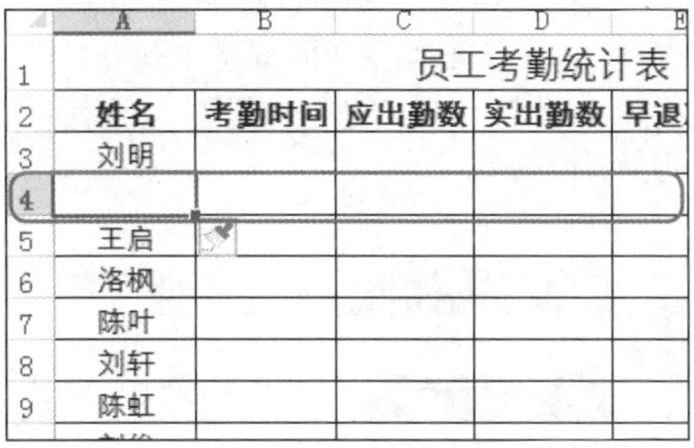

图10-26　插入整行后效果

步骤 05　若要删除离职人员的姓名及考勤信息，选择离职人员所在行并右击，在弹出的快捷菜单中单击"删除"命令，如图10-27所示。

步骤 06　此时所选行数据被删除，下一行的数据自动向上移动，如图10-28所示。

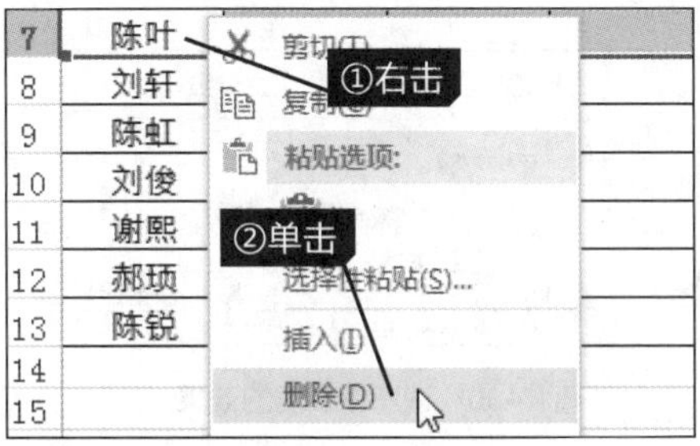

图10-27　删除行

图10-28　删除行后效果

 提示

　　使用插入单元格时，用户不仅可以插入单个单元格、单行或单列，也可以同时在工作表中插入多个单元格、多行或多列。在插入前，用户只需在工作表中选择与待插入单元格个数相同的单元格，然后再使用"插入"功能即可轻松实现多个单元格、多行或多列的快速插入。

10.2.3 调整行高和列宽

当工作表中输入的实际数据所占的高度和宽度超出单元格默认的行高与列宽时，可能造成部分数据不能完整显示。遇到这类情况，用户可以通过调整单元格的行高和列宽来完整显示单元格内的数据。调整行高和列宽的方法有使用鼠标拖动、使用对话框精确调整和自动调整三种。

1 拖动鼠标调整行高和列宽

拖动鼠标调整行高与列宽，其实就是使用鼠标拖动行号和列标的边缘来调整。

◆ 调整列宽：将鼠标指针置于欲改变列宽的列标记右边的分隔线，当指针变为调整宽度的左右双向箭头 ✛ 时，按住鼠标左键拖动，向左拖动可减小列宽，向右拖动可增大列宽。

◆ 调整行高：将鼠标指针置于欲改变行高的行标记下边的分隔线，当指针变为调整高度的上下双向箭头 ✚ 时，按住鼠标左键拖动，向上拖动可减小行高，向下拖动可增大行高。

10-8 采用拖动法调整员工年度考核表的行高

员工年度考核表是根据员工一年内工作中表现的领导能力、策划能力对员工进行考核的表格，以此评比员工是否优异。为了增加考核表姓名、部门和职务所在行的行高，可以采用拖动法来轻松调整。

扫码看视频

原始文件　　下载资源\实例文件\第10章\原始文件\年度考核表.xlsx

最终文件　　下载资源\实例文件\第10章\最终文件\年度考核表.xlsx

步骤01　打开下载资源\实例文件\第10章\原始文件\年度考核表.xlsx，将鼠标指针置于第2行行标记下边的分隔线，待指针呈✚时，按住鼠标左键向下拖动，如图10-29所示。

步骤02　在拖动时会自动在鼠标旁显示调整行的行高，拖动至所需高度后，释放鼠标左键，即可完成单行行高的调整，如图10-30所示。

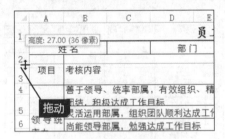
图10-29　采用拖动法调整行高

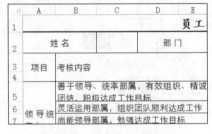
图10-30　调整行高后的效果

当用户需要对多行行高和多列列宽进行统一调整时，也可以采用拖动法，在调整前先选中要调整的多行或多列，然后采用鼠标拖动法来调整行高和列宽。

2 精确设置行高和列宽

使用鼠标拖动法调整行高或列宽一般均是根据用户眼睛看到的适当行高和列宽来调整的，若要将行高或列宽调整到某个精确的值，最好采用"行高"或"列宽"对话框来设置。

◆ 精确调整列宽：选中要调整列宽的单元格，在"单元格"组中单击"格式"按钮，在展开的下拉列表中单击"列宽"选项，调出"列宽"对话框，输入调整到的列宽值，单击"确定"按钮即可。

◆ 精确调整行高：选中要调整行高的单元格，在"单元格"组中单击"格式"按钮，在展开的下拉列表中单击"行高"选项，调出"行高"对话框，输入调整到的行高值，单击"确定"按钮即可。

 10-9　精确设置员工年度考核表的行高

为了让员工年度考核表中各考核内容完整地显示在单元格中，用户可以通过"行高"对话框精确设置行高的磅值来实现。

原始文件　下载资源\实例文件\第10章\原始文件\年度考核表1.xlsx

最终文件　下载资源\实例文件\第10章\最终文件\年度考核表1.xlsx

 扫码看视频

步骤 01　打开下载资源\实例文件\第10章\原始文件\年度考核表1.xlsx，选择需要精确调整行高的单元格区域，如图10-31所示。

步骤 02　在"开始"选项卡下的"单元格"组中单击"格式"按钮，在展开的下拉列表中单击"行高"选项，如图10-32所示。

图10-31　选择要调整行高的单元格区域

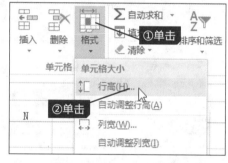

图10-32　单击"行高"选项

步骤 03　弹出"行高"对话框，在"行高"文本框中输入行高磅值，单击"确定"按钮，如图10-33所示。

步骤 04　返回工作表可以看到所选单元格的行高调整为设置的行高，数据完整地显示在单元格中，如图10-34所示。

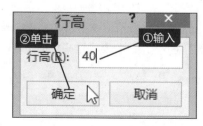

图10-33　输入行高磅值

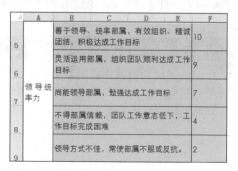

图10-34　调整行高后效果

3 自动调整行高和列宽

在调整行高和列宽时，用户还可以根据单元格内数据自动调整行高和列宽，使行高与列宽匹配单元格内的数据。Excel 2013中自动调整行高和列宽有两种方法：一种是通过功能区"格式"功能中的"自动调整行高"和"自动调整列宽"选项来设置，另一种是通过鼠标指针双击行标记下边分隔线或列标记右边分隔线来调整。

 10-10 自动调整员工年度考核表的列宽

为了让员工年度考核表各项目列的列宽与内容相匹配，可以通过自动调整列宽来设置，让表格更显专业。

 扫码看视频

 原始文件　下载资源\实例文件\第10章\原始文件\年度考核表2.xlsx

 最终文件　下载资源\实例文件\第10章\最终文件\年度考核表2.xlsx

步骤01 打开下载资源\实例文件\第10章\原始文件\年度考核表2.xlsx，选择要调整列宽的单元格区域，在"单元格"组中单击"格式"按钮，在展开的下拉列表中单击"自动调整列宽"选项，如图10-35所示。

步骤02 此时自动根据单元格内的数据宽度调整了列宽，得到如图10-36所示的效果。

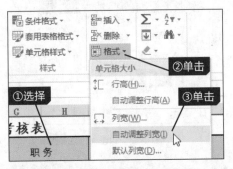

图10-35　单击"自动调整列宽"选项

图10-36　自动调整列宽效果

10.2.4 隐藏和显示行列单元格

在工作表中对数据进行计算时，常常会在表格中添加一些辅助计算的数据，而这些辅助数据不需显示出来，但也不能删除，此时就可以采用"格式"功能中的隐藏单元格行或列来隐藏。而当要查看这些辅助数据时则可以使用"格式"功能中的取消隐藏行或列来显示。

 10-11 隐藏员工缺勤扣款计算表中的辅助列

员工缺勤扣款计算表是根据员工缺勤情况统计各员工该月应扣工资费用的表格，在计算数据时，在表格中添加了用于辅助计算的单次缺勤的应扣费用，若要将这些数据隐藏，可以通过隐藏列来实现。

原始文件　下载资源\实例文件\第10章\原始文件\员工缺勤扣款计算表.xlsx

最终文件　下载资源\实例文件\第10章\最终文件\员工缺勤扣款计算表.xlsx

扫码看视频

步骤 01　打开下载资源\实例文件\第10章\原始文件\员工缺勤扣款计算表.xlsx，选择要隐藏数据所在单元格区域，在"单元格"组中单击"格式"按钮，在展开的下拉列表中单击"隐藏和取消隐藏"级联列表中的"隐藏列"选项，如图10-37所示。

步骤 02　此时选定单元格区域所在列被隐藏了，如图10-38所示。

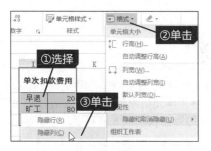

图10-37　隐藏列

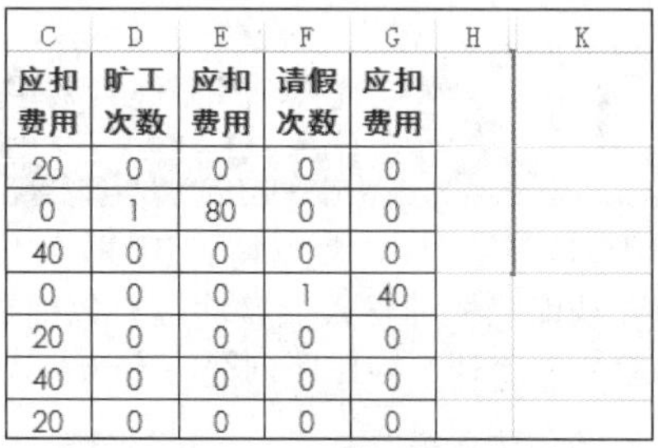

C	D	E	F	G	H	K
应扣费用	旷工次数	应扣费用	请假次数	应扣费用		
20	0	0	0	0		
0	1	80	0	0		
40	0	0	0	0		
0	0	0	1	40		
20	0	0	0	0		
40	0	0	0	0		
20	0	0	0	0		

图10-38　隐藏数据列后效果

提示　当用户需要显示工作表中隐藏的单元格数据，可以先选择被隐藏数据左右或上下的单元格列或行，然后单击"格式"按钮，在展开的下拉列表中单击"隐藏和取消隐藏"级联列表中的"取消隐藏列"或"取消隐藏行"选项来显示。除了该方法外，用户还可以在选择包括隐藏数据的左右或上下单元格后，双击列标记右边分隔线或行标记下边分隔线来显示隐藏的单元格列或行。

技巧 10-6　通过调整行高或列宽为0来隐藏行、列数据

除了使用功能区中的隐藏功能来隐藏行或列数据外，还可以通过精确调整行高或列宽来实现。若要隐藏列，只需选中要隐藏的列，再单击"格式"按钮，在展开的下拉列表中单击"列宽"选项，弹出"列宽"对话框，在"列宽"文本框中输入"0"，单击"确定"按钮，如图10-39所示，所选单元格列即被隐藏了。同理可以使用"行高"对话框来隐藏所选单元格行数据。

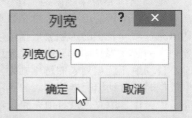

图10-39　通过调整行高或列宽为0来隐藏行、列数据

读书笔记

数据的快速、有效输入

一份完整的数据表格是在由横线和竖线交叉形成的网格中输入所需数据构成的。最简单的数据输入法就是选择合适的输入法逐字输入，而这种方法在输入大量数据时就比较浪费时间，且不能保证输入的数据完全正确。想在表格中快速、有效地输入数据可以借助Excel中的自动填充、数据验证和外部数据导入方法录入。

11.1 数据的自动填充

在表格中输入大量数据时，用户可以通过观察数据找出数据之间的规律，然后借助Excel提供的自动填充功能来快速输入。自动填充数据是Excel提供的在相邻单元格中输入规律数据，如相同数据序列、等差数据序列、等比序列等的方法。Excel工作表中常见的数据自动填充有以下三种方法。

◆ 拖动法填充规律数据：在相邻单元格的首单元格中输入数据序列的首数据，将鼠标指针置于该数据单元格右下角的填充柄向下或向右拖动，即可在经过的单元格中填充规律数据。

◆ 使用对话框填充规律数据：在首单元格中输入首数据后，选择包括首数据单元格和待填充数据的单元格区域，调出"序列"对话框设置填充参数进行数据填充。

◆ 使用右键菜单填充规律数据：该方法与拖动法填充规律数据相似，只是它在拖动时按住的是鼠标右键，在弹出的快捷菜单中选择填充选项来实现。

11.1.1 拖动法填充规律数据

拖动法填充规律数据是工作中自动填充数据最简单、也是最常用的方法。它是通过拖动首数据所在单元格右下角的填充柄来填充数据，然后在"自动填充选项"列表中选择适当填充选项来实现的。自动填充选项列表中的选项会根据待填充单元格数据类型不同而不同，如填充数值型数据时，自动填充选项列表的选项为复制单元格、填充序列、仅填充格式和不带格式填充，如图11-1所示；填充文本型数据时，自动填充选项列表的选项则为复制单元格、仅填充格式和不带格式填充，如图11-2所示；填充日期型数据时，自动填充选项列表的选项为复制单元格、填充序列、仅填充格式、不带格式填充、以天数填充、以工作日填充、以月填充和以年填充，如图11-3所示。

图11-1 数值型数据自动填充选项

图11-2 文本型数据自动填充选项

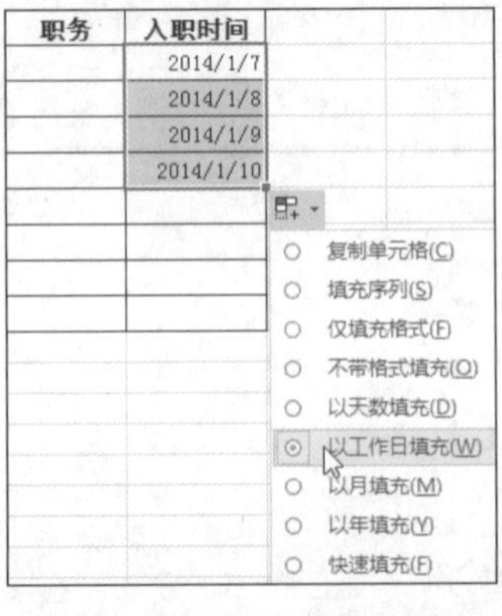

图11-3 日期型数据自动填充选项

11-1　快速填充员工通信录的编号

　　员工通信录是公司为方便公司与员工或员工与员工之间联系而制作的有关联系方式统计的表格，该表格一般记录了员工的部门、姓名、职务、电话号码等内容。为了掌握员工联系方式在通信录中的位置，一般会为联系方式条目添加"1，2，3…"形式的编号。在输入这类递增的数据序列时，可以使用拖动法填充规律数据来快速输入。

原始文件　下载资源\实例文件\第11章\原始文件\员工通信录.xlsx

最终文件　下载资源\实例文件\第11章\最终文件\员工通信录.xlsx

扫码看视频

步骤 01　打开下载资源\实例文件\第11章\原始文件\员工通信录.xlsx，在A3单元格中输入数据序列的首数据，如输入"1"，将鼠标指针置于A3单元格右下角，待指针呈 **+** 状，按住鼠标左键向下拖动，如图11-4所示。

步骤 02　拖至A14单元格，释放鼠标左键，单击"自动填充选项"按钮，在展开的下拉列表中单击选中"填充序列"选项，如图11-5所示。

步骤 03　此时鼠标经过的单元格，以默认的步长值进行了递增数据序列填充，如图11-6所示。

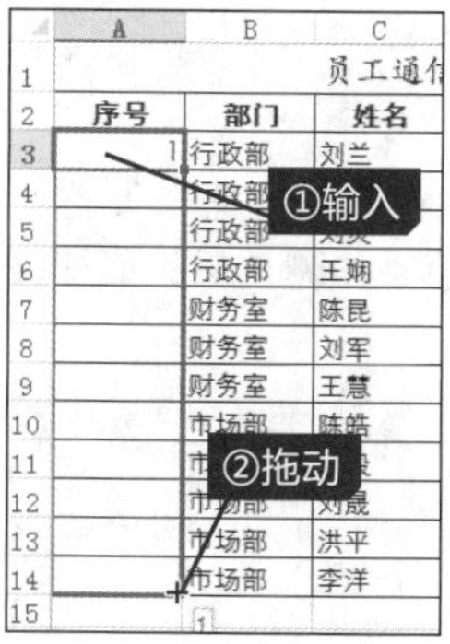

图11-4　拖动填充柄 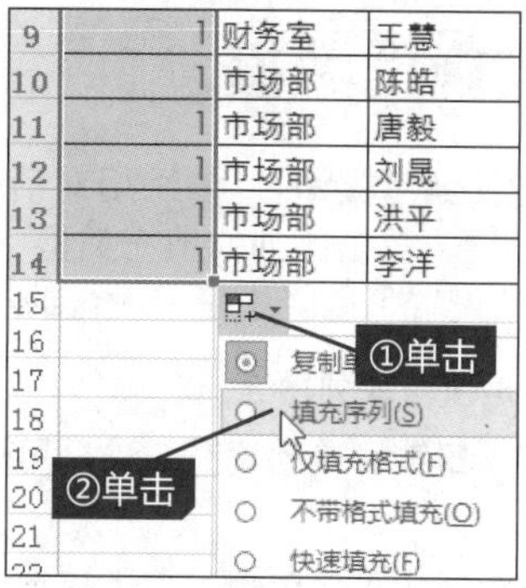　　　　图11-5　单击选中"填充序列"选项 　　　　图11-6　填充的递增数据序列

提示

　　如果在使用拖动法填充数据时，没有出现"自动填充选项"按钮，用户可以单击"文件"按钮，在弹出的菜单中单击"选项"命令，弹出"Excel选项"对话框，在"高级"选项面板的"编辑选项"选项组中勾选"启用填充柄和单元格拖放功能"复选框，单击"确定"按钮将"自动填充选项"按钮显示出来。

技巧 11-1　使用【Ctrl+Enter】组合键快速输入相同文本

　　当用户希望在工作表不相邻的单元格中输入相同文本时，采用自动填充功能无法实现，此时可以先选中要输入相同文本的多个不相邻单元格，然后在活动单元格中输入数据，按【Ctrl+Enter】组合键即可快速在所选单元格中生成相同文本，如图11-7所示。

姓名	性别	身份证号码
	男	
	男	
	男	

图11-7　使用【Ctrl+Enter】组合键快速输入相同文本

技巧 11-2 使用拖动法快速填充等差序列

当用户希望在工作表中快速输入等差序列时，可以直接在待输入数据的第一个和第二个单元格中输入首数据和第二个数据，然后选择第一个和第二个数据所在单元格区域，拖动右下角的填充柄，即可以两个数据之间的差进行等差序列填充，如图11-8所示。

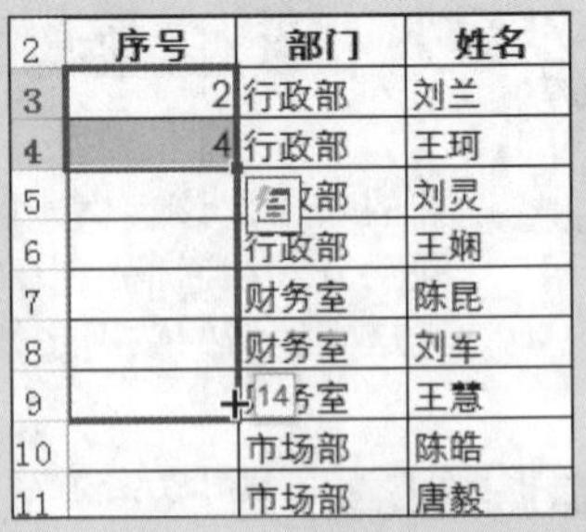

图11-8 使用拖动法快速填充等差序列

技巧 11-3 使用拖动法快速填充自定义序列

使用拖动法填充规律数据时，用户还可以将常用的一些文本序列，如工程师、助理工程师、工人这类序列，通过"自定义序列"对话框事先进行定义，如图11-9所示，然后在单元格中输入序列中的任意数据项，再拖动单元格的填充柄，快速填充。

图11-9 使用拖动法快速填充自定义序列

11.1.2 使用对话框填充规律数据

当需要在单元格中填充的数据序列比较复杂时，多采用对话框填充规律数据方法来设置。因为在"序列"对话框中包括了序列产生的位置、数据序列的填充类型、日期单位、预测、步长值和终止值等选项，如图11-10所示，通过这些选项的设置可以轻松生成大量的规律数据。

◆ 序列产生在：用于指定数据序列是按行或列填充。

◆ 类型：包括等差序列、等比序列、日期和自动填充四种，用于确定单元格自动填充规律数据的类型。

◆ 日期单位：只有选中"日期"类型时才可以使用，用于指定日期序列数据填充间隔单位。

◆ 步长值：指序列中每个数据的间隔值。

◆ 终止值：指序列的最后一个数据。

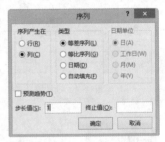

图11-10 "序列"对话框

示例 11-2 通过设置步长值和终止值快速填充1～20奇数序列

员工工资表是记录员工工资明细信息的表格，为了在员工工资表中隔行插入空行，用户可以在员工工资表中填充奇数和偶数序列，然后对填充的数据序列进行排序。

扫码看视频

 原始文件 下载资源\实例文件\第11章\原始文件\员工工资表.xlsx

最终文件 下载资源\实例文件\第11章\最终文件\员工工资表.xlsx

步骤 01　打开下载资源\实例文件\第11章\原始文件\员工工资表.xlsx，在A4单元格中输入要填充数据的首数据，如输入"1"，如图11-11所示。

步骤 02　在"开始"选项卡的"编辑"组中单击"填充"按钮，在展开的下拉列表中单击"序列"选项，如图11-12所示。

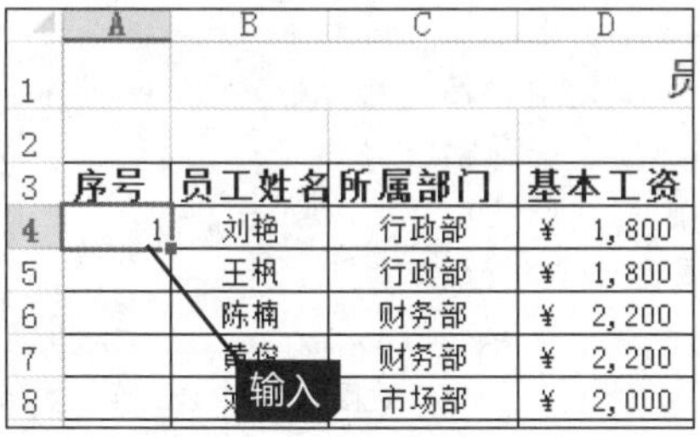

图11-11　输入首数据

图11-12　单击"序列"选项

步骤 03　弹出"序列"对话框，单击选中"列"单选按钮，单击选中"等差序列"单选按钮，在"步长值"文本框中输入"2"，在"终止值"文本框中输入"20"，单击"确定"按钮，如图11-13所示。

步骤 04　返回工作表，在A列中填充了1~20的奇数数据序列，如图11-14所示。

图11-13　设置序列填充参数

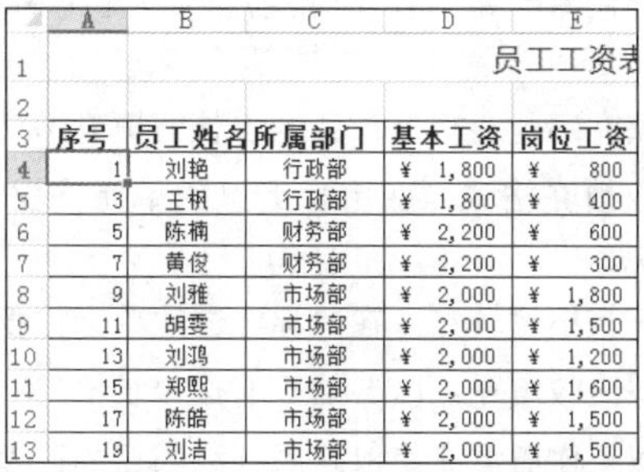

	A	B	C	D	E
1					员工工资表
3	序号	员工姓名	所属部门	基本工资	岗位工资
4	1	刘艳	行政部	¥ 1,800	¥ 800
5	3	王枫	行政部	¥ 1,800	¥ 400
6	5	陈楠	财务部	¥ 2,200	¥ 600
7	7	黄俊	财务部	¥ 2,200	¥ 300
8	9	刘雅	市场部	¥ 2,000	¥ 1,800
9	11	胡雯	市场部	¥ 2,000	¥ 1,500
10	13	刘鸿	市场部	¥ 2,000	¥ 1,200
11	15	郑熙	市场部	¥ 2,000	¥ 1,600
12	17	陈皓	市场部	¥ 2,000	¥ 1,500
13	19	刘洁	市场部	¥ 2,000	¥ 1,500

图11-14　填充的奇数数据序列

步骤 05　接着在A14单元格中输入"2"，用相同的方法在A列中填充1~20的偶数数据序列，如图11-15所示。

步骤 06　完成奇数和偶数数据序列填充后，选择A4:H23单元格区域，在"编辑"组中单击"排序和筛选"按钮，在展开的下拉列表中单击"升序"选项，即可按A列的数据序列进行升序排列，实现隔行空行的效果，如图11-16所示，关于数据的排序操作方法将在第15章中进行详细介绍。

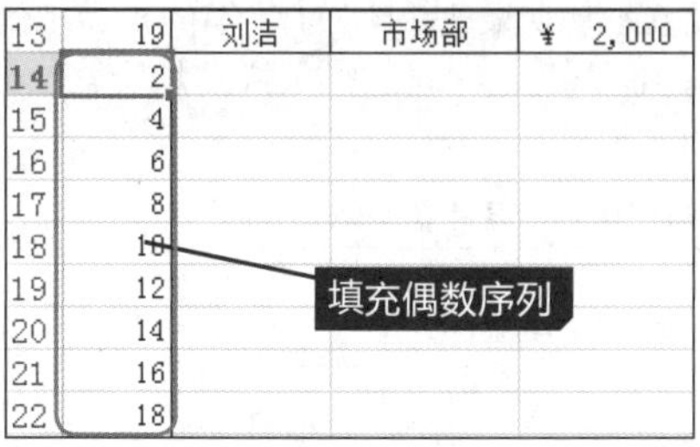

	A	B	C	D
13	19	刘洁	市场部	¥ 2,000
14	2			
15	4			
16	6			
17	8			
18	10			
19	12			
20	14			
21	16			
22	18			

填充偶数序列

图11-15　填充1~20的偶数数据序列

	A	B	C	D
3	序号	员工姓名	所属部门	基本工资
4	1	刘艳	行政部	¥ 1,800
5	2			
6	3	王枫	行政部	¥ 1,800
7	4			
8	5	陈楠	财务部	¥ 2,200
9	6			
10	7	黄俊		
11	8			
12	9	刘雅	市场部	¥ 2,000

对序号列升序排序

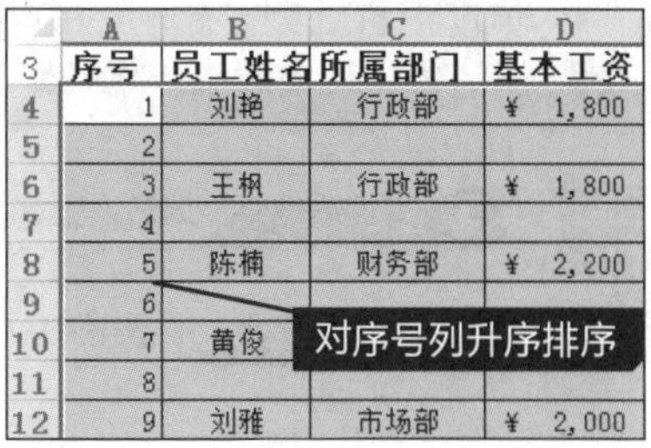

图11-16　数据排序后的隔行空行效果

在单元格区域的第一个单元格中输入首数据后，要快速对一行或一列中所选单元格自动填充数据，可以选择要填充数据的单元格区域，在"编辑"组中单击"填充"按钮，在展开的下拉列表中单击"向右""向左""向下""向上"选项。

技巧 11-4 按工作日填充序列

在日常工作中，常常需要制作一些按规律日期输入的表格，如考勤表、日销售量表等，在输入这类日期数据时，用户可以使用"序列"对话框中的"日期单位"选项来自动填充。"日期单位"选项组中的"日"指按自然日期填充，"工作日"指除周六和周日的日期数据，"月"指按月份数填充，"年"指按年份数填充。如图11-17所示为按工作日填充序列设置的对话框。

图11-17 按工作日填充序列

11.1.3 使用右键菜单填充规律数据

Excel 2013还为用户提供了一种难度介于拖动法和使用对话框填充规律数据之间的填充方法，即使用右键菜单填充规律数据。该方法通过鼠标右键拖动填充柄，在弹出的快捷菜单中选择数据填充选项，如图11-18所示，从而轻松实现相同数据、等比序列、等差序列以及日期序列的填充。

◆ 复制单元格：在鼠标经过的单元格中填充与第一个单元格相同的数据。

◆ 填充序列：根据默认的步长值填充递增数据序列。

◆ 仅填充格式：在鼠标经过的单元格仅填充第一个单元格的格式，不填充数据。

◆ 不带格式填充：在鼠标经过的单元格仅填充数据。

◆ 以天数填充：以自然日期按步长值1递增填充。

◆ 以工作日填充：以除周六和周日的日期递增填充。

◆ 以月填充：以月份数递增填充。

◆ 以年填充：以年份数递增填充。

◆ 等差序列：按第一和第二个数据之间的差值等差填充。

◆ 等比序列：按第一和第二个数据之间的比值等比填充。

◆ 序列：调出"序列"对话框手动设置填充参数来填充。

图11-18 右键菜单填充命令选项

示例 11-3 巧用右键填充年度销售计划中等比增长率

年度销售计划是销售部门在年初时根据上年的销售成果来制作的今年的产品销售计划。当销售计划中的销售增长率为等比数据序列时，可以使用右键菜单来快速填充。

扫码看视频

原始文件 下载资源\实例文件\第11章\原始文件\年度销售计划.xlsx

最终文件 下载资源\实例文件\第11章\最终文件\年度销售计划.xlsx

步骤 **01**　打开下载资源\实例文件\第11章\原始文件\年度销售计划.xlsx，选择待填充数据区域的第一和第二个数据，使用鼠标右键向下拖动填充柄至B15单元格，释放鼠标右键，在弹出的快捷菜单中单击"等比序列"命令，如图11-19所示。

步骤 **02**　此时在鼠标经过的单元格区域以两个数据之间的比值为等比步长值进行了填充，得到如图11-20所示的数据序列。

图11-19　使用右键菜单快速填充等比序列

图11-20　填充的等比序列

11.2　数据的有效输入

在工作表中输入数据时，用户可以在输入数据前根据表格单元格的特性，借助Excel提供的数据验证功能将单元格的内容限制为指定整数、指定小数、指定日期段、指定时间段、指定文本长度、指定内容或指定的公式结果等，在限制单元格内容数据范围时，还可以设置数据输入提示、出错警告信息等。

11.2.1　数据验证限制

在使用数据验证限制单元格内容时，一般会在选择要设置的单元格区域后，在"数据"选项卡的"数据工具"组中单击"数据验证"按钮，调出"数据验证"对话框，在"设置"选项卡中选择有效性条件来设置。数据验证允许设置的条件有任何值、整数、小数、序列、日期、时间、文本长度和自定义8种，如图11-21所示，而每种条件指定的数据类型不同，且设置选项也不同。

◆ 任何值：选择这个选项，用户可以在单元格中输入任何数值不受影响。

◆ 整数：限制单元格只能输入指定范围内的整数。

◆ 小数：限制单元格只能输入指定范围内的小数（包括整数）。

◆ 序列：根据用户设置的"来源"文本在单元格中选择或直接输入指定数据项。

◆ 日期：限制单元格只能输入指定范围内的日期数据。

◆ 时间：限制单元格只能输入指定范围内的时间数据。

◆ 文本长度：限制单元格只能输入指定长度范围的文本。

◆ 自定义：限制单元格只能输入与公式计算结果相匹配的数据。

图11-21　数据验证允许条件

1 整数

整数是数据验证允许条件之中常用的一种，它可以设置单元格的内容介于、大于、大于等于、小于、小于等于或不等于某个数据范围，一旦超出该数据范围，单元格将不接收输入的数据。

11-4 在余额折旧表中设置允许输入的设备使用年限

余额折旧表是一个记录企业固定资产的名称、型号、单价、数量、总金额及启用时间、使用年限、折旧年限和折旧额的表格。一般固定资产的使用年限均为10以内的整数，在输入前，用户可事先使用数据验证将设备使用年限所在单元格限定为只能输入指定范围的整数。

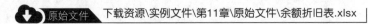
原始文件　下载资源\实例文件\第11章\原始文件\余额折旧表.xlsx

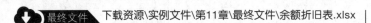
最终文件　下载资源\实例文件\第11章\最终文件\余额折旧表.xlsx

步骤01 打开下载资源\实例文件\第11章\原始文件\余额折旧表.xlsx，选择需要设置数据验证的单元格，切换至"数据"选项卡，在"数据工具"组中单击"数据验证"按钮，如图11-22所示。

步骤02 弹出"数据验证"对话框，在"设置"选项卡的"允许"下拉列表中选择"整数"选项，然后单击"数据"右侧的下三角按钮，在展开的下拉列表中选择"小于或等于"选项，如图11-23所示。

图11-22　单击"数据验证"按钮

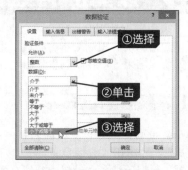

图11-23　设置有效性允许条件

步骤03 在"最大值"文本框中输入最大值"10"，单击"确定"按钮，如图11-24所示。

图11-24　设置数据范围值

步骤 04　此时将所选单元格内容的有效性条件范围固定为小于10的整数，如果在H3单元格中输入"3"，可以正常输入，而在H4单元格中输入大于10的整数或小数时将弹出Microsoft Excel提示框，提示输入值非法，如图11-25所示。单击"取消"按钮，重新输入数据验证范围内的数值即可。

图11-25　检验输入数据是否有效

2　序列

数据验证的序列条件常用来解决一些固定数据项的输入，例如性别的"男""女"值选择性输入，公司的所属部门或学历输入等。使用序列限制的单元格内容必须为用户在序列条件的"来源"文本框中引用或输入的固定数据项。

示例 11-5　在部门采购统计表中快速输入部门

部门采购统计表是计算指定部门采购办公用品的品目名称、规格型号、需求时间、采购数量、单价、总金额等信息的数据表格。而企业的部门一般为固定的，因此用户可以使用数据验证的"序列"允许条件来建立部门下拉列表，方便用户通过选择快速输入填写部门。

　下载资源\实例文件\第11章\原始文件\部门采购统计表.xlsx

　下载资源\实例文件\第11章\最终文件\部门采购统计表.xlsx

扫码看视频

步骤 01　打开下载资源\实例文件\第11章\原始文件\部门采购统计表.xlsx，选择要设置数据验证的单元格，如选中B2单元格，如图11-26所示。

步骤 02　使用【示例11-4】步骤01的方法，调出"数据验证"对话框，在"设置"选项卡下，单击"允许"右侧的下三角按钮，在展开的下拉列表中单击"序列"选项，如图11-27所示。

图11-26　选中要设置数据验证的单元格

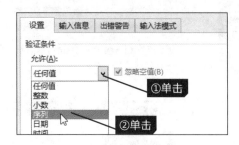

图11-27　设置允许条件

步骤 03 在"来源"文本框中输入公司部门固定信息，如输入"行政部,人事部,财务部,宣传部,设计部"，每个数据项之间以半角逗号分隔，设置完成后单击"确定"按钮，如图11-28所示。

步骤 04 返回工作表，此时B2单元格右侧显示了下三角按钮，单击该按钮，可在展开的下拉列表中选择要输入的部门数据项，如选择"财务部"选项，如图11-29所示，即可将所选数据项快速输入到单元格中。

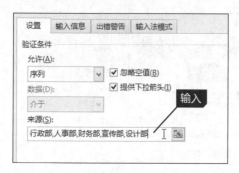

图11-28 设置序列的来源

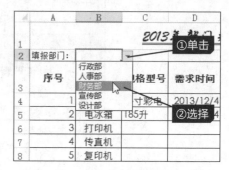

图11-29 使用序列选择性输入数据

技巧 11-5 从下拉列表中快速选择需输入的数据

在工作表中输入数据时，如果待输入的数据已在当前列中录入过，用户可以使用Excel提供的"从下拉列表中选择"功能来选择性输入。右击待输入数据的单元格，在弹出的快捷菜单中单击"从下拉列表中选择"命令，自动在所选单元格下方显示当前列中已有数据项目，根据需要选择要输入的数据项，如图11-30所示，即可将所选数据项快速输入到当前单元格。

图11-30 从下拉列表中快速选择需输入的数据

提示 使用从下拉列表中快速选择输入数据时，除了使用右键菜单中提供的"从下拉列表中选择"命令外，还可以直接按【Alt+↓】组合键快速调出当前列中已有的数据项进行选择输入。

3 文本长度

在日常生活中常常遇到输入一些固定长度的数据，如邮政编号、手机号码、身份证号码等。为了避免这类数据出现多位或漏位的情况，用户可以使用数据验证的"文本长度"条件限制单元格内容的长度。

示例 11-6 限制录入的手机号码长度

当用户在建立包含手机号码的表格时，限制手机号码位数，可以保证表格中输入的手机号码位数正确。

扫码看视频

 原始文件 下载资源\实例文件\第11章\原始文件\客户联系表.xlsx

 最终文件 下载资源\实例文件\第11章\最终文件\客户联系表.xlsx

步骤01　打开下载资源\实例文件\第11章\原始文件\客户联系表.xlsx，选择要设置数据验证的单元格区域，如选择C3:C6单元格区域，如图11-31所示。

步骤02　打开"数据验证"对话框，在"设置"选项卡中单击"允许"右侧的下三角按钮，在展开的下拉列表中单击"文本长度"选项，如图11-32所示。

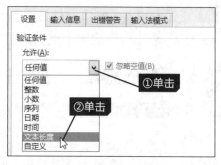

图11-31　选择要设置数据验证的单元格区域　　图11-32　设置允许条件

步骤03　单击"数据"右侧的下三角按钮，在展开的下拉列表中单击"等于"选项，如图11-33所示。

步骤04　在"长度"文本框中输入单元格内容的文本长度值"11"，单击"确定"按钮，如图11-34所示，即可将所选单元格的内容长度限制为11位。

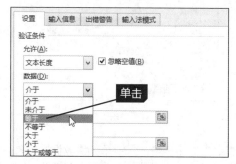
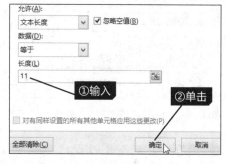

图11-33　设置数据类型　　图11-34　输入文本长度

技巧 11-6　快速揪出无效数据

在工作表中对已有数据的单元格设置了数据验证后，可以在"数据工具"组中单击"数据验证"右侧的下三角按钮，在展开的下拉列表中单击"圈释无效数据"选项以红色椭圆快速揪出无效数据，如图11-35所示。

图11-35　快速揪出无效数据

4 自定义条件

一般来说，身份证号码、员工编号等数据都是唯一的，为了避免在表格中录入重复值，用户可以调出"数据验证"对话框，设置允许条件为"自定义"选项，然后自定义公式来防止单元格内容的重复输入。

11-7 防止重复输入员工编号

在公司中每个员工的编号是唯一的，以便于识别，因此在建立员工资料表时，录入的员工编号必须为唯一值，可以使用数据验证功能来防止重复数据录入。

⬇ 原始文件　下载资源\实例文件\第11章\原始文件\员工资料表.xlsx

⬇ 最终文件　下载资源\实例文件\第11章\最终文件\员工资料表.xlsx

步骤 01　打开下载资源\实例文件\第11章\原始文件\员工资料表.xlsx，选择要限制重复数据输入的单元格区域，这里选择"员工编号"所在列，如图11-36所示。

步骤 02　调出"数据验证"对话框，在"设置"选项卡中单击"允许"右侧的下三角按钮，在展开的下拉列表中单击"自定义"选项，如图11-37所示。

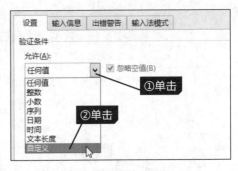

图11-36　选择要限制重复输入数据的单元格区域　　　　图11-37　单击"自定义"选项

步骤 03　在"公式"文本框中输入"=COUNTIF(A:A,A3)=1"，用于统计当前单元格数据在当前列中是否是唯一的，COUNTIF()函数的具体使用将在第14章介绍，单击"确定"按钮，如图11-38所示。

步骤 04　返回工作表，在"员工编号"所在列中输入员工编号，若输入的员工编号在之前已录入，将弹出"Microsoft Excel"提示框提示输入值非法，如图11-39所示。

图11-38　建立限制唯一值的公式

图11-39　检验输入数据是否有效

11.2.2 数据验证信息提示

在设置数据验证时，若需要建立一个类似批注框的输入提示信息，用户可以在"数据验证"对话框的"输入信息"选项卡中设置提示信息的标题、提示内容等，如图11-40所示。

◆ 选定单元格时显示输入信息：勾选该复选框即可实现选中数据验证所在单元格时显示该提示信息框。

◆ 标题：用于自定义提示信息的标题。

◆ 输入信息：用于自定义数据验证提示的信息内容。

图11-40 "输入信息"选项卡

 11-8 利用输入信息提示员工编号必须为唯一值

在员工资料表中设置员工编号的唯一性数据验证时，还可以为该数据验证添加相关的提示信息进行补充说明。

 原始文件 下载资源\实例文件\第11章\原始文件\员工资料表1.xlsx

 最终文件 下载资源\实例文件\第11章\最终文件\员工资料表1.xlsx

 扫码看视频

步骤 01 打开下载资源\实例文件\第11章\原始文件\员工资料表1.xlsx，选择已设置数据验证的单元格区域，调出"数据验证"对话框，切换至"输入信息"选项卡，勾选"选定单元格时显示输入信息"复选框，然后在"标题"和"输入信息"文本框中输入相应的标题和提示文本，设置完成后单击"确定"按钮，如图11-41所示。

步骤 02 返回工作表中，选中任意设置数据验证的单元格，均会显示设置的输入信息提示框，如图11-42所示。

图11-41 设置输入信息

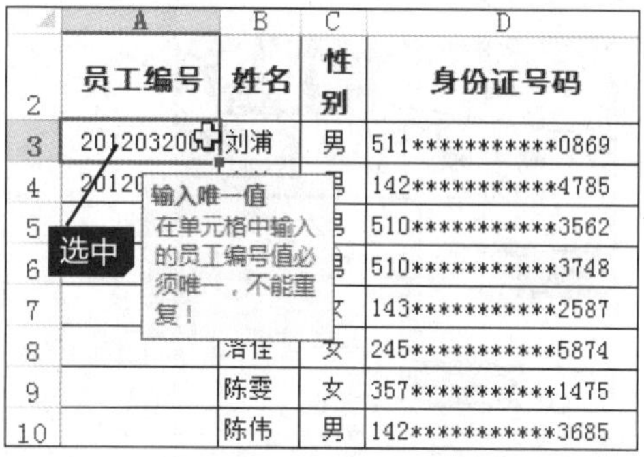

图11-42 查看设置的输入信息

11.2.3 数据验证出错警告设置

当用户在设置数据验证的单元格中输入超出限制范围的数据时，会自动弹出"Microsoft Excel"提示框警告用户输入的是非法值。如果用户希望该提示框警告信息为明确的某个特定内容时，可以使用"数据验证"对话框的"出错警告"来轻松更改。在设置出错警告时，用户可以设置警告样式、警告提示的标题和警告信息，如图11-43所示。

◆ 输入无效数据时显示出错警告：用于确认是否显示自定义的出错警告信息。

◆ 样式：包含"停止""警告""信息"，其中"停止"用于阻止用户在单元格中输入无效信息；"警告"用于在用户输入无效数据时向其发出警告，但不会禁止用户输入无效数据，在出现警告提示框时用户可以单击"是"接受无效输入，也可以单击"否"编辑无效输入，或单击"取消"删除无效输入；"信息"则是用于通知用户，已输入了无效数据，但不会阻止用户输入，在出现消息提示框时，只有单击"确定"接受无效值和单击"取消"拒绝无效值两个选项。

◆ 标题/错误信息：用于输入自定义出错警告的标题和错误提示信息。

图11-43　"出错警告"选项卡

 11-9 对超出范围的数据发出警告

Excel数据验证的默认出错警告信息是完全相同的，若要针对某个数据验证范围进行提示，例如在【示例11-4】的余额折旧表中根据使用年限来设置出错警告信息。

 原始文件　下载资源\实例文件\第11章\原始文件\余额折旧表1.xlsx

 最终文件　下载资源\实例文件\第11章\最终文件\余额折旧表1.xlsx

步骤01　打开下载资源\实例文件\第11章\原始文件\余额折旧表1.xlsx，选择已添加数据验证的单元格区域，调出"数据验证"对话框，在"出错警告"选项卡中勾选"输入无效数据时显示出错警告"复选框，在"样式"下拉列表中选择"停止"选项，在"标题"和"错误信息"文本框中输入相应的文本，单击"确定"按钮，如图11-44所示。

步骤02　返回工作表，在设置数据验证单元格中输入超出范围的数据，如输入的使用年限为"11"，超出限制范围，将弹出"错误"提示框，并在其中显示相应的错误信息，如图11-45所示。

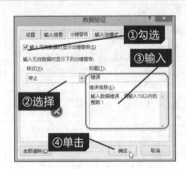

图11-44　设置数据验证出错警告信息

图11-45　出错警告提示信息

11.3　外部数据的导入

外部数据是Excel工作表之外的数据，导入外部数据既可以节省用户重新录入数据的时间，又可以避免数据录入的错误。Excel 2013为用户提供了自文本、自网站、自Access或自其他来源等几种方法将外部数据导入到Excel工作表中。

11.3.1　将文本文件导入Excel工作表

文本文件是用户常用的记录临时数据的工具，当用户希望对文本文件中的数据进行编辑或处理时，可以使用Excel提供的"自文本"按钮启用导入文本文件向导将指定的文本文件导入到Excel工作表中。

 11-10 将办公用品领用表导入到Excel中

公司人员在领用办公用品时，管理人员需将领用情况记录下来，如用户使用文本文件记录了办公用品领用信息，想将其导入到Excel工作表中进行存储和编辑时，可以使用"自文本"按钮，启用导入文本文件向导来完成文本文件的导入。

 原始文件　下载资源\实例文件\第11章\原始文件\办公用品领用表.txt

 最终文件　下载资源\实例文件\第11章\最终文件\办公用品领用表.xlsx

 扫码看视频

步骤01　启动Excel 2013，切换至"数据"选项卡，在"获取外部数据"组中单击"自文本"按钮，如图11-46所示。

步骤02　弹出"导入文本文件"对话框，选择要导入的文本文件，单击"导入"按钮，如图11-47所示。

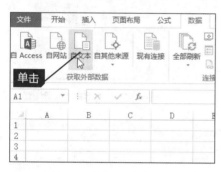

图11-46　单击"自文本"按钮

图11-47　选择要导入的文本文件

 提示　用户还可以使用"打开"命令，弹出"打开"对话框，选择要导入的文本文件，启用导入文本文件向导来完成文本文件的导入。

 步骤03　弹出"文本导入向导-第1步，共3步"对话框，在"原始数据类型"选项组中单击选中"分隔符号"单选按钮，如图11-48所示。

步骤04　单击"下一步"按钮，弹出"文本导入向导-第2步，共3步"对话框，在"分隔符号"选项组中勾选"空格"复选框，如图11-49所示。

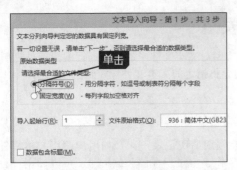

图11-48　选择原始数据类型

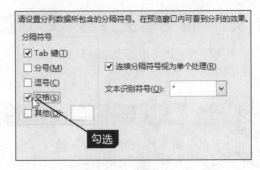

图11-49　勾选分隔符号

步骤 05　单击"下一步"按钮，弹出"文本导入向导-第3步，共3步"对话框，设置各列数据的格式，如选择第一列，单击选中"常规"单选按钮，如图11-50所示。

步骤 06　设置完成后单击"完成"按钮，弹出"导入数据"对话框，单击选中"现有工作表"单选按钮，并在文本框中输入"=$A$1"，单击"确定"按钮，如图11-51所示。

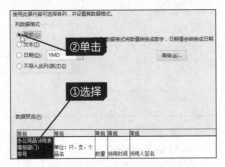

图11-50　设置列数据格式

图11-51　设置数据的放置位置

步骤 07　返回工作表中，可以看到文本文件中的数据以空格为分隔符导入到Excel工作表中，如图11-52所示。

	A	B	C	D	E
1	办公用品领用表				
2	填报部门：	单位：只、支、个			
3	序号	品名	数量	领用时间	领用人签名
4	1	文件夹	5	2014/1/1	刘朝
5	2	档案盒	4	2014/1/1	刘朝
6	3	计算器	2	2014/1/4	陈凤
7	4	订书机	2	2014/1/4	陈凤
8	5	会议记录本	2	2014/1/10	何明
9	6	中性笔	2	2014/1/10	何明

图11-52　导入到Excel工作表中的数据

11.3.2　将网站数据导入Excel工作表

为了引用或处理网站中公布的某个表格数据，用户可以使用"自网站"功能将网站内指定的数据导入到Excel工作表中进行编辑和处理。

11-11 将网站中的统计数据导入到Excel中

要在Excel组件中添加某一段时间国家50个城市主要食品平均价格的变动情况数据，可以将国家统计局网站中的数据导入到Excel中。

 **原始文件**　无

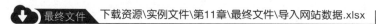 **最终文件**　下载资源\实例文件\第11章\最终文件\导入网站数据.xlsx

扫码看视频

步骤 01　启动Excel 2013，切换至"数据"选项卡，在"获取外部数据"组中单击"自网站"按钮，如图11-53所示。

步骤 02　弹出"新建Web查询"对话框，在"地址"文本框中输入网站地址，如输入"http://www.stats.gov.cn/tjsj/zxfb/201312/t20131216_481126.html"，单击"转到"按钮，如图11-54所示。

图11-53　单击"自网站"按钮

图11-54　输入网站地址

步骤 03　在列表框中显示指定网站所有数据，然后单击➡标记，选择要导入到Excel工作表中的数据列表，如图11-55所示。

步骤 04　选定要导入Excel工作表的数据列表后，单击"导入"按钮，弹出"导入数据"对话框，单击选中"现有工作表"单选按钮，在其下文本框中输入"=$A$1"，单击"确定"按钮，如图11-56所示。

图11-55　选择要导入的数据列表

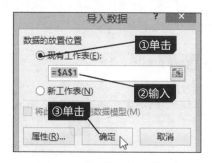

图11-56　选择数据的放置位置

提示　使用"自网站"功能导入网站内选定的数据时，用户还可以在"新建Web查询"对话框中单击"选项"按钮，调出"Web查询选项"对话框，设置导入到Excel工作表的数据的格式和其他导入设置等信息。

步骤 05 　返回工作表，经过短时间的等待，自动将网站中所选数据列表导入到当前工作表中，然后清除导入数据表格中的空白行，得到如图11-57所示的表格效果。

	A	B	C	D	E
1	商品名称	规格等级	单位	本期价格(元)	比上期 价格涨跌(元)
3	大 米	粳米	千克	5.77	0
4	面 粉	富强粉	千克	5.38	0.01
5	面 粉	标准粉	千克	4.46	-0.01
6	豆制品	豆腐	千克	4.38	0
7	花生油	压榨一级	升	27.74	-0.08
8	大豆油	5L桶装	升	11.24	0
9	菜籽油	一级散装	升	13.57	-0.01
10	猪 肉	猪肉后臀尖(后腿肉	千克	26.71	0.05
11	猪 肉	五花肉	千克	26.51	0.14
12	牛 肉	腿肉	千克	65.65	0.19
13	羊 肉	腿肉	千克	65.2	0.2

图11-57　将网站数据导入Excel工作表效果

11.3.3　将Access数据库数据导入Excel工作表

　　Access数据库是用于存储大量数据的办公组件，在对数据库内的数据进行计算、分析等处理时，最好的办法是将Access数据库的数据导入到Excel工作表，借助Excel组件强大的计算和分析功能来计算。要将Access数据库数据导入到Excel工作表中，可以使用Excel提供的"自Access"按钮启动导入向导来完成。

 11-12 　将联系人数据库数据导入到Excel中

　　在Access数据库中建立了联系人资料库，若要将该数据库中的"员工联系表"导入到Excel中，可以使用"自Access"按钮来导入。

原始文件 　下载资源\实例文件\第11章\原始文件\联系人资料库.accdb

最终文件 　下载资源\实例文件\第11章\最终文件\导入Access数据库数据.xlsx

步骤 01 　启动Excel 2013，切换至"数据"选项卡，在"获取外部数据"组中单击"自Access"按钮，如图11-58所示。

步骤 02 　弹出"选取数据源"对话框，选择需要导入的Access文件，如图11-59所示。

图11-58　单击"自Access"按钮

图11-59　选择要导入的Access数据库

弹出"选择表格"对话框,在列表框中选择要导入到Excel工作表的表格,如选择"员工联系表"选项,单击"确定"按钮,如图11-60所示。

弹出"导入数据"对话框,选择该数据在工作簿的显示方式,如单击选中"表"单选按钮,然后选择数据的放置位置,如单击选中"现有工作表"单选按钮,在其下的文本框中输入"=$A$1",单击"确定"按钮,如图11-61所示。

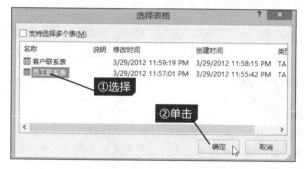

图11-60 选择导入的表格

图11-61 选择数据显示方式和放置位置

返回工作表可以看到导入到Excel工作表中的员工联系表以表形式显示,如图11-62所示。

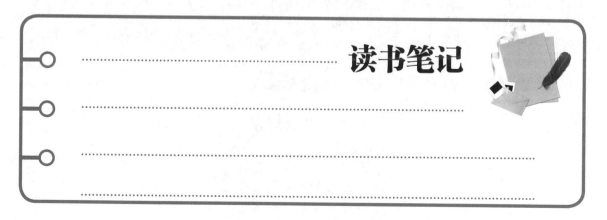

图11-62 将Access数据库导入Excel工作表效果

提示 在导入Access数据库数据时,用户也可以使用"打开"对话框选择Access数据库文件来启动Access数据库导入向导。

读书笔记

第12章 数字格式与表格格式的设置

仅在表格中录入正确的数据并不算完成了表格的制作，因为简单的数据不能明确地表示数据类型以及想要表现的内容。因此在输入数据后，用户还应及时更改表格数据的数字格式，让阅读者能轻松掌握数据表现的内容。除此之外，用户还可以在完成表格设置后，设置表格的背景让表格更美观。

12.1 数字格式设置

为了让表格中的数据更易辨认和理解，Excel为用户提供了货币、百分比、数值、日期、时间、分数、科学记数和文本等数字格式。用户在建立数据表格时可以通过应用这些数字格式更准确地表现和美化数据。

12.1.1 货币格式

通过货币格式设置可以很好地用货币符号表现表格中的金额数据。在Excel中设置货币格式的方法有两种：一是通过"货币"来设置，二是通过"会计专用"来设置。

◆ 货币：由货币符号与数值组成，常见的货币符号有人民币符号（￥）、美元符号（$）、欧元符号（€）等。

◆ 会计专用：会计工作中常用的货币格式，即一列的金额数据的货币币号和小数点均对齐显示。

12-1 在部门费用统计表中设置数据格式为货币

部门费用统计表是详细记录某一时间段内部门收入、支出和余额的数据表格。在创建这类表格时，用户可以使用货币格式来设置收入、支出和余额的金额数据。

 原始文件　下载资源\实例文件\第12章\原始文件\部门费用统计表.xlsx

最终文件　下载资源\实例文件\第12章\最终文件\部门费用统计表.xlsx

步骤01 打开下载资源\实例文件\第12章\原始文件\部门费用统计表.xlsx，选择要更改数字格式的单元格区域，在"数字"组中单击"数字格式"右侧的下三角按钮，在展开的下拉列表中单击"货币"选项，如图12-1所示。

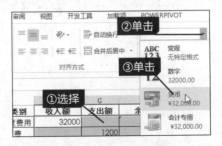

图12-1 选择"货币"选项

步骤 02　此时所选单元格区域的数值更改为货币格式，如图12-2所示。

3	E 费用类别	F 收入额	G 支出额	H 余额
4	第3季度费用	¥32,000.00		¥32,000.00
5	差旅费		¥1,200.00	¥30,800.00
6	办公费		¥400.00	¥30,400.00
7	差旅费		¥660.00	¥29,740.00
8	办公费		¥1,500.00	¥28,240.00
9	招待费		¥750.00	¥27,490.00
10	招待费		¥600.00	¥26,890.00
11	差旅费		¥1,250.00	¥25,640.00
12	招待费		¥650.00	¥24,990.00
13	办公费		¥400.00	¥24,590.00

图12-2　应用货币格式后效果

技巧 12-1　快速更改会计专用格式的货币符号

在Excel工作表中默认的货币符号为人民币符号，若想将工作表中的货币符号更改为英镑，可以在"数字"组中单击"会计数字格式"右侧的下三角按钮，在展开的下拉列表中单击"£ 英语（英国）"选项，如图12-3所示，即可将默认的货币符号更改为英镑货币符号。

图12-3　快速更改会计专用格式的货币符号

技巧 12-2　增加或减少小数位数

在Excel工作表中想要快速增加或减少数值的小数位数，可以选择要调整小数位数数据所在单元格区域，在"数字"组中单击"增加小数位数"或"减少小数位数"按钮，逐一增加或减少小数位数，如图12-4所示。

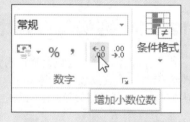

图12-4　增加或减少小数位数

12.1.2　日期与时间格式

在单元格中键入日期或时间数据时，会以默认的日期和时间格式显示，此默认格式基于在"控制面板"中指定的区域日期和时间设置，并会随着"控制面板"中这些设置的调整而更改。如果工作表中默认的日期和时间格式不能满足用户的实际需求，用户可以使用Excel提供的日期和时间格式或是自定义的日期和时间格式来更改。

示例 12-2　设置损益表日期格式

损益表是反映企业一定会计期间经营成果及其分配情况的会计报表。填写制表日期是损益表必备的工作，可以在损益表中键入特定格式的日期，也可以通过更改日期数字格式来实现。

扫码看视频

步骤 01　打开下载资源\实例文件\第12章\原始文件\损益表.xlsx，选中需要设置日期格式的数据所在单元格，在"开始"选项卡下单击"数字"组中的对话框启动器，如图12-5所示。

步骤 02　弹出"设置单元格格式"对话框，在"数字"选项卡的"分类"列表框中单击"日期"选项，然后在"类型"列表框中选择所需日期格式，如单击"2012年3月"选项，如图12-6所示。

步骤 03　设置完成后，单击"确定"按钮，返回工作表可以看到所选单元格中的数据以"2014年1月"形式显示，如图12-7所示。

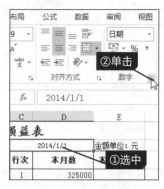

图12-5　选中要设置的单元格

图12-6　设置日期格式

图12-7　更改日期格式后效果

12.1.3　数值与百分比格式

在工作表中输入的数值默认为常规格式，即无特定的格式，如果用户希望将单元格中的数值数据更改为带两位小数位数的数据，可以直接使用Excel中提供的默认数值格式来更改。若需要将某些单元格内的数据以百分比形式显示，只需要直接套用百分比格式即可。

示例 12-3　设置各月销量比例为百分比

在实际工作中，一般表示比例的数据都是以百分比形式显示的，因此在制作各月销量占年度总销量的比例时，通常都会将计算出的比例小数以百分比形式显示。

扫码看视频

步骤 01　打开下载资源\实例文件\第12章\原始文件\各月销量比例.xlsx，选择要更改数字格式的单元格区域，如图12-8所示。

步骤 02　在"数字"组中单击"数字格式"右侧的下三角按钮，在展开的下拉列表中单击"百分比"选项，如图12-9所示。

步骤 03 此时所选单元格的数值由常规的小数格式更改为百分比形式，如图12-10所示。

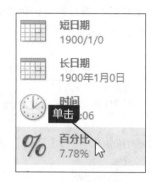

图12-8 选择要设置的单元格区域　　图12-9 选择百分比格式　　图12-10 以百分比显示的数据

提示 若要在单元格中输入分数数据，可以选择单元格区域，在"数字"组中单击"数字格式"右侧的下三角按钮，在展开的下拉列表中选择"分数"选项，即可轻松输入分数数据。

技巧 12-3 设置千分位分隔符

千分位分隔符是半角状态下的逗号，从个位开始每隔三位添加一个，可以让位数较多的数据更容易辨认与识别。要为表格数据添加千分位分隔符，只需选择数据所在单元格区域，在"数字"组中单击"千位分隔样式"按钮，如图12-11所示。

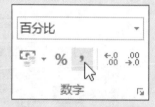

图12-11 设置千分位分隔符

技巧 12-4 设置负数显示形式

默认情况下，在表格中显示的负数都是以"-（负号）"与数字组合来显示的，但在一些财务报表中如利润表、损益表、资产负债表等中的负数数据多数以红色括号来显示。要更改数据的负数显示形式，只需打开"设置单元格格式"对话框，在"数字"选项卡的"分类"列表框中选择"数值"或"货币"等数值类型选项，然后在"负数"列表框中选择所需负数形式，如图12-12所示。

图12-12 设置负数显示形式

提示 在日常工作中经常会遇到三种特殊的数字格式，分别为邮政编码、中文小写数字和中文大写数字。在输入这类数据时，用户可以通过"设置单元格格式"对话框的"数字"选项卡 "分类"列表框的"特殊"选项来设置。

12.1.4 文本格式

在工作中常常需要输入一些数字型文本，如身份证号码等，而在Excel单元格中输入较长位数的数字文本时，会自动以科学记数方式显示。因此要在单元格中输入较长的数字文本，必须先将单元格的数字格式更改为文本格式。

12-4 设置身份证号码为文本格式

为了保证员工身份证号码统计表中输入的身份证号码完整地显示出来，可以通过设置身份证号码所在列单元格的数字格式为文本格式来实现。

原始文件　下载资源\实例文件\第12章\原始文件\员工身份证统计表.xlsx

最终文件　下载资源\实例文件\第12章\最终文件\员工身份证统计表.xlsx

步骤 01　打开下载资源\实例文件\第12章\原始文件\员工身份证统计表.xlsx，选择身份证号码所在单元格区域，如图12-13所示。

步骤 02　在"数字"组中单击"数字格式"右侧的下三角按钮，在展开的下拉列表中单击"文本"选项，如图12-14所示。

步骤 03　此时所选单元格区域的数字格式更改为文本型，用户就可以直接在单元格中输入位数超过12位的数字型文本数据，如图12-15所示。

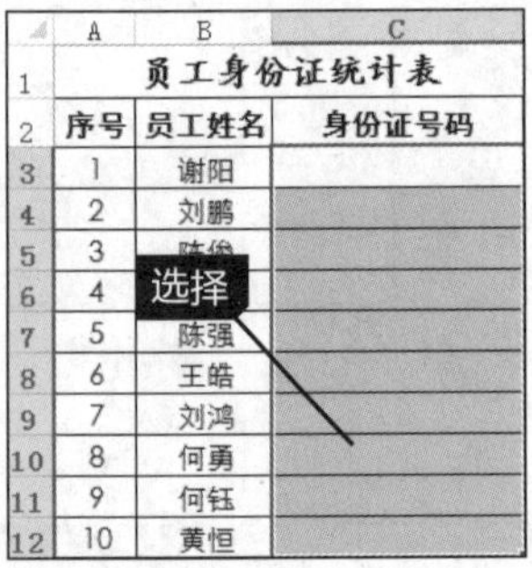

图12-13　选择单元格区域 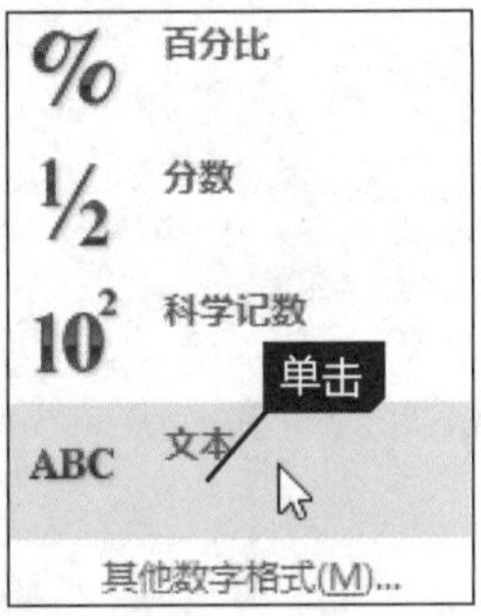　　　图12-14　单击"文本"选项 　　　图12-15　输入位数较长的数字文本

12.1.5　自定义数字格式

虽然Excel为用户提供了众多的数字格式，但也不能完全满足所有用户的需求。若要设置特殊的数字格式，如"No.001""P0001"等，用户可以通过自定义数字格式来实现。

12-5 自定义产品编号

日常生活和工作中遇到的产品编号多数由代表产品名称的字母和顺序的数字组成，为了方便产品编号的输入，用户可以通过自定义数字格式来设置。

原始文件　下载资源\实例文件\第12章\原始文件\产品资料表.xlsx

最终文件　下载资源\实例文件\第12章\最终文件\产品资料表.xlsx

步骤 01　打开下载资源\实例文件\第12章\原始文件\产品资料表.xlsx，选择需要自定义数字格式的单元格区域，如选择"产品编号"所在单元格区域，如图12-16所示。

步骤 02　打开"设置单元格格式"对话框，在"数字"选项卡的"分类"列表框中单击"自定义"选项，然后在"类型"文本框中输入数字格式形式，如图12-17所示。

	A	B	C	D
		产品资料表		
	产品编号	**产品名称**	**规格**	**单价**
		冰箱	185升	¥2,546
	选择		176升	¥1,896
		冰箱	132升	¥1,468
		彩电	24寸	¥2,500
		彩电	32寸	¥3,450
		彩电	34寸	¥3,950

图12-16　选择单元格区域

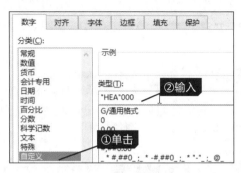

图12-17　自定义数字格式

步骤 03　设置完成后单击"确定"按钮，然后在所选单元格区域中输入产品编号的顺序数字，如输入"1"，如图12-18所示。

步骤 04　按【Enter】键，单元格内输入的数字"1"，自动以自定义的数字格式"HEA000"形式显示为"HEA001"，如图12-19所示。

	A	B	C
1		**产品资料表**	
2	**产品编号**	**产品名称**	**规格**
3	1	冰箱	185升
4		冰箱	176升
5	输入		132升
6		彩电	24寸
7		彩电	32寸
8		彩电	34寸

图12-18　输入产品编号数字

产品资料表			
产品编号	**产品名称**	**规格**	**单价**
HEA001	冰箱	185升	¥2,546
	冰箱	176升	¥1,896
	冰箱	132升	¥1,468
	彩电	24寸	¥2,500
	彩电	32寸	¥3,450
	彩电	34寸	¥3,950

图12-19　以自定义数字格式显示产品编号

技巧 12.5　自定义产品定价

　　自定义数字格式是根据实际需要在"设置单元格格式"对话框"数字"选项卡的"自定义"选项中根据需要设置的数字显示形式，注意自定义数字格式时，文本字符（如字母、汉字）都要使用半角状态下的双引号引起来，而数字以"#"或"0"表示。例如，要将产品定价的金额数值以"人民币1,320"形式显示，则需在"设置单元格格式"对话框中单击"自定义"选项，在"类型"文本框中输入""人民币"#,##0"，单击"确定"按钮来设置，如图12-20所示。

图12-20　自定义产品定价

12.2 为工作表添加背景

为了制作一个拥有图片背景或是彩色背景的表格，用户可以使用Excel提供的"背景"功能将作为工作表背景的图片导入到工作表中。不过这样添加的工作表背景不会被打印，也不会保留在单个工作表中。

12-6 为客户资料表添加背景

客户资料表是一个记录客户名称、联系人、职务、联系电话的表格，当用户希望为该工作表添加一个图片背景时，则需通过"页面布局"选项下的"背景"按钮来添加。

扫码看视频

 原始文件 | 下载资源\实例文件\第12章\原始文件\客户资料表.xlsx、背景.jpg

最终文件 | 下载资源\实例文件\第12章\最终文件\客户资料表.xlsx

步骤 01 打开下载资源\实例文件\第12章\原始文件\客户资料表.xlsx，切换至"页面布局"选项卡下，在"页面设置"组中单击"背景"按钮，如图12-21所示。

步骤 02 弹出"工作表背景"对话框，选择作为工作表背景的图片，如图12-22所示。

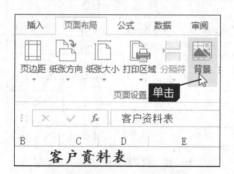

图12-21　单击"背景"按钮

图12-22　选择背景图片

步骤 03 选择图片后，单击"插入"按钮，可以看到当前工作表以选定的图片填充，效果如图12-23所示。

	A	B	C	D	E
1			客户资料表		
2	序号	客户名称	联系人	职务	联系电话
3	1	天眼宏峰科技	刘恒	客户经理	135****4578
4	2	熙云翼飞科技	陈宇	销售经理	135****1472
5	3	湖英空翼科技	刘远	销售经理	136****5874
6	4	通宏隆义科技	郑虔	客户经理	136****8541
7	5	真义天心科技	郝义	客户经理	134****2587
8	6	孝义正光科技	洪峰	销售经理	136****8574
9	7	隆英平义科技	黄义	客户经理	132****5241

图12-23　以图片作为工作表背景效果

提示

在设置工作表格式时，如果用户希望隐藏工作表默认的网格线，可以切换至"视图"选项卡，在"显示"组中取消勾选"网格线"复选框，即可将工作表中默认的网格线隐藏，仅显示用户自行设置的边框样式。

技巧 设置表格的双色填充

12-6

用户在美化使用Excel 2013建立的表格时，可以对表格的每个单元格填充双色，使其呈现三维立体感。选择要设置的单元格区域，打开"设置单元格格式"对话框，切换至"填充"选项卡，单击"填充效果"按钮，弹出"填充效果"对话框，然后单击选中"双色"单选按钮，再根据需要设置"颜色1"和"颜色2"，并在"底纹样式""变形"选项组中选择适当的选项，设置完成后单击"确定"按钮，如图12-24所示，即可以设置的双色效果填充所选单元格。

图12-24　设置表格的双色填充

读书笔记

第13章

数据的轻松计算

在工作中难免会遇到一些数据的加、减、乘、除等计算。借助计算器等辅助工具来计算虽然简单，但若数据过多也非常麻烦。此时用户可以使用Excel的计算功能来轻松计算。在Excel工作表中不仅可以自定义公式计算，还可以借助Excel提供的函数来加快计算速度，提高工作效率。除此之外，还可借助审核公式功能轻松检查数据计算错误的原因。

13.1 单元格引用方式介绍

Excel工作表中的数据都存放在单元格中，如果用户希望对某些数据进行计算，不可避免要引用单元格中的数据。在Excel中单元格数据引用方式有三种，分别为相对引用、绝对引用和混合引用。

◆ 相对引用：是默认的单元格引用方式，其指相对包含公式的单元格的相对位置。如果公式所在单元格的位置改变，引用也随之改变。其采用A1、B1等形式表示。

◆ 绝对引用：是在指定位置引用单元格，如果公式所在单元格位置改变，绝对引用保持不变，其采用$A$1、$B$1等形式表示。

◆ 混合引用：指绝对列和相对行、绝对行或相对列引用。它具有相对引用和绝对引用的功能，在公式所在单元格的位置发生改变时，相对引用改变，绝对引用不变，其采用$A1、$B1或A$1、B$1等形式。

13.1.1 单元格相对引用

单元格相对引用是数据计算公式中最常用的方式，常常用来对两组相对位置的数据进行加、减、乘、除等计算，如工作中常遇到的产品销售额计算等。

示例 **13-1** 利用相对引用快速计算日销售额

日销量统计表是记录每日产品销售情况的表格，为了在日销量统计表中快速统计出各产品的日销售额，可以通过单元格相对引用来引用数据建立计算公式进行计算。

扫码看视频

 原始文件　　下载资源\实例文件\第13章\原始文件\日销量统计表.xlsx

 最终文件　　下载资源\实例文件\第13章\最终文件\日销量统计表.xlsx

步骤 **01**　打开下载资源\实例文件\第13章\原始文件\日销量统计表.xlsx，在D4单元格中输入"=B4*C4"，引用B4和C4单元格中的数据计算冰箱的销售额，如图13-1所示。

步骤 **02**　输入完成后按下【Enter】键，在D4单元格中将返回引用B4和C4单元格计算出的冰箱销售额结果，如图13-2所示。

图13-1　使用相对引用计算销售额

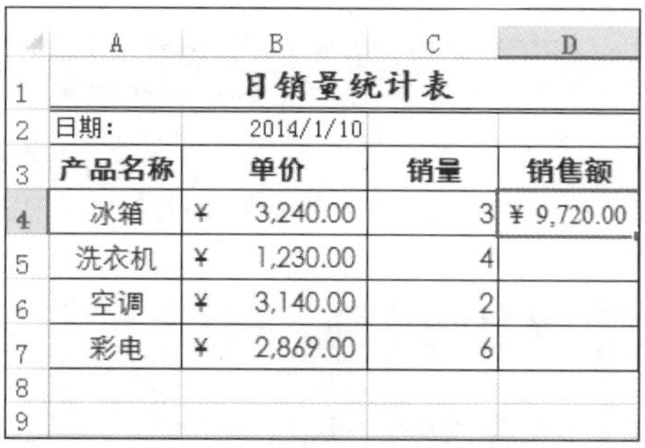

图13-2　计算出的冰箱销售额

步骤 03　选择D4:D7单元格区域，在"开始"选项卡的"编辑"组中单击"填充"按钮，在展开的下拉列表中单击"向下"选项，如图13-3所示。

步骤 04　自动将D4单元格中使用的计算公式填充到其他单元格中计算出其他产品的销售额，从计算结果可以看到D6单元格包含的公式随公式所在位置变化时其引用的单元格也发生了相对变化，如图13-4所示。

图13-3　向相邻单元格填充公式

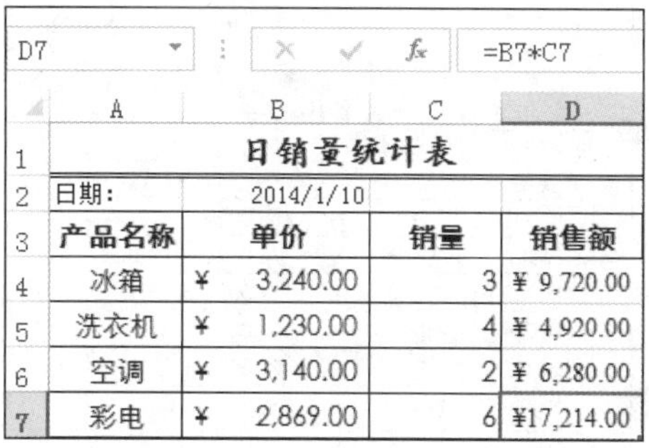

图13-4　计算出的其他产品的销售额

技巧 13-1　引用当前工作簿或其他工作簿中其他工作表中的数据

当计算中要引用存放在其他工作表的数据时，用户可以采用"工作表名!列标行号"形式来引用。例如，销量与产品定价放在不同的工作表中，要计算产品销售额，如图13-5所示，在C5单元格中输入"=B5*产品定价!B5"，即可引用当前B5单元格和"产品定价"工作表的B5单元格的数据进行乘积计算来获取产品销售额。

当要引用的数据处于其他工作簿时，用户在引用时只需在工作表名前添加引用的工作簿名称，即采用"[工作簿名称.xlsx]工作表名!列标行号"形式来引用。

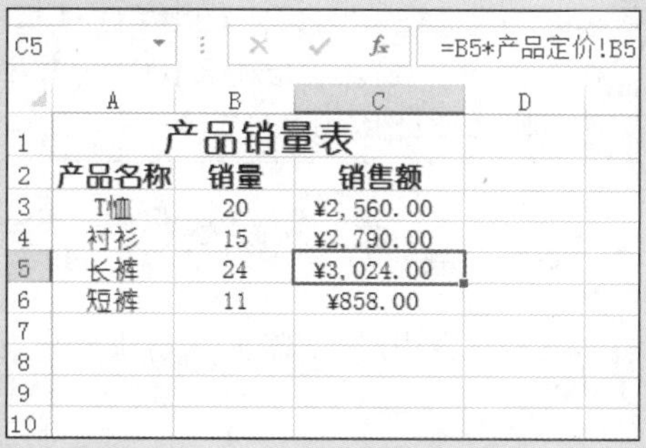

图13-5　引用当前工作簿或其他工作簿中其他工作表中的数据

13.1.2　单元格绝对引用

日常工作中除了对多组相对位置的数据进行计算外，还常常需要固定引用某个单元格位置中的数据，如计算产品折后价、员工提成额时固定引用折扣率或提成额。在进行这类数据计算时，用户可以采取单元格绝对引用方式来指定计算中不发生改变的数据所在单元格位置。

13-2 利用绝对引用快速计算各产品折后价

当遇到节假日时，很多产品都会进行打折促销，想要快速计算出产品统一打折后的折后价，用户可以采用单元格绝对引用方式建立公式快速计算。

原始文件　下载资源\实例文件\第13章\原始文件\产品价格表.xlsx

最终文件　下载资源\实例文件\第13章\最终文件\产品价格表.xlsx

步骤 01　打开下载资源\实例文件\第13章\原始文件\产品价格表.xlsx，在D4单元格中输入引用C4和B2单元格中的数据进行计算的公式，计算出洗面奶的折后价，在引用B2单元格时采用了绝对引用方式，如图13-6所示。

步骤 02　利用【示例13-1】步骤03的方法将D4单元格中的计算公式填充到D5:D9单元格区域中，计算出其他产品的折后价，在填充公式时，可以看到B2单元格的数据引用始终未发生变化，如图13-7所示。

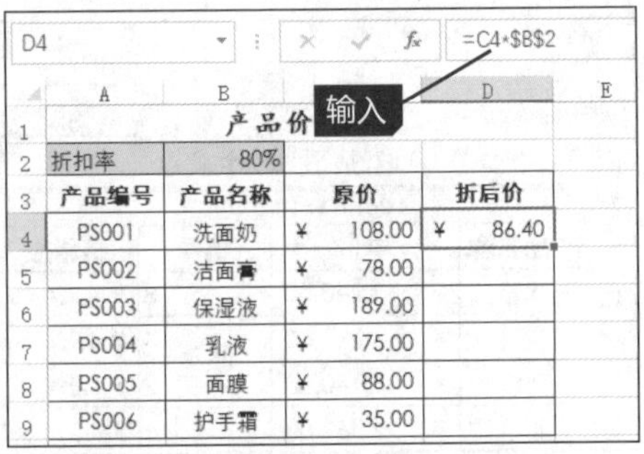

图13-6　建立单元格绝对引用的计算公式 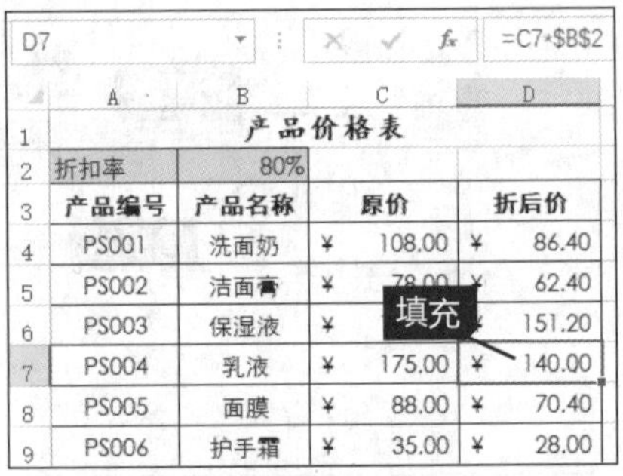　　　　图13-7　填充公式计算出其他产品折后价

提示　默认情况下，在单元格中使用鼠标单击来引用单元格数据的方法称为相对引用；若要快速切换至单元格绝对引用"$列标$行号"形式，可以按【F4】键一次；而要转换为绝对行相对列引用方式"列标$行号"，则再按一次【F4】键；要转换为相对行绝对列引用方式"$列标行号"形式，继续按【F4】键即可。当再按一次【F4】键时，则重新返回相对引用形式。

13.1.3　单元格混合引用

单元格混合引用方式常用来解决一些矩阵数据的计算，如制作乘法表、计算两个因素同时变化的数据表格等。

13-3 利用混合引用快速完善乘法表

乘法表是一个矩阵数据表，它由行与列的相对位置变化来计算对应位置两数的乘积值。在计算这类数据时，采用单元格的混合引用方式建立计算公式能快速得到计算结果。

原始文件　下载资源\实例文件\第13章\原始文件\乘法表.xlsx

最终文件　下载资源\实例文件\第13章\最终文件\乘法表.xlsx

步骤
01
打开下载资源\实例文件\第13章\原始文件\乘法表.xlsx，在B3单元格中输入"=B$2*$A3"，引用B2和A3单元格的数据进行乘法计算，如图13-8所示。

步骤
02
利用自动填充功能，向右和向下填充公式计算出引用第2行和A列数据相对位置乘法的数据，从而得到九九乘法的计算结果，如图13-9所示。

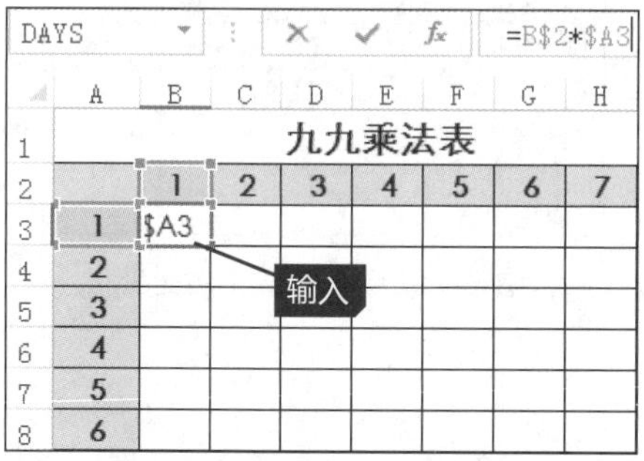

图13-8　建立混合引用方式的计算公式

图13-9　填充公式计算出乘法表计算结果

13.2　名称的定义与应用

在Excel工作表中单元格的引用默认采用的是列标行号，即"A1""A2"的方式来表现的。这样的引用方式不能明确地表现出单元格内数据内容及数据类型。应用到公式中也不便于理解和运用，鉴于此，用户可以事先为单元格、单元格区域、公式或常量值取一个容易记忆和理解的名称，让公式的阅读、更新、审核和管理变得更容易。

13.2.1　定义名称

名称是一个便于记忆和理解的单元格引用简略表示法。Excel工作表中没有固定的名称，用户可以根据单元格内容自行定义。常见的定义名称方法有使用名称框快速定义名称、根据所选内容创建名称和通过"新建名称"对话框新建名称这三种。

1　使用名称框快速定义名称

当用户希望为某个相邻单元格区域定义名称时，可以使用Excel提供的"名称框"来快速创建。

13-4　使用名称框为进货单产品创建名称

进货单是供货商为顾客提供的一张检验货物是否相符的单据，在其中写明了供货商名、产品名称、规格型号、产品单价、数量和金额等数据，若要为产品名称所在单元格定义一个有意义的名称，可以使用名称框来创建。

原始文件　下载资源\实例文件\第13章\原始文件\进货单.xlsx

最终文件　下载资源\实例文件\第13章\最终文件\进货单.xlsx

扫码看视频

步骤
01
打开下载资源\实例文件\第13章\原始文件\进货单.xlsx，选择要定义名称的单元格区域，如选择A5:A9单元格区域，在名称框中输入"产品名称"，如图13-10所示。

步骤 02　按【Enter】键，即可将所选单元格区域命名为"产品名称"，如图13-11所示，方便日后产品名称的引用。

图13-10　使用名称框定义名称　　　　　　图13-11　完成产品名称的定义

2　根据所选内容创建名称

根据所选内容快速创建名称则常用于工作表中已有能清晰、明确表现所选单元格区域内容的名称，它能快速提取表格中的字段项目来生成所需的名称。一般表示数据内容的字段名称放在所选单元格区域的首行、首列、末行或末列处。

示例 13-5　选定进货单价创建名称

为了让产品进货金额公式更加清晰、明确，用户可以将单价数据所在单元格区域命名为"单价"，方便在计算时数据引用，在命名时，可以使用根据所选内容创建来实现。

　扫码看视频

原始文件　下载资源\实例文件\第13章\原始文件\进货单2.xlsx

最终文件　下载资源\实例文件\第13章\最终文件\进货单2.xlsx

步骤 01　打开下载资源\实例文件\第13章\原始文件\进货单2.xlsx，选择要定义名称的单元格区域，必须选择包括字段项目名称的单元格，如选择C4:C9单元格区域，如图13-12所示。

步骤 02　切换至"公式"选项卡，在"定义的名称"组中单击"根据所选内容创建"按钮，如图13-13所示。

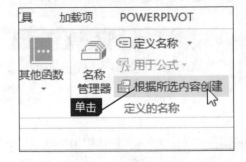

图13-12　选择要定义的单元格区域　　　　图13-13　单击"根据所选内容创建"按钮

步骤 03　弹出"以选定区域创建名称"对话框，在"以下列选定区域的值创建名称"选项组中勾选"首行"复选框，单击"确定"按钮，如图13-14所示。

步骤 04　此时自动将所选单元格的首行单元格值作为单元格区域的名称，用户再次选择C5:C9单元格区域，即在名称框中显示所选单元格区域的名称，如图13-15所示。

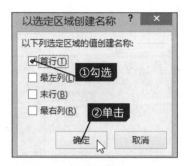

图13-14　勾选"首行"复选框　　　　图13-15　查看定义的名称

 3　使用名称对话框定义名称

当用户需要为所选单元格区域定义一个单元格中没有的名称，或是要对公式、常量等数据进行命名时，使用名称框和根据所选内容创建两种方法都不适宜，此时用户可以调出"新建名称"对话框来轻松完成这类数据名称的定义。

13-6　为进货的数量定义名称

为了使进货单中数量表示更明确，用户可以使用"新建名称"对话框，将进货数量所在单元格区域命名为"进货数量"来呈现。

原始文件　下载资源\实例文件\第13章\原始文件\进货单1.xlsx

最终文件　下载资源\实例文件\第13章\最终文件\进货单1.xlsx

扫码看视频

步骤 01　打开下载资源\实例文件\第13章\原始文件\进货单1.xlsx，选择需要定义名称的单元格区域，如图13-16所示。

步骤 02　切换至"公式"选项卡，在"定义的名称"组中单击"定义名称"右侧的下三角按钮，在展开的下拉列表中单击"定义名称"选项，如图13-17所示。

图13-16　选择待定义名称的单元格区域　　　图13-17　单击"定义名称"选项

步骤 03　弹出"新建名称"对话框，在"名称"文本框中输入名称文本，在"范围"下拉列表中选择"工作簿"选项，并确认引用位置是否为用户所需，设置完成后单击"确定"按钮，如图13-18所示。

步骤 04　返回工作表中，此时所选单元格区域已命名为"进货数量"，如图13-19所示。

图13-18　定义名称

图13-19　查看定义的名称

技巧 13-2　定义表的名称

当用户希望为Excel工作表中存放的表格定义名称，只需选中表格中的任意单元格，切换至"表格工具-设计"选项卡，在"属性"组中的"表名称"文本框中输入新的表名称文本，按【Enter】键即可，如图13-20所示。

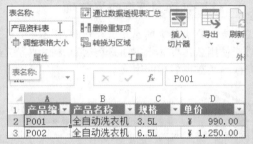

图13-20　定义表的名称

提示　除了定义表名称外，用户也可以为工作表中的图表等对象定义名称，其定义名称方法与表名称定义方法相似，只需要选中要定义名称的图表对象，在"图表工具-布局"选项卡的"属性"组中更改图表名称即可。

13.2.2　在公式中应用名称

定义名称的目的在于让数据计算公式变得更简单，因此用户在定义名称后，即可使用名称来代替计算公式中的引用单元格地址。要在公式中应用名称，可以通过"公式"选项卡的"应用名称"或"用于公式"命令来使用。

13-7　在进货单中应用名称计算各产品进货金额

为了让进货单中进货金额计算公式更加明确，用户可以为产品单价和进货数量数据所在区域定义名称，然后通过名称的应用来使公式含义更加明确。

 扫码看视频

 原始文件　下载资源\实例文件\第13章\原始文件\进货单3.xlsx

 最终文件　下载资源\实例文件\第13章\最终文件\进货单3.xlsx

步骤 01　打开下载资源\实例文件\第13章\原始文件\进货单3.xlsx，选中要显示计算结果的单元格，切换至"公式"选项卡，在"定义的名称"组中单击"用于公式"按钮，在展开的下拉列表中选择需要使用的名称，如选择"单价"选项，如图13-21所示。

在单元格中输入所选名称引用，输入运算符"*"，再次单击"用于公式"按钮，在展开的下拉列表中选择所需名称，如单击"进货数量"选项，如图13-22所示。

按【Enter】键，即可得到名称公式计算结果，利用自动填充功能将公式复制到需要计算的单元格中，可以看到公式中的单元格引用始终以名称显示，如图13-23所示。

图13-21　选择要应用的名称

图13-22　应用其他名称

图13-23　应用名称计算结果

> **提示**　在计算数据时，如果计算公式已建立完成，要以名称为替换公式中的单元格引用地址，可以在"定义的名称"组中单击"定义名称"右侧的下三角按钮，在展开的下拉列表中单击"应用名称"选项，弹出"应用名称"对话框，选择要应用的名称，单击"确定"按钮。

13.3　使用公式计算数据

在Word文档的表格中用户可以借助公式进行简单的求和、平均值、最大值、最小值的计算，而在Excel中用户同样可以使用公式进行数据计算，而且还可以根据需要建立公式计算比较复杂的数据。

13.3.1　建立公式

在Excel中，公式由"＝"（等号）开头，是运用各种运算符号将常量或单元格引用地址组合起来的表达式。通常，一个公式中包含的元素有运算符、数值、常量、单元格引用、函数等。

13-8　使用公式计算培训成绩表各学员的总分数

培训成绩表是记录每个培训学员各培训项目成绩的表格，若想知道各学员培训成绩的总分数，可以使用公式来快速计算。

 原始文件　下载资源\实例文件\第13章\原始文件\培训成绩表.xlsx

最终文件　下载资源\实例文件\第13章\最终文件\培训成绩表.xlsx

扫码看视频

打开下载资源\实例文件\第13章\原始文件\培训成绩表.xlsx，选择需要显示计算结果的单元格区域，在活动单元格中输入"=C3+D3"，如图13-24所示，引用电话礼仪和电话协销成绩进行求和计算。

步骤 02 输入计算公式后，按【Ctrl+Enter】键，计算出各学员的培训成绩总分数，如图13-25所示。

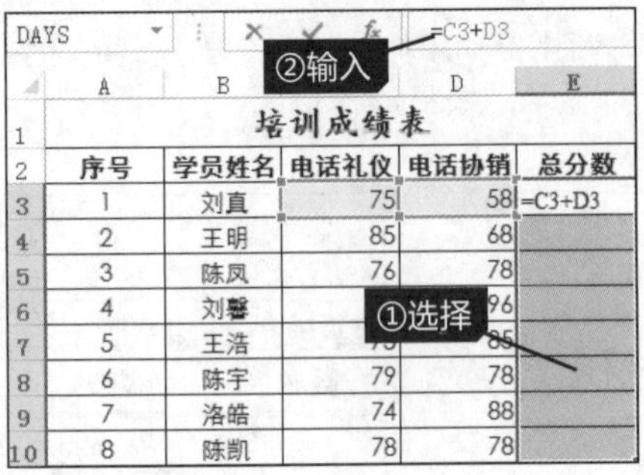

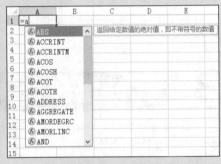

	A	B	C	D	E
DAYS		②输入	fx	=C3+D3	
1			培训成绩表		
2	序号	学员姓名	电话礼仪	电话协销	总分数
3	1	刘真	75	58	=C3+D3
4	2	王明	85	68	
5	3	陈凤	76	78	
6	4	刘馨		96	
7	5	王浩		85	①选择
8	6	陈宇	79	78	
9	7	洛皓	74	88	
10	8	陈凯	78	78	

图13-24　建立公式计算

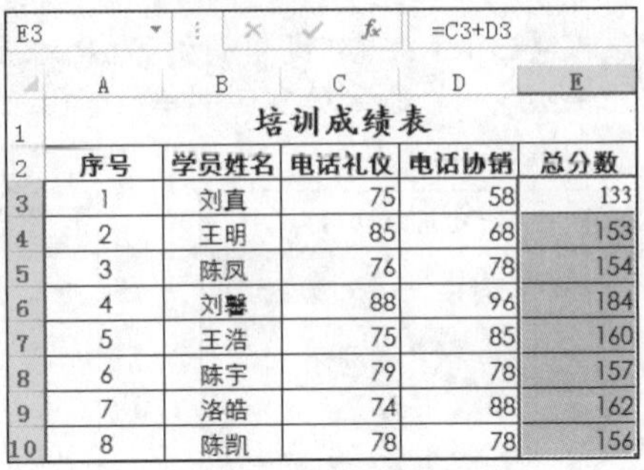

	A	B	C	D	E
E3			fx	=C3+D3	
1			培训成绩表		
2	序号	学员姓名	电话礼仪	电话协销	总分数
3	1	刘真	75	58	133
4	2	王明	85	68	153
5	3	陈凤	76	78	154
6	4	刘馨	88	96	184
7	5	王浩	75	85	160
8	6	陈宇	79	78	157
9	7	洛皓	74	88	162
10	8	陈凯	78	78	156

图13-25　计算出的各学员总分

提示

在建立计算公式时，需要注意运算符的运算优先级别，在一个包含多种类型运算符的表达式中首先运行算术运算符（^幂>*乘、/除>+加、-减），再运行连接运算符（&），然后运行比较运算符（=等号、>大于、<小于、>=大于等于、<=小于等于和<>不等于）。

技巧 13-3 公式的记忆式键入功能

Excel 2013中提供了公式的记忆式键入功能，它通过屏幕提示全程指导用户键入如何生成公式，同时还为用户提供一些参数提示，有效地指导公式正确输入。在使用公式记忆式键入时，用户只需在单元格中键入"="（等号）和前几个字母或某个显示触发器，Excel将自动展开与输入字母相匹配的有效函数、名称和文本字符串下拉列表，用户可以根据需要选择所需函数、名称或文本字符串逐步完成公式的键入，如图13-26所示。

图13-26　公式的记忆式键入功能

13.3.2　编辑与复制公式

用户可以在编辑栏或单元格中直接修改公式中的元素，如单元格引用地址、运算符等，即可得到新的计算公式。除此之外，用户若需要在特定的单元格中使用同一个公式计算数据，则可以复制公式。

示例 13-9 修改并复制计算成绩的公式

当用户希望计算各学员培训成绩的平均成绩时，可以通过修改求和计算公式来计算，然后将公式复制到其他单元格中即可。

扫码看视频

 原始文件　下载资源\实例文件\第13章\原始文件\培训成绩表1.xlsx

 最终文件　下载资源\实例文件\第13章\最终文件\培训成绩表1.xlsx

步骤 01 打开下载资源\实例文件\第13章\原始文件\培训成绩表1.xlsx，选中E3单元格，在编辑栏中将公式由"=C3+D3"修改为"=(C3+D3)/2"，如图13-27所示。

步骤 02 按【Enter】键，然后选中E3单元格，在"开始"选项卡的"剪贴板"组中单击"复制"按钮，如图13-28所示。

图13-27 修改计算公式

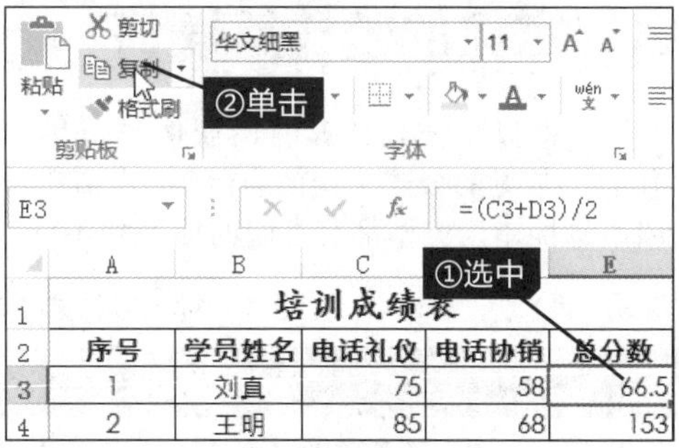

图13-28 复制公式

步骤 03 选择E4:E10单元格区域，在"剪贴板"组中单击"粘贴"下三角按钮，在展开的下拉列表中单击"公式"选项，如图13-29所示。

步骤 04 此时所选单元格区域中粘贴了复制到剪贴板的公式，计算出各学员的平均成绩，将E2单元格中的"总分数"更改为"平均分"，如图13-30所示。

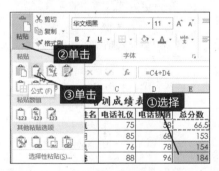

图13-29 粘贴公式

图13-30 粘贴公式的计算结果

技巧 13-4 不显示计算结果而显示公式本身

默认情况下，在单元格中仅显示公式的计算结果，在编辑栏中显示所选单元格内包含的公式计算表达式。若想在单元格中显示公式本身，而不显示计算结果，则可以切换至"公式"选项卡，在"公式审核"组中单击"显示公式"按钮，即可在工作表中将所有包含公式单元格中的公式显示在单元格中，如图13-31所示。

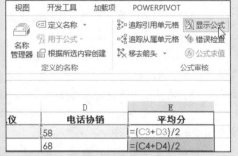

图13-31 不显示计算结果而显示公式本身

225

13.4 审核公式

在Excel中用户可以借助命令、宏和错误值来发现工作表里的数据计算错误。而在分析错误值产生原因时，则可以使用Excel提供的公式审核功能，用追踪箭头说明工作表中的公式和结果的流程，以帮助追查公式中出错的起源。

13.4.1 常见的公式错误值

当单元格中显示公式计算的错误值时，用户可以根据错误值轻松找出计算公式出错的原因。在Excel工作表中常见的公式错误值有#####、#DIV/0!、#N/A、#NAME?、#NULL!、#NUM!、#REF!和#VALUE!，每种错误类型都有不同的原因和不同的解决方法，具体原因和解决方法见表13-1。

表13-1 常见的公式错误值、错误原因和解决方法

错误值	错误原因	解决方法
#####	某列不够宽而无法显示单元格内所有字符	增大列宽
#DIV/0	一个数除以零（0）或不包含任何值的单元格	将除数（零）更改为非零数
#N/A	某个值不可用于函数或公式	删除公式中不可用的函数或公式
#NAME?	Excel无法识别公式中的文本	检查公式中的函数或字符名称是否正确
#NULL!	当指定两个不相交的区域的交集时，交集运算符是分隔公式中的引用的空格字符	更改公式中的单元格引用区域，使引用区域相交
#NUM!	公式或函数包含无效数值	删除函数或公式中的无效数据
#REF!	单元格引用无效	检查是否删除了其他公式所引用的单元格，或将公式粘贴到其他公式引用单元格上
#VALUE!	公式所包含的单元格有不同的数据类型	启动公式的错误检查，找出公式中所用的错误类型的数值

13.4.2 使用追踪箭头标示公式

用户可以使用Excel公式审核中的"追踪引用单元格""追踪从属单元格""移去箭头""移去引用单元格追踪箭头""移去从属单元格追踪箭头""追踪错误"等审核工具快速把握公式和值的关系，如图13-32所示。

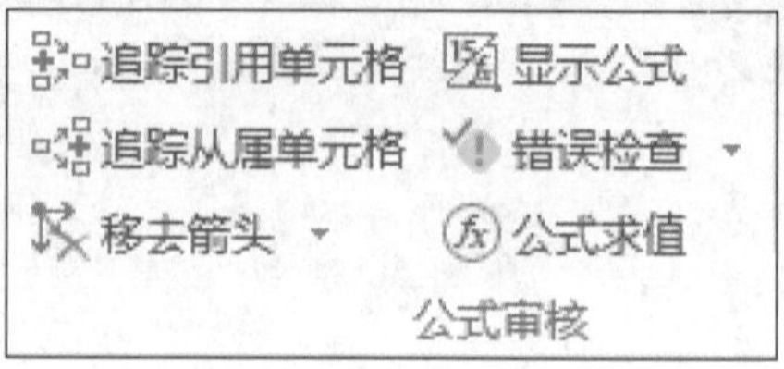

◆ 追踪引用单元格：单击一次可显示直接引用单元格，再次单击，显示附加级的间接引用单元格。

◆ 追踪从属单元格：单击一次可显示直接从属单元格，再次单击，显示附加级的间接从属单元格。

◆ 移去箭头：单击该选项可删除工作表里全部追踪箭头。

◆ 移去引用单元格追踪箭头：单击该选项可删除工作表里所有引用单元格追踪箭头。

图13-32 公式审核

◆ 移去从属单元格追踪箭头：单击该选项可删除工作表里所有从属单元格追踪箭头。

◆ 追踪错误：单击该选项显示指向出错源的追踪箭头。

示例 13-10 追踪和标示成绩表的总分计算公式

在培训成绩表中，若要查看总分计算公式所引用的单元格，可以使用追踪引用单元格，借助箭头追踪与标示。

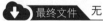

原始文件 下载资源\实例文件\第13章\原始文件\培训成绩表2.xlsx

最终文件 无

扫码看视频

步骤01 打开下载资源\实例文件\第13章\原始文件\培训成绩表2.xlsx，选中包含待查看公式引用的单元格，如E3单元格，切换至“公式”选项卡，在“公式审核”组中单击“追踪引用单元格”按钮，如图13-33所示。

步骤02 此时可以看到以蓝色箭头和圆点标示出所选单元格内公式引用的单元格地址，如图13-34所示。

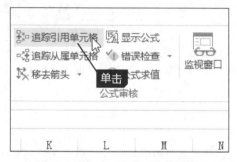

图13-33 单击“追踪引用单元格”按钮

	A	B	C	D	E
1	培训成绩表				
2	序号	学员姓名	电话礼仪	电话协销	总分数
3	1	刘真	75	58	133
4	2	王明	85	68	153
5	3	陈凤	76	78	154
6	4	刘馨	88	96	184
7	5	王浩	75	85	160
8	6	陈宇	79	78	157
9	7	洛皓	74	88	162
10	8	陈凯	78	78	156

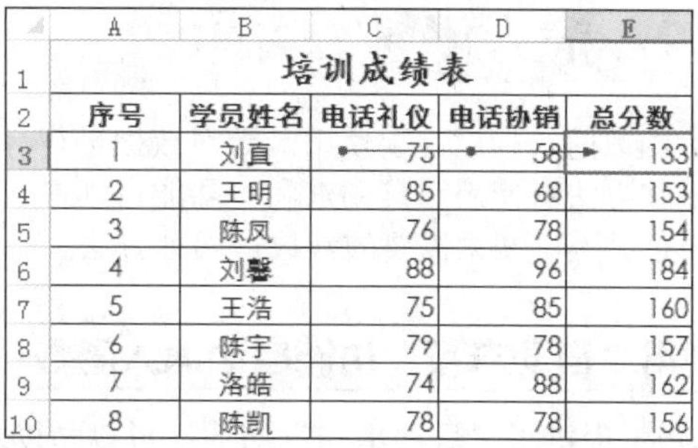

图13-34 以蓝色箭头标示引用的单元格

技巧 13-5 使用“监视窗口”监视公式的变化

当单元格在工作表中不可见时，用户可以借助Excel提供的“监视窗口”工具监视指定单元格及其公式，方便地查看公式在工作表中变化情况。“监视窗口”可以像其他窗格一样固定在Excel工作簿窗口中，也可以独立于Excel窗口，在该窗格中将显示跟踪单元格的工作簿、工作表、名称、单元格、值及公式等属性，如图13-35所示。

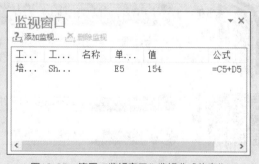

图13-35 使用“监视窗口”监视公式的变化

13.5 使用函数简化公式

函数是Excel提供的一些预定义的公式，通过为函数的参数赋值可以完成复杂的数据计算。Excel组件提供了多种类型的函数，而每种函数又包括众多函数，通过Excel帮助功能可以查看各种函数的语法结构和用途，以便更好地了解函数的使用方法。为了更好地使用函数，还需要掌握在单元格中插入函数的各种方法。

13.5.1 函数的结构

函数虽然有11种类型，但各种函数的结构却基本相同，均由函数名、括号、参数、参数分隔符四部分组成，如图13-36所示。而在单元格中使用函数进行计算时，必须以=（等号）开头。

图13-36 函数的结构

- ◆ 等号：Excel中公式计算必不可少的部分，用于启用计算公式。
- ◆ 函数名：表示函数作用的名称，一般由英文字母组成。
- ◆ 括号：必须成对出现，缺一不可。
- ◆ 参数：由单元格引用地址、常量、函数等组成，各参数之间以半角状态的逗号分隔。

13.5.2 插入函数

掌握函数的结构后，要使用函数对数据进行计算，则需用户掌握在单元格中插入函数的方法。常见的插入函数方法有使用"自动求和"功能自动插入函数、通过"插入函数"对话框插入函数、直接输入函数和通过关键字搜索需要的函数这四种方法。

1 使用"自动求和"功能自动插入函数

Excel中提供了"自动求和"功能，可以帮助用户快速插入有关求和、平均值、计数、最大值和最小值计算的函数，实现相邻单元格数据的快速、简单计算。

13-11 使用"自动求和"功能快速统计上半年销量

销量统计表记录了某产品上半年的月销量，如果用户希望对上半年销量快速进行求和统计，可以使用Excel提供的"自动求和"功能来实现。

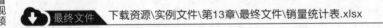
原始文件 下载资源\实例文件\第13章\原始文件\销量统计表.xlsx

最终文件 下载资源\实例文件\第13章\最终文件\销量统计表.xlsx

步骤01 打开下载资源\实例文件\第13章\原始文件\销量统计表.xlsx，选中要显示计算结果的B10单元格，如图13-37所示。

步骤02 在"开始"选项卡的"编辑"组中单击"自动求和"右侧的下三角按钮，在展开的下拉列表中单击"求和"选项，如图13-38所示。

步骤03 自动在所选单元格中输入求和公式"=SUM(B4:B9)"，确认自动引用的计算单元格引用正确，按【Enter】键即可快速计算出上半年的销量合计数，如图13-39所示。

图13-37 选中单元格　　　　图13-38 单击"求和"选项　　　　图13-39 自动求和计算结果

 提示

Excel中的自动求和功能不仅存放在"开始"选项卡的"编辑"组中，在"公式"选项卡的"函数库"组中也存放了相同的"自动求和"功能，帮助用户快速进行数据计算。

2 通过"插入函数"对话框插入函数

对于一些较复杂的数据计算，用户则可以通过"插入函数"对话框来选择要插入的函数，设置函数参数进行计算。

13-12 插入AVERAGE()函数计算平均销量

在销量统计表中要计算上半年的平均销量时，用户可以通过"插入函数"对话框，选择AVERAGE()函数来计算。

原始文件 下载资源\实例文件\第13章\原始文件\销量统计表1.xlsx

最终文件 下载资源\实例文件\第13章\最终文件\销量统计表1.xlsx

 扫码看视频

步骤01 打开下载资源\实例文件\第13章\原始文件\销量统计表1.xlsx，选中需要显示计算结果的单元格，切换至"公式"选项卡，在"函数库"组中单击"插入函数"按钮，如图13-40所示。

步骤02 弹出"插入函数"对话框，在"或选择类别"下拉列表中选择"统计"选项，在"选择函数"列表框中单击"AVERAGE"选项，单击"确定"按钮，如图13-41所示。

图13-40 单击"插入函数"按钮

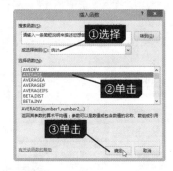

图13-41 单击AVERAGE选项

步骤03 弹出"函数参数"对话框，将"Number1"设置为"B4:B9"，单击"确定"按钮，如图13-42所示。

步骤 04 返回工作表，在B11单元格中显示插入AVERAGE()函数计算的上半年销量平均值，如图13-43所示。

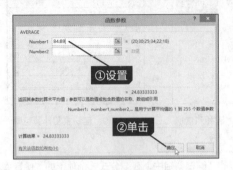

图13-42 设置函数参数 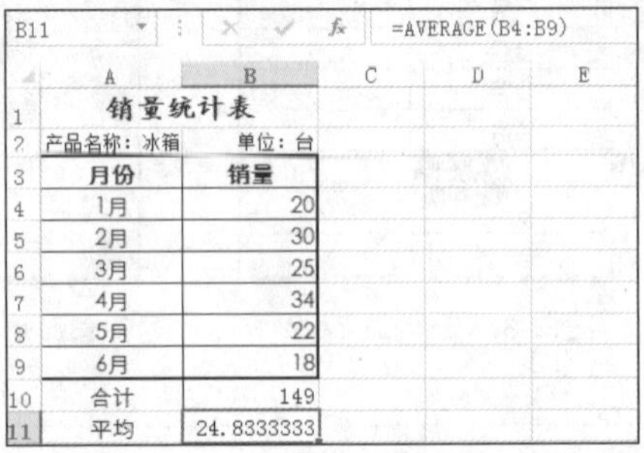　　　　　　　图13-43 计算出的上半年平均销量

提示 除了在"函数库"组中单击"插入函数"按钮调出"插入函数"对话框外，用户还可以在编辑栏中单击"插入函数"按钮或按【Shift+F3】组合键调出"插入函数"对话框。

3 直接输入函数

在Excel中使用函数计算时，对于一些常用函数，用户可直接在单元格中输入函数名，根据自动生成的函数屏幕提示轻松输入函数对应的参数数据完成函数的插入。这种方法适用于熟练掌握了函数用法的用户。

示例 13-13 直接输入计数函数统计员工数量

员工资料表记录了各部门员工的详细数据，若想直接统计出公司员工的数量，可以直接在单元格中输入COUNTA()函数统计工作表数据区域的文本单元格个数。

 扫码看视频

 原始文件　下载资源\实例文件\第13章\原始文件\员工资料表.xlsx

 最终文件　下载资源\实例文件\第13章\最终文件\员工资料表.xlsx

步骤 01 打开下载资源\实例文件\第13章\原始文件\员工资料表.xlsx，在B2单元格中输入"=COU"，自动展开函数屏幕提示选项，单击"COUNTA"选项，如图13-44所示。

步骤 02 将完整的函数名输入公式表达式中，并显示出函数相应的参数提示信息，如图13-45所示。

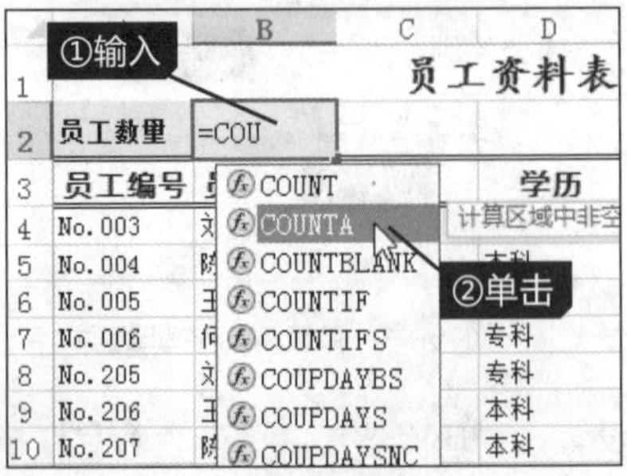

图13-44 输入函数 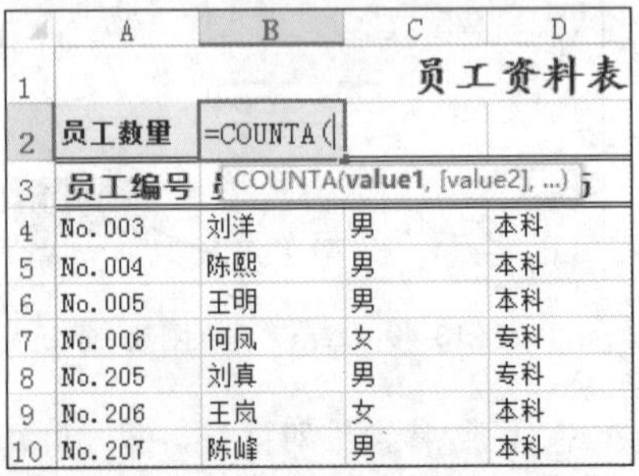　　　　　　　图13-45 显示函数参数屏幕提示

步骤 03 根据参数提示输入函数的参数所在单元格引用，选择单元格引用后，输入"）"，如图13-46所示。

步骤 04 按【Enter】键，计算出指定单元格引用区域中非空单元格个数，即计算出员工数量为12，如图13-47所示。

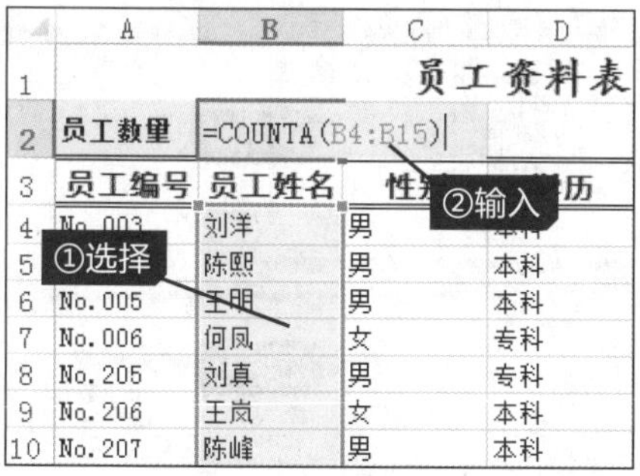

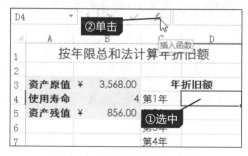

图13-46 输入函数参数

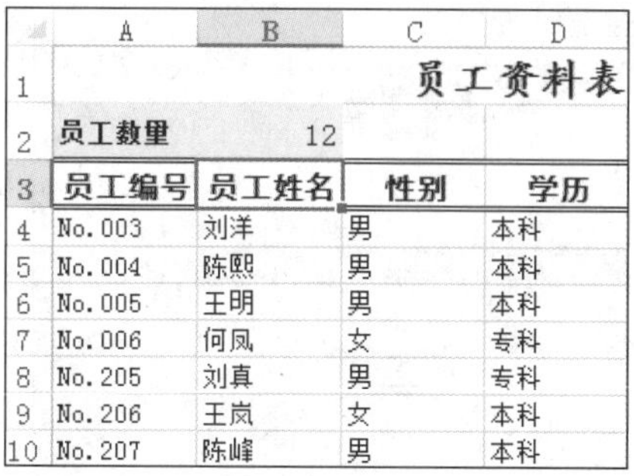

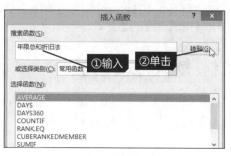

图13-47 计算出的员工数量

4 通过关键字搜索需要的函数

在使用函数时，如果仅知道函数的功能，而不知道函数名，用户可以通过"插入函数"对话框中"搜索函数"功能对函数功能关键字进行检索，以快速找到对应的函数进行计算。

13-14 查找按年限总和折旧法的函数并计算折旧额

折旧是指固定资产由于使用而逐渐磨损所减少的那部分价值。想要快速了解固定资产在每年的折旧值，用户可以使用年限总和折旧法来计算。它根据固定资产的原值与净残值的差值除以预计的使用年限，可求得每年的折旧费用。

▼ 原始文件 ▶ 下载资源\实例文件\第13章\原始文件\年折旧额计算.xlsx

▼ 最终文件 ▶ 下载资源\实例文件\第13章\最终文件\年折旧额计算.xlsx

扫码看视频

步骤 01 打开下载资源\实例文件\第13章\原始文件\年折旧额计算.xlsx，选中要显示计算结果的单元格，在编辑栏中单击"插入函数"按钮，如图13-48所示。

步骤 02 弹出"插入函数"对话框，在"搜索函数"文本框中输入搜索关键字"年限总和折旧法"，单击"转到"按钮，如图13-49所示。

图13-48 单击"插入函数"按钮

图13-49 搜索函数

步骤 03 经过搜索，在"选择函数"列表框中显示搜索到的与关键字相匹配的函数，单击"SYD"选项，然后单击"确定"按钮，如图13-50所示。

步骤 04 弹出"函数参数"对话框，根据实际需要设置Cost为"B3"、Salvage为"B5"、Life为"4"、Per为"1"，单击"确定"按钮，如图13-51所示。

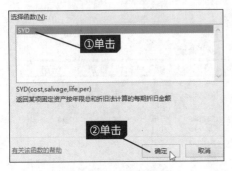

图13-50 选择函数

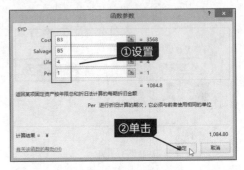

图13-51 设置函数参数

步骤 05 在所选单元格中显示使用年限总和折旧法计算出的第1年的年折旧额，如图13-52所示。

步骤 06 用相同的函数公式计算第2年、第3年和第4年的年折旧额，如图13-53所示。

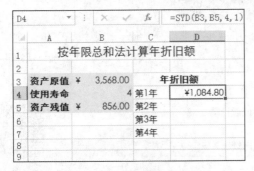

图13-52 计算出的第1年折旧额

图13-53 计算其他期数的年折旧额

13.6 嵌套函数的使用

嵌套函数是指在某些情况下，将某函数作为另一个函数的参数使用。例如，使用IF函数进行多条件判断时，常常将另一个IF()函数作为当前IF()函数的一个参数来计算。在使用嵌套函数进行计算时，还需注意嵌套使用的函数不能交叉。

13.6.1 插入嵌套函数

在Excel工作表中插入嵌套函数计算数据的方法与插入普通函数计算的方法相同，只需在设置函数参数时，在指定参数中再次插入函数即可。

13-15 插入嵌套函数计算缺勤扣款

在工作中计算员工缺勤扣款需要根据缺勤项目来计算，不同的缺勤项目所扣费用不同，因此在计算时，用户可以使用IF()函数嵌套来判断计算。

 原始文件 下载资源\实例文件\第13章\原始文件\缺勤扣款统计表.xlsx

 最终文件 下载资源\实例文件\第13章\最终文件\缺勤扣款统计表.xlsx

 扫码看视频

步骤 01 打开下载资源\实例文件\第13章\原始文件\缺勤扣款统计表.xlsx，选择要显示计算结果的单元格区域，切换至"公式"选项卡，在"函数库"组中单击"逻辑"按钮，在展开的下拉列表中单击IF选项，如图13-54所示。

步骤 02 弹出"函数参数"对话框，根据需要设置IF()函数的参数，如图所示13-55所示。

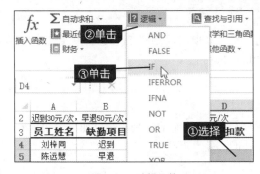

图13-54 选择函数

图13-55 设置函数参数

 步骤 03 将光标插入点置于Value_if_false文本框中，单击名称框右侧的下三角按钮，在展开的下拉列表中选择IF选项，如图13-56所示。

步骤 04 弹出新选择函数的"函数参数"对话框，在其中设置函数的参数，用相同的方法设置作为参数的函数的参数值，如图13-57所示。

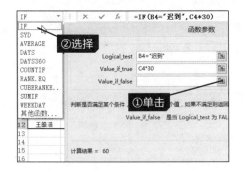

图13-56 选择函数作为参数

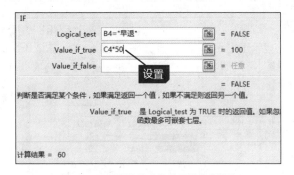

图13-57 设置作为参数的函数的参数值

 步骤 05 用相同的方法设置函数参数值，如图13-58所示。

步骤 06　嵌套函数的所有参数设置完成后，若针对多个单元格应用公式，按【Ctrl+Enter】组合键确认，得到如图13-59所示的计算结果。

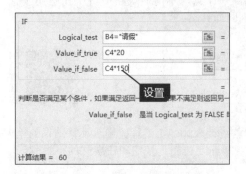

图13-58　设置作为参数的函数的参数值　　　　图13-59　嵌套函数的计算结果

13.6.2　使用公式求值查看分步计算结果

使用公式可以轻松对数据进行计算处理，如果用户希望分步查看公式表达式的计算结果，可以使用"公式审核"组中提供的"公式求值"功能来逐步分解显示。

 13-16 对嵌套函数进行分步求值

在【示例13-15】中使用IF()嵌套函数计算出每个员工的缺勤扣款，如果希望查看嵌套函数每步计算结果，可以借助"公式求值"功能来分步查阅。

原始文件　下载资源\实例文件\第13章\原始文件\缺勤扣款统计表1.xlsx
最终文件　无

步骤 01　打开下载资源\实例文件\第13章\原始文件\缺勤扣款统计表1.xlsx，选中要查看公式分解步骤的单元格，切换至"公式"选项卡，在"公式审核"组中单击"公式求值"按钮，如图13-60所示。

步骤 02　弹出"公式求值"对话框，在"引用"位置显示了引用的单元格地址，在"求值"列框中显示了引用单元格内包含的完整公式，并以下画线标示待计算的参数，单击"步入"按钮，如图13-61所示。

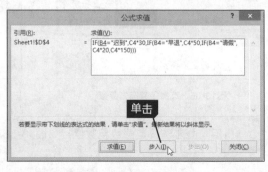

图13-60　单击"公式求值"按钮　　　　图13-61　单击"步入"按钮

步骤 **03**　引用指定参数引用的数值，单击"步出"按钮，如图13-62所示。

步骤 **04**　将引用的数值代入计算公式中，单击"求值"按钮进行计算，然后继续指向下一个待计算的表达式，用户可以使用该方法了解公式中每一个参数的计算过程，如图13-63所示。

图13-62　单击"步出"按钮

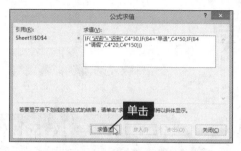

图13-63　单击"求值"按钮

读书笔记

第14章 各类常用函数的应用

Excel提供了多种类型的函数，如数学与三角函数、统计函数、日期和时间函数、财务函数和查找与引用函数等，用户在掌握函数的插入方法后，还需要了解各种类型函数的用途和可以解决什么样的问题，才能在实际工作中快速选择最适合的函数来使用。

14.1 数学与三角函数的应用

数学与三角函数是用于解决数学运算的函数，如按条件求和SUMIF()函数、求数组对应元素乘积和SUMPRODUCT()函数、对数值取整的INT()函数、正弦SIN()函数、余弦COS()函数等。想要查看Excel中的数学与三角函数功能，可以启动Excel帮助文件，在其中搜索"数学和三角函数"，可打开数学和三角函数参考列表，单击要查看函数的链接，即可轻松查看相应函数的详细帮助信息。当用户需对数据进行数学计算时，可用以下函数来实现。

14.1.1 SUMIF()函数

SUMIF()函数用于对区域中符合指定条件的值求和。

其函数表达式：SUMIF(range,criteria,[sum_range])

参数range为必需参数，用于指定条件计算的单元格区域。每个区域中的单元格都必须是数字或名称、数组或包含数字的引用，空值或文本值将被忽略。参数criteria为必需参数，用于确定对哪些单元格求和的条件，其形式可以为数字、表达式、单元格引用、文本或函数。参数sum_range为可选参数，用于指定要求和的实际单元格，如果省略自动对range参数中指定的单元格求和。

示例 14-1 计算各销售点总销售额

销售明细表用于记录销售产品的明细数据，如销售产品名称、销售数量、单价、销售点、销售额等数据，若要计算各销售点销售额，可借助Excel提供的SUMIF()函数按指定条件来进行统计。

扫码看视频

原始文件　下载资源\实例文件\第14章\原始文件\计算各销售点总销售额.xlsx

最终文件　下载资源\实例文件\第14章\最终文件\计算各销售点总销售额.xlsx

步骤01 打开下载资源\实例文件\第14章\原始文件\计算各销售点总销售额.xlsx，要计算金星店的销售总合计，可在G5单元格中输入"=SUMIF(B5:B16,F5,D5:D16)"，根据销售点和销售额数据列来统计金星店的销售额合计，如图14-1所示。

步骤02 要计算其他销售点的销售额合计，只需将G5单元格中的计算公式更改为"=SUMIF($B$5:$B$16,F5,$D$5:$D$16)"，然后利用自动填充功能将公式复制到其他单元格中，则可以快速计算出红熙店、天恒店和乐畅店的销售额合计，如图14-2所示。

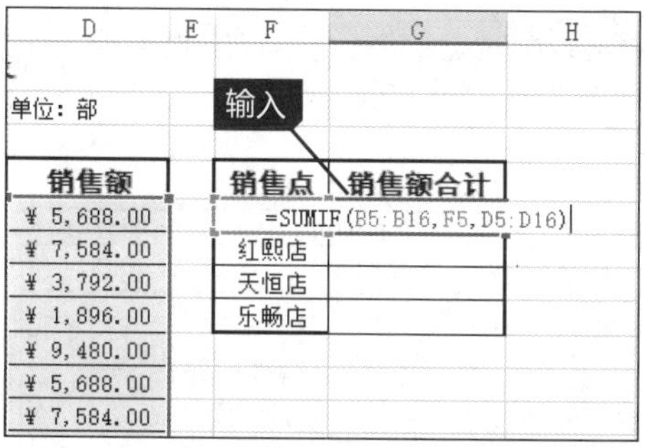

图14-1 使用SUMIF函数统计金星店销售额合计

图14-2 复制公式计算其他销售点销售额合计

技巧 14-1 使用SUMIFS()函数多条件求和

SUMIF()函数一般用于对区域中满足单一条件的单元格求和，若要对区域中满足多个条件的单元格求和，必须使用SUMIFS()函数来实现。其语法结构与SUMIF()函数相似，只是两个函数的参数顺序不同，SUMIFS()函数的语法结构为：SUMIFS(sum_range, criteria_range1, criteria1, [criteria_range2, criteria2], ...)，如图14-3所示，使用SUMIFS()函数可以计算出同时满足指定销售点和销售员的销售额数据。

图14-3 使用SUMIFS()函数多条件求和

14.1.2 SUMPRODUCT()函数

SUMPRODUCT()函数用于在给定的几组数组中，将数据间对应的元素相乘，并返回乘积之和。在使用该函数时，数组参数必须具有相同的维数，否则函数返回错误值#VALUE!，而在遇到非数值型的数组元素时，则将数组元素作为0处理。

其函数表达式：SUMPRODUCT(array1,[array2],[array3],…)

参数array1为必需参数，其相应元素需要进行相乘并求和的第一个数组参数。参数array2，array3，…为可选参数，指2到255个数组参数，其相应元素需要进行相乘并求和。

示例 14-2 快速计算产品的销售额合计

产品的销售额合计表格记录了各产品的单价和销售数量，当用户想快速计算出所有产品的销售额时，可以借助SUMPRODUCT()函数来计算。

原始文件 下载资源\实例文件\第14章\原始文件\产品的销售额合计.xlsx

最终文件 下载资源\实例文件\第14章\最终文件\产品的销售额合计.xlsx

扫码看视频

步骤01 打开下载资源\实例文件\第14章\原始文件\产品的销售额合计.xlsx，在B12单元格中输入"=SUMPRODUCT(C4:C11,D4:D11)"，用于根据单价和销售数量计算出所有产品的合计销售额，如图14-4所示。

步骤 02 　按【Enter】键，得到计算出的产品合计销售额数据，如图14-5所示，它相当于先使用乘积对各产品销售额进行计算，再对产品销售额进行汇总计算。

▲	A	B	C	D
1		产品销售额统计		
2	制表时间：	2014/1/10		单位：件
3	产品编号	产品名称	单价	销售数量
4	NO.001	长袖T恤	¥ 150.00	11
5	NO.002	短袖T恤	¥ 130.00	10
6	NO.003	长袖衬衫	¥ 210.00	15
7	NO.004	短袖衬衫	¥ 140.00	20
8	NO.005	牛仔裤	¥ 160.00	11
9	NO.006	输入	¥ 245.00	15
10	NO.007		¥ 180.00	13
11	NO.008	长裙	¥ 210.00	24
12	合计销售额	=SUMPRODUCT(C4:C11,D4:D11)		

图14-4　输入公式计算销售额

▲	A	B	C	D
2	制表时间：	2014/1/10		单位：件
3	产品编号	产品名称	单价	销售数量
4	NO.001	长袖T恤	¥ 150.00	11
5	NO.002	短袖T恤	¥ 130.00	10
6	NO.003	长袖衬衫	¥ 210.00	15
7	NO.004	短袖衬衫	¥ 140.00	20
8	NO.005	牛仔裤	¥ 160.00	11
9	NO.006	小西服	¥ 245.00	15
10	NO.007	短裙	¥ 180.00	13
11	NO.008	长裙	¥ 210.00	24
12	合计销售额		¥21,715.00	

图14-5　计算出的合计销售额

技巧 14-2　使用PRODUCT()函数计算各产品销售额

当用户希望对多个数据进行求乘积运算时，除了使用"*"乘法运算符外，还可以使用PRODUCT()函数来计算，该函数用于计算作为参数的所有数字的乘积，并返回乘积值。其语法结构为：PRODUCT(number1,[number2],…)，其中number1为必需参数，指定要相乘的第一个数字或区域，number2,…为可选参数，指定要相乘的其他数字或单元格区域，最多可以使用255个参数。如图14-6所示为使用PRODUCT()函数计算各产品销售额的示例。

E11		× ✓ fx	=PRODUCT(C11,D11)	
▲	B	C	D	E	F
2	2014/1/10		单位：件		
3	产品名称	单价	销售数量	销售额	
4	长袖T恤	¥ 150.00	11	¥1,650.00	
5	短袖T恤	¥ 130.00	10	¥1,300.00	
6	长袖衬衫	¥ 210.00	15	¥3,150.00	
7	短袖衬衫	¥ 140.00	20	¥2,800.00	
8	牛仔裤	¥ 160.00	11	¥1,760.00	
9	小西服	¥ 245.00	15	¥3,675.00	
10	短裙	¥ 180.00	13	¥2,340.00	
11	长裙	¥ 210.00	24	¥5,040.00	

图14-6　使用PRODUCT()函数计算各产品销售额

14.1.3　INT()函数

INT()函数用于将数字向下舍入到最接近的整数，如要将小数6.9向下舍入到最接近的整数（6），就可以使用INT()函数来实现，将小数-6.9向下舍入到最接近的整数（-7），也可用INT()函数来实现。

其函数表达式：INT（number）

参数number为必需参数，用于指定需要进行向下舍入取整的实数。

示例 14-3　四舍五入税金

在工资表中计算个人所得税时，不可避免会遇到计算出的结果为小数的情况，财务为了方便工资发放，一般会使用INT()函数将交纳的税金向下取整，抹去角、分等零头数字。

扫码看视频

　原始文件　下载资源\实例文件\第14章\原始文件\四舍五入税金.xlsx

　最终文件　下载资源\实例文件\第14章\最终文件\四舍五入税金.xlsx

步骤 01 　打开下载资源\实例文件\第14章\原始文件\四舍五入税金.xlsx，选择E3:E10单元格区域，在编辑栏中输入"=INT(D3)"，使用INT()函数对D列数字向下取整，如图14-7所示。

步骤02 按【Ctrl+Enter】组合键，同时在所选单元格中输入相同的公式获取各员工的个人所得税取整金额数据，如图14-8所示。

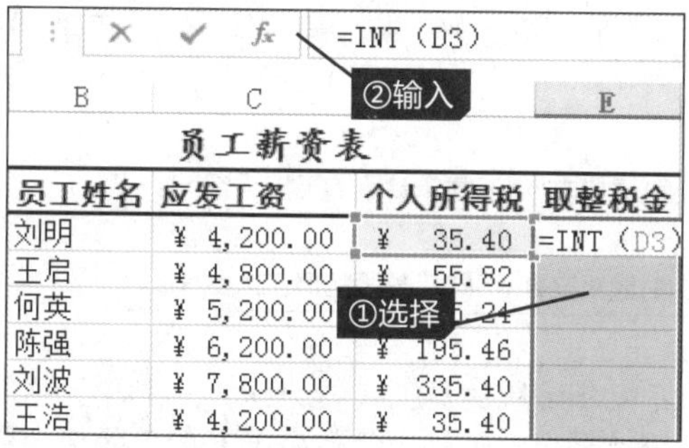

B	C	D	E
员工薪资表			
员工姓名	应发工资	个人所得税	取整税金
刘明	¥ 4,200.00	¥ 35.40	=INT (D3)
王启	¥ 4,800.00	¥ 55.82	
何英	¥ 5,200.00	¥ 95.24	
陈强	¥ 6,200.00	¥ 195.46	
刘波	¥ 7,800.00	¥ 335.40	
王浩	¥ 4,200.00	¥ 35.40	

图14-7 使用INT()函数向下舍入取整

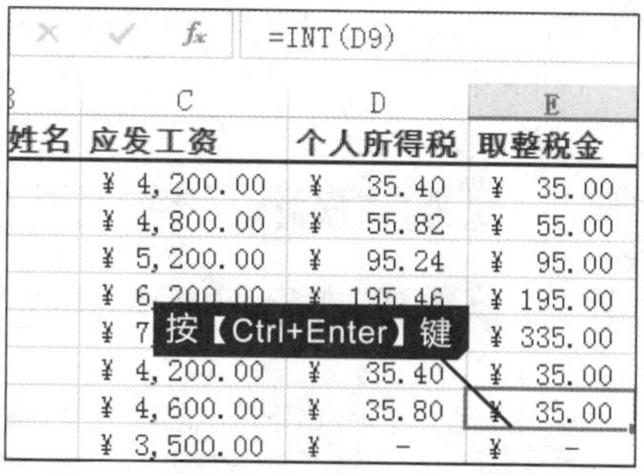

C	D	E
应发工资	个人所得税	取整税金
¥ 4,200.00	¥ 35.40	¥ 35.00
¥ 4,800.00	¥ 55.82	¥ 55.00
¥ 5,200.00	¥ 95.24	¥ 95.00
¥ 6,200.00	¥ 195.46	¥ 195.00
¥ 7,800.00	¥ 335.40	¥ 335.00
¥ 4,200.00	¥ 35.40	¥ 35.00
¥ 4,600.00	¥ 35.80	¥ 35.00
¥ 3,500.00	¥ -	¥ -

图14-8 向下舍入取整结果

提示 在四舍五入取整实数时，除了使用INT()函数向下舍入取整外，还可以使用ROUND()函数将实数按指定位数舍入，使用ROUNDDOWN()函数向绝对值减小的方向舍入数字，使用ROUNDUP()函数向绝对值增大的方向舍入数字，使用TRUNC()函数将实数截尾取整。

技巧14-3 返回单元格中正实数的小数部分

在Excel工作表中用户使用INT()函数向下舍入获取实数正数部分，若想快速返回正实数的小数部分，用户可以使用原实数减去使用INT()函数向下舍入获取的正整数来实现，如图14-9所示，以原实数（个人所得税）减去使用INT()函数获取的取整税金，即可得到小数部分的数据，即税金的零头。

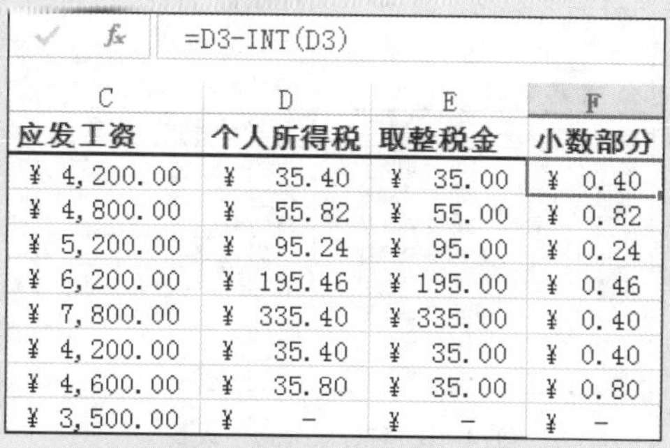

C	D	E	F
应发工资	个人所得税	取整税金	小数部分
¥ 4,200.00	¥ 35.40	¥ 35.00	¥ 0.40
¥ 4,800.00	¥ 55.82	¥ 55.00	¥ 0.82
¥ 5,200.00	¥ 95.24	¥ 95.00	¥ 0.24
¥ 6,200.00	¥ 195.46	¥ 195.00	¥ 0.46
¥ 7,800.00	¥ 335.40	¥ 335.00	¥ 0.40
¥ 4,200.00	¥ 35.40	¥ 35.00	¥ 0.40
¥ 4,600.00	¥ 35.80	¥ 35.00	¥ 0.80
¥ 3,500.00	¥ -	¥ -	¥ -

图14-9 返回单元格中正实数的小数部分

14.2 统计函数的应用

统计函数是日常工作中使用较频繁的函数之一，使用统计函数可以提高用户统计、整理数据的工作效率，减轻工作负担。Excel 2013中的统计函数有近80个，其中常用的有COUNTIF()、MAX()、MIN()、RANK()、SMALL()、LARGE()等函数。本节主要介绍COUNTIF()、MAX()、MIN()、RANK()函数。

14.2.1 COUNTIF()函数

COUNTIF()函数用于对区域中满足单个指定条件的单元格进行计数。

其函数表达式：COUNTIF(range,criteria)

参数range为必需参数，用于指定要进行计数的单元格区域，该区域中可包括数字、名称、数组或包含数字的引用，其中空值或文本值将被忽略。参数criteria为必需参数，用于定义将对哪些单元格进行计数的数字、表达式、单元格引用或文本字符串，也就是指定计数的判断条件，在该条件中用户可以使用通配符问号（?）和星号（*），并且该条件不区分大小写。

示例 14-4 计算公司不同年龄段的员工人数

公司名单表中记录了员工的基本信息，当用户需要对公司现有人员年龄段进行分析时，可以将员工的年龄分为25岁以下、25～34岁、35～44岁和45岁以上四个阶段，要统计各年龄段的人数，可用COUNTIF()函数来实现。

扫码看视频

原始文件　下载资源\实例文件\第14章\原始文件\不同年龄段的员工人数.xlsx

最终文件　下载资源\实例文件\第14章\最终文件\不同年龄段的员工人数.xlsx

步骤01 打开下载资源\实例文件\第14章\原始文件\不同年龄段的员工人数.xlsx，在H3单元格中输入“=COUNTIF(D3:D22,"<25")”，按【Enter】键计算出年龄列中年龄小于25的单元格个数，如图14-10所示。

步骤02 在H4、H5和H6单元格中分别输入“=COUNTIF(D3:D22,"<35")-H3”“=COUNTIF(D3:D22,"<45")-H4-H3”和“=COUNTIF(D3:D22,">=45")”，统计出各年龄段员工人数，如图14-11所示。

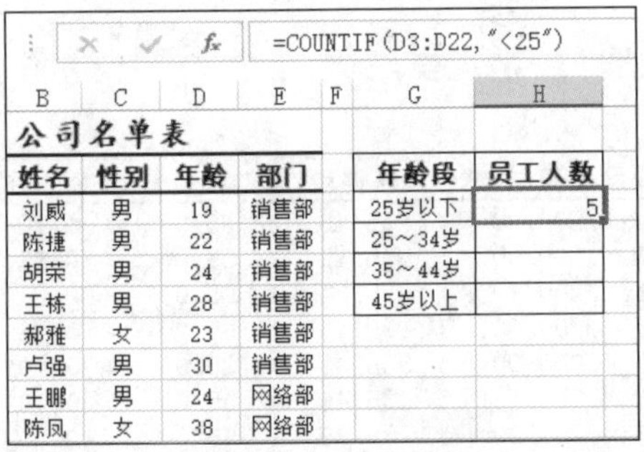

=COUNTIF(D3:D22,"<25")

B	C	D	E	F	G	H
公司名单表						
姓名	性别	年龄	部门		年龄段	员工人数
刘威	男	19	销售部		25岁以下	5
陈捷	男	22	销售部		25～34岁	
胡荣	男	24	销售部		35～44岁	
王栋	男	28	销售部		45岁以上	
郝雅	女	23	销售部			
卢强	男	30	销售部			
王鹏	男	24	网络部			
陈凤	女	38	网络部			

图14-10　统计25岁以下人数

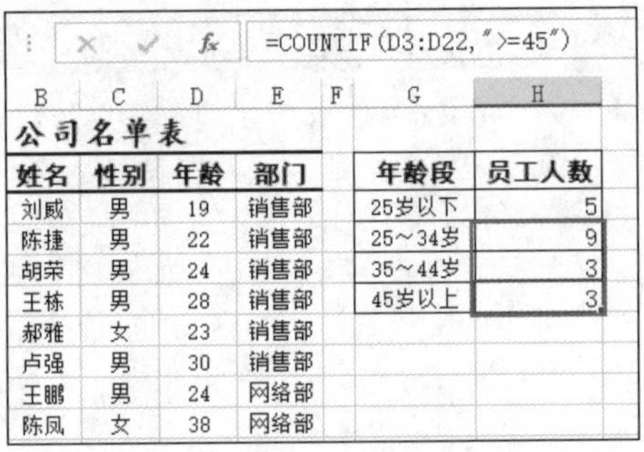

=COUNTIF(D3:D22,">=45")

B	C	D	E	F	G	H
公司名单表						
姓名	性别	年龄	部门		年龄段	员工人数
刘威	男	19	销售部		25岁以下	5
陈捷	男	22	销售部		25～34岁	9
胡荣	男	24	销售部		35～44岁	3
王栋	男	28	销售部		45岁以上	3
郝雅	女	23	销售部			
卢强	男	30	销售部			
王鹏	男	24	网络部			
陈凤	女	38	网络部			

图14-11　统计出其他年龄段员工人数

技巧 14-4 使用COUNTIFS()函数多条件计数

当遇到统计条件为两个或两个以上时，使用COUNTIF()函数无法实现，此时可以使用COUNTIFS()函数，该函数用于在数据区域中计算符合所有条件的次数。函数语法结构为：COUNTIFS(criteria_range1,criteria1,[criteria_range2,crieteria2]…),如图14-12所示，使用COUNTIFS()函数计算出销售部25岁以下员工人数。

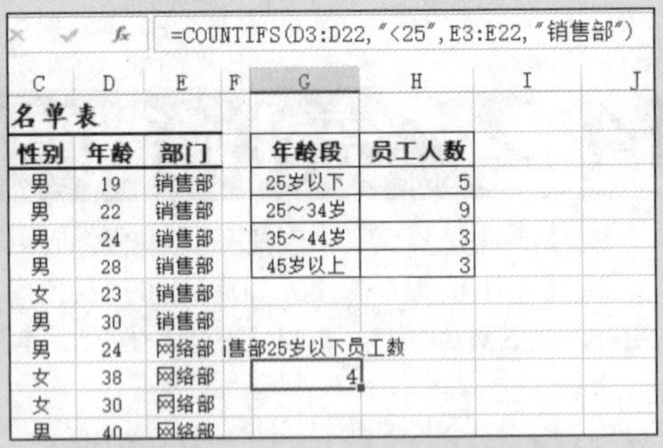

=COUNTIFS(D3:D22,"<25",E3:E22,"销售部")

C	D	E	F	G	H
名单表					
性别	年龄	部门		年龄段	员工人数
男	19	销售部		25岁以下	5
男	22	销售部		25～34岁	9
男	24	销售部		35～44岁	3
男	28	销售部		45岁以上	3
女	23	销售部			
男	30	销售部			
男	24	网络部	售部25岁以下员工数		
女	38	网络部		4	
女	30	网络部			
男	40	网络部			

图14-12　使用COUNTIFS()函数多条件计数

14.2.2 MAX()和MIN()函数

MAX()、MIN()函数用于返回数据组中的最大值、最小值。

其函数表达式：MAX(number1,number2,…)、MIN(number1,number2,…)

参数number1为必需参数，参数number2为可选参数，这些参数可以是数字或是包含数字的名称、数组或引用，也可以是逻辑值和直接键入到参数列表中代表数字的文本等。如果参数不包含数字，函数MAX()或MIN()将返回0（零）。

 14-5 计算最高和最低年终奖

年终奖是公司在每年度末根据员工工作业绩给予员工的奖金。若要在年终奖表格中快速找出最高和最低的年终奖金额，可以使用MAX()和MIN()函数来计算。

 原始文件 下载资源\实例文件\第14章\原始文件\年终奖.xlsx

 最终文件 下载资源\实例文件\第14章\最终文件\年终奖.xlsx

 扫码看视频

步骤 01 打开下载资源\实例文件\第14章\原始文件\年终奖.xlsx，在F2单元格中输入"=MAX(C3:C22)"，按【Enter】键将"年终奖"数据列中数字最大的金额返回到当前单元格中，如图14-13所示。

步骤 02 在F3单元格中输入"=MIN(C3:C22)"，按【Enter】键将"年终奖"数据列中数字最小的金额返回到当前单元格，如图14-14所示。

	f_x	=MAX(C3:C22)
C	D E	F

奖		
年终奖	最高奖金额	¥8,700.00
¥ 5,200.00	最低奖金额	
¥ 3,400.00		
¥ 5,600.00		
¥ 3,800.00		
¥ 5,980.00		
¥ 7,800.00		

图14-13 用MAX获取数据组中最大值

	f_x	=MIN(C3:C22)
C	D E	F

奖		
年终奖	最高奖金额	¥8,700.00
¥ 5,200.00	最低奖金额	¥2,500.00
¥ 3,400.00		
¥ 5,600.00		
¥ 3,800.00		
¥ 5,980.00		
¥ 7,800.00		

图14-14 用MIN获取数据组中最小值

提示 在Excel中除了使用MAX()和MIN()函数获取数字列表中的最大或最小值外，还可以使用LARGE()和SMALL()函数获取数字列表中的第k个最大值或最小值，其语法结构为LARGE(array,k)，SMALL(array,k)，array为必需参数，需要确定第k个最大值或最小值的数组或数据区域。k为必需参数，用于指定返回值在数组或单元格区域中的位置。

14.2.3 RANK()函数

RANK()函数用于返回数值在一组数值中的排位，常用于对数据进行排名计算。该函数对重复数的排位是相同的，如在数值列中出现两个5，其排位同为10，则下一个数的排位为12，无排位为11的数值。

其函数表达式：RANK(number,ref,order)

参数number为必需参数，用于指定需要找到排位的数字。参数ref为必需参数，用于指定数字列表数组或数字列表引用，它包含number数字。参数order为可选参数，用于指明数字排位的方式，当order为0（零）或省略时，Excel对数字的排位是基于指定的数字列表数组或数字列表引用的值按照降序排列位置，当order不为零时，Excel对数字的排位是基于指定的数字列表数组或数字列表引用的值按照升序排列的位置。

14-6 对销售员业绩进行排名

在考核员工绩效时，常常会对销售员业绩进行排名，从而生成销售员业绩排行榜，激发员工的积极性。在对销售业绩进行排名时，可以用RANK()函数来获取。

原始文件　下载资源\实例文件\第14章\原始文件\销售员业绩表.xlsx

最终文件　下载资源\实例文件\第14章\最终文件\销售员业绩表.xlsx

步骤 01 打开下载资源\实例文件\第14章\原始文件\销售员业绩表.xlsx，在C4单元格中输入"=RANK(B4,B4:B23)"，按【Enter】键，计算出B4单元格的数值在B4:B23单元格区域的排名情况，如图14-15所示。

步骤 02 更改C4单元格中的公式为"=RANK(B4,$B$4:$B$23)"，然后利用自动填充功能，将公式填充至C5:C23单元格区域中。选中C5单元格，即可看到C5单元格中的公式"=RANK(B5,$B$4:$B$23)"，从而得到每个销售额的排名，相同业绩额的排名相同，如图14-16所示。

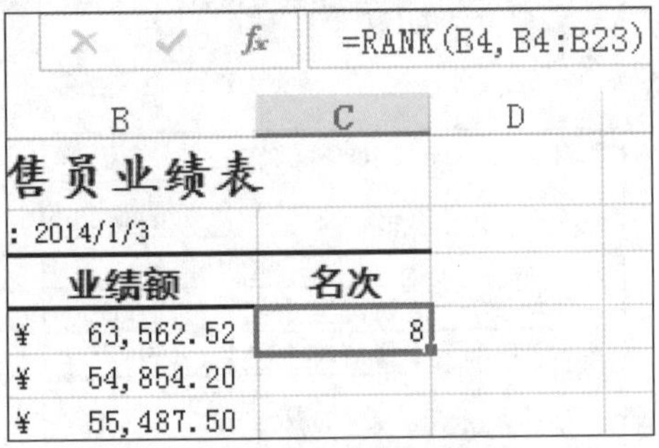

图14-15　用RANK()函数获取单个数值的排名 　　　图14-16　计算其他数值的排名

提示

Excel 2013用更精确的RANK.AVG()函数和RANK.EQ()函数取代了RANK()函数，但在Excel 2013中用户也可以使用RANK()函数进行排位。RANK.AVG()函数用于返回一个数字在数字列表中的排位，数字的排位是其大小与列表中其他值的比值，如果多个值具有相同的排位，则返回平均排位，而RANK.EQ()函数也用于返回一个数字在数字列表中的排位，只是在遇到多个值具有相同排位时，则返回该组数值的最高排位。

14.3　日期与时间函数的应用

日期与时间函数是处理日期型或时间型数据的函数。常见的日期和时间函数有TODAY()、NOW()、YEAR()、MONTH()、DAY()、EDATE()和DAYS360()，使用它们可以根据系统日期和时间轻松获取当前的日期和时间，或是根据日期数据计算出日期间相关的天数，等等。

14.3.1　TODAY()函数

TODAY()函数用于返回日期格式的当前日期，但需要注意的是，如果计算机设置的日期有误，就会返回有误的日期值。所以为了保证Excel中日期设置的正确性，首先需要保证计算机日期准确无误。

其函数表达式：TODAY()

该函数没有参数。

14-7 填写领料日期

一般员工领取办公用品时，仓库管理人员应在当天及时填写当天的日期，可以使用 TODAY()函数来自动填写。

原始文件 下载资源\实例文件\第14章\原始文件\领料单.xlsx

最终文件 下载资源\实例文件\第14章\最终文件\领料单.xlsx

扫码看视频

步骤 01 打开下载资源\实例文件\第14章\原始文件\领料单.xlsx，在F2单元格中输入 "=TODAY()"，如图14-17所示。

步骤 02 按【Enter】键，在所选单元格中返回当前系统的默认日期，如图14-18所示。

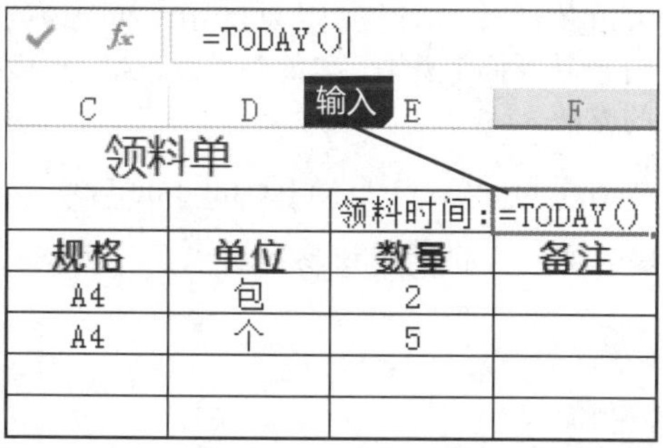

图14-17 使用TODAY()函数获取日期

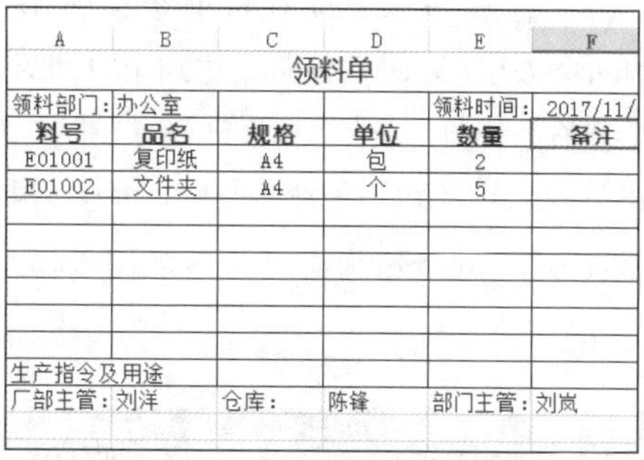

图14-18 获取的当前日期

14.3.2 NOW()函数

NOW()用于返回当前日期和时间的序列号。常用来获取当前系统的日期和时间数据。

其函数表达式：NOW()

该函数无参数。

14-8 在订单表中填写下单的日期和时间

订单是企业采购部门向原材料、办公用品等供应者发出的订货单，而订单表是记录订货情况的一个表格。如果用户希望在订单表中快速填写产品的当前下单日期和时间，可用 NOW()函数来完成。

原始文件 下载资源\实例文件\第14章\原始文件\订单表.xlsx

最终文件 下载资源\实例文件\第14章\最终文件\订单表.xlsx

扫码看视频

步骤 01 打开下载资源\实例文件\第14章\原始文件\订单表.xlsx，在E3单元格中输入"=NOW()"，如图14-19所示。

步骤 02 按【Enter】键，在E3单元格中显示获取的当前系统的日期和时间，如图14-20所示。

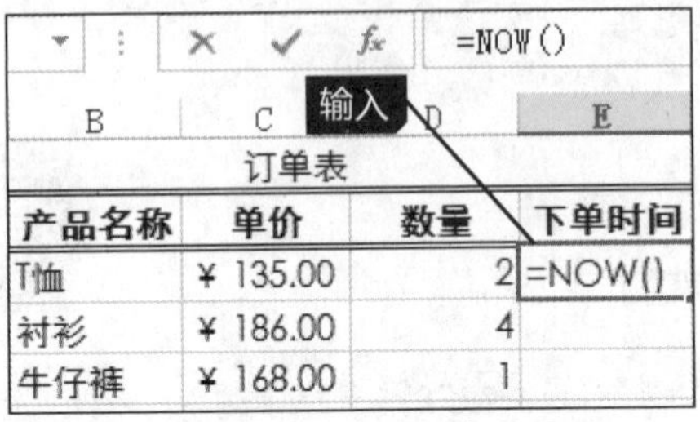

			=NOW()
B	C	D	E
	订单表		输入
产品名称	单价	数量	下单时间
T恤	¥ 135.00	2	=NOW()
衬衫	¥ 186.00	4	
牛仔裤	¥ 168.00	1	

图14-19　使用NOW()获取当前日期和时间

B	C	D	E
	订单表		
产品名称	单价	数量	下单时间
T恤	¥ 135.00	2	2017/11/3 10:27
衬衫	¥ 186.00	4	
牛仔裤	¥ 168.00	1	

图14-20　获取的日期和时间

14.3.3　YEAR()、MONTH()和DAY()函数

YEAR()函数用于返回某日期表达式中日期对应的年份，其返回值为1900～9999的整数。MONTH()函数用于返回某日期表达式中日期对应的月份，其返回值为1～12的整数。DAY()函数用于返回某日期表达式中日期对应的天数，其返回值为1～31的整数。

其函数表达式：YEAR(serial_number)、MONTH(serial_number)、DAY(serial_number)

参数serial_number为必需参数，用于指定要查找的那一天日期。该参数可以是任何格式的日期数据。

示例 14-9　返回员工进入公司的年份、月份和天数

员工入职登记表记录了员工入职的登记信息，如果用户希望将入职日期表达式的年份、月份和天数提取出来，可以使用YEAR()、MONTH()和DAY()函数来获取。

 扫码看视频

 原始文件 下载资源\实例文件\第14章\原始文件\员工入职登记表.xlsx

最终文件 下载资源\实例文件\第14章\最终文件\员工入职登记表.xlsx

步骤 01 打开下载资源\实例文件\第14章\原始文件\员工入职登记表.xlsx，在B4单元格中输入"=YEAR(A4)"，如图14-21所示。

					=YEAR(A4)
IF				fx	
	A	B	C	D	E	F
1			员工入职登记表			
2	入职日期	入职日期			工号	姓名
3		年	月	日		
4	2014/1	=YEAR(A4)			A01001	刘明
5	2014/1/6		输入		A01002	王启
6	2014/1/20				A01003	陈宏
7	2014/1/25				B02001	刘飞
8	2014/1/25				B02002	洛艳

图14-21　使用YEAR()函数提取年份

步骤
02

按【Enter】键，提取A4单元格中日期表达式的年份，如图14-22所示。

图14-22　提取出的年份

步骤
03

在C4单元格中输入"=MONTH(A4)"，按【Enter】键，提取出A4单元格日期数据的月份，如图14-23所示。

步骤
04

在D4单元格中输入"=DAY(A4)"，按【Enter】键，提取出A4单元格日期数据的天数，然后选择B4:D4单元格区域，利用自动填充功能获取每个员工入职时间的年份、月份和天数，如图14-24所示。

图14-23　使用MONTH()函数获取月份　　　　图14-24　使用DAY()函数获取天数

14.3.4　EDATE()函数

EDATE()函数用于返回与开始日期间隔指定月份数的日期数据。

其函数表达式：EDATE(start_date,months)

参数start_date为必需参数，指定一个代表开始日期的日期。参数months为必需参数，用于指定与start_date参数间隔之前或之后的月份数，months为正值将生成未来日期，为负值将生成过去日期。

14-10　计算项目完成日期

在制作项目完成进度计划表时，已知项目的开始日期及完成的月数，若要获取项目完成的日期，就可以使用EDATE()函数来完成。

原始文件　下载资源\实例文件\第14章\原始文件\项目完成进度计划表.xlsx

最终文件　下载资源\实例文件\第14章\最终文件\项目完成进度计划表.xlsx

扫
码
看
视
频

245

步骤01 打开下载资源\实例文件\第14章\原始文件\项目完成进度计划表.xlsx，设置E3单元格格式为日期格式并在单元格中输入“=EDATE(C3,D3)”，按【Enter】键计算出该项目的结束日期，如图14-25所示。

步骤02 利用自动填充功能将公式填充到E4:E6单元格，计算出所有项目的结束日期，如图14-26所示。

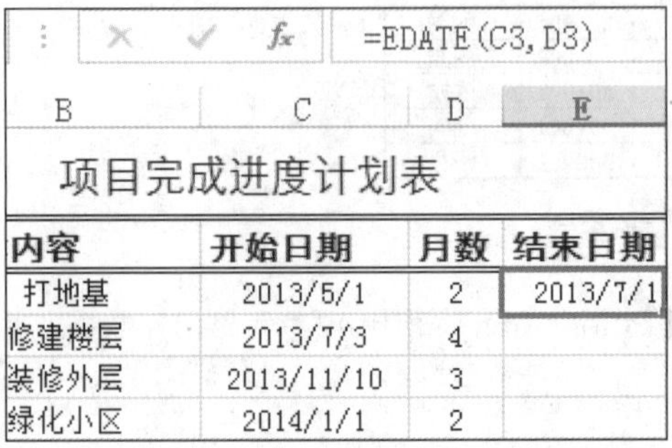

图14-25　使用EDATE()函数计算结束日期

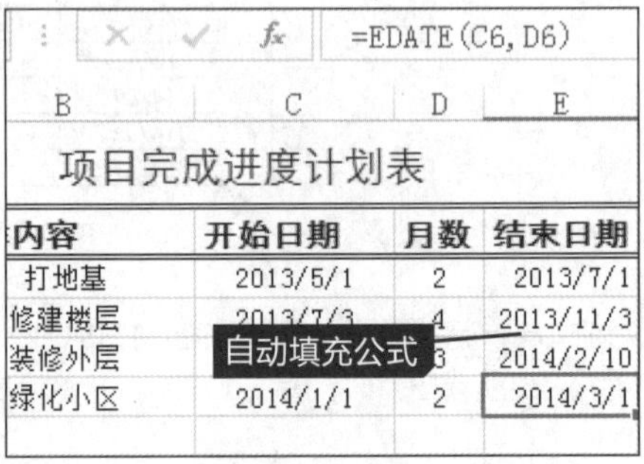

图14-26　计算出其他项目的结束日期

提示 如果EDATE()函数的start_date参数不是有效日期， EDATE()函数将返回错误值#VALUE!，如果months不是整数，则直接截尾取整，如months参数为零值，EDATE()函数将直接返回start_date参数值。

14.3.5 DAYS360()函数

DAYS360()函数用于按照一年360天的算法，返回两日期之间相差的天数，常在会计中使用。

其函数表达式：DAYS360(start_date,end_date,[method])

参数start_date,end_date为必需参数，用于指定要计算间隔天数的起止日期。参数method为可选参数，以一个逻辑值指定计算中采用欧洲方法还是美国方法。当逻辑值为FALSE或省略时，采用美国方法，表示如果起始日期为某月的最后一天，则等于当月的30号，如果终止日期为某月的一天，并且起始日期早于某月的30号，则终止日期等于下个月的1号，否则，终止日期等于当月的30号。当逻辑值为TRUE时，采用欧洲方法，如果起始日期和终止日期为某月的31号，则等于当月的30号。

示例 14-11 计算货物的运送天数

货运登记表中清晰地记录了货物发送和到达日期，如果希望快速计算出货物的运送天数，可以使用DAYS360()函数来完成。

扫码看视频

原始文件　下载资源\实例文件\第14章\原始文件\货物运送清单.xlsx

最终文件　下载资源\实例文件\第14章\最终文件\货物运送清单.xlsx

步骤01 打开下载资源\实例文件\第14章\原始文件\货物运送清单.xlsx，在F3单元格中输入“=DAYS360(D3,E3,FALSE)”，按【Enter】键计算出两个日期间的间隔天数，如图14-27所示。

步骤02 利用自动填充功能，将F3单元格中的公式复制到F4:F6单元格区域中计算出各货物送到的间隔天数，如图14-28所示。

fx		=DAYS360(D3,E3,FALSE)

	C	D	E	F
	货物运送清单			
	物流名称	发送日期	到达日期	间隔天数
	恒翼旸通	2014/3/5	2014/3/15	10
	昼星永英	2014/3/7	2014/3/12	
	恒翼旸通	2014/3/3	2014/3/20	
	昼星永英	2014/3/15	2014/3/25	

图14-27 使用DAYS360()计算两个日期的间隔天数

fx		=DAYS360(D6,E6,FALSE)

	C	D	E	F
	货物运送清单			
	物流名称	发送日期	到达日期	间隔天数
	恒翼旸通	2014/3/5	2014/3/15	10
	昼星永英	2014/3/7	2014/3/12	5
	恒翼旸通	201	自动填充公式 20	17
	昼星永英	2014/3/15	2014/3/25	10

图14-28 计算其他货物的间隔天数

提示 在计算两个日期相差的天数时，除了使用DAYS360()函数外，还可以使用DATEDIF()函数计算两个日期之间间隔的年份数、月份数或天数，其语法格式为：DATEDIF(开始日期，结束日期，单位代码)，单位代码分别为"Y"代表年、"M"代表月、"D"代表天数。

14.4 财务函数的应用

财务函数用于完成一些财务中的数据计算，如确定贷款的支付额、投资的未来值或净现值及债券或息票的价值等。常见的财务函数有PMT()、FV()、PV()、IPMT()和RATE()等。

14.4.1 PMT()函数

PMT()函数是基于固定利率及等额分期付款方式，根据现有贷款总额、贷款利率和贷款年限返回贷款的每期付款额。该付款额包括本金和利息，但不包括税款、保留支付或某些与贷款相关的费用。

其函数表达式：PMT(rate,nper,pv,[fv],[type])

参数rate为必需参数，指贷款利率；参数nper为必需参数，指该项贷款的付款总数（也称期数）；参数pv为必需参数，指现值，或一系列未来付款的当前值的累积和，也称为本金；fv为可选参数，指未来值，或在最后一次付款后希望得到的现金余额；参数type为可选参数，用数字0（零）或1，指示各期的付款时间是在期初还是在期末。

示例 14-12 计算月供金额

当某人采取按揭购房时，房子的总价为58万，按首付30%，其余金额以按揭20年方式进行贷款支付，假设他采取等额分期付款方式，并且当前银行利率为7.4%，那么他每月的月供金额为多少？

⬇ 原始文件 下载资源\实例文件\第14章\原始文件\计算月供金额.xlsx

⬇ 最终文件 下载资源\实例文件\第14章\最终文件\计算月供金额.xlsx

扫码看视频

步骤01 打开下载资源\实例文件\第14章\原始文件\计算月供金额.xlsx，在B4单元格中输入"=PMT(B3/12,D3*12,D2)"，如图14-29所示。

步骤02 按【Enter】键，根据贷款总额、年利率和贷款期数计算出月供金额，如图14-30所示。

A	B	C	D
房子总价	¥ 580,000.00	首付比率	30%
首付金额	¥ 174,000.00	贷款总额	¥406,000.00
年利率	输入 7.40%	贷款期数	20
月供金额	=PMT(B3/12,D3*12,D2)		

图14-29　使用PMT()函数计算月供金额

A	B	C	D
房子总价	¥ 580,000.00	首付比率	30%
首付金额	¥ 174,000.00	贷款总额	¥406,000.00
年利率	7.40%	贷款期数	20
月供金额	¥-3,245.93		

图14-30　计算出的月供金额数据

提示　　使用PMT()函数计算月供金额时，函数中的nper和rate参数单位必须保持一致，即nper的单位为年，rate的单位也为年；若nper的单位为月，rate的单位也为月。

技巧 14-5　计算要达到预期存款每月必须存入的金额

当用户希望在5年内存款15万元，其固定存款利率为4.1%，那每个月要预存多少元才能完成预存金额呢？用户可以根据条件将年利率、存款年限和预期总金额写入工作表中，然后使用PMT()函数来计算月预存额，在D4单元格中输入"=PMT(D1/12,D2*12,-D3)"，按【Enter】键，计算出用户每月预存金额为2769.25元，如图14-31所示。

=PMT(D1/12,D2*12,-D3)

C	D
年利率	4.10%
存款年限	5
预期存款金额	¥ 150,000.00
月存款额	¥2,769.25

图14-31　计算要达到预期存款每月必须存入的金额

14.4.2　FV()和PV()函数

FV()函数是基于固定利率及等额分期付款方式，返回某项投资的未来值的函数。PV()函数则用于返回投资的现值，所谓现值是为一系列未来付款的当前值的累积和。

其函数表达式：FV(rate,nper,pmt,[pv],[type])、PV(rate,nper,pmt,[fv],[type])

参数rate为必需参数，指各期的利率，nper为必需参数，指年金的付款总期数；参数pmt为必需参数，指各期所应支付的金额，其数值在整个年金期间保持不变。pv为可选参数，指现值，或一系列未来付款的当前值的累积和，fv为可选参数，指未来值，或在最后一次支付后希望得到的现金额余额。type为可选参数，以数字0或1指定各期的付款时间是在期初还是在期末。

示例 14-13　计算存款到期后能一次性获得的金额

某人选择定存3年的方式，在年初一次性存入10万元，银行的利率为4.1%，每年复利一次，要想知道存款到期后该人能一次性获取多少金额，可用FV()函数来计算未来值。

原始文件　下载资源\实例文件\第14章\原始文件\计算存款到期后能一次性获得的金额.xlsx

最终文件　下载资源\实例文件\第14章\最终文件\计算存款到期后能一次性获得的金额.xlsx

步骤 01　打开下载资源\实例文件\第14章\原始文件\计算存款到期后能一次性获得的金额.xlsx，在B5单元格中输入"=FV(B3,B4,0,B2,1)"，如图14-32所示。

步骤 02 按【Enter】键，根据存款现值、利率和存款期数计算出存款到期后能一次性获得的金额，如图14-33所示。

	A	B
1	计算存款到期后能一次性获得的金额	
2	存款现值	¥ 100,000.00
3	银行利率（年）	输入 4.10%
4	存款期数（年）	3
5	到期后存款额	=FV(B3,B4,0,B2,1)
6		
7		

图14-32 使用FV()函数计算未来值

	A	B
1	计算存款到期后能一次性获得的金额	
2	存款现值	¥ 100,000.00
3	银行利率（年）	4.10%
4	存款期数（年）	3
5	到期后存款额	¥-112,811.19
6		

图14-33 计算出的到期后存款额

技巧 14-6 比较存款与购买保险的价值

假设某人要购买一项保险年金，该保险购买成本为6万元，可以在今后20年内每月回报500元。假设目前的银行存款利率是4.41%，这笔投资是否值得？

要想知道这笔投资是否值得，可以先使用FV()函数计算在银行固定利率下，存放20年得到的回报现值，然后用"保险回报额=保险成本+20年的回报金额"公式得到如图14-34所示的金额数据，比较计算出存款未来值和保险回报额，得到购买保险比存银行更有价值。

B5		fx	=FV(B3/12,B4*12,0,B2)
	A	B	C
1	银行存款20年的回报值		
2	存款金额	60000	
3	存款利率	4.41%	
4	存款期限	20	
5	存款未来值	¥-144,709.44	
6	购买保险回报额		
7	保险成本	60000	
8	购买年限	20	
9	月回报	500	
10	保险回报额	¥ 180,000.00	
11			

图14-34 比较存款与购买保险的价值

14.4.3 IPMT()函数和PPMT()函数

IPMT()函数是基于固定利率及等额分期付款方式，返回给定期数内对投资的利息偿还额。PPMT()函数则是基于固定利率及等额分期付款方式，返回投资在给定期间内的本金偿还额，使用这两个函数返回的值累加等于PMT()函数返回的给定期间内的偿还额。

其函数表达式：IPMT(rate,per,nper,pv,[fv],[type]、PPMT(rate,per,nper,pv,[fv],[type])

参数rate为必需参数，指各期利率；参数per为必需参数，用于指定期间，且必须介于1到nper之间；参数nper为必需参数，年金的付款总期数；参数pv为必需参数，指现值，即一系列未来付款现在所有值的总金额；参数fv为可选参数，指未来值，或在最后一次付款后希望得到的现金余额。参数type为可选参数，用于指定各期付款时间是在期初或期末。

示例 14-14 分别计算贷款第一个月的本金和利息

某人购车向银行申请8万元的贷款，分3年还款，假设当前银行贷款利率为7.4%，那他第一个月应还的本金和利息分别为多少呢？可以使用PPMT()和IPMT()函数来计算。

 原始文件 下载资源\实例文件\第14章\原始文件\计算贷款第一个月的本金和利息.xlsx

 最终文件 下载资源\实例文件\第14章\最终文件\计算贷款第一个月的本金和利息.xlsx

 扫码看视频

步骤 01　打开下载资源\实例文件\第14章\原始文件\计算贷款第一个月的本金和利息.xlsx，在B4单元格中输入"=PPMT(B2/12,1,B3*12,B1)"，按【Enter】键计算出第一个月的还款本金额，如图14-35所示。

步骤 02　在B5单元格中输入"=IPMT(B2/12,1,B3*12,B1)"，如图14-36所示，按【Enter】键计算出第一个月的还款利息额。

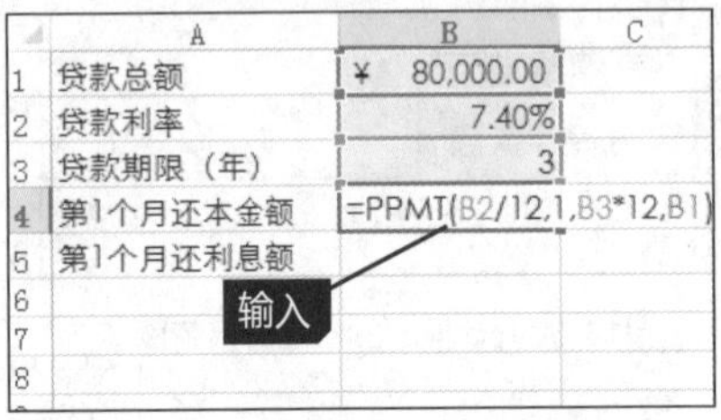

图14-35　用PPMT()函数计算本金额 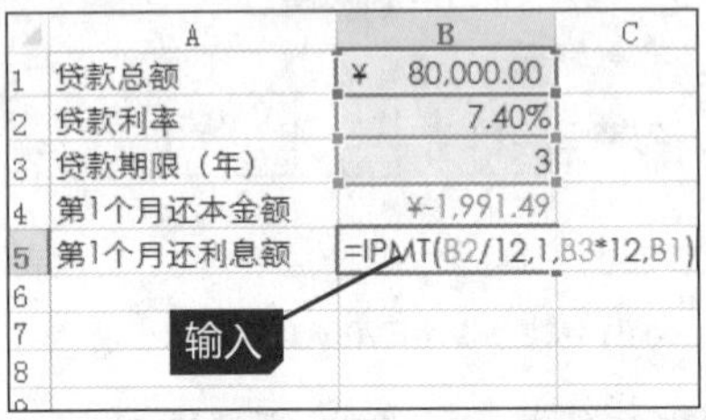　　　　　图14-36　使用IPMT()函数计算利息额

技巧 14-7　使用CUMIPMT()函数计算阶段利息

当用户希望计算出一笔贷款在给定的还款期数间累计的偿还利息数额，使用IPMT()函数无法获取，此时可以使用CUMIPMT()函数计算阶段利息。其语法结构为CUMIPMT(rate,nper,pv,start_period,end_period,type)，其中rate为利率，nper为总付款期数，pv为现值，start_period为计算中的首期，end_period为计算中的末期，type为付款时间类型，如图14-37所示为使用CUMIPMT()函数计算第1年至第3年的总利息额。

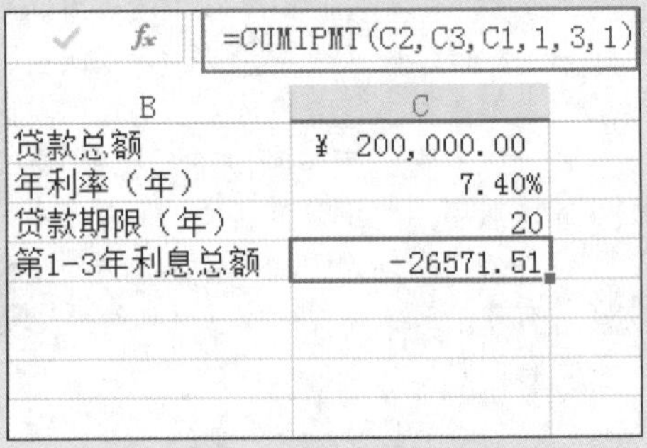

图14-37　使用CUMIPMT()函数计算阶段利息

14.4.4　RATE()函数

RATE()函数用于根据贷款总额、月还款额和还款总期数返回各期利率。

其函数表达式：RATE(nper,pmt,pv,[fv],[type],[guess])

参数nper为必需参数，年金的付款总期数；参数pmt为必需参数，各期所应支付的金额，其数值在整个年金期间保持不变；参数pv为必需参数，现值，即一系列未来付款现在所值的总金额；参数fv为可选参数，未来值，或在最后一次付款后希望得到的现金余额。参数type为可选参数，以数字0或1指定各期的付款时间是在期初还是期末。

示例 14-15　计算贷款的年利率

假设某人的总贷款额为25万元，贷款期限为20年，且他采取固定利率和等额分期付款方式，现每月还款2100元，那么今年的银行贷款利率调整为多少？可以使用RATE()函数进行计算。

扫码看视频

原始文件　下载资源\实例文件\第14章\原始文件\计算贷款的年利率.xlsx

最终文件　下载资源\实例文件\第14章\最终文件\计算贷款的年利率.xlsx

步骤 01　打开下载资源\实例文件\第14章\原始文件\计算贷款的年利率，在B4单元格中输入"=RATE(B2*12,B3,-B1)*12"，其中RATE()函数用于计算月利率，在计算出月利率后乘以12即可得到一年的年利率，如图14-38所示。

步骤 02　按【Enter】键计算出银行年利率为8.06%，如图14-39所示。

	A	B	C
1	贷款总额	¥　250,000.00	
2	贷款年限（年）	20	
3	月还款额	¥　2,100.00	输入
4	银行年利率	=RATE(B2*12,B3,-B1)*12	
5			

图14-38　使用RATE()函数计算利率

	A	B
1	贷款总额	¥　250,000.00
2	贷款年限（年）	20
3	月还款额	¥　2,100.00
4	银行年利率	8.06%

图14-39　计算出的年利率

14.5　查找与引用函数的应用

查找与引用函数是用于在数据清单或表格中查找特定数值或某一个单元格引用的函数。常见的查找与引用函数有VLOOKUP()、HLOOKUP()、INDEX()、MATCH()和OFFSET()函数等。

14.5.1　VLOOKUP()与HLOOKUP()函数

VLOOKUP()函数用于在数据清单中根据第一列的数据进行搜索，返回符合条件的单元格所在行上指定列的单元格值。而HLOOKUP()函数则用于在数据清单中根据第一行的数据进行搜索，返回符合条件的单元格所在列上指定行上的单元格值。

其函数表达式：VLOOKUP(lookup_value,table_array,col_index_num,[rangle_lookup])

HLOOKUP(lookup_value,table_array,row_index_num,[range_lookup])

参数lookup_value为必需参数，需要在数据清单的第一列或第一行中进行查找的数值；参数table_array为必需参数，需要在其中查找数据的信息表，也就是数据清单，在数据清单的第一列或第一行中包含lookup_value参数值；col_index_num为必需参数，用于指定table_array中待返回的匹配值的列序号；row_index_num为必需参数，用于指定table_array中待返回的匹配值的行序号；range_lookup为可选参数，用于指明VLOOKUP()或HLOOKUP()函数查找时是精确匹配，还是近似匹配，当值为TRUE或省略时，返回近似匹配值，当值为FALSE时，返回精确匹配值。

14-16　返回各销售员的提成比例

公司一般会将业绩划分为几个层次，不同层次业绩的提成比例不同，若要引用"提成比例"工作表的提成比例进行计算，可以使用VLOOKUP()函数来实现。

原始文件　下载资源\实例文件\第14章\原始文件\销售员业绩提成表.xlsx

最终文件　下载资源\实例文件\第14章\最终文件\销售员业绩提成表.xlsx

扫码看视频

步骤 01　打开下载资源\实例文件\第14章\原始文件\销售员业绩提成表.xlsx，在F4单元格中输入"=VLOOKUP(E4,提成比例!A2:B5,2,FALSE)"，按【Enter】键引用"提成比例"工作表中对应的数据，如图14-40所示。

步骤 02　利用自动填充功能将F4单元格的公式复制到F5:F7单元格区域，引用各销售业绩段的提成比例，如图14-41所示，可自动计算出各提成额。

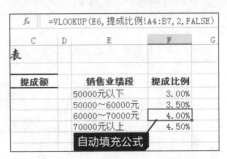

图14-40　使用VLOOKUP()函数引用数据　　　图14-41　利用自动填充功能复制公式

14.5.2　INDEX()函数

INDEX()函数用于返回表格或区域中的值或值的引用。函数INDEX()有两种形式：数组形式和引用形式。

◆ 数组形式：返回表格或数组中的元素值，此元素由行号和列号的索引值给定。

◆ 其函数表达式：INDEX(array,row_num,[column_num])

参数array为必需参数，单元格区域或数组常量；row_num为必需参数，选择数组中的某行，函数从该行返回数值，如果省略row_num，则必须有column_num；column_num为可选参数，选择数组中的某列，函数从该列返回数值，如果省略column_num，则必须有row_num。

◆ 引用形式：返回指定的行与列交叉处的单元格引用。

◆ 其函数表达式：INDEX(reference,row_num,[column_num],[area_num])

参数reference为必需参数，指对一个或多个单元格区域的引用；row_num为必需参数，引用中某行的行号，函数从该行返回一个引用。column_num为可选参数，引用中某列的列标，函数从该列返回一个引用。area_num为可选参数，选择引用中的一个区域，以从中返回row_num和column_num的交叉区域。选中或输入的第一个区域序号为1，第二个为2，以此类推。如果省略area_num，则返回INDEX使用区域1。

示例 14-17　返回排名第5的员工业绩和姓名

如果用户希望在员工业绩排行榜中找出第5名的员工姓名和业绩，可以使用INDEX()函数来获取。

扫码看视频

原始文件　下载资源\实例文件\第14章\原始文件\员工业绩排行榜.xlsx

最终文件　下载资源\实例文件\第14章\最终文件\员工业绩排行榜.xlsx

步骤 01　打开下载资源\实例文件\第14章\原始文件\员工业绩排行榜.xlsx，在E5单元格中输入"=INDEX(A4:C23,5,2)"，按【Enter】键引用出所选区域中第5行第2列的数据，即排行第5的员工姓名，如图14-42所示。

步骤 02　在F5单元格中输入"=INDEX(A4:C23,5,3)"，按【Enter】键引用所选区域中第5行第3列的数据，即排行第5的员工业绩额数据，如图14-43所示。

	f_x	=INDEX(A4:C23,5,2)

C	D	E	F
排行榜			
业绩额		排名第5	
¥ 87,352.26		员工姓名	业绩额
¥ 82,366.32		洛蔺	

图14-42 用INDEX()函数引用第5名员工姓名

	f_x	=INDEX(A4:C23,5,3)

C	D	E	F
排行榜			
业绩额		排名第5	
¥ 87,352.26		员工姓名	业绩额
¥ 82,366.32		洛蔺	74225.2
¥ 78,552.23			

图14-43 用INDEX()函数引用第5名业绩额

14.5.3 OFFSET()函数

OFFSET()函数以指定的引用为参照系，通过给定偏移量得到新的引用。返回的引用可以为一个单元格或单元格区域，并可以指定返回的行数或列数。

其函数表达式：OFFSET(reference,rows,cols,[height],[width])

参数reference为必需参数，作为偏移量参照系的引用区域，reference必须为单元格或相连单元格区域的引用，否则返回错误值#VALUE!；参数rows为必需参数，相对于偏移量参照系的左上角单元格，上（下）偏移的行数；参数cols为必需参数，相对于偏移量参照系的左上角单元格，左（右）偏移的列数；参数height为可选参数，高度，即所需返回的引用区域的行数，height必须为正数；参数width为可选参数，宽度，即所需返回的引用区域的列数，width必须为正数。如果行数和列数的偏移量超出工作表边缘，会返回错误值#REF!，如果省略height或width，则假设其高度或宽度与reference相同。

 14-18 返回员工各月领取提成的金额

在员工月领取的提成额表格中，如果用户希望根据选定的月份数来查看员工当月的提成额，可以使用OFFSET()函数来选择查看。

 原始文件 下载资源\实例文件\第14章\原始文件\返回员工各月领取提成的金额.xlsx

最终文件 下载资源\实例文件\第14章\最终文件\返回员工各月领取提成的金额.xlsx

 扫码看视频

步骤01 打开下载资源\实例文件\第14章\原始文件\返回员工各月领取提成的金额.xlsx，在E4单元格中输入"=OFFSET(B4,D4-1,0)"，设置以B4单元格数为参照位置，并设置偏移行数为D4-1，偏移列数为0，如图14-44所示。

步骤02 按【Enter】键引用到2月的提成额数据，如图14-45所示。

	f_x	=OFFSET(B4,D4-1,0)

C	D	E	F
		输入	
	查看月份	提成额	
	2	=OFFSET(B4,D4-1,0)	

图14-44 使用OFFSET()函数引用数据

	A	B	C	D	E
1	员工各月提成额				
2	员工姓名 谢宏				
3	月份	提成额		查看月份	提成额
4	1	¥ 2,580.00		2	¥ 3,500.00
5	2	¥ 3,500.00			
6	3	¥ 2,680.00			
7	4	¥ 3,560.00			
8	5	¥ 2,900.00			

图14-45 通过偏移量引用出的提成额

数据的排序、筛选与分类整理

Excel有强大的数据分析和处理能力，如排序、筛选、分类汇总和合并计算。"排序"功能能将数据按照预想的顺序排列；"筛选"功能能根据简单或复杂的条件筛选出满足条件的数据；"分类汇总"功能能按照不同的字段将数据分类并汇总结果；"合并计算"功能能快速将多个区域的数据合并。

15.1 数据的排序

数据的排序是数据分析的重要手段之一。对数据进行排序有利于快速直观地显示数据并更好地理解数据。在Excel 2013"数据"选项卡的"排序和筛选"组中可对数据进行升序排列、降序排列、多关键字排序以及自定义顺序排序。

15.1.1 升、降序排列

在Excel 2013中可对文本、数字、日期或时间进行升序或降序排列。文本排序是按照字母或者笔画顺序排列的。

◆ 将所选内容中的最小值位于列的顶端为升序排列。选择数据后，在"排序和筛选"组中，单击"升序"按钮可实现。

◆ 将所选内容中的最大值位于列的顶端为降序排列。选择数据后，在"排序和筛选"组中，单击"降序"按钮可实现。

示例 **15-1** 升序排列员工的工龄

员工工龄表用于计算员工工龄。一般情况下，工龄指职工在本单位或若干个单位工作，按规定前后可以连续或合并计算的时间。计算完毕后，可按升序将工龄排序，便于分析数据。

扫码看视频

 原始文件 下载资源\实例文件\第15章\原始文件\员工工龄统计表. xlsx

最终文件 下载资源\实例文件\第15章\最终文件\员工工龄统计表. xlsx

步骤 01 打开下载资源\实例文件\第15章\原始文件\员工工龄统计表.xlsx，选中工龄列中的任一单元格，在"数据"选项卡下单击"升序"按钮，如图15-1所示。

步骤 02 随后，可以看到按照工龄的升序排列员工工龄统计表后的效果，如图15-2所示。工龄统计表中的其他数据列相应发生改变。

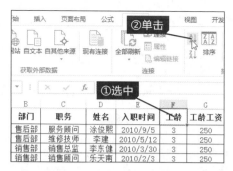

部门	职务	姓名	入职时间	工龄	工龄工资
售后部	服务顾问	涂俊熙	2010/9/5	3	250
售后部	维修技师	李建	2010/5/12	3	250
销售部	销售总监	李东健	2010/3/30	3	250
销售部	销售顾问	乐天南	2010/2/3	3	250

图15-1 单击“升序”按钮

序号	部门	职务	姓名	入职时间	工龄	工龄工资
11	财务部	财务总监	黎明	2013/8/1	0	100
6	销售部	展厅主管	孙佳	2012/3/2	1	150
18	售后部	服务顾问	涂俊熙	2010/9/5	3	250
19	售后部	维修技师	李建	2010/5/12	3	250
2	销售部	销售总监	李东健	2010/3/30	3	250
8	销售部	销售顾问	乐天南	2010/2/3	3	250
21	售后部	备件员	罗志明	2010/3/2	3	250
23	行政部	文员	汪小敏	2010/3/1	3	250
3	销售部	销售经理	王梅	2009/2/2	4	300
5	销售部	销售顾问	吴浩南	2009/1/1	4	300
7	销售部	销售内勤	杨欣佳	2009/2/1	4	300
13	财务部	财务出纳	吴承恩	2009/3/1	4	300
4	销售部	大客户经理	方萍	2008/5/4	5	300
10	市场部	市场部经理	白娜娜	2008/7/2	5	300
14	行政部	行政主任	高星杰	2008/6/1	5	300
20	售后部	质检员	王伟	2008/2/1	5	300

图15-2 升序排列后的效果

技巧 15-1 返回排序前的表格

若对排序只进行过一步操作，可按【Ctrl+Z】组合键，撤销操作返回排序前的表格；若经过多次排序，撤销方式就不好用了。可以在表格中添加辅助列，在列中标明序号，要返回排序前的表格，对辅助列进行排序即可，如图15-3所示。

辅助列	序号	部门	职务	姓名	入职时间	工龄
1	18	售后部	服务顾问	涂俊熙	2010/9/5	3
2	19	售后部	维修技师	李建	2010/5/12	3
3	2	销售部	销售总监	李东健	2010/3/30	3
4	8	销售部	销售顾问	乐天南	2010/2/3	3
5	21	售后部	备件员	罗志明	2010/3/2	3
6	23	行政部	文员	汪小敏	2010/3/1	3
7	3	销售部	销售经理	王梅	2009/2/2	4
8	4	销售部	大客户经理	方萍	2008/5/4	5
9	5	销售部	销售顾问	吴浩南	2009/1/1	4
10	7	销售部	销售内勤	杨欣佳	2009/2/1	4
11	10	市场部	市场部经理	白娜娜	2008/7/2	5
12	13	财务部	财务出纳	吴承恩	2009/3/1	4

图15-3 返回排序前的表格

15.1.2 多关键字的排序

多关键字的排序是指将数据区域根据多个条件排序。在“排序”对话框中可轻松完成操作。选中要排序的单元格区域，在“数据”选项卡下，单击“排序和筛选”组中的“排序”按钮，打开“排序”对话框，如图15-4所示。

- “添加条件”按钮：单击该按钮可添加条件。
- “删除条件”按钮：选中要删除的条件，单击该按钮可将其删除。
- “复制条件”按钮：选中要复制的条件，单击该按钮可完成复制。
- “上移”或“下移”按钮：调整条件的排列顺序。

图15-4 “排序”对话框

- “选项”按钮：设置排序的方向和方法。
- 主要关键字、次要关键字：排序的条件，当按照主要关键字排序有相同的项目时，根据次要关键字排序，当第一个次要关键字中有相同的项目时，根据第二个次要关键字排序。
- 排序依据：包括数值、单元格颜色、字体颜色和单元格图标。
- 次序：排序的方式，包括升序、降序和自定义序列。

示例 15-2 对档案表中的内容进行多关键字排序

人事档案表用于汇总企业员工入职时填写的员工档案表中的信息，如姓名、性别、出生日期、婚姻状况、到岗时间、部门等，方便管理所有员工的档案。在档案表中若按照一定的顺序，如按部门来排序，数据会更有条理。

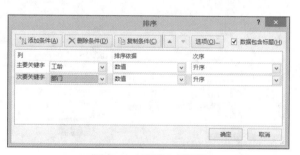

扫码看视频

原始文件 下载资源\实例文件\第15章\原始文件\人事档案表.xlsx

最终文件 下载资源\实例文件\第15章\最终文件\人事档案表.xlsx

步骤01 打开下载资源\实例文件\第15章\原始文件\人事档案表.xlsx，选择B2:I10单元格区域，在“数据”选项卡中单击“排序”按钮，如图15-5所示。

步骤02 弹出“排序”对话框，设置主要关键字的列为“部门”，排序依据为“数值”，次序为“升序”，单击两次“添加条件”按钮，如图15-6所示。

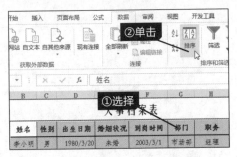

图15-5 单击“排序”按钮

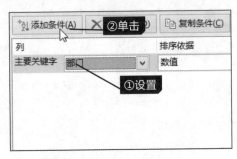

图15-6 单击“添加条件”按钮

步骤03 添加两个次要关键字，设置第一个次要关键字为“性别”、排序依据为“数值”、次序为“降序”；设置第二个次要关键字为“出生日期”、排序依据为“数值”、“次序”为“升序”，设置完毕后，单击“确定”按钮，如图15-7所示。

步骤04 返回工作表中，可以看到多关键字排序后的效果，如图15-8所示。首先按照部门列中数据升序排序，若有相同的，按照性别列中数据的降序排序，若还有相同，按照出生日期列中数据的升序排序。

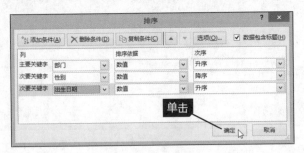

图15-7 设置多关键字

人事档案表

姓名	性别	出生日期	婚姻状况	到岗时间	部门
李依依	女	1973/12/12	已婚	2001/2/23	工程部
李维新	女	1978/2/5	已婚	2006/3/7	行政部
吴沈宇	男	1983/2/12	已婚	2005/5/7	生产部
张昊男	男	1990/2/1	未婚	2012/1/1	生产部
黄小仙	女	1982/11/23	已婚	2011/9/1	市场部
汪平阳	男	1975/7/3	已婚	2008/8/18	市场部
李小明	男	1980/3/20	未婚	2003/3/1	市场部
王一扬	男	1991/12/12	未婚	2011/9/1	市场部

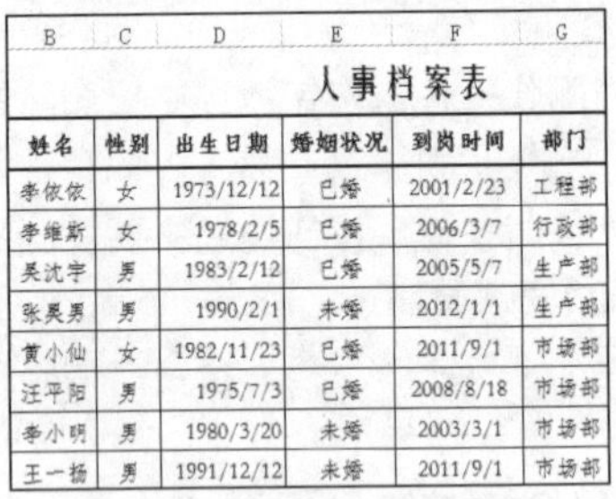

图15-8 多关键字排序后的效果

技巧15-2 按笔画进行排序

实际工作中，排序姓名时，经常需要按照笔画排序。在Excel 2013中，选择要设置排序的单元格区域，打开“排序”对话框，单击“选项”按钮。弹出“排序选项”对话框，单击选中“笔画顺序”单选按钮，单击“确定”按钮，如图15-9所示，便可设置为按笔画进行排序。

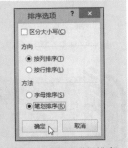

图15-9 按笔画进行排序

技巧 按字母进行排序

15-3

　　实际工作中排序英文姓名时，可按字母进行排序。在Excel 2013中，打开"排序"对话框，单击"选项"按钮。弹出"排序选项"对话框，勾选"区分大小写"复选框，单击选中"字母排序"单选按钮，单击"确定"按钮，如图15-10所示，便可设置为按字母进行排序，并区分大小写。

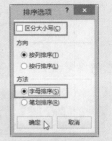

图15-10　按字母进行排序

技巧 按单元格颜色进行排序

15-4

　　实际工作中，可能需要为单元格设置单元格颜色。排序时，便可按单元格颜色进行排序。

　　选择单元格区域，打开"排序"对话框，设置"排序依据"为"单元格颜色"，还可设置哪种单元格颜色"在顶端"或"在底端"，单击"确定"按钮，如图15-11所示。返回工作表中便按单元格颜色进行排序。

图15-11　按单元格颜色进行排序

15.1.3　按自定义顺序排列

　　实际工作中，不乏需要根据自定义的顺序排列数据的情况。在Excel 2013中，可通过在"自定义序列"对话框中添加自定义序列完成排列。

15-3 自定义部门顺序

　　实际工作中，由于工作原因应该休息的日期没有休息，可以将休息日期换到其他的应该上班的日期，称为补休。补休登记表用于记录企业员工的补休情况，避免休息时误认为旷工的情况发生。为了清楚地查看补休情况，可通过自定义部门顺序重新排列。

 原始文件　下载资源\实例文件\第15章\原始文件\补休登记表.xlsx

 最终文件　下载资源\实例文件\第15章\最终文件\补休登记表.xlsx

扫码看视频

步骤
01　打开下载资源\实例文件\第15章\原始文件\补休登记表.xlsx，选择A3:J13单元格区域，在"数据"选项卡单击"排序"按钮，如图15-12所示。

步骤
02　弹出"排序"对话框，单击"次序"下三角按钮，在展开的下拉列表中单击"自定义序列"选项，如图15-13所示。

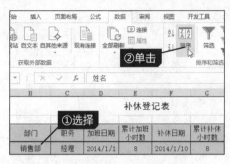

图15-12　单击"排序"按钮

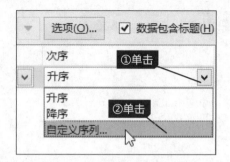

图15-13　单击"自定义序列"选项

步骤 03

　　弹出"自定义序列"对话框，在"输入序列"文本框中输入要排序的序列，单击"添加"按钮，如图15-14所示。

步骤 04

　　添加成功后，在"自定义序列"列表框中显示添加的序列，单击"确定"按钮，如图15-15所示。

图15-14　添加自定义序列

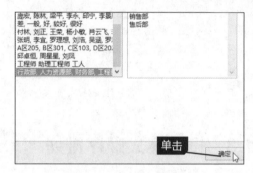

图15-15　确定添加自定义序列

步骤 05

　　返回"排序"对话框，设置主要关键字和排序依据，单击"确定"按钮，如图15-16所示。

步骤 06

　　返回工作表中可以看到排序按照自定义序列的排序，如图15-17所示。

图15-16　设置主要关键字和排序依据

	A	B	C	D	E	F
	姓名	部门	职务	加班日期	累计加班小时数	补休日期
4	吴蕴涵	行政部	主任	2014/1/1	8	2014/1/4
5	刘洪林	行政部	副主任	2014/1/1	8	2014/1/7
6	李卿	人力资源部	经理	2014/1/1	8	2014/1/18
7	龙蒋	人力资源部	主任	2014/1/1	8	2014/1/6
8	刘韩洋	财务部	会计	2014/1/1	8	2014/1/16
9	林楠	工程部	项目经理	2014/1/1	8	2014/1/12
10	张睿	工程部	项目经理	2014/1/1	8	2014/1/14
11	刘言昊	销售部	经理	2014/1/1	8	2014/1/10
12	朱江华	销售部	经理	2014/1/1	8	2014/1/14
13	刘紫瀚	售后部	主任	2014/1/1	8	2014/1/19

图15-17　自定义排序后的效果

三组件应用分析

共性

在Word中也可以对表格中的数据进行排序。在"表格工具-布局"选项卡下单击"排序"按钮，弹出"排序"对话框，设置主要关键字，如图15-18所示，完成排序。

特殊

PowerPoint组件不直接提供表格数据排序功能，但可以通过插入"对象"功能，插入Word或Excel组件实现排序，如图15-19所示。

图15-18　在Word中排序

图15-19　在PowerPoint中排序

15.2　数据的筛选

数据的筛选是数据分析的手段之一。Excel 2013中数据筛选的方法有多种：单一字段数据的筛选、按关键字进行筛选、自定义筛选以及高级筛选。在"数据"选项卡的"排序和筛选"组中可完成筛选。

15.2.1　单一字段数据的筛选

单一字段数据的筛选即通过一个字段筛选出结果。在"数据"选项卡中单击"筛选"按钮，在工作表中显示筛选按钮，单击要筛选字段的筛选按钮，在展开的下拉列表中显示筛选条件，勾选要保留的筛选条件前的复选框，单击"确定"按钮即可完成筛选。

15-4　筛选出请"事假"的记录

请假明细汇总表根据员工请假表汇总请假明细情况，包括姓名、部门、请假类型、请假时间。核算工资时，需要根据请假类型计算费用，可使用单一字段数据筛选功能快速筛选出结果。

原始文件　下载资源\实例文件\第15章\原始文件\请假明细汇总表.xlsx

最终文件　下载资源\实例文件\第15章\最终文件\请假明细汇总表.xlsx

扫码看视频

步骤01　打开下载资源\实例文件\第15章\原始文件\请假明细汇总表.xlsx，选择A3:E9单元格区域，在"数据"选项卡单击"筛选"按钮，如图15-20所示。

步骤02　在单元格区域的首行显示筛选按钮，单击"请假类型"筛选按钮，在展开的下拉列表中只勾选"事假"复选框，如图15-21所示。

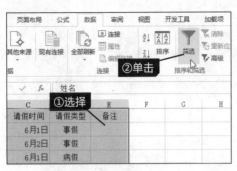

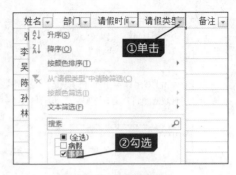

图15-20　单击"筛选"按钮　　　　　　　　　　图15-21　设置筛选条件

步骤 03　单击"确定"按钮，返回工作表中可以看到筛选结果，如图15-22所示，筛选出请"事假"的记录。

3	姓名	部门	请假时间	请假类型	备注
4	张明	销售部	6月1日	事假	
5	李微微	销售部	6月2日	事假	
7	陈胜男	工程部	6月3日	事假	
9	林海燕	行政部	6月11日	事假	

图15-22　筛选出请"事假"的记录

技巧 15-5　快速清除字段筛选

在Excel 2013中快速清除字段筛选的方法：在"数据"选项卡下单击"排序和筛选"组中的"清除"按钮；单击"筛选"按钮取消筛选；单击设置筛选字段的筛选按钮，在展开的下拉列表中单击"从'请假类型'中清除筛选"选项，如图15-23所示。

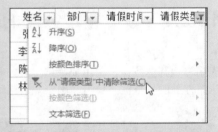

图15-23　快速清除字段筛选

15.2.2　按关键字进行筛选

按关键字进行筛选指通过设置要筛选的结果中包含的内容进行筛选，可筛选文本、日期、数字。筛选的文本可设置为等于、不等于、开头是、包含、不包含某个关键字符；筛选日期可设置为介于、明天、上周、下月、下季度、明年某个关键字；筛选数字可设置为等于、不等于、大于、大于或等于、小于、小于或等于介于某个关键字。

示例 15-5　按姓氏搜索员工缺勤记录

员工缺勤统计表用于统计员工缺勤情况，便于查看员工的缺勤原因和缺勤次数，并在季度末或年度末时，对员工进行考察。使用按关键字进行筛选中的"文本筛选"功能可快速查看某个姓氏员工的缺勤记录。

扫码看视频

原始文件　下载资源\实例文件\第15章\原始文件\员工缺勤统计表.xlsx

最终文件　下载资源\实例文件\第15章\最终文件\员工缺勤统计表.xlsx

步骤 01　打开下载资源\实例文件\第15章\原始文件\员工缺勤统计表.xlsx，选择A3:E3单元格区域，在"数据"选项卡，单击"筛选"按钮，如图15-24所示。

步骤 02　在单元格区域显示筛选按钮，单击"员工姓名"筛选按钮，在展开的下拉列表中指向"文本筛选"，在展开的下级列表中单击"包含"选项，如图15-25所示。

图15-24　单击"筛选"按钮

图15-25　设置文本筛选

步骤 03　弹出"自定义自动筛选方式"对话框，输入筛选的姓，单击"确定"按钮，如图15-26所示。

步骤 04　返回工作表中，可以看到筛选出的结果，如图15-27所示，只在工作表中显示姓氏为"张"的记录。

图15-26　设置筛选条件

	A	B	C	D	E
1			员工缺勤统计表		
2				制表日期：	2014/1/20
3	缺勤原区	属于部门	员工编号	员工姓名	缺勤次数
5	迟到	工程部	DS010	张涵依	2
9	迟到	工程部	DS782	张章	3
10	早退	工程部	DS345	张雨	4
11					
12					
13					

图15-27　按关键字筛选的结果

15.2.3　自定义筛选

若用户需要按照自己所需的方式缩小数据的范围，可使用自定义筛选功能。单击某个数据的筛选按钮，在展开的下拉列表中指向"文本筛选"或"数字筛选"，在展开的下级列表中单击"自定义筛选"选项，可打开"自定义自动筛选方式"对话框。在对话框中可自定义两个条件，并且两个条件之间的关系可在"与""或"之间选择。

◆ 与：表示筛选出的结果必须同时满足两个条件。

◆ 或：表示筛选出的结果满足两个条件之一。

15-6 筛选出请假天数大于5天或小于1天的记录

    在月末或月初时，会使用员工请假统计表统计本月或上月的员工请假情况，一般以天数计算。按照企业的工资制度，根据请假天数计算应扣除的请假费用。若要在统计表中只查看请假天数大于5天或者小于1天的数据记录，可通过自定义筛选的方式来实现。

扫码看视频

原始文件   下载资源\实例文件\第15章\原始文件\员工请假统计表.xlsx

最终文件   下载资源\实例文件\第15章\最终文件\员工请假统计表.xlsx

步骤 01
    打开下载资源\实例文件\第15章\原始文件\员工请假统计表.xlsx，选择A2:D2单元格区域，在"数据"选项卡中单击"筛选"按钮，如图15-28所示。

步骤 02
    显示筛选按钮，单击"请假时间（天）"筛选按钮，在展开的下拉列表中指向"数字筛选"，在展开的下级列表中单击"自定义筛选"选项，如图15-29所示。

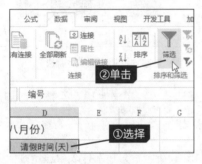

图15-28 单击"筛选"按钮

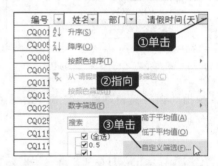

图15-29 单击"自定义筛选"选项

步骤 03
    弹出"自定义自动筛选方式"对话框，设置条件为"大于""5"、"小于""1"，单击选中"或"单选按钮，单击"确定"按钮，如图15-30所示。

步骤 04
    返回工作表中，可以看到筛选出的结果，如图15-31所示，显示大于5天或小于1天的请假记录。

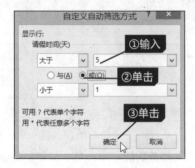

图15-30 自定义筛选条件

	A	B	C	D
1	员工请假统计表（八月份）			
2	编号	姓名	部门	请假时间（天）
3	CQ001	陈明	销售1部	5.5
9	CQ023	李向杰	销售2部	0.5
11	CQ115	吴寒玉	销售3部	0.5
13	CQ236	周轮	销售3部	0.5

图15-31 筛选出请假记录

技巧 15.6 使用通配符进行模糊筛选

使用通配符可进行模糊筛选。"?"代表单个字符，"*"代表任意多个字符。例如，要查找某个员工的请假记录，该员工姓周，并且姓名只有两个字。

单击"姓名"筛选按钮，打开"自定义自动筛选方式"对话框，设置条件为"等于""周?"。单击"确定"按钮，返回工作表中可看到筛选结果，如图15-32所示。

员工请假统计表（八月份）

编号	姓名	部门	请假时间(天)
CQ009	周浩	销售2部	2
CQ236	周轮	销售3部	0.5

图15-32 使用通配符进行模糊筛选

15.2.4 高级筛选

自定义筛选只能满足简单条件的筛选，并且筛选结果只能在源数据处显示。Excel的高级筛选功能不仅能根据复杂条件筛选出结果，还能在工作表中的其他位置显示筛选结果，并且源数据不变。在"数据"选项卡中单击"排序和筛选"组中的"高级"按钮，打开"高级筛选"对话框，设置方式、列表区域、条件区域、复制到可筛选出结果。设置条件区域要注意，条件列不一定相邻，条件在同一行表示"与"，换一行表示"或"，且条件列无前后排列要求。

示例 15-7 根据部门和请假天数进行筛选

员工请假表用于记录每个月的员工请假情况。每个部门的出勤制度可能不同，如销售部请假超过2天就要扣除一定金额的费用。可以使用高级筛选快速筛选出结果。

原始文件　下载资源\实例文件\第15章\原始文件\员工请假表.xlsx

最终文件　下载资源\实例文件\第15章\最终文件\员工请假表.xlsx

扫码看视频

步骤 01　打开下载资源\实例文件\第15章\原始文件\员工请假表.xlsx，在"数据"选项卡中单击"排序和筛选"组中的"高级"按钮，如图15-33所示。

步骤 02　弹出"高级筛选"对话框，单击选中"将筛选结果复制到其他位置"单选按钮，设置列表区域为"$A$2:$F$10"、条件区域为"$H$2:$I$3"、复制到为"$A$12:$F$18"，单击"确定"按钮，如图15-34所示。

图15-33 单击"高级"按钮

图15-34 设置高级筛选

步骤03 返回工作表中，在A12:F18单元格区域中可以看到筛选结果，如图15-35所示，显示了请假天数大于等于2天的销售部记录。

	A	B	C	D	E	F	G	H	I
1	员工请假表（4月）								
2	请假日期	员工编号	员工姓名	部门	请假原因	请假天数		部门	请假天数
3	2014年4月5日	CQ9910	王胜男	销售部	事假	2		销售部	>=2
4	2014年4月5日	CQ9911	李自强	售后部	公假	1			
5	2014年4月5日	CQ9917	李丽黎	售后部	公假	0.5			
6	2014年4月5日	CQ9916	韩楚信	行政部	病假	0.5			
7	2014年4月6日	CQ9913	张冯杰	行政部	事假	1			
8	2014年4月6日	CQ9912	程楠楠	行政部	病假	1			
9	2014年4月6日	CQ9922	韩信杨	销售部	事假	0.5			
10	2014年4月12日	CQ9933	张强强	销售部	婚假	3			
11									
12	请假日期	员工编号	员工姓名	部门	请假原因	请假天数			
13	2014年4月5日	CQ9910	王胜男	销售部	事假	2			
14	2014年4月12日	CQ9933	张强强	销售部	婚假	3			

图15-35　设置高级筛选

技巧15-7　使用高级筛选选择不重复的记录

实际工作中，列表区域的数据可能有相同的记录，使用“高级筛选”功能时可设置不显示重复记录。

打开“高级筛选”对话框，设置方式、列表区域、条件区域、复制到，勾选“选择不重复的记录”复选框，单击“确定”按钮，如图15-36所示，设置完成后，进行高级筛选将不再显示重复记录。

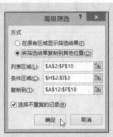

图15-36　使用高级筛选选择不重复的记录

技巧15-8　不同列上具有多组条件的高级筛选

实际工作中，筛选条件可能有多个，并且都不属于同一列上。要筛选出正确的结果，设置条件区域非常重要。

可以将不同列的关键字，写在条件区域的同一行中，再在对应的关键字下，写上条件。若条件之间是“与”关系则在同一行，是“或”关系则在不同行。如图15-37所示，H2:J5单元格区域表示筛选出满足部门为销售部、请假天数小于1天、请假原因为事假中任一条件的记录，H6:J7单元格区域表示筛选出销售部中请事假天数小于1天的记录。

H	I	J
部门	请假天数	请假原因
销售部		
	<1	
		事假
部门	请假天数	请假原因
销售部	<1	事假

图15-37　不同列上具有多组条件的高级筛选

三组件应用分析

特殊 数据筛选功能是Excel组件特有的。但在Word和PowerPoint中，可以通过插入“对象”功能插入Excel表格，实现数据的筛选，如图15-38所示为在Word中插入Excel对象实现数据筛选。

员工请假表（4月）

请假日期	员工编号	员工姓名	部门	请假原因	请假天数
2012年4月5日	CQ9910	王胜男	销售部	事假	2
2012年4月5日	CQ9911	李自强	售后部	公假	1
2012年4月5日	CQ9917	李丽黎	售后部	公假	0.5
2012年4月5日	CQ9916	韩楚信	行政部	病假	0.5
2012年4月6日	CQ9913	张冯杰	行政部	事假	1
2012年4月6日	CQ9912	程楠楠	行政部	病假	1
2012年4月6日	CQ9922	韩信杨	销售部	事假	0.5
2012年4月12日	CQ9933	张强强	销售部	婚假	3

部门	请假天数	请假原因
销售部		
	<1	
		事假

部门	请假天数	请假原因
销售部	<1	事假

请假日期	员工编号	员工姓名	部门	请假原因	请假天数
2012年4月5日	CQ9910	王胜男	销售部	事假	2
2012年4月5日	CQ9917	李丽黎	售后部	公假	0.5
2012年4月5日	CQ9916	韩楚信	行政部	病假	0.5
2012年4月6日	CQ9913	张冯杰	行政部	事假	1
2012年4月6日	CQ9922	韩信杨	销售部	事假	0.5
2012年4月12日	CQ9933	张强强	销售部	婚假	3

图15-38　在Word中插入Excel对象实现筛选

15.3 数据的分类汇总

数据的分类汇总是指通过为所选单元格插入小计和总计，汇总多个相关数据行。Excel中可建立单字段数据、多字段数据的分类汇总，还可进行分组分类汇总。在"数据"选项卡下的"分级显示"组中可实现。

15.3.1 建立单字段数据的分类汇总

单字段数据的分类汇总是指只对一个字段进行汇总，汇总项目数量可任意选择。单击"分类汇总"按钮，弹出"分类汇总"对话框，如图15-39所示。在该对话框中设置分类字段、汇总方式、选定汇总项可建立分类汇总。需要注意的是，在执行分类汇总之前需要根据汇总的字段对数据进行排序。

图15-39　"分类汇总"对话框

◆ 分类字段：根据该字段将数据进行分类汇总。

◆ 汇总方式：包括求和、计数、平均值、最大值、最小值等多种汇总方式。

◆ 选定汇总项：选择的汇总方式要对哪些项目进行汇总。

◆ 替换当前分类汇总：该选项常用于创建嵌套分类汇总。

◆ 每组数据分页：勾选该复选框，可让汇总数据按组分页显示。

◆ 汇总结果显示在数据下方：勾选该复选框，汇总结果显示在数据的下方，否则显示在上方。

◆ 全部删除：单击该按钮，可删除分类汇总，即让数据还原。

15-8 对4月销售明细账的不同产品进行分类汇总

销售明细账用于记录每日的销售情况，月末或下月初时，需要按照每个人的销售金额汇总便于计算提成工资。在汇总前，首先要将数据按照"销售员"列升序排列。

 原始文件　下载资源\实例文件\第15章\原始文件\4月销售明细账.xlsx

 最终文件　下载资源\实例文件\第15章\最终文件\4月销售明细账.xlsx

扫码看视频

步骤01 打开下载资源\实例文件\第15章\原始文件\4月销售明细账.xlsx，选择A2:G12单元格区域，在"数据"选项卡中单击"分类汇总"按钮，如图15-40所示。

步骤02 弹出"分类汇总"对话框，设置分类字段、汇总方式，选定汇总项，勾选"替换当前分类汇总"和"汇总结果显示在数据下方"复选框，单击"确定"按钮，如图15-41所示。

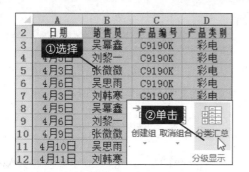

图15-40　单击"分类汇总"按钮

图15-41　设置分类汇总

步骤 03　返回工作表中看到按照销售员进行分类汇总后的效果，如图15-42所示。

图15-42　分类汇总后的效果

技巧 15-9　复制分类汇总的结果

实际工作中，若只需要复制分类汇总的结果，而不需要复制源数据，则不可使用简单的复制、粘贴功能，因为这样会将源数据一起复制。此时使用【Alt+；】组合键可达到目的。

在工作表中单击②按钮，只显示分类汇总结果，选择分类汇总结果所在的单元格区域，按【Alt+；】组合键，选中可见单元格区域，按【Ctrl+C】组合键复制数据区域，如图15-43所示。在要粘贴的单元格区域中粘贴即可。

图15-43　复制分类汇总的结果

提示　分类汇总完成后，在工作表的左侧单击①按钮，只显示总计项；单击②按钮，只显示小计项和总计项；单击③按钮，可显示全部数据。

15.3.2　建立多字段数据的分类汇总

多字段数据分类汇总对多个字段进行分类汇总，又称为嵌套分类汇总，将数据进行多次分类汇总。通过在"分类汇总"对话框中取消勾选"替换当前分类汇总"复选框可实现。需要注意的是，在分类汇总之前需要将数据按照分类汇总的字段进行排序。

示例 15-9　对销售员和产品类别进行嵌套分类汇总

在销售明细账中除了汇总销售员的销售金额，还需要按照销售产品的类别将销售数量汇总，可使用嵌套分类汇总的方法。汇总之前，将源数据按分类汇总字段排序，并按照示例15-8中的方法分类汇总销售员字段。

 扫码看视频

 原始文件　下载资源\实例文件\第15章\原始文件\5月销售明细账.xlsx

 最终文件　下载资源\实例文件\第15章\最终文件\5月销售明细账.xlsx

步骤 01　打开下载资源\实例文件\第15章\原始文件\5月销售明细账.xlsx，单击分类汇总数据中的任一单元格，在"数据"选项卡中单击"分类汇总"按钮，如图15-44所示。

步骤 02 弹出"分类汇总"对话框，设置分类字段、汇总方式，选定汇总项，单击"确定"按钮，如图15-45所示。

图15-44 单击"分类汇总"按钮

图15-45 设置分类汇总

步骤 03 第一次分类汇总后，再次单击"分类汇总"按钮，如图15-46所示。

步骤 04 弹出"分类汇总"对话框，设置分类字段、汇总方式，选定汇总项，取消勾选"替换当前分类汇总"复选框，单击"确定"按钮，如图15-47所示。

图15-46 单击"分类汇总"按钮

图15-47 设置分类汇总

步骤 05 返回工作表中获取嵌套分类汇总的结果，如图15-48所示，得到每个员工的销售金额和每个产品类别的销售数量。

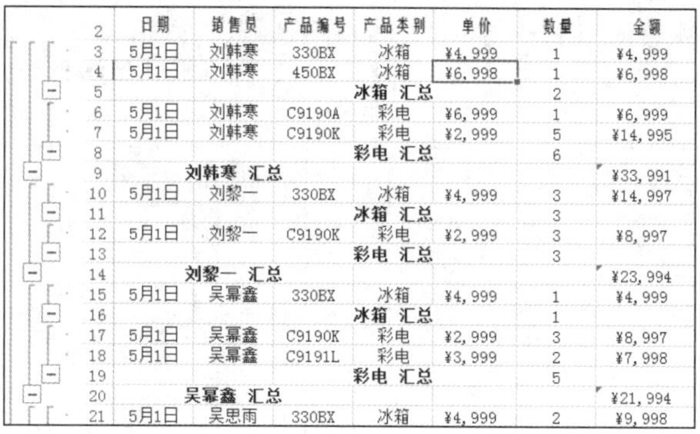

	日期	销售员	产品编号	产品类别	单价	数量	金额
3	5月1日	刘韩寒	330BX	冰箱	¥4,999	1	¥4,999
4	5月1日	刘韩寒	450BX	冰箱	¥6,998	1	¥6,998
5				冰箱 汇总		2	
6	5月1日	刘韩寒	C9190A	彩电	¥6,999	1	¥6,999
7	5月1日	刘韩寒	C9190K	彩电	¥2,999	5	¥14,995
8				彩电 汇总		6	
9		刘韩寒 汇总					¥33,991
10	5月1日	刘黎一	330BX	冰箱	¥4,999	3	¥14,997
11				冰箱 汇总		3	
12	5月1日	刘黎一	C9190K	彩电	¥2,999	3	¥8,997
13				彩电 汇总		3	
14		刘黎一 汇总					¥23,994
15	5月1日	吴幂鑫	330BX	冰箱	¥4,999	1	¥4,999
16				冰箱 汇总		1	
17	5月1日	吴幂鑫	C9190K	彩电	¥2,999	3	¥8,997
18	5月1日	吴幂鑫	C9191L	彩电	¥3,999	2	¥7,998
19				彩电 汇总		5	
20		吴幂鑫 汇总					¥21,994
21	5月1日	吴思雨	330BX	冰箱	¥4,999	2	¥9,998

图15-48 嵌套分类汇总结果

技巧 15-10　使用自动分页符分页打印分类汇总结果

在实际工作中，需要分组打印分类汇总结果，可在"分类汇总"对话框中勾选"每组数据分页"复选框实现。

第一次打开"分类汇总"对话框时，勾选"每组数据分页"复选框，然后切换到"视图"选项卡，单击"分页预览"视图选项，即可看到插入的分页符效果，如图15-49所示。

图15-49　使用自动分页符分页打印分类汇总结果

15.3.3　使用分组进行分类汇总

创建组是将某个范围的区域关联起来，使其可折叠显示。使用分组功能可创建与分类汇总效果相同的显示效果。可使用手动分组和自动分级显示功能实现分组。无论使用哪种方法都需要添加摘要行，摘要行用于汇总相同字段的数据，并且需要使用函数汇总摘要行。需要注意的是，摘要行的首单元格不能为空。

示例 15-10　利用分组自动建立对各产品的分类汇总

在销售月明细账中按照产品类型升序排列数据，并插入摘要行汇总产品数量。可使用"自动建立分级显示"功能建立分类汇总。

扫码看视频

原始文件　下载资源\实例文件\第15章\原始文件\5月销售明细账1.xlsx

最终文件　下载资源\实例文件\第15章\最终文件\5月销售明细账1.xlsx

步骤 01　打开下载资源\实例文件\第15章\原始文件\5月销售明细账1.xlsx，在产品类别为彩电的最后一行下插入新行，并在行的首列输入"彩电 汇总"，在F10单元格中输入公式"=SUM(F3:F9)"，如图15-50所示，按【Enter】键得出计算结果。

步骤 02　在产品类别为冰箱的最后一行的下行的首列输入"冰箱 汇总"，并在F17单元格中输入"=SUM(F11:F16)"，如图15-51所示，按【Enter】键得出计算结果。

图15-50　插入摘要行

图15-51　创建摘要行后的效果

步骤03 选中单元格区域中的任一单元格，在“数据”选项卡中单击“创建组”下三角按钮，在展开的下拉列表中单击“自动建立分级显示”选项，如图15-52所示。

步骤04 随后，在单元格区域中创建组，如图15-53所示，建立分组显示后，可将对列的自动分级删除。

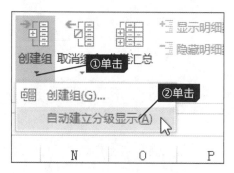

图15-52 单击“创建组”选项

	A	B	C	D	E	F
1	5月份销售明细账					
2	日期	销售员	产品编号	产品类别	单价	数量
3	5月1日	刘韩寒	C9190A	彩电	¥6,999	1
4	5月1日	刘韩寒	C9190K	彩电	¥2,999	5
5	5月1日	刘黎一	C9190K	彩电	¥2,999	3
6	5月1日	吴幂鑫	C9190K	彩电	¥2,999	3
7	5月1日	吴幂鑫	C9191L	彩电	¥3,999	2
8	5月1日	吴思雨	C9190K	彩电	¥2,999	2
9	5月1日	张微微	C9190K	彩电	¥2,999	4
10	彩电 汇总					20
11	5月1日	刘韩寒	330BX	冰箱	¥4,999	1
12	5月1日	刘韩寒	450BX	冰箱	¥6,998	1
13	5月1日	刘黎一	330BX	冰箱	¥4,999	3
14	5月1日	吴幂鑫	330BX	冰箱	¥4,999	1
15	5月1日	吴思雨	330BX	冰箱	¥4,999	2
16	5月1日	张微微	330BX	冰箱	¥4,999	2
17	冰箱 汇总					10

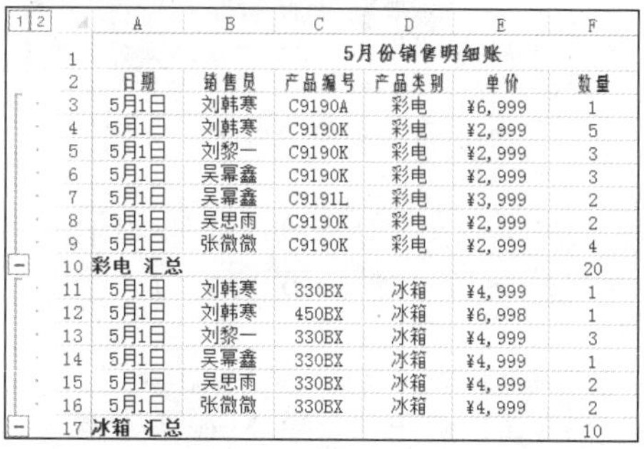

图15-53 创建组后的效果

15.4 数据的合并计算

数据的合并计算能够将多个区域中的值合并到一个地方，在汇总和报告多个单独工作表的结果时，合并计算非常可用。在Excel中可按字段、位置进行合并计算。

15.4.1 按字段合并计算

当多个源区域中的数据以不同的方式排列，但使用相同的行和列标签时，可使用按字段合并计算。

示例 15-11 按不同的季度合并计算各区域销售额

销售数据表用于统计年度销售额，在统计时，可根据每个季度的销售额合并计算。只要满足在销售额列的标签相同即可。

原始文件 下载资源\实例文件\第15章\原始文件\销售数据表.xlsx

最终文件 下载资源\实例文件\第15章\最终文件\销售数据表.xlsx

扫码看视频

步骤01 打开下载资源\实例文件\第15章\原始文件\销售数据表.xlsx，选择C2:C9单元格区域，在“数据”选项卡下单击“合并计算”按钮，如图15-54所示。

步骤02 弹出“合并计算”对话框，单击“引用位置”右侧的引用按钮，在工作表中选择G2:G9单元格区域，单击“添加”按钮，如图15-55所示。

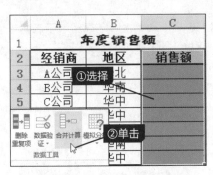

图15-54　单击“合并计算”按钮

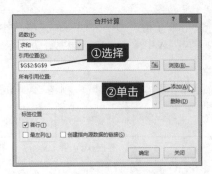

图15-55　添加引用位置

步骤03　按照同样的方法添加其他的引用位置，设置函数为“求和”，勾选“首行”复选框，单击“确定”按钮，如图15-56所示。

步骤04　返回工作表中，在单元格区域中看到计算的结果，如图15-57所示。

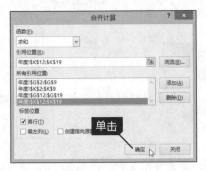

图15-56　设置合并计算

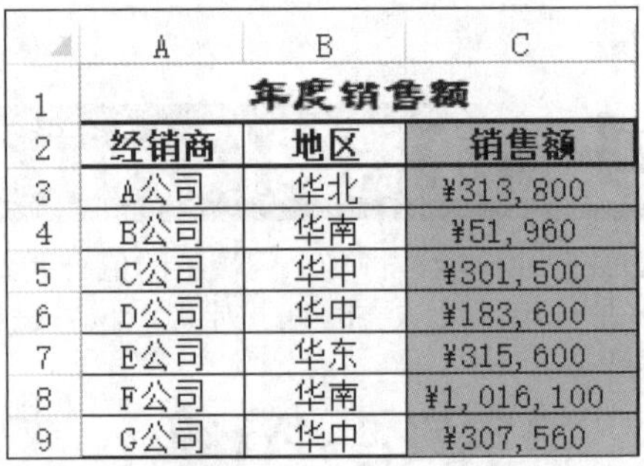

	A	B	C
1	年度销售额		
2	经销商	地区	销售额
3	A公司	华北	¥313,800
4	B公司	华南	¥51,960
5	C公司	华中	¥301,500
6	D公司	华中	¥183,600
7	E公司	华东	¥315,600
8	F公司	华南	¥1,016,100
9	G公司	华中	¥307,560

图15-57　合并计算后的效果

15.4.2　按位置合并计算

当多个源区域中的数据是按照相同的顺序排列并使用相同的行和列标签时，可使用按位置进行合并计算。

示例 15-12　按位置合并计算各产品的销售额

各个区域经销商所销售的产品数量不同，在产品销量汇总表中需要根据区域经销商的产品销售数据汇总产品的销售情况，可使用按位置合并计算的方法。

扫码看视频

原始文件　下载资源\实例文件\第15章\原始文件\产品销量汇总表.xlsx

最终文件　下载资源\实例文件\第15章\最终文件\产品销量汇总表.xlsx

步骤01　打开下载资源\实例文件\第15章\原始文件\产品销量汇总表.xlsx，在工作表“合计”中选择E2:F6单元格区域，在“数据”选项卡下单击“合并计算”按钮，如图15-58所示。

步骤 02

弹出"合并计算"对话框，设置函数为"求和"，设置引用位置为工作表A区域、B区域、C区域、D区域中的E2:F6单元格区域，勾选"创建指向源数据的链接"复选框，单击"确定"按钮，如图15-59所示。

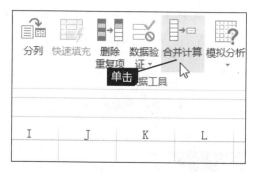

图15-58　单击"合并计算"按钮

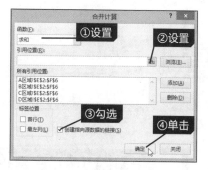

图15-59　设置合并计算

步骤 03

返回工作表"合计"中，可得到合并计算的结果，即产品数量和总价的合计，如图15-60所示。单击⊞按钮，可查看数据的详细信息。

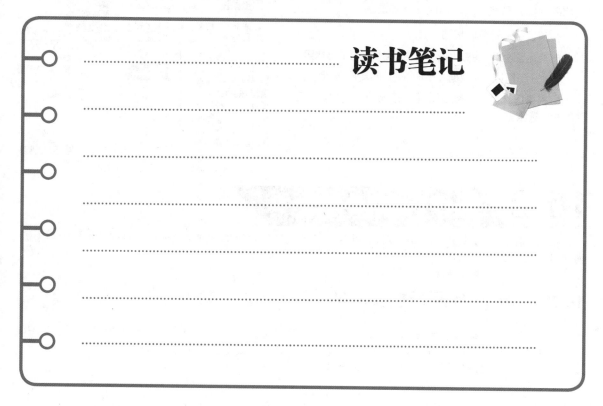

图15-60　按位置合并计算后的效果

读书笔记

第16章 使用数据透视表灵活整理大型数据

大量的数据堆叠在Excel工作表中，不仅让人眼花缭乱，还有放弃查看的想法。使用数据透视表能最快最有效地将大量的数据分类汇总，并能从多个不同的角度分析数据。不仅如此，在数据透视表中同样具有数据筛选功能，能对分类汇总后的数据进行再分析。数据透视图更能直观地展示数据关系。

16.1 数据透视表的介绍

数据透视表是一种可以快速汇总大量数据的交互式方法。通过数据透视表，可以汇总、分析、浏览和提供工作表数据或外部数据源的汇总和数据。数据透视表通常是计算、整理数据最快最有效的方法，特别是在遇到以下情况时：

- ◆ 以多种用户友好方式查询大量数据。
- ◆ 对数值数据进行分类汇总和聚合，按分类和子分类对数据进行汇总，创建自定义计算和公式。
- ◆ 展开或折叠要关注结果的数据级别，查看感兴趣区域汇总数据的明细。
- ◆ 将行移动到列或将列移动到行，以查看源数据的不同汇总。
- ◆ 对最有用和最关注的数据子集进行筛选、排序、分组和有条件地设置格式，关注所需的信息。
- ◆ 提供简明、有吸引力并且带有批注的报表。

数据透视表由四个区域组成：值区域、行区域、列区域以及报表筛选区域，如图16-1所示。

- ◆ 值区域：计算区域。
- ◆ 行标签区域：由数据透视表各行左侧展开的标题组成。
- ◆ 列标签区域：由数据透视表各列顶部展开的标题组成。
- ◆ 报表筛选区域：数据透视表顶部的一个或多个下拉菜单的可选集。

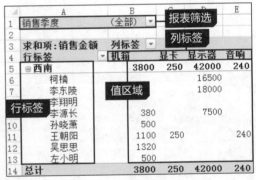

图16-1 完整的数据透视表

16.2 创建数据透视表

根据工作表中的数据或外部数据源可快速创建数据透视表模型。创建完成后，可向数据透视表中添加字段、调整字段的布局。

16.2.1 创建数据透视表模型

Excel 2013中创建数据透视表的方法非常简单。在"插入"选项卡中单击"数据透视表"下三角按钮，在展开的下拉列表中单击"数据透视表"选项。弹出"创建数据透视表"对话框，如图16-2所示，设置选择要分析的数据和数据表的位置即可创建。

◆ 选择一个表或区域：单击选中该单选按钮，在"表/区域"文本框中可设置当前工作表中的数据。

◆ 使用外部数据源：单击选中该单选按钮，再单击"选择连接"按钮，可选择外部数据。

◆ 新工作表：单击选中该单选按钮，在新工作表中创建数据透视表。

◆ 现有工作表：单击选中该单选按钮，并设置位置，可在当前工作表中设置的位置处创建工作表。

图16-2 "创建数据透视表"对话框

16-1 创建销售明细数据透视表模型

销售明细表用于记录每日的销售情况。表格中的销售人员、产品编号等字段中有相同的数据，为了汇总数据，可创建数据透视表分析。

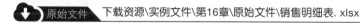
原始文件 下载资源\实例文件\第16章\原始文件\销售明细表.xlsx

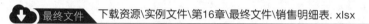
最终文件 下载资源\实例文件\第16章\最终文件\销售明细表.xlsx

扫码看视频

步骤01 打开下载资源\实例文件\第16章\原始文件\销售明细表.xlsx，在"插入"选项卡中单击"数据透视表"选项，如图16-3所示。

步骤02 弹出"创建数据透视表"对话框，设置要分析的数据区域，单击选中"新工作表"单选按钮，单击"确定"按钮，如图16-4所示。

图16-3 单击"数据透视表"选项

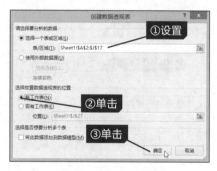

图16-4 创建数据透视表

步骤03 返回工作表中，可看到创建了新的工作表并在该工作表中创建了空白数据透视表模型，如图16-5所示。

图16-5 创建的数据透视表

273

技巧 16-1 导入外部数据创建数据透视表

　　实际工作中，会遇到使用外部数据创建数据透视表的情况。在Excel 2013中可轻松导入。

　　在"创建数据透视表"对话框中，单击选中"使用外部数据源"单选按钮，单击"选择连接"按钮，弹出"现有连接"对话框，设置显示位置，单击"浏览更多"按钮，如图16-6所示。在弹出的对话框中选择外部数据所在的位置，选中工作簿，可完成外部数据的导入。

图16-6　导入外部数据创建数据透视表

16.2.2　添加数据字段

　　创建了数据透视表后，需要向数据透视表中添加相应的数据字段，才能分析相应的数据。添加数据字段的方法有三种。

- ◆ 拖动法：选中要添加的字段，将其拖动到相应的区域中。
- ◆ 勾选法：勾选要添加的字段前的复选框，系统会自动将其添加到相应的区域中。
- ◆ 右击法：右击要添加的字段，在弹出的快捷菜单中单击相应的命令。

示例 16-2 添加销售地区、销售人员、产品名称、销售金额及销售季度字段

　　创建了销售明细数据表后，需要将字段添加到相应的区域中，才能分析数据。这里需要添加销售地区、销售人员、产品名称、销售金额及销售季度字段。

扫码看视频

 原始文件　下载资源\实例文件\第16章\原始文件\销售明细表1.xlsx

 最终文件　下载资源\实例文件\第16章\最终文件\销售明细表1.xlsx

步骤 01 打开下载资源\实例文件\第16章\原始文件\销售明细表1.xlsx，勾选"选择要添加到报表的字段"列表框中的"销售地区"和"销售人员"前的复选框，随后可以看到添加行标签后的效果，如图16-7所示。

步骤 02 拖动"产品名称"字段到"列标签"区域中，如图16-8所示。

图16-7　添加行标签

图16-8　添加列标签

步骤 **03**   右击"销售金额"字段，在弹出的快捷菜单中单击"添加到值"命令，如图16-9所示。

步骤 **04**   拖动"销售季度"字段到"报表筛选"区域中，在添加完各字段后的数据透视表中可以清楚地看到各销售人员的销售情况和各产品的销售情况，如图16-10所示。

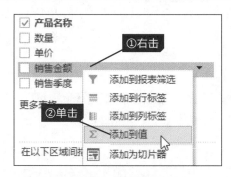

图16-9   添加值字段

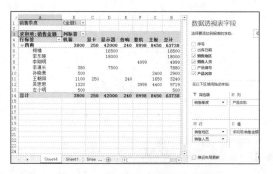

图16-10   添加字段后的数据透视表

技巧   **16-2**   调整字段节和区域节的显示方式

在"数据透视表字段"列表中，选择要添加的报表的字段叫字段节，在以下区域间拖动字段叫区域节。这两个部分的显示方式不是一成不变的，用户可根据自己的习惯来设置。

单击"字段节和区域节层叠"下三角按钮，在展开的下拉列表中选择合适的显示方式，如"字段节和区域节并排"选项，如图16-11所示，即可将字段节和区域节并排显示。

图16-11   调整字段节和区域节的显示方式

16.2.3   调整字段布局

添加数据字段后，可调整字段布局，从不同的角度分析数据。调整字段布局的方法有两种。

◆ 拖动法：选中要移动的字段，将其拖动到相应的区域中。

◆ 选择法：单击要移动的字段右侧的下三角按钮，在展开的下拉列表中单击要移动到的选项。

 示例   **16-3**   调整销售地区到报表筛选区域

在统计销售数据时，会按照销售地区进行统计，此时可将销售地区字段调整到报表筛选区域中，便于执行筛选操作。

 原始文件   下载资源\实例文件\第16章\原始文件\销售明细表2.xlsx

 最终文件   下载资源\实例文件\第16章\最终文件\销售明细表2.xlsx

 扫码看视频

 步骤 **01**   打开下载资源\实例文件\第16章\原始文件\销售明细表2.xlsx，在"行标签"区域中单击"销售地区"右侧的下三角按钮，在展开的下拉列表中单击"移动到报表筛选"选项，如图16-12所示。

步骤 02 随后，可以在数据透视表的报表筛选区域中看到添加的销售地区字段，如图16-13所示。

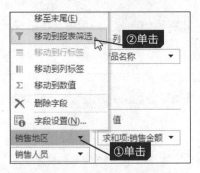

图16-12 单击"移动到报表筛选"命令

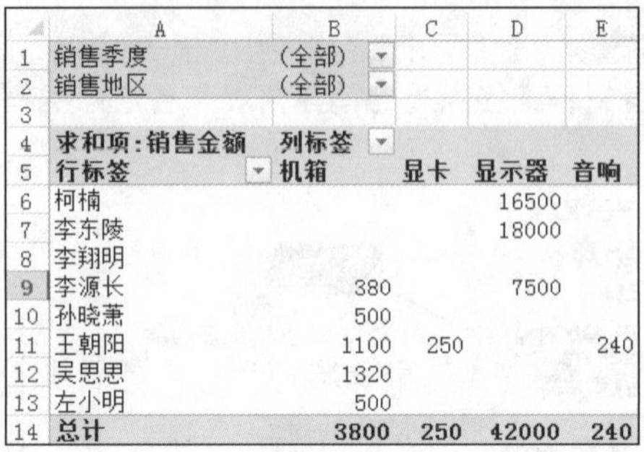

图16-13 移动后的效果

技巧 16-3 启用经典数据透视表布局

在经典数据透视表布局中，可以将数据字段直接拖动到数据透视表中相应的数据以添加数据字段。在Excel 2013中可启用经典数据透视表布局。

创建数据透视表后，在"数据透视表工具-分析"选项卡下的"数据透视表"组中单击"选项"按钮，弹出"数据透视表选项"对话框，在"显示"选项卡下勾选"经典数据透视表布局"复选框，如图16-14所示，单击"确定"按钮，返回数据透视表中可看到经典布局。

图16-14 启用经典数据透视表布局

16.3 设置数据透视表的格式

创建数据透视表后，可为数据透视表设置格式，如套用数据透视表样式和更改数据透视表中数据格式。

16.3.1 套用数据透视表样式

Excel 2013提供了浅色、中等深浅、深色三个类别的内置数据透视表样式。在"数据透视表工具-设计"选项卡下的"数据透视表样式"组中单击快翻按钮，在展开的库中选择合适的样式。

示例 16-4 为销售明细透视表套用数据透视表样式

销售明细透视表用于立体化分析销售数据，创建了数据透视表后，可为其套用数据透视表样式使其更美观。

扫码看视频

原始文件　下载资源\实例文件\第16章\原始文件\销售明细数据透视表.xlsx

最终文件　下载资源\实例文件\第16章\最终文件\销售明细数据透视表.xlsx

步骤 **01**　打开下载资源\实例文件\第16章\原始文件\销售明细数据透视表.xlsx，在"数据透视表工具-设计"选项卡下单击"数据透视表样式"组中的快翻按钮，在展开的库中选择合适的样式，如图16-15所示。

步骤 **02**　随后，可以看到套用样式后的效果，如图16-16所示。

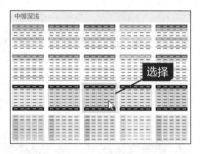

图16-15　选择合适的样式

图16-16　套用样式后的效果

16.3.2　更改数据透视表中的数字格式

除了套用数据透视表样式，在Excel 2013中还可以设置字段格式。在区域节中单击要设置字段格式的字段右侧的下三角按钮，在展开的下拉列表中单击"值字段设置"选项。弹出"值字段设置"对话框，单击"数字格式"按钮，在弹出的"设置单元格格式"对话框中进行设置。

16-5　更改求和项中的销售金额数字格式为货币型

将销售明细数据透视表中的求和项的"销售金额"设置为货币格式，有利于将数据与其他类型的数据区分。

 原始文件　下载资源\实例文件\第16章\原始文件\销售明细数据透视表1.xlsx

 最终文件　下载资源\实例文件\第16章\最终文件\销售明细数据透视表1.xlsx

扫码看视频

步骤 **01**　打开下载资源\实例文件\第16章\原始文件\销售明细数据透视表1.xlsx，单击"销售金额"字段按钮，在展开的下拉列表中单击"值字段设置"选项，如图16-17所示。

步骤 **02**　弹出"值字段设置"对话框，单击"数字格式"按钮，如图16-18所示。

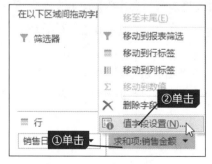

图16-17　单击"值字段设置"选项

图16-18　单击"数字格式"按钮

步骤 03 弹出"设置单元格格式"对话框，在"分类"列表框中单击"货币"选项，在右侧设置小数位数，如图16-19所示，然后单击"确定"按钮。

步骤 04 返回"值字段设置"对话框中，单击"确定"按钮。返回工作表中可以看到销售金额更改为货币型后的效果，如图16-20所示。

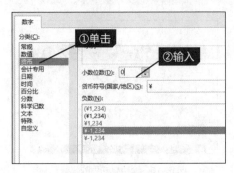
图16-19　设置单元格格式

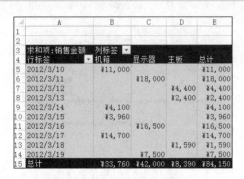
图16-20　设置货币型后的效果

技巧 16-4　设置数据透视表的显示方式

用户可根据实际需要设置数据透视表的显示方式，在"数据透视表工具-设计"选项卡的"布局"和"数据透视表样式选项"组中可实现操作，如不显示分类汇总、禁用总计、插入空行、以压缩形式显示、显示镶边行等。勾选"数据透视表样式选项"组中的"镶边行"复选框，如图16-21所示，可显示镶边行。

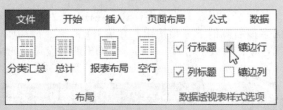
图16-21　设置数据透视表的显示方式

16.4　数据透视表中字段的项目组合

项目组合是一种常用的数据分析手段。虽然数据透视表有汇总数据的功能，但是在数据透视表中仍然有很多单个的个体情况，需要对数据透视表里存在的项目进行进一步的分组，从而将隐藏的信息挖掘出来。在Excel 2013中可以对数字字段和日期字段进行分组，分组的方法有两种：使用"分组"对话框和手动任意分组。

16.4.1　使用"分组"对话框分组

在"分组"对话框中，可以通过设置起始于和终止于及步长，从而达到分组的效果。打开"分组"对话框的方法有两种。

◆ 右键打开：右击要分组的数据中的任一单元格，在弹出的快捷菜单中单击"创建组"命令。

◆ 在功能区中打开：选中要分组的数据中的任一单元格，在"数据透视表工具-分析"选项卡单击"分组"组中的"组字段"按钮。

16-6 对订单透视表中的日期进行组合

订单透视表用于汇总销售订单情况。在分析订单情况时，需要将数据按照日期进行汇总，可将日期按照一定的方式组合，如5天为一个分组。

 下载资源\实例文件\第16章\原始文件\订单透视表.xlsx

 下载资源\实例文件\第16章\最终文件\订单透视表.xlsx

 扫码看视频

步骤01 打开下载资源\实例文件\第16章\原始文件\订单透视表.xlsx，选中行标签中的任一单元格，在"数据透视表工具-分析"选项卡下单击"分组"组中的"组字段"按钮，如图16-22所示。

步骤02 弹出"组合"对话框，设置起始于、终止于、步长和天数，单击"确定"按钮，如图16-23所示。

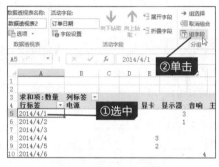

图16-22 单击"组字段"按钮

图16-23 设置分组

步骤03 随后，可以看到创建组后按照5天为一组分组的效果，如图16-24所示。

求和项:数量	列标签							
行标签	电源	机箱	内存	显卡	显示器	音响	主板	总计
2014/4/1 - 2014/4/5		3		5	4		7	19
2014/4/6 - 2014/4/10	1		5		4	4		14
总计	1	3	5	5	8	4	7	33

图16-24 分组后的效果

16.4.2 手动任意分组

"组合"对话框适合于步长相同的日期或数字，当要分组的内容为文本或步长不相同时，可以手动分组。手动分组的方法有两种：

◆ 功能区法：选择要分组的数据区域，在"数据透视表工具-分析"选项卡中单击"组选择"按钮。若有多个分组区域，按住【Ctrl】键的同时选择多个分组区域。

◆ 右键法：右击要分组的数据区域，在弹出的快捷菜单中单击"创建组"命令。

16-7 对订单透视表中的销售途径进行分组

要分析订单透视表中各销售途径的销售情况，需要将其分组。由于销售途径为文本，可使用手动分组的方法。这里将超市等网下销售途径分为一组，网上销售途径分为另一组。

 原始文件 下载资源\实例文件\第16章\原始文件\订单透视表1.xlsx

 最终文件 下载资源\实例文件\第16章\最终文件\订单透视表1.xlsx

步骤01 打开下载资源\实例文件\第16章\原始文件\订单透视表1.xlsx，选择包含网下销售途径的单元格区域，在"数据透视表工具-分析"选项卡中单击"组选择"按钮，如图16-25所示。

步骤02 随后，可以看到分组后的效果，如图16-26所示。

图16-25 单击"组选择"按钮

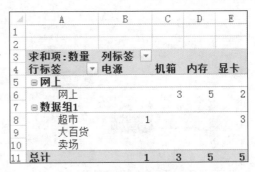

图16-26 手动分组后的效果

 提示 使用手动方法分组后，系统会自动将分组名称显示为例如"数据组1"的内容，可选中该内容所在的单元格，直接输入或在编辑栏中输入分组的名称。

16.4.3 取消项目组合

若创建的分组不合适或者不再需要分组，可以取消项目组合。右击要取消的分组，在弹出的快捷菜单中单击"取消分组"命令。

16-8 取消对销售途径的分组

分析销售途径后，还需要在订单透视表中分析其他内容，因此，需要先取消对销售途径的分组。

 原始文件 下载资源\实例文件\第16章\原始文件\订单透视表2.xlsx

 最终文件 下载资源\实例文件\第16章\最终文件\订单透视表2.xlsx

步骤01 打开下载资源\实例文件\第16章\原始文件\订单透视表2.xlsx，选择要取消的分组，在"数据透视表工具-分析"选项卡中单击"取消组合"按钮，如图16-27所示。

步骤 02　随后可以看到取消分组后的效果，如图16-28所示。

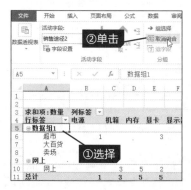

图16-27　单击"取消组合"按钮

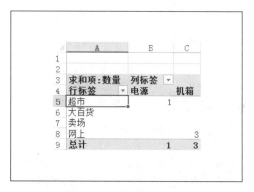

图16-28　取消分组后的效果

16.5　在数据透视表中执行计算

在数据透视表中可执行对同一字段应用不同的汇总方式和自定义计算字段等计算。在"数据透视表工具-分析"选项卡的"计算"组中可完成操作。

16.5.1　对同一字段应用不同的汇总方式

对字段应用汇总方式可以对所选字段进行再计算。汇总方式包括平均值、最大值、最小值、计数、求和、乘积等。在默认情况下，汇总方式为求和。数据区域中的同一字段可同时进行多种汇总方式，只需要将汇总字段多次添加到数据透视表中，再更改汇总方式。更改汇总方式的方法有两种：

◆ "值字段设置"对话框：在"在以下区域中拖动字段"列表框中，单击要设置汇总方式的字段下三角按钮，在展开的列表中单击"值字段设置"选项，在打开的"值字段设置"对话框中选择汇总方式。

◆ 功能区：选中要设置汇总方式的数据所在的单元格，在"数据透视表工具-分析"选项卡下单击"活动字段"组中的"字段设置"按钮，在弹出的对话框中进行设置。

　16-9　计算销售明细账中的销售金额字段的平均值和最大值

除了对销售金额进行求和汇总计算，有时候还需要计算销售金额中的平均值或最大值，使用对同一字段应用不同的汇总方式可快速得到结果。

　原始文件　下载资源\实例文件\第16章\原始文件\销售明细账.xlsx

　最终文件　下载资源\实例文件\第16章\最终文件\销售明细账.xlsx

扫码看视频

步骤 01　打开下载资源\实例文件\第16章\原始文件\销售明细账.xlsx，单击"求和项：销售金额"下三角按钮，在展开的下拉列表中单击"值字段设置"选项，如图16-29所示。

步骤 02　弹出"值字段设置"对话框，在"值汇总方式"选项卡中，单击"计算类型"列表框中的"平均值"选项，单击"确定"按钮，如图16-30所示。

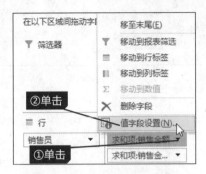

图16-29 单击"值字段设置"选项

图16-30 设置值汇总方式

步骤 03　选中"求和项：销售金额2"所在的单元格，在"数据透视表工具-分析"选项卡下，单击"字段设置"按钮，在弹出的"值字段设置"对话框中单击"最大值"选项，然后单击"确定"按钮，如图16-31所示。

步骤 04　返回工作表中可以看到求平均值和最大值的结果，如图16-32所示。

图16-31 单击"最大值"选项

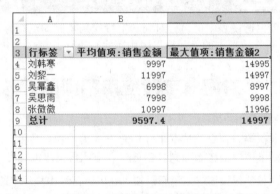

图16-32 求平均值和最大值的结果

16.5.2　自定义计算字段

Excel提供了向数据透视表添加计算字段的功能，使用户可以根据数据透视表中已有的字段扩展计算出其他数据。计算字段是通过对数据透视表中现有的字段进行计算后得到的新字段。需要注意的是，计算字段无法引用数据透视表之外的工作表数据计算。在"数据透视表工具-分析"选项卡下打开"插入计算字段"对话框，可定义计算字段。

16-10　创建各销售人员提成字段

销售人员业绩提成是按照销售人员的销售金额计算的。在"销售明细账"中可利用数据透视表汇总销售金额后，添加计算字段计算提成。

步骤 01　打开下载资源\实例文件\第16章\原始文件\销售明细账1.xlsx，在"数据透视表工具-分析"选项卡下，单击"字段、项目和集"下三角按钮，在展开的下拉列表中单击"计算字段"选项，如图16-33所示。

步骤 02　弹出"插入计算字段"对话框，输入名称、公式，单击"添加"按钮，如图16-34所示。

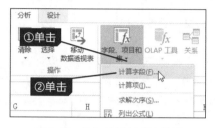

图16-33　单击"计算字段"选项

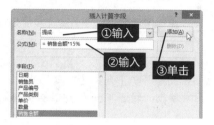

图16-34　插入计算字段

步骤 03　随后在"字段"列表框中可以看到添加的字段，单击"确定"按钮，如图16-35所示。

步骤 04　返回数据透视表中，可以看到添加计算字段后的计算结果，如图16-36所示。

图16-35　确定插入计算字段

行标签 ▾	求和项:销售金额汇总	求和项:提成汇总
刘韩寒	19994	¥2,999
刘黎一	23994	¥3,599
吴幂鑫	13996	¥2,099
吴思雨	15996	¥2,399
张微微	21994	¥3,299
总计	**95974**	**¥14,396**

图16-36　插入计算字段后计算结果

16.6　数据透视表的可视化筛选

数据透视表除了有计算功能外，还有筛选功能，可使用自带的筛选器筛选，还可使用切片器筛选。

16.6.1　使用自带筛选器对数据进行筛选

创建数据透视表后，在行标签、列标签、报表筛选字段的右侧会显示筛选器，通过该筛选器可筛选数据。单击筛选字段的筛选器与其他两个字段的筛选器略有不同。单击列标签的筛选器，展开筛选器下拉列表，在列表中可执行标签筛选、值筛选和简单筛选，如图16-37所示。

◆ 标签筛选：关键字筛选，如等于某个关键字、不等于某个关键字、开头是某个关键字。

◆ 值筛选：介于某个值、10个最大的值、等于某个值等。

◆ 简单筛选：选择该标签中要保留或不保留的项。

图16-37　自带筛选器筛选

16-11 在销售明细表中筛选销售地区

　　创建的销售明细表包含所有销售地区的信息，要在销售明细表中快速筛选出各个销售地区的信息，可以使用筛选器功能。

原始文件　下载资源\实例文件\第16章\原始文件\销售明细表3.xlsx

最终文件　下载资源\实例文件\第16章\最终文件\销售明细表3.xlsx

步骤 01

　　打开下载资源\实例文件\第16章\原始文件\销售明细表3.xlsx，单击要筛选的字段右侧的筛选按钮，在展开的下拉列表中勾选"选择多项"复选框，勾选要选择的项目前的复选框，选择完毕后，单击"确定"按钮，如图16-38所示。

步骤 02

　　随后可以看到筛选的结果，如图16-39所示。

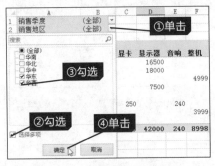

图16-38　执行筛选操作

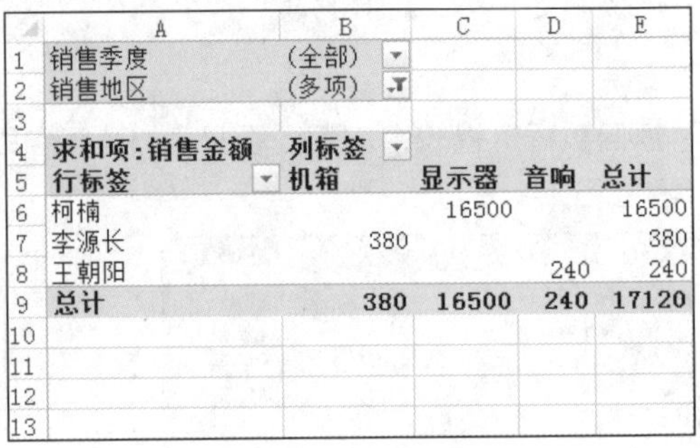

图16-39　筛选后的结果

技巧 16-5 活动字段的展开或折叠

　　数据透视表虽然用于汇总数据，在数据透视表或数据透视图中仍然可以查看数据的明细，甚至可以展开或折叠到数据明细的所有级别。

　　在数据透视表中右击列标签中的字段，在弹出的快捷菜单中指向"展开/折叠"，在展开的下级列表中选择合适的选项，如展开，如图16-40所示。弹出"显示明细数据"对话框，选择要显示的明细数据，单击"确定"按钮即可。

图16-40　活动字段的展开或折叠

技巧 16-6 快速在数据透视表中显示源数据的更新

　　在实际工作中，经常会遇到源数据有更改的情况，更改源数据后，系统不会自动更新数据透视表中的数据。用户可手动执行更新。

　　在"数据透视表工具-分析"选项卡下，单击"数据"组中的"刷新"下三角按钮，在展开的下拉列表中单击合适的选项，这里单击"全部刷新"选项，如图16-41所示，执行操作后将全部更新数据透视表中的数据。

图16-41　快速在数据透视表中显示源数据的更新

16.6.2 使用切片器对数据进行筛选

切片器是一种筛选组件，它包含一组按钮。使用切片器不需要打开下拉列表查找要筛选的项目，就可以快速筛选数据透视表中的数据。可同时创建一个或多个切片器，在"数据透视表工具-分析"选项卡下的"筛选"组中单击"插入切片器"按钮，弹出"插入切片器"对话框，可开始创建切片器。

16-12 使用切片器筛选不同季节指定销售员的销售金额

在销售明细表中会遇到筛选不同季节指定销售员的销售金额的情况，使用筛选器筛选需要操作多步，而通过创建切片器筛选，只需要简单的操作就可以得到正确的结果。

原始文件 下载资源\实例文件\第16章\原始文件\销售明细表4.xlsx

最终文件 下载资源\实例文件\第16章\最终文件\销售明细表4.xlsx

扫码看视频

步骤 01 打开下载资源\实例文件\第16章\原始文件\销售明细表4.xlsx，在"数据透视表工具-分析"选项卡下，单击"筛选"组中的"插入切片器"选项，如图16-42所示。

步骤 02 弹出"插入切片器"对话框，勾选要创建的切片器前的复选框，这里勾选"销售人员"和"销售季度"复选框，单击"确定"按钮，如图16-43所示。

图16-42 单击"插入切片器"选项

图16-43 创建切片器

步骤 03 随后看到创建切片器后的效果，如图16-44所示。单击相应的季度和销售人员，即可查看筛选结果。

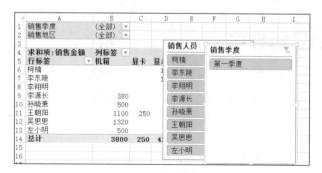

图16-44 创建切片器后的效果

技巧 16-7　设置切片器样式

为了让插入的切片器更美观，可套用Excel预设的多种切片器样式。

选中要设置样式的切片器，在"切片器工具-选项"选项卡下，单击"切片器样式"组中的快翻按钮，在展开的库中选择合适的切片器样式，如图16-45所示。随后，即可看到设置了样式的切片器。

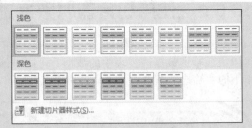

图16-45　设置切片器样式

技巧 16-8　清除筛选器

使用切片器筛选数据后，会在切片器中显示筛选的字段，在数据透视表中显示筛选结果。若要清除数据透视表中的数据，可通过将切片器清除实现。单击"切片器"右侧的"清除筛选器"按钮，如图16-46所示，可将数据清除便于重新筛选。

图16-46　清除筛选器

技巧 16-9　使用一个切片器筛选多张数据透视表

在同一个工作簿中可能会创建多个数据透视表，以同时显示从不同的角度分析数据。当需要同时对这些数据进行筛选时，可通过一个切片器同时操作，只需要将切片器与要筛选的数据透视表连接即可。

在"切片器工具-选项"选项卡下，单击"切片器"组中的"报表连接"按钮。弹出"数据透视表连接"对话框，勾选要连接的数据透视表前的复选框，单击"确定"按钮，如图16-47所示，即可实现一个切片器筛选多张数据透视表。

图16-47　使用一个切片器
筛选多张数据透视表

16.7　数据透视表中数据关系的直观表现

数据透视图以图形形式表示数据透视表中的数据。数据透视图具有与图表相似的功能，可以为其设置格式、更改样式和布局。数据透视图的交互性很强，主要体现在数据透视图中能够实现数据的排序和筛选。

16.7.1　创建数据透视图

在Excel 2013中可根据源数据和数据透视表两种方法创建数据透视图。

◆ 通过源数据创建：在"插入"选项卡下，单击"数据透视表"下三角按钮，在展开的下拉列表中单击"数据透视图"选项。弹出"创建数据透视表及数据透视图"对话框，设置分析的数据区域和数据透视图位置，即可创建数据透视图。

◆ 通过数据透视表创建：在"数据透视表工具-分析"选项卡下，单击"工具"组中的"数据透视图"按钮。弹出"插入图表"对话框，选择合适的类型即可创建。

16-13 创建各销售员销售金额对比图

　　在数据透视表中虽然能够清楚地看到各销售员的销售金额，但是和数据透视图相比，数据透视图能够更直观地看到对比情况。创建好数据透视表后，可快速创建数据透视图。

◆原始文件　下载资源\实例文件\第16章\原始文件\销售金额对比图.xlsx

◆最终文件　下载资源\实例文件\第16章\最终文件\销售金额对比图.xlsx

 扫码看视频

步骤01　打开下载资源\实例文件\第16章\原始文件\销售金额对比图.xlsx，在"数据透视表工具-分析"选项卡中，单击"数据透视图"按钮，如图16-48所示。

步骤02　弹出"插入图表"对话框，选择合适的类型和子类型，单击"确定"按钮，如图16-49所示。

图16-48　单击"数据透视图"按钮

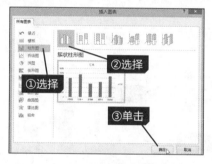

图16-49　选择图表类型

步骤03　随后可以看到创建的数据透视图，能清楚地看到各销售员的销售金额对比情况，如图16-50所示。

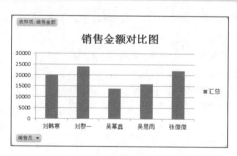

图16-50　创建的数据透视图

16.7.2　在数据透视图中筛选数据

　　在数据透视图中不仅能够直观地展示数据，还可以筛选数据便于将数据细化。在数据透视图中也可以通过筛选器和切片器两种方式筛选数据。

　　◆ 筛选器：单击数据透视图组中的筛选器按钮，在展开的下拉列表中选择需要的数据，单击"确定"按钮即可。

　　◆ 切片器：在"数据透视图工具-分析"选项卡下，单击"插入切片器"下三角按钮，在展开的下拉列表中单击"插入切片器"选项，弹出"插入切片器"对话框，选择要创建的切片器字段即可。

示例 16-14 对销售人员进行筛选查看

　　根据销售明细数据透视表创建的数据透视图显示了所有销售人员的销售金额。若只需要将某些员工的销售数据，或者只需要将满足条件的销售人员的销售金额对比，可以使用数据透视图的筛选功能，筛选出满足条件的销售人员，再查看对比情况。

原始文件　下载资源\实例文件\第16章\原始文件\销售金额对比图1.xlsx

最终文件　下载资源\实例文件\第16章\最终文件\销售金额对比图1.xlsx

步骤 01　　打开下载资源\实例文件\第16章\原始文件\销售金额对比图1.xlsx，单击"销售员"筛选按钮，在展开的下拉列表中勾选要对比的两个销售员前面的复选框，单击"确定"按钮，如图16-51所示。

步骤 02　　随后即可看到两个销售员销售金额的对比情况，如图16-52所示。

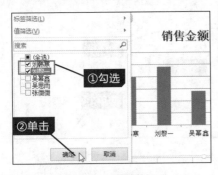

图16-51　筛选数据

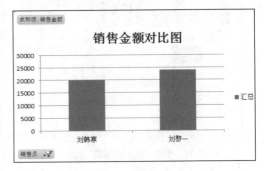

图16-52　筛选后的效果

技巧 16-10 清除筛选快速恢复数据

　　在Excel 2013中，若要恢复到未筛选时的数据效果，只需要选择"清除筛选"选项。

　　在"数据透视表工具-分析"选项卡下，单击"清除"下三角按钮，在展开的下拉列表中单击"清除筛选"选项，如图16-53所示，可还原数据。单击"全部清除"选项，可清除数据透视图中的全部数据。

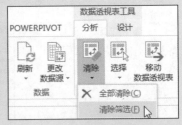

图16-53　清除筛选快速恢复数据

读书笔记

第17章

单元格内数据关系的图形化分析

图表能够直观地展示数据，而Excel提供的单元格内的图形化效果，不仅创建简单便捷，还能达到直观地展示数据的效果。条件格式能够以颜色和图形快速突出单元格区域内的重点数据；迷你图，可将图表浓缩到单元格内，可谓是图表的小型版本。

17.1 以颜色突出单元格内的重点数据

使用条件格式能快速让满足某个条件的单元格区域突出显示。其中，突出显示单元格规则、项目选取规则和色阶变化能够以颜色突出单元格内的重点数据。

17.1.1 使用突出显示单元格规则突出满足条件的单元格

突出显示单元格规则用于为满足某个条件的单元格自动应用设置的格式。其规则包括大于、小于、介于、等于、文本包含、发生日期和重复值。

 17-1 突出显示月工资大于5000的临时员工

临时员工工资表用于计算临时员工的工资。临时员工是组成公司人员的一部分，一般情况下，都以天数和日工资计算临时员工工资。技术含量较高的岗位，日工资相对较高，若该月工作天数较多，工资也较高。可使用突出单元格显示规则突出显示月工资大于5000的临时员工。

原始文件 下载资源\实例文件\第17章\原始文件\临时员工工资表.xlsx

最终文件 下载资源\实例文件\第17章\最终文件\临时员工工资表.xlsx

 扫码看视频

步骤 01 打开下载资源\实例文件\第17章\原始文件\临时员工工资表.xlsx，选择E4:E11单元格区域，在"开始"选项卡中单击"条件格式"下三角按钮，在展开的下拉列表中指向"突出显示单元格规则"，在展开的下级列表中单击"大于"选项，如图17-1所示。

步骤 02 弹出"大于"对话框，设置值为5000，设置格式为"浅红填充色深红色文本"选项，单击"确定"按钮，返回工作表中可以看到大于5000的数据突出显示，如图17-2所示。

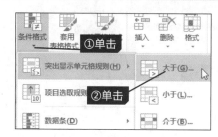

图17-1 单击"大于"选项

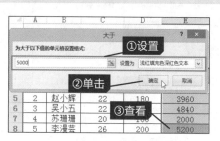

图17-2 设置突出显示并显示效果

技巧 17-1　突出显示包含某文本的单元格

　　若要突出显示包含某个文本的单元格，可在"突出显示单元格规则"中选择"文本包含"选项。在"文本中包含"对话框中输入文本，设置格式，如图17-3所示，即可突出显示。

图17-3　突出显示包含某文本的单元格

技巧 17-2　突出显示发生日期在某个时间段内的单元格

　　实际工作中，数据量大。要在工作表中查找某个日期的记录靠眼力是不可靠的。使用Excel突出显示单元格规则的"发生日期"选项，可快速解决。打开"发生日期"对话框，可选择明天、最近7天等发生日期，设置格式，如图17-4所示。返回工作表发生日期被应用了格式。

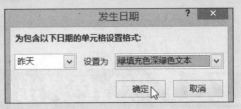

图17-4　突出显示发生日期在某个时间段内的单元格

17.1.2　使用项目选取规则突出符合选取范围的单元格

　　项目选取规则用于突出显示单元格区域内占一定比例的数据所在的单元格，如值最大或最小的N项、值最大或最小的N%项、高于或低于平均值。

示例 17-2　突出显示销售业绩的后三位

　　销售业绩表记录了企业销售哪些产品给哪些企业，销售金额为多少。这里使用项目选取规则快速显示销售业绩后三位的记录。

　原始文件　下载资源\实例文件\第17章\原始文件\销售业绩表.xlsx

　最终文件　下载资源\实例文件\第17章\最终文件\销售业绩表.xlsx

步骤01　打开下载资源\实例文件\第17章\原始文件\销售业绩表.xlsx，选择D3:D13单元格区域，在"开始"选项卡中单击"条件格式"下三角按钮，在展开的下拉列表中指向"项目选取规则"，再单击下级列表中的"最后10项"选项，如图17-5所示。

步骤02　弹出"最后10项"对话框，设置值为3，格式为"绿填充色深绿色文本"选项，单击"确定"按钮。返回工作表中，可看到倒数三位的值所在的单元格应用了设置的格式，如图17-6所示。

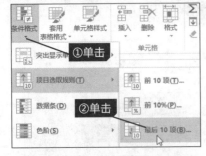

图17-5　单击"值最小的10项"选项

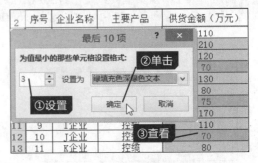

图17-6　设置突出显示并显示效果

技巧 17-3　突出显示高于或低于平均值的项

通过"项目选取规则"可突出显示高于或低于平均值的单元格。以高于平均值为例，选择单元格区域，在"项目选取规则"下级列表单击"高于平均值"选项。打开"高于平均值"对话框，设置格式，如图17-7所示，即可突出显示高于平均值的项。

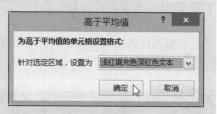

图17-7　突出显示高于或低于平均值的项

17.1.3　使用色阶表现单元格中数据的大小

色阶可根据数据的大小为单元格套用三种或两种颜色的底纹渐变效果。Excel 2013为用户提供了12种样式的色阶，包括绿、黄、红色阶，数据由大到小用绿色、黄色、红色渐变显示。

示例 17-3　使用色阶区分销售员的销售业绩高低

员工销售业绩表用于统计员工的月度销售额，使用色阶能够让销售额的数据大小更加显著。

📥 原始文件　下载资源\实例文件\第17章\原始文件\员工销售业绩表.xlsx

📥 最终文件　下载资源\实例文件\第17章\最终文件\员工销售业绩表.xlsx

 扫码看视频

步骤 01　打开下载资源\实例文件\第17章\原始文件\员工销售业绩表.xlsx，选择E3:E12单元格区域，在"开始"选项卡单击"条件格式"下三角按钮，在展开的下拉列表中指向"色阶"，在展开的下级列表中选择合适的选项，如图17-8所示。

步骤 02　随后在单元格区域中可以看到以红色底纹显示业绩高的单元格，以蓝色底纹显示业绩低的单元格，如图17-9所示。

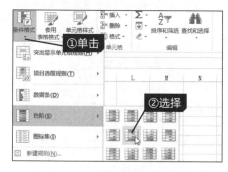

图17-8　选择合适的色阶样式

	A	B	C	D	E
1			4月份员工销售业绩表		
2	编号	姓名	性别	所属部门	销售额
3	XS001	张军翔	男	销售1部	2500
4	XS002	吴小敏	女	销售1部	3000
5	XS003	张伟强	男	销售1部	7800
6	XS004	柯蜜	女	销售1部	2890
7	XS005	孙海涛	男	销售1部	7890
8	XS006	李自强	男	销售1部	6780
9	XS007	王子明	男	销售1部	7890
10	XS008	曾珍	女	销售1部	7800
11	XS009	吴斯佳	女	销售1部	6700
12	XS010	代安娜	女	销售1部	9000

图17-9　设置色阶后的效果

17.2　以数据条和图标集表现数据变化

在条件格式中除了以颜色突出单元格内的重点数据外，还可以用图形（如数据条、图标集等）表现单元格区域内数据的变化。

17.2.1 使用数据条比较单元格数值大小

数据条用条形长短表示该单元格内数据的大小。Excel提供了渐变填充和实心填充两种数据条样式方便用户快速使用。

示例 17-4 通过数据条长短比较产品单价

购买产品时需要货比三家，使用Excel能够快速比较结果。例如单片价格对比表记录了产品的售价，并计算出单片价，价格区别在几角之间，使用数据条能够快速比较数据的大小。

扫码看视频

原始文件 下载资源\实例文件\第17章\原始文件\单片价格对比表. xlsx

最终文件 下载资源\实例文件\第17章\最终文件\单片价格对比表. xlsx

步骤01 打开下载资源\实例文件\第17章\原始文件\单片价格对比表.xlsx，选择E3:E10单元格区域，在“开始”选项卡中单击“条件格式”下三角按钮，在展开的下拉列表中指向“数据条”，在展开的下级列表中选择合适的数据条，如图17-10所示。

步骤02 随后，在单元格区域中可以看到添加数据条后的效果，如图17-11所示。

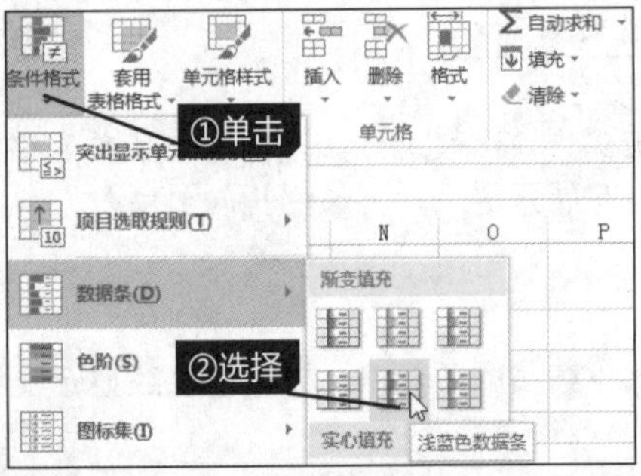

图17-10 选择合适的数据条

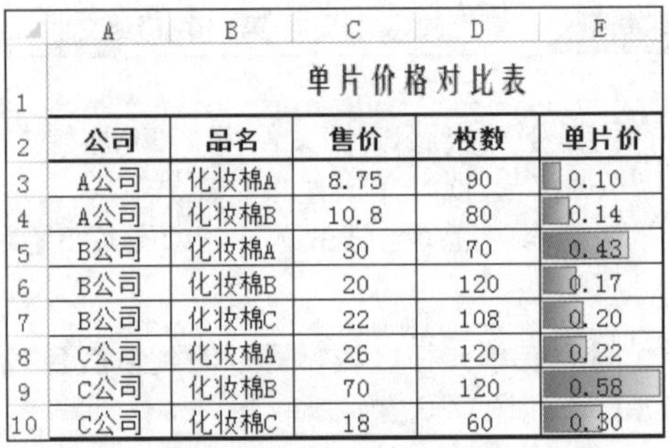

	A	B	C	D	E
1	单片价格对比表				
2	公司	品名	售价	枚数	单片价
3	A公司	化妆棉A	8.75	90	0.10
4	A公司	化妆棉B	10.8	80	0.14
5	B公司	化妆棉A	30	70	0.43
6	B公司	化妆棉B	20	120	0.17
7	B公司	化妆棉C	22	108	0.20
8	C公司	化妆棉A	26	120	0.22
9	C公司	化妆棉B	70	120	0.58
10	C公司	化妆棉C	18	60	0.30

图17-11 添加数据条后的效果

技巧 17-4 更改条形图的外观和方向

除了Excel提供的内置数据条样式外，用户还可以自定义数据条的外形和方向。

在“开始”选项卡中单击“条件格式”下三角按钮，在展开的下拉列表中指向“数据条”，在展开的下级列表中单击“其他规则”选项。打开“新建格式规则”对话框，自动选择“基于各自值设置所有单元格的格式”规则类型。在“编辑规则说明”组中自动选择格式样式为“数据条”。可设置条形图的外观，如填充的样式和颜色、边框的样式和颜色。可设置条形图的方向，如上下文、从左到右和从右到左，如图17-12所示。

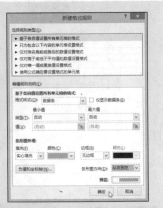

图17-12 更改条形图的外观和方向

17.2.2　使用图标集划分单元格数据范围

图标集可以在单元格区域内各范围的数据前显示不同的图标。Excel 2013提供了方向、形状、标记、等级四种样式的内置图标集样式，方便用户快速使用。例如方向中的三向箭头（彩色），绿色箭头表示较大的数据，黄色箭头表示中等数据，红色箭头表示较小的数据。

17-5　通过图标集区分产品单价的高低

在单片价格对比表中除了要比较产品单价的数值大小外，有时候还需要筛选出价格较高或较低范围的数据。使用图标集能够快速区别不同价格范围的产品单价。

　原始文件　下载资源\实例文件\第17章\原始文件\单片价格对比表1.xlsx

　最终文件　下载资源\实例文件\第17章\最终文件\单片价格对比表1.xlsx

　扫码看视频

步骤01　打开下载资源\实例文件\第17章\原始文件\单片价格对比表1.xlsx，选择E3:E10单元格区域，在"开始"选项卡中单击"条件格式"下三角按钮，在展开的下拉列表中指向"图标集"，在展开的下级列表中单击合适的样式，如图17-13所示。

步骤02　随后，在单元格区域中可以看到设置图标集后的效果，如图17-14所示。

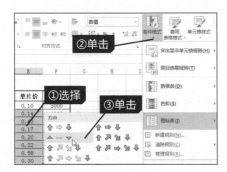

图17-13　设置图标集

	A	B	C	D	E
1			单片价格对比表		
2	公司	品名	售价	枚数	单片价
3	A公司	化妆棉A	8.75	90	▼0.10
4	A公司	化妆棉B	10.8	80	▼0.14
5	B公司	化妆棉A	30	70	▲0.43
6	B公司	化妆棉B	20	120	▼0.17
7	B公司	化妆棉C	22	108	▼0.20
8	C公司	化妆棉A	26	120	▼0.22
9	C公司	化妆棉B	70	120	▲0.58
10	C公司	化妆棉C	18	60	━0.30

图17-14　设置后的效果

技巧 17-5　自定义图标集规则

使用图标集时，数据的高低范围是系统根据单元格区域中的数据自动划分的。当然，用户也可以根据实际情况自定义。

单击"条件格式"下三角按钮，在展开的下拉列表中指向"图标集"，在展开的下级列表单击"其他规则"选项，打开"新建格式规则"对话框。此时，自动选择"基于各自值设置所有单元格的格式"规则类型。在"编辑规则说明"组中自动选择格式样式为图标集。可设置图标样式、各图标对应的数值范围，如图17-15所示。

图17-15　自定义图标集规则

提示　重新设置图标集规则时，在"新建格式规则"对话框中，单击"反转图标次序"按钮，可改变图标集表示数据范围的顺序。勾选"仅显示图标"复选框，可在单元格中仅显示图标。

技巧 17-6　自定义条件格式规则

当Excel提供的条件格式规则不能满足用户的实际需求时，还可以自定义条件格式规则。

选择单元格区域，单击"条件格式"下三角按钮，在展开的下拉列表中单击"新建规则"选项。弹出"新建格式规则"对话框，在"选择规则类型"列表框中选择合适的规则类型，在"编辑规则说明"组中设置格式样式、条件等，如图17-16所示，即可为选择的单元格区域自定义条件格式规则。

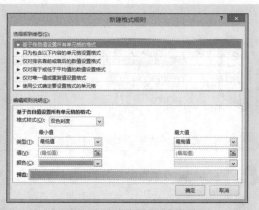

图17-16　自定义条件格式规则

技巧 17-7　使用公式确定要设置格式的单元格

使用"使用公式确定要设置格式的单元格"规则能够帮助用户在实际工作中完成很多单元格格式的设置，如隔行填充底纹。

选择单元格区域，打开"新建格式规则"对话框，选择"使用公式确定要设置格式的单元格"选项，在"为符合此公式的值设置格式"文本框中输入公式，单击"格式"按钮，设置格式，设置完毕后，单击"确定"按钮，如图17-17所示，返回工作表中，即可为选择的单元格区域隔行填充底纹。

图17-17　使用公式确定要设置格式的单元格

17.3 以迷你图表现一组数据的变化情况

迷你图是创建在一个单元格中的小型图表，使用迷你图可以直观地反映一组数据的变化趋势。Excel 2013提供了折线图、柱形图和盈亏图三种迷你图类型。创建迷你图后，用户还可以根据需要编辑迷你图，如更改迷你图的数据、类型和样式。

17.3.1 创建迷你图

Excel提供了两种迷你图的概念：一是单个迷你图，二是迷你图组。迷你图组即由多个迷你图组成。创建迷你图组后，可一次更改迷你图组中所有迷你图的数据、类型和样式。在"插入"选项卡下，单击"折线图"组中合适的迷你图类型，打开"创建迷你图"对话框，选择所需数据的数据范围和迷你图放置的位置，即可完成迷你图的创建。若选择的数据范围和迷你图放置的位置为对应的单元格区域便可创建迷你图组。

17-6　创建部门上半年各月销售额走势迷你图

上半年销售业绩表用于记录各部门上半年每个月的销售情况。这时可根据数据创建折线迷你图直观地查看数据走势。

 原始文件　下载资源\实例文件\第17章\原始文件\上半年销售业绩表.xlsx

最终文件　下载资源\实例文件\第17章\最终文件\上半年销售业绩表.xlsx

步骤01　打开下载资源\实例文件\第17章\原始文件\上半年销售业绩表.xlsx，在"插入"选项卡下，单击"迷你图"组中的"折线图"按钮，如图17-18所示。

步骤02　弹出"创建迷你图"对话框，设置数据范围和位置范围，单击"确定"按钮，如图17-19所示。

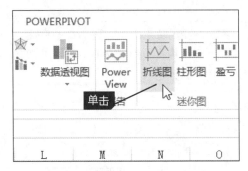

图17-18　单击"折线图"按钮

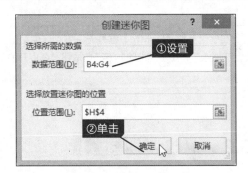

图17-19　设置迷你图范围

步骤03　返回工作表中，在位置范围可以看到创建的迷你图，按照同样的方法为其他销售部创建迷你图，创建后的效果如图17-20所示。

	1月	2月	3月	4月	5月	6月	走势
销售1部	10	11	10.5	12	9.8	10	
销售2部	11	12	9.5	12	11	10	
销售3部	10	10.5	11	12	12.5	12	
销售4部	9.8	10	12	12.5	12	10	

图17-20　创建迷你图后的效果

技巧17-8　快速创建迷你图组

在示例17-6中重复相同的操作为各销售部的数据创建迷你图，其实，可以使用创建迷你图组的方式同时创建。打开"创建迷你图"对话框，在数据范围和位置范围中设置包括的单元格区域，单击"确定"按钮，如图17-21所示。返回工作表中，便创建了迷你图组。

图17-21　快速创建迷你图组

提示
　　创建了单个的迷你图后，选中所有的迷你图，可以在"迷你图工具-设计"选项卡下，单击"分组"组中的"组合"按钮，将其组合成迷你图组，方便同时对所有的迷你图更改类型、样式等。

技巧 使用REPT()函数创建迷你图
17-9

　　迷你图只能在一个单元格中显示某行或某列中的数据。使用REPT()函数能根据单个的单元格创建迷你图，并且比较相关单元格区域中数据的关系。

　　在单元格中输入公式"=REPT("▬", B4/100)"，重复显示B4/100个"▬"图形。并将公式填充到单元格区域中，可以看到创建迷你图后的效果，如图17-22所示。

月份	销售	迷你图
1月	1500	
2月	1000	
3月	900	
4月	1200	
5月	890	
6月	900	
7月	120	
8月	390	
9月	490	
10月	980	
11月	1100	
12月	1500	

图17-22　使用REPT()函数创建迷你图

提示
　　在键盘上按【Delete】键是无法删除迷你图的。选择要删除的迷你图所在的单元格，在"迷你图工具-设计"选项卡下，单击"清除"下三角按钮，在展开的下拉列表中单击"清除所选的迷你图"选项，可删除选择的迷你图。

17.3.2　更改迷你图数据

　　创建迷你图后，若要更改迷你图的源数据，可在"迷你图工具-设计"选项卡的"迷你图"组中完成操作。单击"编辑数据"下三角按钮，在展开的下拉列表中选择更改数据的选项，如图17-23所示。

◆ 编辑组位置和数据：更改所选择的迷你图组的位置和数据源。
◆ 编辑单个迷你图的数据：仅编辑所选迷你图的数据源。
◆ 隐藏和清空单元格：更改空单元格的显示方式和是否显示隐藏数据。
◆ 切换行/列：按行或按列显示迷你图数据。

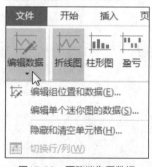
图17-23　更改迷你图数据

示例 17-7 更改上半年销售走势迷你图的数据源为第一季度

　　上半年销售业绩表包含第一季度和第二季度的数据，若只需查看第一季度的数据可修改数据源。

扫码看视频

原始文件　下载资源\实例文件\第17章\原始文件\上半年销售业绩表1.xlsx

最终文件　下载资源\实例文件\第17章\最终文件\上半年销售业绩表1.xlsx

步骤 01　打开下载资源\实例文件\第17章\原始文件\上半年销售业绩表1.xlsx，选中H4单元格，在"迷你图工具-设计"选项卡中单击"编辑数据"按钮，在展开的下拉列表中单击"编辑单个迷你图的数据"选项，如图17-24所示。

步骤 02　在"编辑迷你图数据"对话框中修改数据，单击"确定"按钮，如图17-25所示。

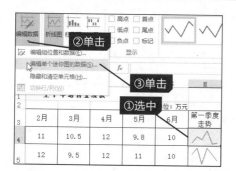

图17-24　单击"编辑单个迷你图数据"选项

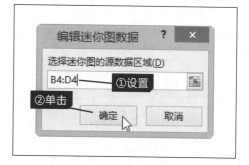

图17-25　编辑数据

步骤 03　返回工作表中，在H4单元格中可以看到更改数据区域后的效果，按照同样的方法，为其他的迷你图更改数据区域，更改完毕后，效果如图17-26所示。

	B	C	D	E	F	G	H
1	上半年销售业绩表						
2						单位：万元	
3	1月	2月	3月	4月	5月	6月	第一季度走势
4	10	11	10.5	12	9.8	10	
5	11	12	9.5	12	11	10	
6	10	10.5	11	12	12.5	12	
7	9.8	10	12	12.5	12	10	

图17-26　更改数据后的效果

17.3.3　更改迷你图类型

在"插入"选项卡的"迷你图"组中和"迷你图工具-设计"选项卡的"类型"组中，可清楚地看到迷你图类型包括折线图、柱形图和盈亏图。

◆ 折线图：可用于直观地展示数据的变化趋势。

◆ 柱形图：可用于对比数据。

◆ 盈亏图：可用于直观地展示正负值。

创建好迷你图后，可在"迷你图工具-设计"选项卡的"类型"组中随意更改迷你图的类型。

示例 17-8　将销售走势迷你图更改为各月份销售对比图

折线图用于显示数据的变化情况，柱形图侧重于数据的对比情况。若要查看上半年销售业绩数据的对比情况，可将折线图更改为柱形图。

　原始文件　下载资源\实例文件\第17章\原始文件\上半年销售业绩表2.xlsx

　最终文件　下载资源\实例文件\第17章\最终文件\上半年销售业绩表2.xlsx

　扫码看视频

步骤 **01** 打开下载资源\实例文件\第17章\原始文件\上半年销售业绩表2.xlsx，选择H4:H7单元格区域，在"迷你图工具-设计"选项卡下，单击"类型"组中的"柱形图"按钮，如图17-27所示。

步骤 **02** 更改为柱形图后，可直观地看到上半年销售业绩的对比情况，如图17-28所示。

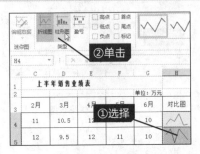

图17-27　单击"柱形图"按钮

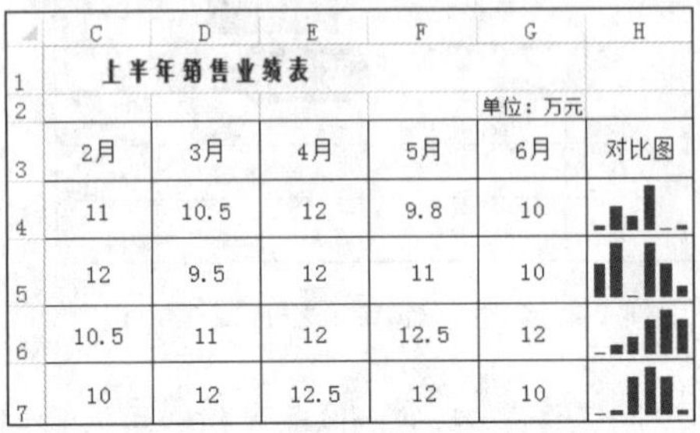

C	D	E	F	G	H
上半年销售业绩表					
				单位：万元	
2月	3月	4月	5月	6月	对比图
11	10.5	12	9.8	10	
12	9.5	12	11	10	
10.5	11	12	12.5	10	
10	12	12.5	12	10	

图17-28　更改为柱形图后的效果

17.3.4　更改迷你图样式

在"迷你图工具-设计"选项卡下的"样式"组中提供了36种内置样式，用户可快速选择。还可以更改迷你图颜色和标记颜色。

17-9 套用迷你图样式美化销售对比图

销售对比图用于对比上半年每个月各个部门的销售情况，是柱形迷你图。迷你图默认为深蓝色，用户可套用内置的迷你图样式快速美化迷你图。

扫码看视频

原始文件　下载资源\实例文件\第17章\原始文件\销售对比图.xlsx

最终文件　下载资源\实例文件\第17章\最终文件\销售对比图.xlsx

步骤 **01** 打开下载资源\实例文件\第17章\原始文件\销售对比图.xlsx，单击创建的柱形迷你图组中的任一单元格，在"迷你图工具-设计"选项卡下，单击"样式"组中的快翻按钮，在展开的库中选择合适的样式，如图17-29所示。

步骤 **02** 随后，在单元格区域中可以看到迷你图组套用迷你图样式后的效果，如图17-30所示。

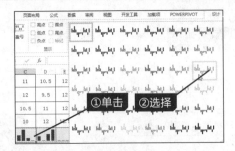

图17-29　选择合适的迷你图样式

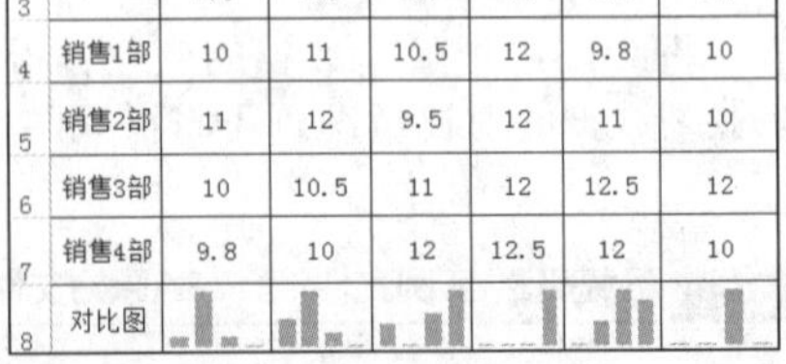

	A	B	C	D	E	F	G
1	上半年销售业绩表						
2						单位：万元	
3		1月	2月	3月	4月	5月	6月
4	销售1部	10	11	10.5	12	9.8	10
5	销售2部	11	12	9.5	12	11	10
6	销售3部	10	10.5	11	12	12.5	12
7	销售4部	9.8	10	12	12.5	12	10
8	对比图						

图17-30　套用迷你图样式后的效果

提示

选择要从迷你图组中独立的迷你图所在的单元格或单元格区域，在"迷你图工具-设计"选项卡下单击"取消组合"按钮可将迷你图组取消。

技巧 17-10　修改迷你图颜色

内置的样式若不能满足用户的需求，可以自定义迷你图的颜色。在"迷你图工具-设计"选项卡下，单击"样式"组中的"迷你图颜色"下三角按钮，在展开的下拉列表中选择合适的颜色，如图17-31所示。还可以单击"其他颜色"选项，在弹出的"颜色"对话框中自定义颜色。若迷你图类型为折线图，还可以设置粗细，将鼠标指针指向"粗细"，在展开的下级列表中选择合适的样式即可。

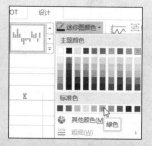

图17-31　修改迷你图颜色

技巧 17-11　显示并更改迷你图标记颜色

迷你图标记包括：负点、标记、高点、低点、首点、尾点。在实际工作中，有时候需要突出显示这些点。在"迷你图工具-设计"选项卡下的"显示"组中勾选相应的复选框，可以显示迷你图标记。在"样式"组中单击"标记颜色"下三角按钮，在展开的下拉列表中指向相应的标记，在展开的下级列表中选择合适的颜色，如图17-32所示，可更改标记颜色。

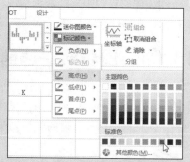

图17-32　显示并更改迷你图标记颜色

读书笔记

第18章 使用图表直观展示数据关系

图表不仅能够直观地展示数据，还可以分析数据。在Excel中用户可以发挥想象力创建实际工作中需要的图表。既可通过Excel内置的样式快速修改图表的布局和样式，使图表更美观，也可以手动设置图表中的各个元素，使图表更具个性。

18.1 图表的创建与编辑

图表能够直观地反映数据情况，如增减趋势、对比情况。Excel提供了11种图表类型，用户可以根据数据快速创建图表，当数据发生更改时，还可以快速更新图表中的数据。

18.1.1 图表的快速创建

在Excel 2013的"插入"选项卡下的"图表"组中能快速创建图表，可单击组中的各图表类型下三角按钮，在展开的下拉列表中选择合适的类型。也可以单击"图表"组中的对话框启动器，打开"插入图表"对话框，选择合适的类型创建。

18-1 创建部门费用对比图

部门费用统计表用于统计各部门因为各种原因使用的费用情况，如差旅费、宣传费、招待费。因为部门性质的不同，各类别费用产生的多少也不相同。为了查看费用使用是否合理，可以创建部门费用对比图。

扫码看视频

⬇ 原始文件　下载资源\实例文件\第18章\原始文件\部门费用统计表.xlsx

⬇ 最终文件　下载资源\实例文件\第18章\最终文件\部门费用对比图.xlsx

步骤 01　打开下载资源\实例文件\第18章\原始文件\部门费用统计表.xlsx，选择A2:A7和F2:F7单元格区域，在"插入"选项卡下单击"插入柱形图"下三角按钮，在展开的下拉列表中单击合适的柱形图选项，如图18-1所示。

步骤 02　随后即可通过创建的柱形图快速比较各部门费用的多少，如图18-2所示。

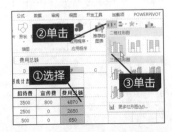

图18-1　选择合适的柱形图选项

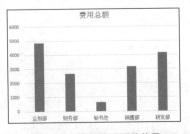

图18-2　创建柱形图后的效果

技巧 18-1　使用【Alt+F1】组合键创建嵌入式图表

　　按照图表的位置，将图表分为嵌入式图表和图表工作表。图表工作表是指以图表为工作表独立存在的。一般创建的图表为嵌入式图表，除了使用传统的方式创建图表外，还可以使用快捷键。选择图表区域，如图18-3所示，按【Alt+F1】组合键，即可快速创建图表。

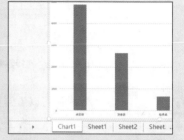

	A	B	C	D	E	F
1	部门费用统计表					
2	部门	办公费	差旅费	招待费	宣传费	费用总额
3	企划部	370	200	3500	800	4870
4	财务部	50	100	2500	0	2650
5	秘书处	50	100	500	0	650
6	销售部	50	2100	1000	0	3150
7	研发部	350	2300	1500	0	4150

图18-3　使用【Alt+F1】组合键创建
嵌入式图表

技巧 18-2　使用【F11】键创建图表工作表

　　使用【Alt+F】组合键可快速创建嵌入式图表，使用【F11】键可创建图表工作表。

　　选中图表，按【F11】键，可新建图表工作表，并在工作表中显示选中的图表，如图18-4所示。

图18-4　使用【F11】键创建图表
工作表

18.1.2　图表数据的更新

　　创建图表后，若源数据发生改变，可以对图表数据进行更新。同时，可以重新选择图表的源数据。在"图表工具-设计"选项卡下，单击"选择数据"按钮。打开"选择数据源"对话框，如图18-5所示，在该对话框中更改数据。

　　◆ 图表数据区域：图表所包含的数据区域。

　　◆ 切换行/列：单击该按钮，图例项和水平轴标签互换。

　　◆ 图例项：图表中图例显示的内容。

　　◆ 水平（分类）轴标签：图表中水平坐标轴标签内容。

　　◆ 隐藏的单元格和空单元格：单击该按钮，打开"隐藏和空单元格设置"对话框，设置空单元格和隐藏数据的处理方式。

图18-5　选择数据源

示例 18-2　重新选择部门费用更新图表

　　在示例18-1中展示的费用为各部门的总额，在实际工作中会将各个类别的费用分类比较。创建图表后，使用"选择数据源"对话框，不用重新创建图表，便可重新选择源数据更改图表数据。

 原始文件　下载资源\实例文件\第18章\原始文件\部门费用对比图1.xlsx

最终文件　下载资源\实例文件\第18章\最终文件\部门费用对比图1.xlsx

扫码看视频

步骤 01 打开下载资源\实例文件\第18章\原始文件\部门费用对比图1.xlsx，选中图表，在"图表工具-设计"选项卡中单击"选择数据"按钮，如图18-6所示。

步骤 02 弹出"选择数据源"对话框，单击"图表数据区域"右侧的单元格引用按钮，更改数据，完毕后，单击"确定"按钮，如图18-7所示。

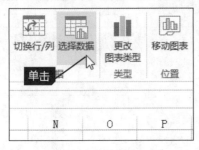

图18-6　单击"选择数据"按钮

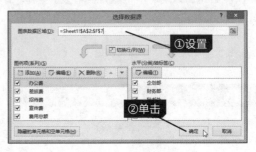

图18-7　更改数据源

步骤 03 返回工作表中可以看到更改源数据后的图表效果，如图18-8所示。

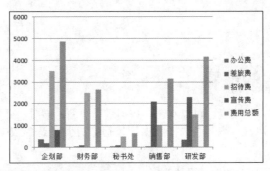

图18-8　更改源数据后的图表效果

技巧 18-3 使用拖动法快速更新图表数据

　　除了使用"选择数据源"对话框外，还可以使用拖动法快速更改图表数据源。

　　选中数据系列，将鼠标指针移动到区域控制点上，当鼠标指针变成双向箭头形状时，拖动鼠标到合适的区域，如图18-9所示，释放鼠标即可更改图表数据源。

A	B	C	D	E	F
1	部门费用统计表				
2 部门	办公费	差旅费	招待费	宣传费	费用总额
3 企划部	370	200	3500	800	4870
4 财务部	50	100	2500	0	2650
5 秘书处	50	100	500	0	650
6 销售部	50	2100	1000	0	3150
7 研发部	350	2300	1500	0	4150

图18-9　使用拖动法快速更改图表数据

技巧 18-4 切换图表的行/列

　　切换图表的行和列能快速更改图表中水平坐标轴和垂直坐标轴的数据。选中图表，在"图表工具-设计"选项卡下，单击"数据"组中的"切换行/列"按钮，如图18-10所示，可快速切换图表中的行/列数据。在"选择数据源"对话框中单击"切换行/列"按钮也可切换。

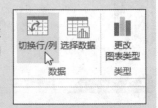

图18-10　切换图表的行/列

技巧
18-5 移动图表至其他工作表

通过"移动图表"对话框,不仅可以将图表移动到新工作表中,还可以将图表移动到其他工作表中。选中图表,在"图表工具-设计"选项卡下,单击"移动图表"按钮,弹出"移动图表"对话框,单击"对象位于"下三角按钮,在展开的下拉列表中选择合适的工作表,单击"确定"按钮,如图18-11所示。

图18-11 移动图表至其他工作表

18.2 图表的布局和样式设置

创建好图表后,可为图表设置布局和样式,设置的方式有两种:使用预定义设置和手动更改。在对图表进行快速布局和样式设置之前,需要了解图表中的元素。默认情况下创建的图表如图18-12所示,包括图表区、绘图区、数据系列、坐标轴、图例和标题。

◆ 图表区:图表区包括整个图表及所有其他元素。

◆ 绘图区:绘图区通过轴来确定,包括所有数据系列。

◆ 数据系列:指根据源数据的行或列绘制的数据点。

◆ 坐标轴:界定图表绘图区的线条,并作为度量数据系列的参照框架。

◆ 图例:用于标识数据系列的颜色。

◆ 标题:图表内容的说明性文本。

除了默认的部分图表元素外,还可以为图表添加需要的元素,如数据标签、模拟运算表、网格线。

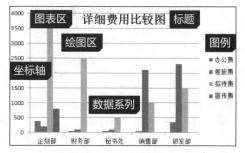

图18-12 默认图表元素

◆ 数据标签:为数据标记提供附加信息的标签,数据标签代表源数据表单元格的单个数据点或值。

◆ 模拟运算表:用于显示一个或多个公式中替换不同值时结果的单元格区域。

◆ 网格线:使用网格线方便查看图表中数据系列的数值。

18.2.1 图表的快速布局和样式设置

在"图表工具-设计"选项卡下的"图表布局"和"图表样式"组中可使用内置样式快速为图表设置布局和样式。

1 选择预定义图表布局

Excel 2013提供了11种预定义图表布局。单击"图表布局"组中的快翻按钮,在展开的库中选择合适的布局即可为图表设置布局。

示例
18-3 快速更改销售员提成对比图的布局

销售员提成对比图是根据销售员提成计算表创建的。在对比图中可以清楚地看到各销售员提成的对比情况。创建的图表默认不显示数据标签,可应用预定义布局快速添加数据标签,以显示提成的具体数值。

原始文件　下载资源\实例文件\第18章\原始文件\销售员提成对比图.xlsx

最终文件　下载资源\实例文件\第18章\最终文件\销售员提成对比图.xlsx

步骤01 打开下载资源\实例文件\第18章\原始文件\销售员提成对比图.xlsx，选中图表，在"图表工具-设计"选项卡下单击"快速布局"组中的快翻按钮，在展开的库中选择合适的布局样式，如图18-13所示。

步骤02 随后，可以看到更改图表布局后的效果，如图18-14所示。

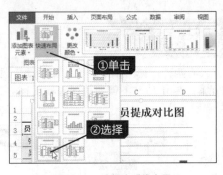

图18-13　选择合适的布局

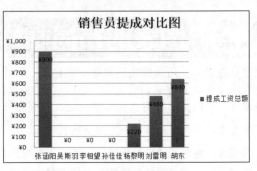

图18-14　更改图表布局后的效果

> **提示** 除了选择预定义的布局样式添加数据标签外，还可以手动添加数据标签。在"图表工具-布局"选项卡下，单击"数据标签"下三角按钮，在展开的下拉列表中选择数据标签的位置选项即可。

2　选择预定义图表样式

Excel 2013提供了48种预定义图表样式，单击"图表样式"组中的快翻按钮，选择合适的样式，用户可以将其快速应用到图表中。

18-4　为销售员提成对比图快速应用图表样式

为销售员提成对比图应用预定义布局后，还可以为其快速应用图表样式，使图表符合实际工作需要。

原始文件　下载资源\实例文件\第18章\原始文件\销售员提成对比图1.xlsx

最终文件　下载资源\实例文件\第18章\最终文件\销售员提成对比图1.xlsx

步骤01 打开下载资源\实例文件\第18章\原始文件\销售员提成对比图1.xlsx，选中图表中的柱体，在"图表工具-格式"选项卡下，单击"形状样式"组中的快翻按钮，在展开的库中选择合适的样式，如图18-15所示。

步骤02 随后，可以看到图表更改样式后的效果，如图18-16所示。

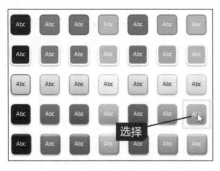

图18-15　选择合适的样式

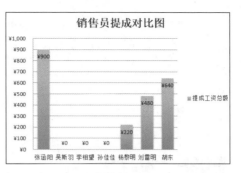

图18-16　图表更改样式后的效果

技巧 18-6　通过改变Excel默认主题更改图表样式

　　Excel提供的预定义样式可以更改图表的数据系列，而改变Excel的主题不仅能设置数据系列，还能修改图表中的文字样式。

　　主题的组成部分有字体、颜色、效果。更改主题后，整个效果仍然是协调并且美观的。

　　在"页面布局"选项卡下，单击"主题"下三角按钮，在展开的库中选择合适的主题样式，如图18-17所示，可以看到更改主题后的效果。

图18-17　通过改变Excel默认主题
更改图表样式

18.2.2　手动更改图表元素的布局和格式

　　Excel 2013提供了手动更改布局和格式的功能。在"图表元素"菜单中可以设置图表的"坐标轴""趋势线""图表标题""网格线""图例""数据标签"等，如图18-18所示。

1　图表标题

　　图表标题用于概要说明图表内容，一般情况下，可以设置图表标题在图表上方或居中覆盖。单击"图标元素"菜单中的图表标题可进行设置。在图表标题右侧的下级菜单中，还可以设置标题的位置。

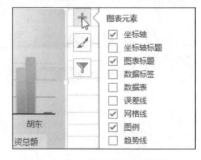

图18-18　手动更改图表元素的
布局和格式

示例 18-5　为销售员提成对比图添加标题

　　单独放置一张图表时，若没有标题，不能明确地表明要表达的内容，就像销售员提成对比图，若将它放置到其他的文档中，需要简要说明它表达的信息，标题就是一个途径。

　原始文件　下载资源\实例文件\第18章\原始文件\销售员提成对比图2.xlsx

　最终文件　下载资源\实例文件\第18章\最终文件\销售员提成对比图2.xlsx

扫码看视频

步骤 01 打开下载资源\实例文件\第18章\原始文件\销售员提成对比图2.xlsx，选中图表，单击图表右上方的"＋"号，在弹出的"图表元素"菜单中，单击"图表标题"选项右侧的三角形符号，然后在下级菜单中选择"居中覆盖"选项，如图18-19所示。

步骤 02 随后，在图表的正上方添加标题，更改标题的内容，效果如图18-20所示。

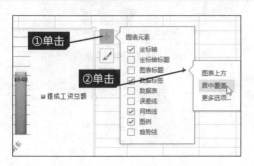

图18-19　单击"居中覆盖"选项

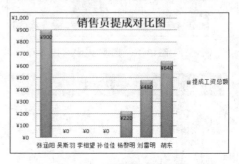

图18-20　添加标题后的效果

2　坐标轴标题

坐标轴标题分为主要横坐标轴标题和主要纵坐标轴标题。其中，主要横坐标轴标题一般显示在横坐标轴下方。主要纵坐标轴标题显示在纵坐标轴的左侧，可以将坐标轴标题文字设置为旋转等效果。单击"坐标轴标题"下三角按钮，即可完成设置。

示例 18-6　为销售员提成对比图添加坐标轴标题

除了为销售员提成对比图添加标题外，还可以为其坐标轴添加标题，包括横坐标轴标题和纵坐标轴标题。

扫码看视频

原始文件　下载资源\实例文件\第18章\原始文件\销售员提成对比图3.xlsx

最终文件　下载资源\实例文件\第18章\最终文件\销售员提成对比图3.xlsx

步骤 01 打开下载资源\实例文件\第18章\原始文件\销售员提成对比图3.xlsx，选中图表，在"图表元素"菜单中勾选"坐标轴标题"选项，如图18-21所示。

步骤 02 单击默认的坐标轴标题并修改标题文字，可以看到添加并修改坐标轴标题后的效果，如图18-22所示。

图18-21　勾选"坐标轴标题"选项

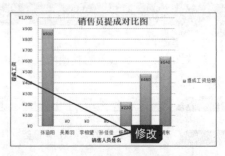

图18-22　添加并修改坐标轴标题后的效果

3 图例

图例用于标识数据系列中点或线表示的内容。在Excel 2013中可快速调整图例的位置。当然，还可以为图例设置格式，包括填充效果、边框效果和边框样式等。

18-7 更改销售员提成对比图的图例位置

图例默认显示在图表的右侧，用户可以将其调整到图表上方，为绘图区留下更多的空间。

 原始文件　下载资源\实例文件\第18章\原始文件\销售员提成对比图4.xlsx

 最终文件　下载资源\实例文件\第18章\最终文件\销售员提成对比图4.xlsx

扫码看视频

步骤01 打开下载资源\实例文件\第18章\原始文件\销售员提成对比图4.xlsx，选中图表，在"图表元素"菜单中单击"图例"选项，然后在下级菜单中单击"顶部"选项，如图18-23所示。

步骤02 随后，可以看到更改图例位置后的效果，如图18-24所示。

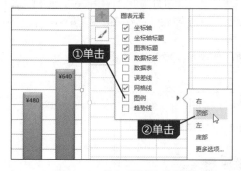

图18-23　单击"顶部"选项

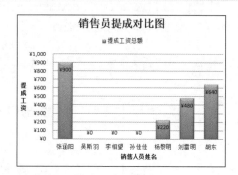

图18-24　更改图例位置后的效果

 提示

如果想要让图表中的图例在图表的右上角显示，可在"设置图例格式"窗格中设置。选中图表，在"图表元素"菜单中单击"图例"选项，在下级菜单中单击"更多选项"选项。打开"设置图例格式"窗格，在"图例选项"选项卡下单击"右上"单选按钮，即可设置图例位置在图表的右上角。

4 数据标签

数据标签可用于显示当前图表元素的实际值或者百分比。用户可根据实际需求快速将数据标签设置到居中、数据标签内、轴内侧、数据标签外。

18-8 为各部门人员分布图添加百分比标签

各部门人员分布图用于显示公司各部门人数情况，虽然使用饼图，但是却不能明确地显示各部门人数占公司总人数的百分比。使用百分比数据标签可快速解决。

原始文件 　下载资源\实例文件\第18章\原始文件\各部门人员分布图.xlsx

最终文件 　下载资源\实例文件\第18章\最终文件\各部门人员分布图.xlsx

步骤 01　打开下载资源\实例文件\第18章\原始文件\各部门人员分布图.xlsx，选中图表，在"图表元素"菜单中单击"数据标签"右三角按钮，在展开的下拉列表中单击"更多选项"选项，如图18-25所示。

步骤 02　弹出"设置数据标签格式"窗格，在"标签选项"选项卡下勾选"百分比"复选框，单击"关闭"按钮，如图18-26所示。

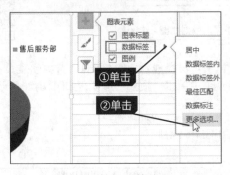

图18-25　单击"更多选项"

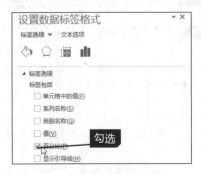

图18-26　设置数据标签格式

步骤 03　随后可以看到添加百分比数据标签后的效果，如图18-27所示。

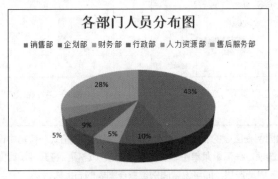

图18-27　添加百分比数据标签后的效果

5　数据表

若要在图表中展示具体的数据表格，可通过Excel提供的数据表功能来实现。

18-9　为收支曲线图添加模拟运算表

收入曲线图用于显示一年中每个月的收入与支出曲线。在曲线中不能清楚地看到数据信息，若添加模拟运算表便可对应反映。

原始文件 　下载资源\实例文件\第18章\原始文件\收支曲线图.xlsx

最终文件 　下载资源\实例文件\第18章\最终文件\收支曲线图.xlsx

步骤 01 打开下载资源\实例文件\第18章\原始文件\收支曲线图.xlsx，选中图表，单击图表右上方的"+"号，在弹出的"图表元素"菜单中，勾选"数据表"选项，如图18-28所示。

步骤 02 随后，在图表的下方显示数据表，如图18-29所示。

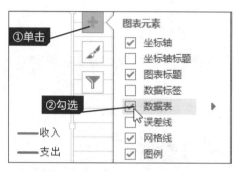

图18-28　勾选"数据表"选项

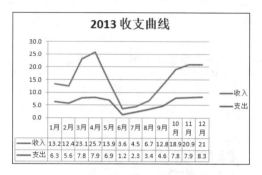

图18-29　显示数据表

技巧 18-7　设置图表中的网格线

网格线显示在图表的绘图区，是数据系列中查看数据的参照物。网格线有两大类：横网格线和纵网格线。两个大类又分为次要和主要的。用户可手动添加网格线。下面以添加主要横网格线为例介绍。

选中图表，在"图表元素"菜单中，单击"网格线"右三角按钮，在展开的下拉列表中指向"主轴主要水平网格线"，使其呈选中状态，即可添加成功，如图18-30所示。

图18-30　设置图表中的网格线

18.2.3　手动更改图表元素的样式

使用预定义图表样式只能更改数据系列的样式，但在Excel 2013中还可以手动更改图表元素样式。成功创建图表后，系统自动显示"图表工具-格式"选项卡。在该选项卡下，用户可为图表元素设置形状样式，为图表中的文本设置样式。

1　手动设置图表元素形状样式

图表中的图表元素有多个，在"图表工具-格式"选项卡的"形状样式"组中，用户可通过两种方式为图表元素设置形状样式。

◆ 应用内置样式：选中图表元素，单击"形状样式"组中的快翻按钮，在展开的库中选择合适的样式。

◆ 自定义样式：选中图表元素，单击"形状填充"或"形状轮廓"或"形状效果"下三角按钮，可自定义样式。

示例 18-10　设置部门费用对比图的绘图区和图表区格式

部门费用对比图不仅需要给自己看，有时候还要给领导或同事看。因此，为部门费用对比图设置个性化的样式是非常有必要的。

原始文件 下载资源\实例文件\第18章\原始文件\部门费用对比图2. xlsx

最终文件 下载资源\实例文件\第18章\最终文件\部门费用对比图2. xlsx

步骤 01 打开下载资源\实例文件\第18章\原始文件\部门费用对比图2.xlsx，选中绘图区，在"图表工具-格式"选项卡下，单击"形状样式"组中的快翻按钮，在展开的库中选择合适的形状样式，如图18-31所示。

步骤 02 选中图表区，单击"形状填充"下三角按钮，在展开的下拉列表中选择合适的颜色，如图18-32所示。

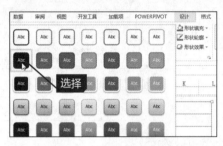

图18-31 选择合适的形状样式

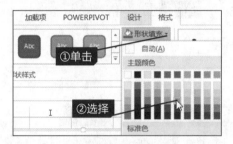

图18-32 选择合适的形状填充

步骤 03 随后可以看到为绘图区和图表区设置样式后的效果，如图18-33所示。

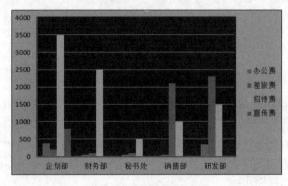

图18-33 设置样式后的效果

2 手动设置图表的文本样式

在Excel 2013中可以为图表中的文本设置样式。可以应用内置的艺术字样式也可以自定义文本填充、文本轮廓、文本填充效果。在"图表工具-格式"选项卡的"艺术字样式"组中可完成设置。

18-11 为收支曲线图标题设置艺术字样式

千篇一律的黑色标题让图表也显得呆板，在一般情况下，收支曲线图需要给领导查看，若能为其设置艺术字样式，可使图表更加美观、更有吸引力。

原始文件 下载资源\实例文件\第18章\原始文件\收支曲线图1. xlsx

最终文件 下载资源\实例文件\第18章\最终文件\收支曲线图1. xlsx

步骤 01

打开下载资源\实例文件\第18章\原始文件\收支曲线图1.xlsx，选中图表标题，在"图表工具-格式"选项卡下，单击"艺术字样式"组中的快翻按钮，在展开的库中选择合适的样式，如图18-34所示。

步骤 02

随后，可以看到设置艺术字样式后的标题效果，如图18-35所示。

图18-34 选择艺术字样式

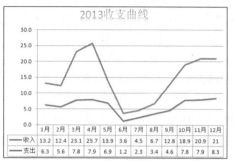

图18-35 设置艺术字样后的标题效果

技巧 18-8 更改图表中的字体格式

虽然艺术字样式能够更改图表中的文字颜色，但是在字体和字号等格式的设置上，没有突出特点。在Excel 2013中，创建图表后，仍然可以在"开始"选项卡下设置字体格式。

选中图表，在"开始"选项卡下，单击"字体"下三角按钮，在展开的下拉列表中选择合适的字体，如图18-36所示，可为图表中的文本更改字体。按照同样的方法，可为文字设置字号等其他格式。

图18-36 更改图表中的字体格式

18.3 图表分析

Excel 最大的功能之一就是分析数据。创建图表后，同样通过为图表添加趋势线、涨/跌柱线、误差线分析图表中的数据。在"图表元素"选项中可以添加分析线，如图18-37所示。

图18-37 为图表添加分析线

◆ 趋势线：显示数据系列中数据变化的趋势或走向的图形曲线。

◆ 涨/跌柱线：指第一个数据系列与最后一个数据系列之间的差异。

◆ 误差线：表示图形上相对于数据系列中每个数据点或数据标记的潜在误差量。

18.3.1 使用趋势线分析图表

趋势线可用于预测研究，也称为回归分析。通过使用回归分析，可以将图表中的趋势线延伸至事实数据以外，预测未来。Excel 2013提供了多种趋势线：指数趋势线、线性趋势线、对数趋势线、多项式趋势线、幂趋势线、移动平均趋势线等。单击"趋势线"下三角按钮，在展开的下拉列表中单击"其他趋势线选项"选项，打开"设置趋势线格式"窗格，如图18-38所示，可设置相应的趋势线。

◆ 指数：适用于速度增减越来越多的数据值。

◆ 线性：适合于简单线性数据集的最佳拟合直线。通常表示事物以恒定速率增加或减少。

◆ 对数：如果数据的增加或减小速度很快，但又迅速趋近平稳，可使用对数趋势线。

◆ 多项式：数据波动较大时使用。可用于分析大量数据的偏差。

◆ 幂：适用于以特定速度增加的数据集的曲线。

◆ 移动平均：能够平滑处理数据的微小波动，从而清晰地显示图案和趋势。

◆ 趋势预测：自定义预测的周期。

◆ 设置截距：指定垂直轴上趋势线与该轴交叉的点的值。

◆ 显示公式：勾选该复选框显示回归方程。

◆ 显示R平方值：勾选该复选框显示R平方值。

图18-38 "设置趋势线格式"窗格

要知道趋势线预测的值是否可靠，需要关注趋势线的R平方值。R平方值为0到1之间的数值，当R平方值为1或接近于1时，趋势线最可靠。需要注意的是，特定类型的数据具有特定类型的趋势线，要获得最精确的预测，为数据选择最合适的趋势线非常重要。

 18-12 为周气温走势图添加线性趋势线

　　周气温走势图用于统计一周内气温的变化情况，可以是最高气温、最低气温、平均气温等。气温不是一周内都持续增长或减少，有可能今天增长，明天又减少。但是，可以通过添加趋势线，统计出整体的趋势。

 扫码看视频

 原始文件　下载资源\实例文件\第18章\原始文件\周气温走势图.xlsx

最终文件　下载资源\实例文件\第18章\最终文件\周气温走势图.xlsx

步骤 01 打开下载资源\实例文件\第18章\原始文件\周气温走势图.xlsx，选中图表，在"图表元素"选项中单击"趋势线"右三角按钮，在展开的下拉列表中单击"更多选项"选项，如图18-39所示。

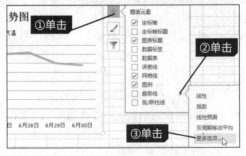

图18-39 单击"更多选项"选项

步骤 02 弹出"设置趋势线格式"窗格，选择趋势线类型单选按钮，查看R平方值，选择最接近1的，如单击选中"多项式"单选按钮，如图18-40所示。

步骤 03 返回图表中，可以看到添加的多项式趋势线基本与图表中的数据系列拟合，如图18-41所示。

图18-40 设置趋势线格式

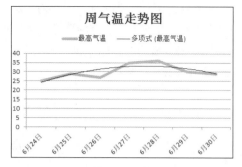

图18-41 添加多项式趋势线后的效果

技巧 18-9 添加趋势线的同时显示其公式和R平方值

当趋势线的R平方值等于或近似于1时，趋势线最可靠。用趋势线拟合数据时，Excel会自动计算其R平方值。可在图表中显示R平方值和公式以查看具体内容。

在"设置趋势线格式"窗格中，勾选"显示公式"和"显示R平方值"复选框，如图18-42所示，可在图表中显示该两项。

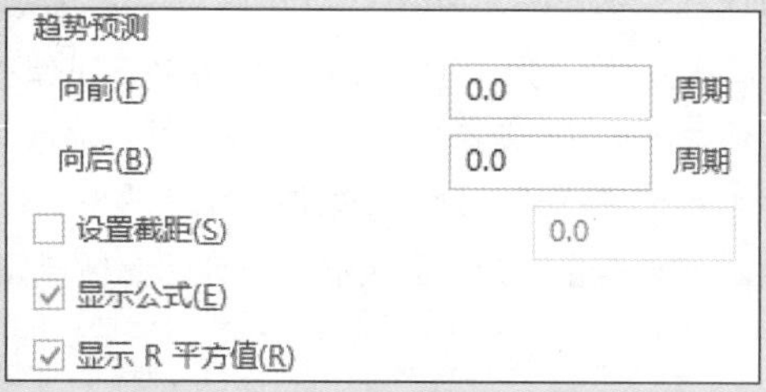

图18-42 添加趋势线的同时显示其公式和R平方值

技巧 18-10 使用趋势线预测未来一段时期内的走势

趋势线除了有显示趋势的功能外，还可以预测未来一段时间的走势，这个功能在股票、气温等方面都得用得比较多。

在"设置趋势线格式"窗格中，在"趋势预测"组中输入向前或向后的周期数，单击"关闭"按钮，如图18-43所示，就可以在图表中显示填写的周期的走势了。

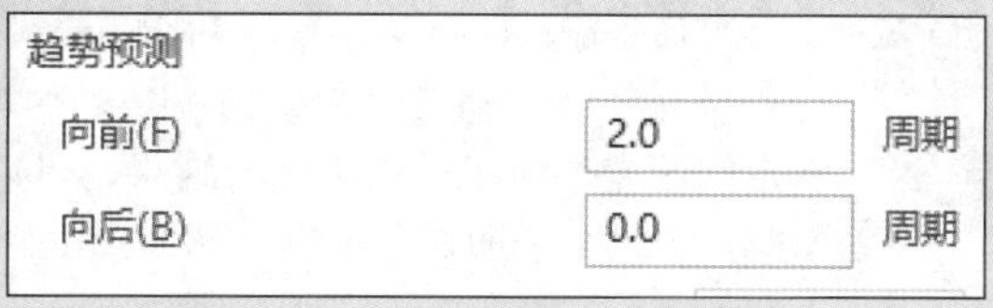

图18-43 使用趋势线预测未来一段时期内的走势

18.3.2 使用误差线分析图表

在实验统计数据或工程绘图时，经常会产生误差值。这些误差值在Excel图表中能够清晰地反映出来，只需要向图表中添加误差线即可。误差线代表数据系列中每一个数据标记潜在或不确定的图形线条。

在Excel中可以向二维图表如面积图、条形图、柱形图、折线图、XY散点图和气泡图中的数据系列添加误差线。不能向三维图表、雷达图、饼图或圆环图的数据系列中添加误差线。

Excel内置了三种误差线，包括标准误差线、百分比误差线和标准偏差误差线。

◆ 标准误差线：标准误差使用以下公式，计算图表上显示的误差量。

$$\sqrt{\frac{\sum_{s=1}^{m}\sum_{i=1}^{n} y_{is}^{2}}{(n_y-1)(n_y)}}$$

其中，s为系列序号，i为系列s中的数据点序号，m为图表中数据点y的系列序号，n为每个系列中的数据点数，y_{is}为系列s和第i个数据点的数据值，n_y为所有系列中数据值的总数。

◆ 百分比误差线：显示包括5%值的所选图表系列的误差线。

◆ 标准偏差误差线：标准偏差使用以下公式，计算图表上显示的误差量。

$$\sqrt{\frac{\sum_{s=1}^{m}\sum_{i=1}^{n}(y_{is}-M)^2}{(n_y-1)}}$$

其中，M表示算术平均值。

图18-44 "设置误差线格式"窗格

用户可以在"设置误差线格式"窗格中自定义误差线的方向、末端样式、误差量，如图18-44所示。

◆ 方向：分为正负偏差、负偏差、正偏差。正偏差表示数据点向垂直轴正方向引的偏差线，负偏差表示数据点向垂直轴负方向引的偏差线。

◆ 末端样式：分为无线端和线端两种。

◆ 误差量：分为固定值、百分比、标准偏差、标准误差和自定义。

18-13 为多次实验的结果添加误差线

做实验时，经过多次实验会得到多种结果，而这些结果会因为仪器、操作等原因产生一定的误差。为了得到正确的结果，可以在Excel中绘制实验结果图，并向结果图中添加误差线，得到结果的误差范围，从而更准确地分析数据。

原始文件 下载资源\实例文件\第18章\原始文件\实验结果图.xlsx

最终文件 下载资源\实例文件\第18章\最终文件\实验结果图.xlsx

步骤01 打开下载资源\实例文件\第18章\原始文件\实验结果图.xlsx，选中图表，在"图表元素"选项下，单击"误差线"右三角按钮，在展开的下拉列表中单击"更多选项"选项，如图18-45所示。

步骤02 弹出"设置误差线格式"窗格，在"垂直误差线"选项卡下，单击选中"正负偏差""线端""百分比"单选按钮，设置百分比为"8.0%"，如图18-46所示。

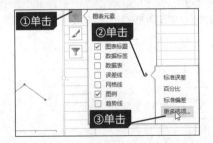

图18-45 单击"更多选项"选项

图18-46 设置误差线格式

步骤 03

单击"关闭"按钮返回图表中，可以看到添加误差线后的效果，如图18-47所示。得到实验结果的误差范围。

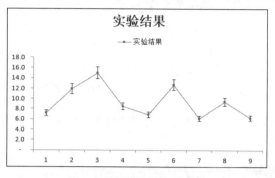

图18-47 添加误差线后的效果

技巧 18-11 美化趋势线等分析线

向图表中添加的分析线，如趋势线、误差线，在默认情况下都是黑色线条。但是，用户可以通过设置线条的格式美化线条。

线条设置的方法有两种：一是选中趋势线等分析线，在"图表工具-设计"选项卡下的"形状样式"组中，选择合适的样式即可。另一种是右击趋势线等分析线，在弹出的快捷菜单中单击"设置趋势线格式"命令。在打开的"设置趋势线格式"窗格的"填充线条"选项下进行相应设置即可，如图18-48所示。

图18-48 美化趋势线等分析线

技巧 18-12 用垂直线增强可读性

垂直线是从数据系列的每个数据点延伸到水平轴的直线，它可以在折线图和面积图中绘制，用于标识数据点对应的分类轴的标志，以增加数据系列数据的可读性。

选中图表，在"图表工具-设计"选项卡下，单击"图表布局"组中的"添加图表元素"选项，在展开的下拉列表中单击"线条>垂直线"选项，即可添加垂直线，如图18-49所示。

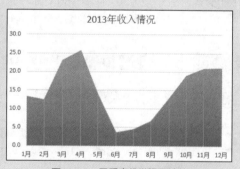

图18-49 用垂直线增强可读性

读书笔记

第 19 章 模拟运算表和方案管理器的使用

Excel提供了三种数据分析工具：模拟运算表、单变量求解和方案管理器。三种工具各有千秋，使用模拟运算表，能从行或列中得到多个数据变化产生的结果；单变量求解能根据已知的结果反推已知条件；方案管理器能建立多个方案得到最优化的方案。这三种工具都是工作中数据分析的好帮手。

19.1 使用模拟运算表

模拟运算表是模拟分析的方法之一。通过模拟运算表可同时查看单个变量或两个变量对公式运算结果产生的影响，并将这些结果放在一张工作表中便于比较。按照行、列变量个数，可将模拟运算表分为单变量模拟运算表和双变量模拟运算表。

19.1.1 单变量模拟运算表

单变量模拟运算表可用于分析单个变量对计算结果的影响。使用单变量模拟运算表的输入值被排列在一列或一行中。单变量模拟运算表中使用的公式必须引用一个输入单元格。

19-1 计算不同利率下的月偿还额

实际工作中，因为贷款方式不同，贷款利率也会有所不同。假设贷款金额为25万元，贷款年限为30年，即360个月，需要计算出不同利率下的月偿还额。在使用单变量模拟运算表之前，需要在工作表的某个单元格中输入公式。

⬇ 原始文件 下载资源\实例文件\第19章\原始文件\计算不同利率下的月偿还额.xlsx

⬇ 最终文件 下载资源\实例文件\第19章\最终文件\计算不同利率下的月偿还额.xlsx

步骤 01 打开下载资源\实例文件\第19章\原始文件\计算不同利率下的月偿还额.xlsx，在B5单元格中输入公式"=PMT(A5/12,B2,-B1)"，按【Enter】键得到A5单元格的利率下的月偿还额，如图19-1所示。

步骤 02 选择A5:B9单元格区域，在"数据"选项卡中，单击"模拟分析"下三角按钮，在展开的下拉列表中单击"模拟运算表"选项，如图19-2所示。

	B5	▼	:	×	✓	fx	=PMT(A5/12,B2,-B1)

	A	B	C	D
1	贷款金额	250000		
2	贷款时间	360		
3				
4	年利率	月偿还额		
5	5.85%	¥1,474.85		
6	6.31%			
7	6.40%			
8	6.65%			

图19-1 输入公式

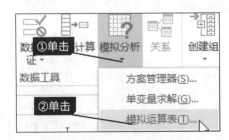

图19-2 单击"模拟运算表"选项

步骤 03　弹出"模拟运算表"对话框，设置"输入引用列的单元格"为"$A$5"，单击"确定"按钮，如图19-3所示。

步骤 04　返回工作表中可以看到在A5:B9单元格区域中原来的空单元格显示了数据，这些数据即为对应的年利率的月偿还额，如图19-4所示。

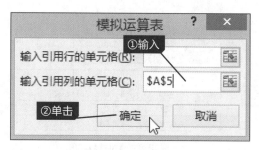

图19-3　设置引用列

	A	B
1	贷款金额	250000
2	贷款时间	360
4	年利率	月偿还额
5	5.85%	¥1,474.85
6	6.31%	¥1,549.06
7	6.40%	¥1,563.76
8	6.65%	¥1,604.91
9	6.80%	¥1,629.81

图19-4　得到计算结果

19.1.2　双变量模拟运算表

双变量模拟运算表可用于同时分析两个变量对计算结果的影响。这两个变量可分别排列在一行和一列中。双变量模拟运算表中使用的公式必须引用一个输入单元格。

19-2　**计算不同利率不同贷款年限下的月还款额**

实际工作中，贷款的年利率可能根据贷款的年限和方式不同发生变化。使用双变量模拟运算表可快速计算出不同利率和不同贷款年限下的月还款额。使用双变量模拟运算表之前，需要在某个单元格中使用公式计算出某个结果，便于引用公式。

原始文件　下载资源\实例文件\第19章\原始文件\双变量模拟运算表.xlsx

最终文件　下载资源\实例文件\第19章\最终文件\双变量模拟运算表.xlsx

扫码看视频

步骤 01　打开下载资源\实例文件\第19章\原始文件\双变量模拟运算表.xlsx，在A5单元格中输入公式"=PMT(B2/12,B3,B1)"，计算B3中的贷款年限，B2中的年利率，B1中的贷款金额的月还款额，按【Enter】键，在单元格中显示计算结果，如图19-5所示。负值表示需要支付的金额。

步骤 02　选择A5:C8单元格区域，在"数据"选项卡下，单击"模拟分析"下三角按钮，在展开的下拉列表中单击"模拟运算表"选项，如图19-6所示。

A5		× ✓	fx	=PMT(B2/12,B3,B1)
	A	B	C	D
1	贷款金额	¥25,000.00		
2	年利率	5.85%		
3	贷款年限（月）	6		
4				
5	¥-4,238.05	12	36	
6		6.40%		
7		6.65%		
8		6.80%		

图19-5　输入公式

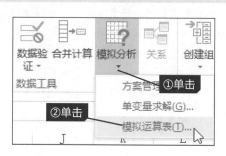

图19-6　单击"模拟运算表"选项

步骤 03 弹出"模拟运算表"对话框，设置输入引用行的单元格为"$B$3"，设置"输入引用列的单元格"为"$B$2"，单击"确定"按钮，如图19-7所示。

步骤 04 返回工作表中，在单元格区域的空单元格中显示对应的计算结果，如图19-8所示，得到不同年限不同年利率下的月偿还额。

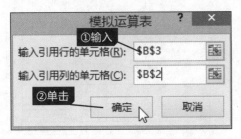

图19-7 设置模拟运算表的引用行和列

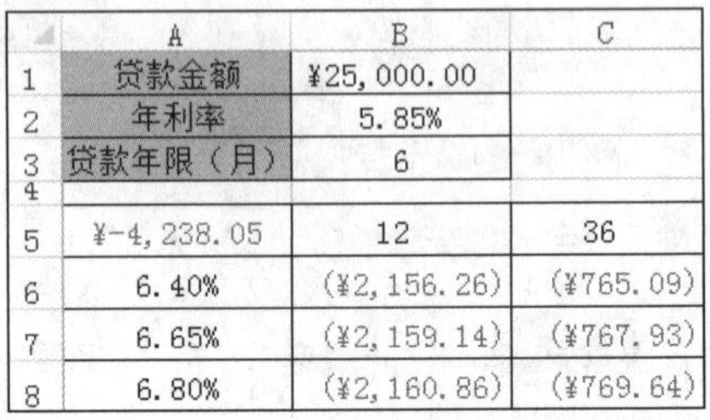

	A	B	C
1	贷款金额	¥25,000.00	
2	年利率	5.85%	
3	贷款年限（月）	6	
4			
5	¥-4,238.05	12	36
6	6.40%	(¥2,156.26)	(¥765.09)
7	6.65%	(¥2,159.14)	(¥767.93)
8	6.80%	(¥2,160.86)	(¥769.64)

图19-8 显示计算结果

技巧 19-1 利用双变量模拟运算求解方程

假设有一个方程为：$z=5x-2y+3$，现在要计算当 x 为1~3的所有整数，且 y 为1~6的整数时所有 z 的值。

在B2单元格中输入公式"=5*B1-2*A2+3"，选择B2:E8单元格区域，打开"模拟运算表"对话框，设置输入引用行的单元格为B1，设置引用列的单元格为A2，单击"确定"按钮，在C3:E8单元格区域中显示计算结果，如图19-9所示。

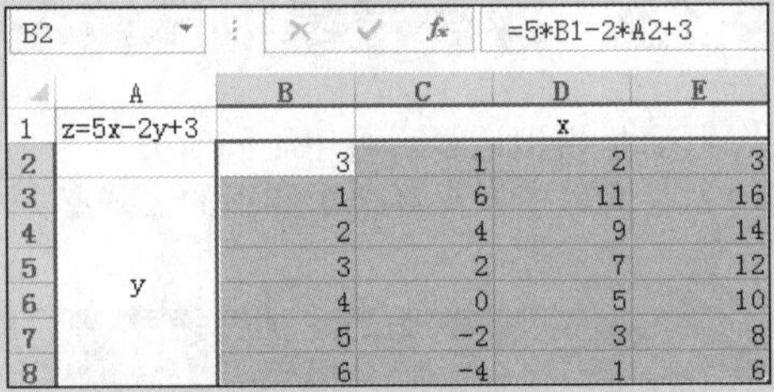

图19-9 利用双变量模拟运算求解方程

技巧 19-2 清除利用模拟运算表计算的数据

当对运算结果中的单个值进行清除时，会弹出提示框，提示不能更改模拟运算表的某一部分，如图19-10所示。由于运算结果是在数组中，所以不能清除单个值。

选择工作表中所有结果值所在的单元格区域，按【Delete】键，可将结果值清除。

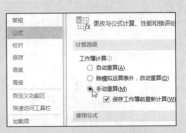

图19-10 清除利用模拟运算表
计算的数据

技巧 19-3 设置手动重算提高工作表的运算速度

如果工作簿中包含每次重新计算工作簿时都会自动重新计算的模拟运算表，那么计算过程可能会持续较长时间。可以将计算过程更改为手动计算，从而控制何时进行计算。

单击"文件"按钮，在展开的菜单中单击"选项"命令。弹出"Excel选项"对话框，在"公式"选项卡下单击选中"手动重算"单选按钮，如图19-11所示，可设置为手动计算工作簿，从而提高运算速度。

图19-11 设置手动重算提高
工作表的运算速度

19.2　使用单变量求解

如果已知单个公式的预期结果，而确定此公式结果的输入值未知，可使用"单变量求解"功能得到满足条件的结果。单变量求解是由"果"求"因"的逆运算。在实际工作中，单变量求解的范围非常广泛，如计算利润、销售等。可根据预期结果求解一个已知值，也可以根据预期结果求解多个已知值。

19.2.1　单变量求解一个值

单变量求解是解决假设一个公式要得到某一结果值，其中变量的引用单元格应该取值为多少的问题。在单元格中输入已知条件，并根据已知道条件在结果单元格中输入公式。就可以使用"单变量求解"功能得到条件中未知的那个值。单击"模拟分析"下三角按钮，在展开的下拉列表中单击"单变量求解"选项，打开"单变量求解"对话框，如图19-12所示，设置完毕后，可得到正确的结果。

图19-12　"单变量求解"对话框

- ◆ 目标单元格：包含公式的结果所在的单元格。
- ◆ 目标值：假设需要得到的某个结果。
- ◆ 可变单元格：需要得到的已知条件的结果所在的单元格。

19-3 单变量求解第四季度销售额

假设某个员工年终奖金是全年销售额的0.5%，前三个季度的销售额已知，需要计算出该员工第四季度的销售额要达到多少，才能保证年终奖金为2500元。可使用单变量求解快速得到结果。

📥 原始文件　下载资源\实例文件\第19章\原始文件\单变量求解.xlsx

📥 最终文件　下载资源\实例文件\第19章\最终文件\单变量求解.xlsx

扫码看视频

步骤 01　打开下载资源\实例文件\第19章\原始文件\单变量求解.xlsx，在B5单元格中输入公式"=SUM(B1:B4)*0.5%"，计算年终奖金，按【Enter】键，在单元格中显示计算结果，如图19-13所示。

步骤 02　在"数据"选项卡下单击"模拟分析"下三角按钮，在展开的下拉列表中单击"单变量求解"选项，如图19-14所示。

图19-13　输入公式

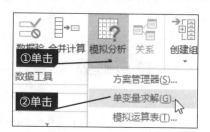

图19-14　单击"单变量求解"选项

步骤 03　弹出"单变量求解"对话框，设置目标单元格为"$B$5"，设置目标值为"2500"，设置可变单元格为"$B$4"，单击"确定"按钮，如图19-15所示。

步骤 04 弹出"单变量求解状态"对话框，经过一段时间后，显示"求得一个解"等字样，单击"确定"按钮，如图19-16所示。

步骤 05 返回工作表中，在B4单元格中显示要求得的第四季度的销售额，在B5单元格中显示要得到的目标值，如图19-17所示。

图19-15 设置单元格

图19-16 显示求解状态

	A	B
1	第一季度	135000
2	第二季度	124000
3	第三季度	127800
4	第四季度	113200
5	年终奖金	2500

图19-17 得到计算结果

技巧 19-4 单变量求解方程

使用单变量求解能快速求解出方程的结果。需要注意的是，由于单元格求解为迭代计算出的结果，解答的方程有误差。以一元方程为例，可以使用一个单元格表示方程的值，另一个单元格显示解。以解方程$2X^3-2X^2+5X=12$为例。

	A	B
1	方程	$2X^3-2X^2+5X=12$
2	解	1.664196357
3	方程的值	3.11857E-05

图19-18 单变量求解方程

在B3单元格中输入公式"=2*B2^3-2*B2^2+5*B2-12"，方程的解放置在B2单元格中。打开"单变量求解"对话框，设置目标单元格为B3，目标值为0，可变单元格为B2，即可在B2单元格中得到正确结果，如图19-18所示。

技巧 19-5 设置迭代计算获得所需结果

单变量求解是一种迭代计算，在得到结果之前的"单变量求解状态"对话框中可以看出。迭代计算的次数和最大误差决定单变量求解的计算时间和结果，迭代次数越高，计算时间越长。最大误差的数值越小，结果就越准确。用户可根据实际需要，进行设置。

单击"文件"按钮，在展开的菜单中单击"选项"命令。弹出"Excel选项"对话框，在"公式"选项卡下勾选"启用迭代计算"复选框，设置迭代次数和最大误差，如图19-19所示。

图19-19 设置迭代计算获得所需结果

19.2.2 单变量求解多个值

单变量求解可根据预期结果求解出多个已知值，但是，这些已知值之间需要存在一定的关系。在使用时，首先要用包含已知的一个值的公式表示其他的已知值。再使用其他的公式表示预期结果。这样，使用"单变量求解"功能，就可以在变动一个已知值的情况下，其他值也随之变动，从而求得多个值。

示例 19-4　单变量求解要达到年度销售额的季度销售目标

假设已知销售额的季度增长率为15%，如果需要计算全年销售额达到200万时各个季度的销售目标，可首先根据已知的条件列出公式，再使用单变量求解功能快速计算出结果。

原始文件　下载资源\实例文件\第19章\原始文件\单变量求解多个值. xlsx

最终文件　下载资源\实例文件\第19章\最终文件\单变量求解多个值. xlsx

扫码看视频

步骤01　打开下载资源\实例文件\第19章\原始文件\单变量求解多个值.xlsx，在B3单元格中输入公式“=B2*(1+$D$1)”，并将公式填充到B4:B5单元格区域中，如图19-20所示。

步骤02　在B6单元格中输入公式“=SUM(B2:B5)”，按【Enter】键完成公式的输入，如图19-21所示。

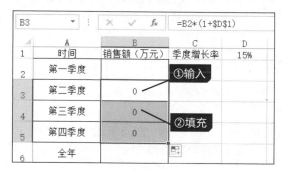

图19-20　输入并填充公式

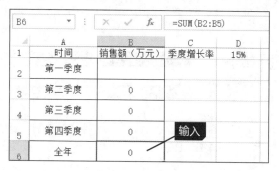

图19-21　输入公式

步骤03　在“数据”选项卡下单击“模拟分析”下三角按钮，在展开的下拉列表中单击“单变量求解”选项，弹出“单变量求解”对话框，设置目标单元格为“$B$6”，设置目标值为“200”，设置可变单元格为“$B$2”，单击“确定”按钮，如图19-22所示。

步骤04　弹出“单变量求解状态”对话框，经过一段时间后，显示“求得一个解”等字样，单击“确定”按钮，如图19-23所示。

步骤05　随后，在B2:B6单元格区域中显示达到预期结果的销售额，如图19-24所示。

图19-22　设置单变量求解

图19-23　显示求解状态

	A	B
1	时间	销售额（万元）
2	第一季度	40.05307032
3	第二季度	46.06103087
4	第三季度	52.9701855
5	第四季度	60.91571332
6	全年	200

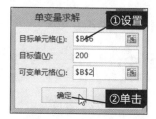

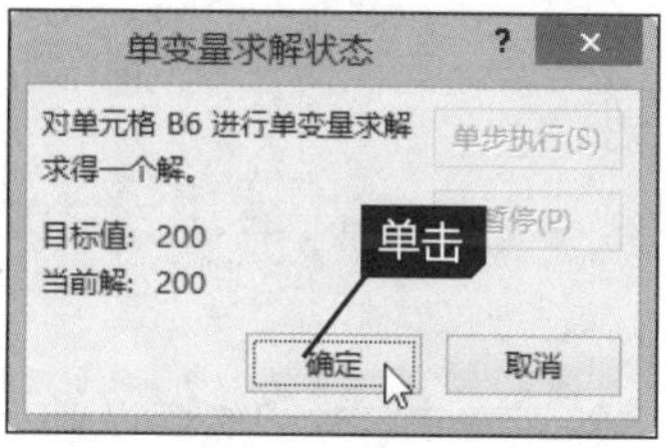

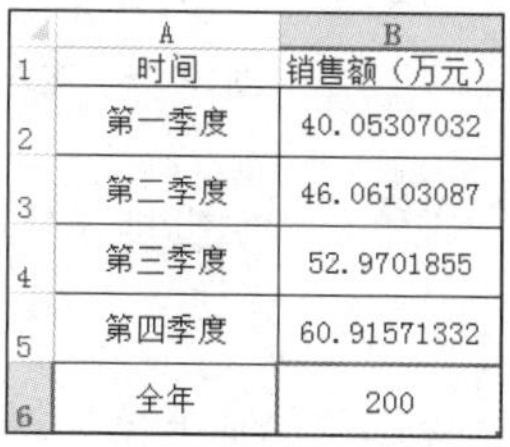

图19-24　获取结果

19.3 使用方案管理器管理方案

Excel方案管理器用于分析各种方案。使用方案管理器可以解决模拟运算表只能分析一个或两个参数变动对计算结果的影响的问题。使用方案管理器可以创建和保存不同的值组，并可在各值组间切换。使用方案管理器分析数据时，首先要创建方案，系统会自动显示方案结果，最后生成方案报告。

19.3.1 创建方案

创建方案即向"方案管理器"中添加方案。在"数据"选项卡下单击"模拟分析"下三角按钮，在展开的下拉列表中单击"方案管理器"选项。打开"方案管理器"对话框，单击"添加"按钮。打开"添加方案"对话框，设置方案名和可变单元格，再设置方案变量值就可以完成方案的创建。

19-5 创建利润最优化方案

假设某公司需要根据2012年的销售数据对2013年的销售收入、销售成本、销售费用等进行调整。计划给出三个销售方案，需要分析三个方案中的最优化方案。

原始文件　下载资源\实例文件\第19章\原始文件\利润最优化.xlsx

最终文件　下载资源\实例文件\第19章\最终文件\利润最优化.xlsx

步骤 01 打开下载资源\实例文件\第19章\原始文件\利润最优化.xlsx，在B8单元格中输入公式"=B4-B5-B6-B7"，计算销售利润，按【Enter】键显示结果，如图19-25所示。

步骤 02 在"数据"选项卡下，单击"模拟分析"下三角按钮，在展开的下拉列表中单击"方案管理器"选项，如图19-26所示。

图19-25　输入公式

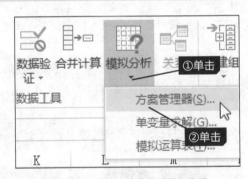

图19-26　单击"方案管理器"选项

步骤 03 弹出"方案管理器"对话框，单击"添加"按钮，如图19-27所示。

步骤 04 弹出"添加方案"对话框，输入方案名称，然后设置"可变单元格"，最后单击"确定"按钮，如图19-28所示。

图19-27 单击"添加"按钮

图19-28 设置方案

步骤 05 弹出"方案变量值"对话框，输入可变单元格的值，设置完毕后，单击"确定"按钮，如图19-29所示。

步骤 06 完成方案1的创建，按照同样的方法创建方案2、方案3，创建完毕后，在"方案管理器"对话框中可以看到创建的方案，如图19-30所示。

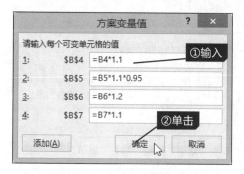

图19-29 设置方案变量值

图19-30 完成方案的创建

19.3.2 显示方案

创建方案后，如何才能了解到哪个才是最优化的方案呢？可以使用"显示"功能显示最优化方案。在"方案管理器"对话框中单击"显示"按钮即可。

19-6 显示利润最优化方案的结果

在示例19-5中创建了最优化方案，可是没有显示方案最优化的结果。单击"显示"按钮，可在可变单元格中显示结果。

 原始文件　下载资源\实例文件\第19章\原始文件\利润最优化1.xlsx

最终文件　下载资源\实例文件\第19章\最终文件\利润最优化1.xlsx

扫码看视频

步骤 01 打开下载资源\实例文件\第19章\原始文件\利润最优化1.xlsx，再次打开"方案管理器"对话框，单击"显示"按钮，如图19-31所示。

步骤
02 随后，在B4:B8单元格区域中可看到最优化的方案数据，如图19-32所示。

图19-31 单击"显示"按钮

	A	B	C	D	E
1	某公司2013年利润最优化方案				
2					单位：元
3	指标名称	2012年	方案1	方案2	方案3
4	销售收入	3202100	10%	15%	20%
5	销售成本	2069100	−5%	−10%	−15%
6	销售费用	1020000	20%	30%	50%
7	销售税金及附件	1639	10%	15%	20%
8	销售利润	111361			

图19-32 显示方案

技巧 合并方案
19-6

　　实际工作中，可以在同一个工作簿中的不同工作表上创建方案。但为了方便管理，可以将多个工作表中的方案合并到一个工作表中。

　　在"方案管理器"对话框中，单击"合并"按钮。弹出"合并方案"对话框，选择要将方案合并到当前工作表的工作表，如"Sheet 2"工作表，最后单击"确定"按钮，如图19-33所示，返回"方案管理器"对话框，可以看到显示的合并方案。

图19-33 合并方案

提示 在"方案管理器"对话框中选中需要修改的方案，单击"编辑"按钮，打开"编辑方案"对话框，可修改方案。

19.3.3 生成方案报告

　　创建或收集所需的全部方案后，可创建一个用于显示方案信息的方案摘要报告。Excel提供了方案摘要和方案数据透视表两种报告类型。需要注意的是，若修改了方案，应重新生成方案报告。

19-7 生成利润最优化方案报告

　　在示例19-5中创建的方案，在示例19-6中显示最优化方案的结果，如何才能将方案的所有信息都呈现出来呢？使用"摘要"功能可生成创建方案报告。

扫码看视频

 原始文件　下载资源\实例文件\第19章\原始文件\利润最优化2. xlsx

 最终文件　下载资源\实例文件\第19章\最终文件\利润最优化2. xlsx

步骤
01 打开下载资源\实例文件\第19章\原始文件\利润最优化2.xlsx，打开"方案管理器"对话框，单击"摘要"按钮，如图19-34所示。

步骤 02　弹出"方案摘要"对话框，单击选中"方案摘要"单选按钮，设置结果单元格，单击"确定"按钮，如图19-35所示。

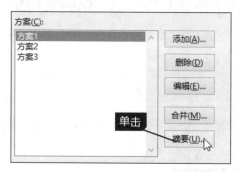

图19-34　单击"摘要"按钮

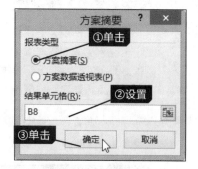

图19-35　设置报表类型

步骤 03　返回工作表中，新建"方案摘要"工作表，在工作表中显示方案摘要报表的全部内容，在结果单元格区域中可以看到最佳方案，如图19-36所示。

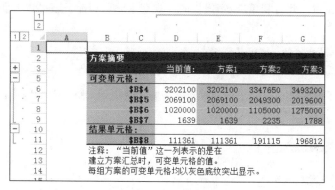

图19-36　生成方案报告

提示　在"方案管理器"对话框中选中需要删除的方案，单击"删除"按钮，即可将选中的方案删除。

技巧 19-7　生成方案数据透视表报告

方案摘要是以大纲形式展示报告，而方案数据透视表是以数据透视表形式展示报告。在"方案摘要"对话框中单击选中"方案数据透视表"单选按钮，即可在新的工作表中显示数据透视表类型的方案报告，如图19-37所示。此时，可对数据进行再分析。在同一个方案中，既可生成方案数据透视表报告又可生成方案摘要报告。

图19-37　生成方案数据透视表报告

第20章 规划求解与数据分析工具的使用

在实际工作中，经常会遇到通过更改其他单元格来确定某个单元格的最大值或最小值。例如求最高产量、最大利润等，此时使用Excel中的"规划求解"功能可以很好地解决这些问题。另外，Excel中还提供了一组分析工具，称为"分析工具库"，当用户在建立复杂统计或工程分析时可以节省步骤。

20.1 使用规划求解

在日常生活中，当需要规划生产、做出经营决策时，经常会遇到一些规划的问题。例如生产的组织安排、产品的运输调度等都需要合理的布局，另外就是如何合理利用有限的人力、物力、财力等资源，而要达到最佳的经济收益。此时利用Excel提供的"规划求解"功能，就可以方便快捷地帮助用户解决这些常见的规划问题。

20.1.1 加载规划求解工具

要使用规划求解工具来进行规划求解，首先就需要加载规划求解工具，因为在默认情况下，功能区中不显示该工具。

扫码看视频

 原始文件 无

 最终文件 无

步骤01 单击"文件"按钮，从弹出的菜单中单击"选项"命令，如图20-1所示。

步骤02 弹出"Excel选项"对话框，单击"加载项"选项，切换至"加载项"选项卡，如图20-2所示。

步骤03 从"管理"下拉列表中选择"Excel加载项"选项，然后单击"转到"按钮，如图20-3所示。

图20-1　单击"选项"按钮

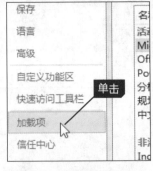

图20-2　切换至"加载项"选项卡

图20-3　转到加载项

步骤 04 弹出"加载宏"对话框，勾选"规划求解加载项"复选框，再单击"确定"按钮，如图20-4所示。

步骤 05 返回工作表，在"数据"选项卡下可以看到新加载的"规划求解"工具，如图20-5所示。

图20-4 勾选"规划求解加载项"复选框

图20-5 显示新加载的"规划求解"工具

20.1.2 建立规划求解模型

规划求解的第一步，就是将规划模型的有关数据输入到工作表中，然后再根据工作表中的一些数据，利用公式求解出需要计算的最大值或最小值。

 20-1 建立生产规划求解模型

假设一家工厂接了一批鼠标和键盘的订单，用现在的设备生产，生产1个鼠标平均需要1分钟，键盘需要1.5分钟；1个鼠标的毛利是50元，1个键盘的毛利是75元；鼠标的成本价是15元，键盘的成本价是20元；鼠标每日的最少生产量为200个，键盘没有要求；要求一天的成本控制在10000元以下，每天生产10小时，那么这个工厂每天要生产多少个鼠标和键盘才能赚到最大的利润。根据所描述的生产问题，下面开始建立生产规划模型。

 原始文件 无

 最终文件 下载资源\实例文件\第20章\最终文件\生产规划模型.xlsx

 扫码看视频

步骤 01 新建一个工作簿，将其保存后命名为"生产规划模型"，然后在工作表中输入如图20-6所示的单位时间、单位成本、单位毛利、最少产量、最大成本等数据。

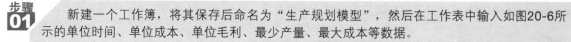

图20-6 输入基本的数据

步骤 02 这里假设鼠标的计划产量为500个，键盘的计划产量为120个，然后在B11单元格对应的编辑栏中输入公式"=B2*B9"，按【Enter】键后向右复制公式至C11单元格，得到生产鼠标和键盘各花费的总时间，如图20-7所示。

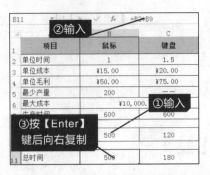

图20-7　输入公式计算总时间

 步骤 03　总成本=各自产量×各自成本，然后相加求和。因此在B12单元格对应的编辑栏中输入公式"=SUMPRODUCT(B9:C9,B3:C3)"，按Enter键后返回计算结果，如图20-8所示。

步骤 04　总利润=各自产量*各自单位毛利，然后相加求和。因此在B13单元格对应的编辑栏中输入公式"=SUMPRODUCT(B9:C9,B4:C4)"，按【Enter】键后返回计算结果，如图20-9所示。

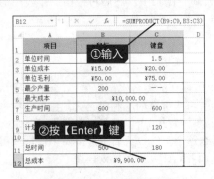

图20-8　输入公式计算总成本

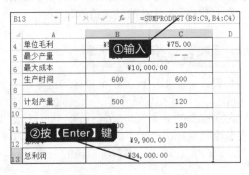

图20-9　输入公式计算总利润

20.1.3　根据求解模型进行求解

规划求解的模型建立之后，接下来就可以利用Excel 2013的规划求解工具求解，迅速找到最佳方案。在进行规划求解时，最关键的就是需要设置约束条件、目标单元格及可变单元格等项目。

 示例 20-2　为创建的模型设置约束条件

根据【示例20-1】的描述，下面列出几点关于该生成模型的约束条件。

（1）鼠标、键盘的各自生产总时间不超过10小时（600分钟）；

（2）总成本不超过最大成本10000；

（3）鼠标产量不小于200。

而这里的可变单元格是鼠标键盘的各自计划生产量，即通过合理搭配生产量，以实现在满足约束条件情况下得到最大利润；目标单元格是所求的最大利润。厘清了这些关系之后，接下来就开始根据求解模型求解最大利润。

扫码看视频

步骤 01

打开下载资源\实例文件\第20章\原始文件\生成规划模型.xlsx，在"数据"选项卡下单击"规划求解"按钮，如图20-10所示。

步骤 02

弹出"规划求解参数"对话框，设置目标单元格为B13，然后单击选中"最大值"单选按钮，即求解其最大值，设置可变单元格为B9:C9单元格区域，效果如图20-11所示。

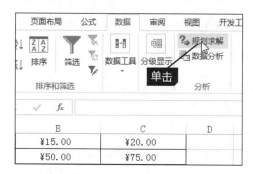

图20-10　单击"规划求解"按钮

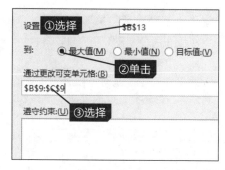

图20-11　设置目标单元格和可变单元格

步骤 03

若要添加约束条件，则单击"添加"按钮，如图20-12所示。

步骤 04

弹出"添加约束"对话框，设置引用的单元格为"$B$11"，从中间的下拉列表中选择"<="符号，设置"约束"条件为"=$B$7"单元格，若还要添加约束条件，可单击"添加"按钮，如图20-13所示。

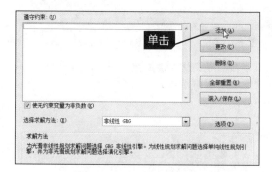

图20-12　单击"添加"按钮

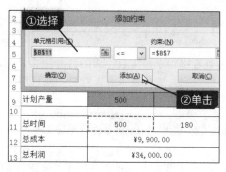

图20-13　添加第一个约束条件

步骤 05

弹出"添加约束"对话框，继续设置约束条件。设置引用的单元格为"$C$11"，从中间的下拉列表中选择"<="符号，设置"约束"条件为"=$C$7"单元格，若还要添加约束条件，可单击"添加"按钮，如图20-14所示。

步骤 06

继续按照同样的方法添加约束条件，添加完毕后单击"确定"按钮，返回"规划求解参数"对话框中，在"遵守约束"列表框中可以看到添加的所有约束条件，确认无误后单击"求解"按钮，如图20-15所示。

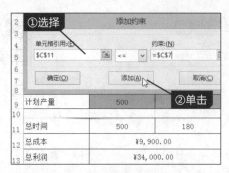

图20-14 添加第二个约束条件

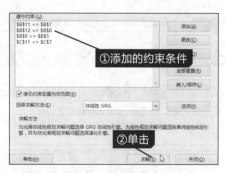

图20-15 求解规划求解

步骤 07 　弹出"规划求解结果"对话框，单击选中"保留规划求解的解"单选按钮，再单击"确定"按钮，如图20-16所示。

步骤 08 　返回工作表中，此时可以看到求解的结果值如图20-17所示。从求解结果可以看出，求得的最大利润为36250元，此时要求生产鼠标200个，键盘350个。

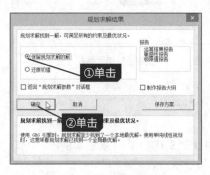

图20-16 保存规划求解结果

图20-17 查看规划求解的结果值

20.1.4 保存并分析求解结果

通过查看规划求解工具生成的各种报告，可以进一步分析规划求解结果，并根据需要修改或重新设置规划求解参数。当规划求解失败时，还可以适当调整规划求解选项。

20-3 查看求解方案结果报告

在Excel中可以生成的规划求解报告类型主要包括三类：运算结果报告、敏感性报告及极限值报告，下面就以生成"运算结果报告"为例进行讲解。

扫码看视频

原始文件　下载资源\实例文件\第20章\原始文件\规划求解结果.xlsx

最终文件　下载资源\实例文件\第20章\最终文件\规划求解报告.xlsx

步骤 01 　打开下载资源\实例文件\第20章\原始文件\规划求解结果.xlsx，在"数据"选项卡下单击"规划求解"按钮，弹出"规划求解参数"对话框，单击"求解"按钮，弹出"规划求解结果"对话框，在"报告"列表框中选择要创建的报告类型。例如选择"运算结果报告"选项，选定后单击"确定"按钮，如图20-18所示。

步骤 02　系统自动新建"运算结果报告1"工作表，报告内容如图20-19所示。报告中列出了目标单元格、可变单元格和约束条件。

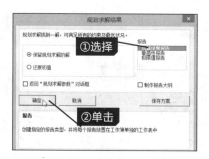

图20-18　选择要生成的报告类型

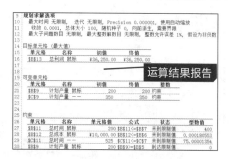

图20-19　生成的运算结果报告内容

提示　运算结果报告列出目标单元格和可变单元格及其初始值、最终结果、约束条件及有关约束条件的信息；敏感性报告显示关于求解结果对于一些微小变化的敏感性信息；极限值报告列出目标单元格和可变单元格及其各自的数值、上下限和目标值。

技巧 20-1　求解精度及求解模型设置

通常用户在进行规划求解时，都是按照默认的求解精度和求解模型进行操作的，实际上，规划求解的精度和求解模型是可以根据需求进行任意设置的。

要设置求解的精度和求解模型，可在"数据"选项卡中单击"规划求解"按钮，弹出"规划求解参数"对话框，单击"选项"按钮，即可弹出"选项"对话框，如图20-20所示。在"约束精确度"文本框中即可输入规划求解的精度，以确定约束条件单元格中的数值是否满足目标值或上下限。精度值必须表现为小数（0~1），输入数字的小数位越多，精度越高。接着可在"求解极限值"选项组中对求解模型进行设置，如可在"最大时间"文本框中设定求解过程中的时间；在"迭代次数"文本框中设定求解过程中迭代运算的次数，限制求解过程的时间。

图20-20　求解精度及求解模型设置

20.2　加载数据分析工具

Excel提供了非常好用的数据分析工具库，其中包含了多种数据分析工具，使用这些分析工具时，只需提供必要的数据和参数，工具就会使用适宜的统计或工程函数，在输出单元格区域中显示出相应的结果。但要使用这么方便的分析工具，首先需要对其进行加载。

　无

　无

　扫码看视频

步骤 01　打开"Excel选项"对话框，切换至"加载项"选项卡，从"管理"下拉列表中选择"Excel加载项"选项，然后单击"转到"按钮，如图20-21所示。

步骤 02 弹出"加载宏"对话框，勾选"分析工具库"复选框，然后再单击"确定"按钮，如图20-22所示。

图20-21　转到Excel加载项

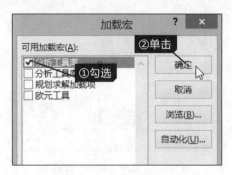

图20-22　勾选"分析工具库"复选框

20.3 数据的方差分析

在工农业生产和科研活动中，影响产品产量、质量的因素很多，要了解这些因素中哪些因素对产量、质量有显著影响，就要先做试验，然后对测试结果进行分析，做出判断。方差分析就是分析测试结果的一种方法。方差分析的目的是通过数据分析找出对该事物有显著影响的因素，各因素之间的交互作用，以及显著影响因素的最佳水平等。

Excel中方差分析主要包括两种：单因素方差分析和多因素方差分析，其中多因素方差分析又包括无重复双因素分析和可重复双因素分析两种类型。下面分别介绍这三种类型。

◆ 单因素方差分析：通过简单的方差分析，对两个以上样本平均值进行相等性假设检验（样本取自具有相同平均值的样本总体）。此方法是对双平均值检验。

◆ 无重复双因素分析：此分析工具通过双因素方差分析（但每组数据只包含一个样本），对两个以上的样本平均值进行相等性假设检验（样本取自具有相同平均值的样本总体）。

◆ 可重复双因素分析：对单因素方差分析的扩展，即每一组数据包含不只一个样本。

20.3.1 单因素方差分析

单因素方差分析主要用于完全随机，因此可以认为不同组的对象是没有差别的，即可认为它们是相同的，该情况只考虑一种因素。在进行单因素方差分析时，会弹出一个"方差分析：单因素方差分析"对话框，如图20-23所示。用户需在该对话框中设置参数，然后就会在输出单元格区域中显示出相应的结果，下面首先来了解该对话框中的各参数。

◆ 输入区域：为待分析数据的输入区域。

◆ 分组方式：指明数据是以"行"方式还是以"列"方式输入。

◆ "标志位于第一行"复选框：勾选该复选框，表示输出的数据分析结果以选中的数据区域首行或首列作为项目说明。

◆ α：用于判断F统计的临界值，可以更改，默认值为0.05。

◆ 输出选项：指明输出区域左上角的单元格，可以用鼠标选定，也可以直接输入。输出位置也可以是新的工作表组或新的工作簿。

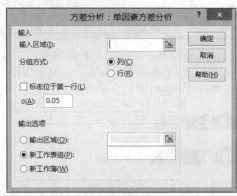

图20-23　"单因素方差分析"对话框

分析各类型地板销量是否存在明显差异

　　假设一家生产地板的厂家生产了三种不同的地板，已知每种地板5天的销量，现在需要分析这三种不同类型地板（复合地板、实木地板、强化地板）的销量是否存在明显差异，其中显著水平α为默认值0.05。并假设H0：地板类型对销量没有显著影响。

 扫码看视频

原始文件　下载资源\实例文件\第20章\原始文件\方差分析_单因素.xlsx

最终文件　下载资源\实例文件\第20章\最终文件\方差分析_单因素.xlsx

步骤 01　打开下载资源\实例文件\第20章\原始文件\方差分析_单因素.xlsx，在"数据"选项卡中单击"数据分析"按钮，如图20-24所示。

步骤 02　弹出"数据分析"对话框，在"数据分析"列表框中选择"方差分析：单因素方差分析"选项，然后再单击"确定"按钮，如图20-25所示。

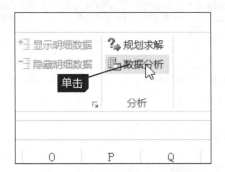

图20-24　单击"数据分析"按钮

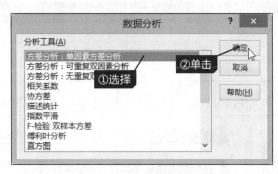

图20-25　选择单因素方差分析工具

步骤 03　弹出"方差分析：单因素方差分析"对话框，设置"输入区域"为B4:D8单元格区域，勾选"标志位于第一行"复选框，设置α为默认值0.05，在"输出选项"选项组中单击选中"输出区域"单选按钮，再设置输出区域为A10单元格，设置完毕后单击"确定"按钮，如图20-26所示。

步骤 04　返回工作表中，可看到单因素方差分析结果，在分析结果中可以看到F>F crit，假设条件不成立，说明三种类型的地板5天的销量有明显的差异，如图20-27所示。

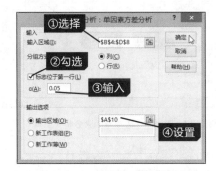

图20-26　设置单因素方差分析的参数

图20-27　单因素方差分析结果

20.3.2　双因素方差分析

如果在一项试验中只有两个因素在改变，而其他因素保持不变，则称为双因素试验。双因素试验的方差分析就是观察两个因素的不同水平对研究对象的影响是否有显著性差异。根据是否考虑两个因素的交互作用，又将双因素方差分析分为双因素重复试验的方差分析和双因素不重复试验的方差分析。

双因素方差分析和前面介绍的单因素方差分析，只是变量个数有所不同，其参数设置方式是大致相同的，读者可以参看相关内容，这里不再重复介绍。

 20-5　分析不同设备生产不同产品的区别

假设某公司有18套新旧不同的设备，这些设备均可以生产A、B、C三种产品，现随机地让其中一套设备生产一种产品。生产甲产品的有6套设备，分为新设备、一般设备和旧设备，每种设备用两台；生产乙产品的有6套设备，设备安排与生产甲产品类似；生产丙产品的有6套设备，设备安排与生产甲产品类似。其产品生产情况见表20-1。

表20-1　产品生产情况

产品	新设备	一般设备	旧设备
甲	52、56	50、51	48、49
乙	55、57	52、53	50、51
丙	58、59	55、53	51、52

下面先使用可重复双因素方差进行分析，再使用无重复双因素方差进行分析。

 原始文件　下载资源\实例文件\第20章\原始文件\方差分析_双因素.xlsx

最终文件　下载资源\实例文件\第20章\最终文件\方差分析_双因素.xlsx

步骤01　打开下载资源\实例文件\第20章\原始文件\方差分析_双因素.xlsx，首先来看看建立的不同设备生产不同产品的生产情况，如图20-28所示。

步骤02　打开"数据分析"对话框，在"分析工具"列表框中选择"方差分析：可重复双因素分析"选项，再单击"确定"按钮，如图20-29所示。

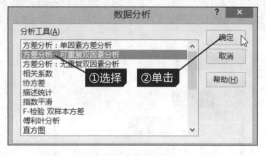

图20-28　查看建立的双因素方差分析表格　　　　图20-29　选择"可重复双因素分析"工具

步骤03　弹出"方差分析：可重复双因素分析"对话框，设置"输入区域"为A3:D9单元格区域，在"每一样本的行数"文本框中输入"2"（因本例的每种产品有两行数据，即对每种产品使用不同的两台设备生产），在α文本框中输入显著性水平为"0.05"，单击选中"输出区域"单选按钮，设置输出区域为F1单元格，单击"确定"按钮，如图20-30所示。

步骤04　返回工作表中，方差分析结果如图20-31所示。从分析结果中可以看出：在显著水平0.05下，样本的概率值为0.002786，这个值是比较小的，说明生产产品的种类和设备的新旧对生产的影响都是比较显著的，且F=12.13333远大于F crit=4.256495，故两者的交互效应是高度显著的。

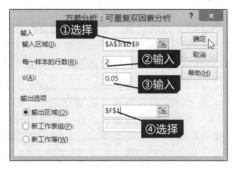

图20-30　设置可重复双因素分析参数

总计					
观测数	6				
求和	337	314	301		
平均	56.16667	52.33333	50.16667		
方差	6.166667	3.066667	2.166667		
方差分析					
差异源	SS	df	MS	F	P-value
样本	40.44444	2	20.22222	12.13333	0.002786
列	110.7778	2	55.38889	33.23333	6.99E-05
交互	1.555556	4	0.388889	0.233333	0.912669
内部	15	9	1.666667		
总计	167.7778	17			

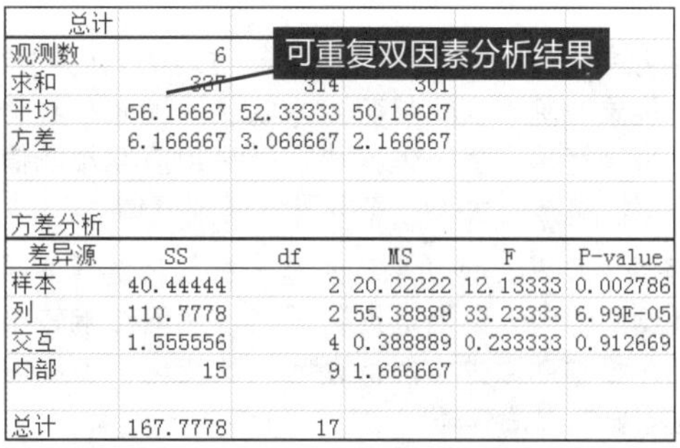

图20-31　可重复双因素分析的结果

步骤05　接下来进行无重复双因素分析，首先打开“数据分析”对话框，选择分析工具为“方差分析：无重复双因素分析”，再单击“确定”按钮，如图20-32所示。

步骤06　弹出“方差分析：无重复双因素分析”对话框，设置“输入区域”为A3:D9单元格区域，勾选“标志”复选框，在α文本框中输入显著性水平为“0.05”，单击选中“输出区域”单选按钮，设置输出区域为L1单元格，设置完毕后单击“确定”按钮，如图20-33所示。

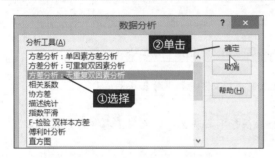

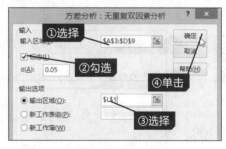

图20-32　选择“无重复双因素分析”工具

图20-33　设置无重复双因素分析参数

步骤07　返回工作表中，显示出无重复双因素方差分析的结果，从结果中可以看出，得出的结论与可重复双因素分析是相同的，如图20-34所示。

不同设备生产产品的产量

单位：件

产品种类	新设备	一般设备	旧设备
甲	52	50	48
	56	51	49
乙	55	52	50
	57	53	51
丙	58	55	51
	59	53	52

方差分析：无重复双因素分析

SUMMARY	观测数	求和	平均	方差
甲	3	150	50	4
	3	156	52	13
乙	3	157	52.33333	6.333333
	3	161	53.66667	9.333333
丙	3	164	54.66667	12.33333
	3	164	54.66667	14.33333
新设备	6	337	56.16667	6.166667
一般设备	6	314	52.33333	3.066667
旧设备	6	301	50.16667	2.166667

方差分析

差异源	SS	df	MS	F	P-value	F crit
行	49.11111	5	9.822222	12.4507	0.000496	3.325835
列	110.7778	2	55.38889	70.21127	1.3E-06	4.102821
误差	7.888889	10	0.788889			

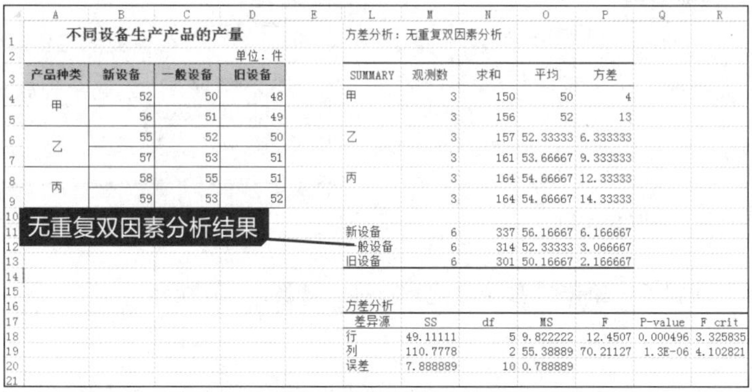

图20-34　无重复双因素方差分析的结果

20.4 数据预测分析

数据预测分析就是以准确的调查统计资料和统计数据为依据，从研究对象的历史、现状和规律性出发，运用科学的方法，对研究对象的未来发展前景的测定。常用到的数据预测分析方法有指数平滑法和移动平均法。

◆ 指数平滑法：指数平滑法是通过对历史时间序列进行逐层平滑的计算，从而消除随机因素的影响，识别经济现象的基本变化趋势，并以此预测未来趋势走向。从理论上讲，指数平滑法是用时间序列中所有的历史值来计算平滑值，但操作上则是用前期预测值导出相应的新预测值，并修正前期预测值的误差，即用一个简单的递推公式来计算平滑值或预测值。

◆ 移动平均法：移动平均法是一种改良的算术平均法，是一种最简单的自适应预测模型。它根据近期数据对预测影响较大，而远期数据对预测值影响较小的事实，把平均数逐期移动。移动期数的大小视具体情况而定，移动期数少，能快速地反映变化，但不能反映变化趋势；移动期数多，能反映变化趋势，但预测值带有明显的滞后偏差。

20.4.1 指数平滑法

指数平滑法是生产预测中常用的一种方法。指数平滑的基本公式是：$S_t=\alpha y_t+(1-\alpha)S_{t-1}$，公式中$S_t$为时间$t$的平滑值，$y_t$为时间$t$的实际值，$S_{t-1}$为时间$t-1$的实际值，$\alpha$为平滑常数。

20-6 对企业固定资产折旧数据的预测

已知2003年至2013年企业某大型设备的折旧额，要求根据指数平滑法预测出2014年的折旧额。

 扫码看视频

 原始文件　下载资源\实例文件\第20章\原始文件\指数平滑法.xlsx

 最终文件　下载资源\实例文件\第20章\最终文件\指数平滑法.xlsx

 步骤 01
打开下载资源\实例文件\第20章\原始文件\指数平滑法.xlsx，首先来看看过去10年该设备的折旧情况，如图20-35所示。

步骤 02
首先需要确定指数平滑分析的初始值，这里通过前三项的平均值来得到，在B4单元格中输入公式"=SUM(B5:B7)/COUNT(B5:B7)"，按【Enter】键，结果如图20-36所示。

图20-35　查看原始数据

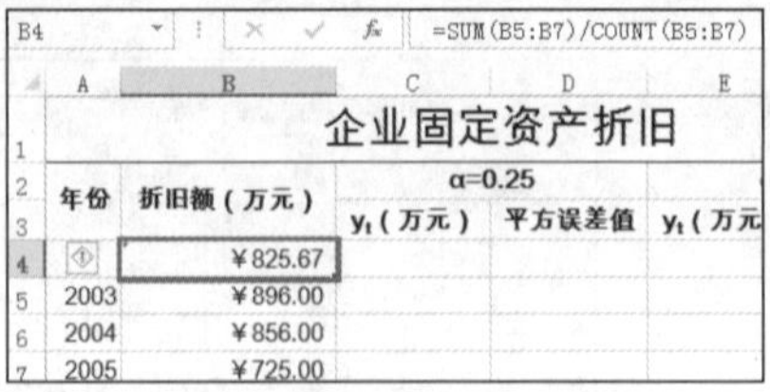

图20-36　输入公式计算初始值

 步骤 03
在"数据"选项卡中单击"数据分析"按钮，如图20-37所示。

 步骤 04
弹出"数据分析"对话框，选择"指数平滑"工具，再单击"确定"按钮，如图20-38所示。

图20-37　单击"数据分析"按钮

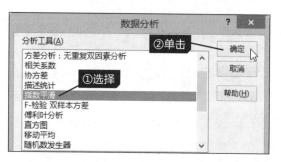

图20-38　选择"指数平滑"分析工具

步骤05　弹出"指数平滑"对话框，设置"输入区域"为B4:B15单元格区域，在"阻尼系数"文本框中输入"0.75"，设置"输出区域"为C4单元格，单击"确定"按钮，如图20-39所示。

步骤06　返回工作表中，得到α为0.25时的指数平滑预测数据，如图20-40所示。

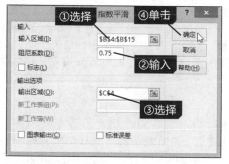

图20-39　设置α为0.25时的指数平滑参数

图20-40　α为0.25时的指数平滑预测数据

提示　设置"指数平滑"对话框中的"阻尼系数"时，需要特别注意，这里所设置的值是1-α，而不是α。

步骤07　为了判断预测结果的准确性，应该求出预测数据的平方误差值。选中D5单元格，在对应的编辑栏中输入公式"=POWER(C5-B5,2)"，按【Enter】键后向下复制公式至D15单元格，如图20-41所示。

步骤08　接下来计算α为0.75时的指数平滑预测数据。再次打开"指数平滑"对话框，设置"输入区域"为B4:B15单元格区域，在"阻尼系数"文本框输入"0.25"，设置"输出区域"为E4单元格，设置完毕后单击"确定"按钮，如图20-42所示。

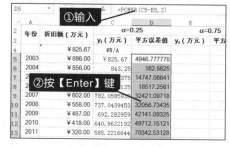

图20-41　计算α为0.25时的平方误差值

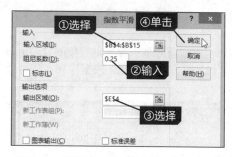

图20-42　设置α为0.75时的指数平滑预测数据

返回工作表，得到α为0.75时的指数平滑预测数据，如图20-43所示。

为了判断预测结果的准确性，应该求出预测数据的平方误差值。选中F5单元格，在对应的编辑栏中输入公式"=POWER(E5-B5,2)"，按【Enter】键后向下复制公式至F15单元格，如图20-44所示。

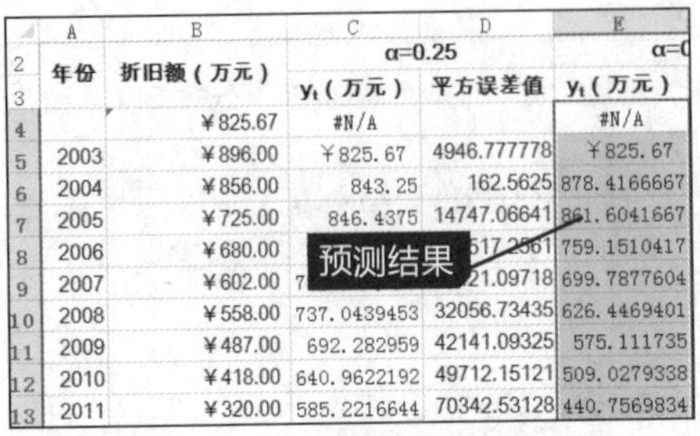

图20-43　α为0.75时的指数平滑预测数据

图20-44　计算α为0.75时的平方误差值

在D16单元格对应的编辑栏中输入公式"=SUM(D5:D15)"，按【Enter】键后将其复制到F16单元格中；同样，在D17对应的编辑栏中输入公式"=AVERAGE(D5:D15)"，按【Enter】键后将其复制到F17单元格中，然后选中F17单元格，即可看到该单元格中的公式为"AVERAGE(F5:F15)"，结果如图20-45所示。

比较α为0.25和α为0.75时的平方误差值数据可以看到，后者的误差要小得多，因此用α为0.75来预测折旧额，其准确度要比α为0.25时的预测值高。在B18单元格中输入公式"=0.75*B15+0.25*E15"，按【Enter】键后可以得到2014年的折旧额预测值为204.14万元，如图20-46所示。

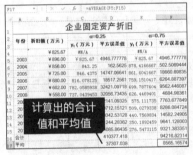

图20-45　计算α为0.25和0.75时的平方误差

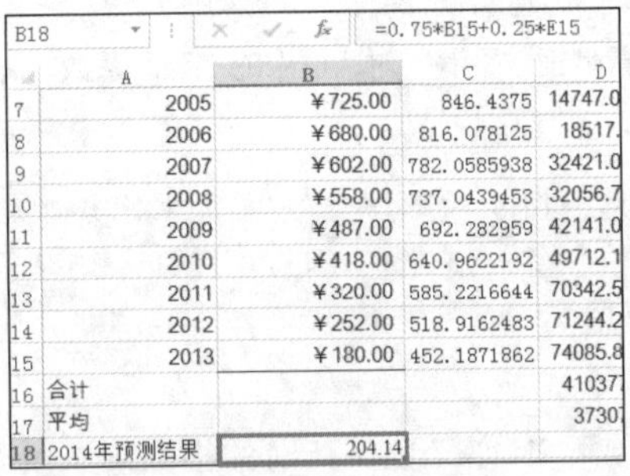

图20-46　预测出2012年的折旧额

20.4.2　移动平均法

移动平均法预测是一种非常方便的自适应预测模型。通过对相关数据建立一个描述现象发展变化的趋势动态模型，并利用模型在数据序列上进行外推，从而预测某些数据指标的未来发展趋势。

20-7　对第二年企业运营利润率进行分析和预测

已知公司2003年至2013年的利润率，现在要求根据移动平均法预测出2014年的利润率。

原始文件   下载资源\实例文件\第20章\原始文件\移动平均法.xlsx

 最终文件   下载资源\实例文件\第20章\最终文件\移动平均法.xlsx

 扫码看视频

步骤01　打开下载资源\实例文件\第20章\原始文件\移动平均法.xlsx，首先来看看2003年至2013年公司的利润率情况，如图20-47所示。

步骤02　在"数据"选项卡中单击"数据分析"按钮，如图20-48所示。

	A	B	C	D	E	F
1	企业最近11年利润率		n=2		n=3	
2	年份	利润率（%）	移动平均	标准误差	移动平均	标准误差
3	2003	42.8				
4	2004	36.8				
5	2005	30.5				
6	2006	34.7				
7	2007	28.8				
8	2008	25.5				
9	2009	27.3				
10	2010	30.3				
11	2011	31.5				
12	2012	24.1				
13	2013	26.4				

图20-47　查看原始数据

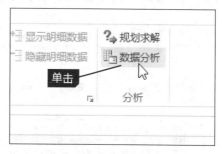

图20-48　单击"数据分析"按钮

步骤03　弹出"数据分析"对话框，选择"移动平均"分析工具，选定后单击"确定"按钮，如图20-49所示。

步骤04　弹出"移动平均"对话框，设置"输入区域"为B2:B13单元格区域，勾选"标志位于第一行"复选框，在"间隔"文本框输入"2"，设置"输出区域"为C3单元格，勾选"标准误差"复选框，单击"确定"按钮，如图20-50所示。

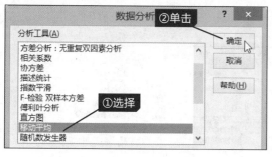

图20-49　选择"移动平均"分析工具

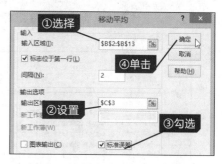

图20-50　设置移动平均分析工具参数

步骤05　返回工作表，得到n=2时的移动平均值和标准误差值，如图20-51所示。

步骤06　设置n=3时的移动平均和标准误差，再次打开"移动平均"对话框，设置"输入区域"为B2:B13单元格区域，勾选"标志位于第一行"复选框，在"间隔"文本框输入"3"，设置"输出区域"为E3单元格，勾选"标准误差"复选框，单击"确定"按钮，如图20-52所示。

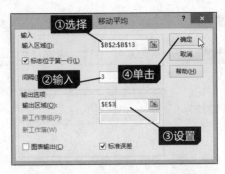

企业最近11年利润率		n=2		
年份	利润率（%）	移动平均	标准误差	移动
2003	42.8	#N/A	#N/A	
2004	36.8	39.8	#N/A	
2005	30.5	33.65	3.075914	
2006	34.7	32.6	2.676985	
2007	28.8	31.75	2.560518	
2008	25.5	27.15	2.390084	
2009	27.3	26.4	1.329003	
2010	30.3	28.8	1.236932	
2011	31.5	30.9	1.142366	
2012	24.1	27.8	2.650472	
2013	26.4	25.25	2.739754	

计算结果

图20-51　计算出n=2时的移动平均值和标准误差值　　　　图20-52　设置移动平均分析工具参数

步骤 07　返回工作表中，得到n=3时的移动平均值和标准误差值，如图20-53所示。

步骤 08　在"公式"选项卡下单击"显示公式"按钮，如图20-54所示。

11年利润率	n=2		n=3	
利润率（%）	移动平均	标准误差	移动平均	标准误差
42.8	#N/A	#N/A	#N/A	#N/A
36.8	#N/A	#N/A	#N/A	#N/A
30.5	33.65	3.07591	36.7	#N/A
34.7	32.6	2.676985	34	#N/A
28.8	31.75	2.560518	31.33333	3.887921
25.5	27.15	2.390084	29.66667	2.844227
27.3	26.4	1.329003	27.2	2.81596
30.3	28.8	1.236932	27.7	2.836142
31.5	30.9	1.142366	29.7	1.826655
24.1	27.8	2.650472	28.63333	3.191192
26.4	25.25	2.739754	27.33333	2.867183

计算结果

图20-53　计算出n=3时的移动平均值和标准误差值

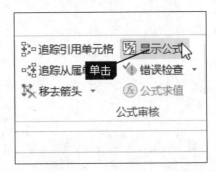

图20-54　单击"显示公式"按钮

步骤 09　此时，工作表中含有公式的单元格都显示出了公式，结果如图20-55所示。

	C	D	E	F
1		n=2		n=3
2	移动平均	标准误差	移动平均	标准误差
3	#N/A	#N/A	#N/A	#N/A
4	=AVERAGE(B3:B4)	#N/A	#N/A	#N/A
5	=AVERAGE(B4:B5)	=SQRT(SUMXMY2(B4:B5,C4:C5)/2)	=AVERAGE(B3:B5)	#N/A
6	=AVERAGE(B5:B6)	=SQRT(SUMXMY2(B5:B6,C5:C6)/2)	=AVERAGE(B4:B6)	#N/A
7	=AVERAGE(B6:B7)	=SQRT(SUMXMY2(B6:B7,C6:C7)/2)	=AVERAGE(B5:B7)	=SQRT(SUMXMY2(B5:B7,E5:E7)/3)
8	=AVERAGE(B7:B8)	=SQRT(SUMXMY2(B7:B8,C7:C8)/2)	=AVERAGE(B6:B8)	=SQRT(SUMXMY2(B6:B8,E6:E8)/3)
9	=AVERAGE(B8:B9)	=SQRT(SUMXMY2(B8:B9,C8:C9)/2)	=AVERAGE(B7:B9)	=SQRT(SUMXMY2(B7:B9,E7:E9)/3)
10	=AVERAGE(B9:B10)	=SQRT(SUMXMY2(B9:B10,C9:C10)/2)	=AVERAGE(B8:B10)	=SQRT(SUMXMY2(B8:B10,E8:E10)/3)
11	=AVERAGE(B10:B11)	=SQRT(SUMXMY2(B10:B11,C10:C11)/2)	=AVERAGE(B9:B11)	=SQRT(SUMXMY2(B9:B11,E9:E11)/3)
12	=AVERAGE(B11:B12)	=SQRT(SUMXMY2(B11:B12,C11:C12)/2)	=AVERAGE(B10:B12)	=SQRT(SUMXMY2(B10:B12,E10:E12)/3)
13	=AVERAGE(B12:B13)	=SQRT(SUMXMY2(B12:B13,C12:C13)/2)	=AVERAGE(B11:B13)	=SQRT(SUMXMY2(B11:B13,E11:E13)/3)

显示公式

图20-55　显示公式

提示　可以看到，当n=2时，移动平均数据的每一项都是相对应的两项原始数据平均值，比如C8单元格中的公式"=AVERAGE(B7:B8)"，相应的标准误差的公式则为"=SQRT(SUMXMY2(B8:B9,C8:C9)/2)"；当n=3时，公式运算方法一样，区别在于每一项为相对应的三项原始数据平均值，比如E8单元格中的公式为"=AVERAGE(B6:B8)"，相应的标准误差的公式则为"=SQRT(SUMXMY2(B7:B9,E7:E9)/3)"。

步骤10

从计算结果中可以看出n=2时的移动平均值更接近于实际的利润率，故在预测2014年利润率时需要使用n=2时的移动平均值，在B14单元格中输入公式"=AVERAGE(C12:C13)"，按【Enter】键后得到2014年的预测利润率，如图20-56所示。

B14			fx	=AVERAGE(C12:C13)		
	A	B	C	D	E	F
1	业最近11年利润			n=2		n=3
2	年份	利润率（%）	移动平均	标准误差	移动平均	标准误差
3	2003	42.8	#N/A	#N/A	#N/A	#N/A
4	2004	36.8	39.8	#N/A	#N/A	#N/A
5	2005	30.5	33.65	3.075914498	36.7	#N/A
6	2006	34.7	32.6	2.676985245	34	#N/A
7	2007	28.8	31.75	2.560517526	31.333333	3.887920514
8	2008	25.5	27.15	2.390083681	29.666667	2.844227422
9	2009	27.3	26.4	1.329003386	27.2	2.815959806
10	2010	30.3	28.8	1.236931688	27.7	2.836142398
11	2011	31.5	30.9	1.142365966	29.7	1.826654501
12	2012	24.1	27.8	2.650471656	28.633333	3.191191581
13	2013	26.4	25.25	2.739753639	27.333333	2.867183416
14	2014	26.525				

图20-56 计算2012年的预测利润率

20.5 数据的统计分析

统计学已经成为经济、管理和工程等专业的基础课程，但面对复杂的统计公式和计算过程，往往需要使用专业的统计软件，如SPSS，但这些专业的软件操作复杂，需要用户具有丰富的统计学知识。而使用Excel进行数据的统计分析则操作相对简单。本节主要介绍Excel中两种常用的统计分析工具：描述统计和假设检验。

◆ 描述统计：描述统计是通过图表或数学方法，对数据资料进行整理、分析，并对数据的分布状态、数字特征和随机变量之间关系进行估计和描述的方法。

◆ 假设检验：假设检验是数理统计学中根据一定假设条件由样本推断总体的一种方法。

20.5.1 使用描述统计

描述统计的任务就是描述随机变量的统计规律性。对于一组数据，要想获得它们的一些常用统计量，可以使用函数如AVERAGE（平均值）、STDEV（样本标准差）、VAR（样本方差）等来进行计算。但最方便快捷的方法是利用Excel 2013提供的描述统计工具，它可以自动给出一组数据的许多常用统计量。启动描述统计工具后，会弹出如图20-57所示的"描述统计"对话框，该对话框中前面几个项目的设置与"方差分析"中所涉及的内容相同，这里不再重复，下面主要对"汇总统计"及其下方的复选框进行介绍。

"汇总统计"复选框：此项必须勾选，因为需要在统计指标中包含平均值、中位数、模式等各个趋中型趋势指标，而且还要包含方差、标准误差、峰值、偏度、全距、置信度等各个差异型趋势指标。后面的"平均数置信度""第K大值""第K小值"复选框可以选根据情况自行选择是否做出统计。

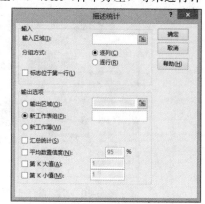

图20-57 "描述统计"对话框

示例

20-8 利用描述统计工具分析企业各月销售情况

已知某企业一年12个月每月的销售额情况，下面使用描述统计工具，统计出全年的平均销售额、标准误差、中位数、众数、方差等项目。

扫码看视频

原始文件 下载资源\实例文件\第20章\原始文件\描述统计.xlsx

最终文件 下载资源\实例文件\第20章\最终文件\描述统计.xlsx

步骤01 打开下载资源\实例文件\第20章\原始文件\描述统计.xlsx，在工作表中列出了企业12个月每月的销售额，在“数据”选项卡中单击“数据分析”按钮，如图20-58所示。

步骤02 弹出“数据分析”对话框，选择“描述统计”工具，选定后单击“确定”按钮，如图20-59所示。

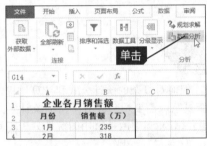

图20-58 单击“数据分析”按钮

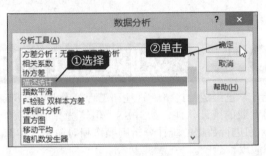

图20-59 选择“描述统计”分析工具

步骤03 弹出“描述统计”对话框，设置“输入区域”为B2:B14单元格区域，勾选“标志位于第一行”复选框，单击选中“输出区域”单选按钮，并设置“输出区域”为D2单元格，再依次勾选“汇总统计”“平均数置信度”“第K大值”“第K小值”复选框，如图20-60所示。

步骤04 单击“确定”按钮，返回工作表，此时可以看到系统自动统计出了这12个月的平均销售额、标准误差、中位数……如图20-61所示。

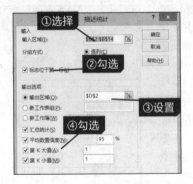

图20-60 设置描述统计参数

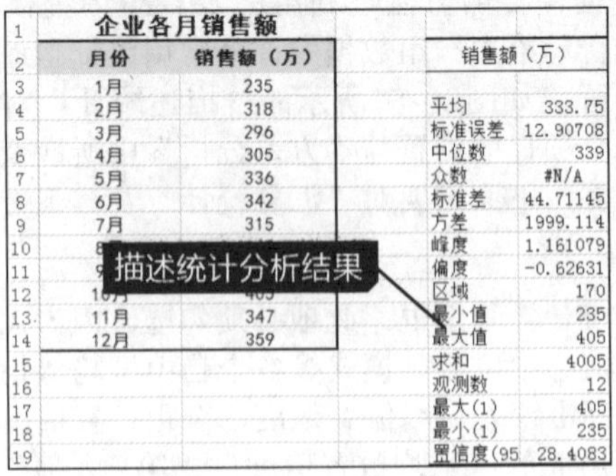

图20-61 描述统计分析结果

20.5.2 使用假设检验

在质量管理工作中经常会遇到两者进行比较的情况。例如，先后做了两批实验，得到两组数据，若要知道在这两组实验数据中合格率有无显著变化，可以使用假设检验这种统计方法来比较数据，它可以判断两者是否相等，同时也可以显示做出这样的结论所要承担的风险。假设检验的思想是，先假设两者相等，然后用统计的方法来计算验证假设是否正确。Excel中常用的假设检验主要包括三种：t-检验、z检验和F检验。

 20-9 产品生产的双样本等方差检验

"双样本等方差"检验也称同方差t-检验，它是假设两个数据集取自具有相同方差的分布，使用此 t-检验可以用于确定两个样本是否来自具有相同总体平均值的分布。

假设某工厂有甲和乙两台设备，每台设备每天工作12小时，现要验证这两台设备的工作效率哪台更高？假设甲设备和乙设备每天12小时中每小时生产的产品数见表20-2。

表20-2 产品生产情况

设备	生产产品数（件）											
甲	500	502	506	498	495	510	502	501	499	496	500	503
乙	495	496	500	502	496	503	505	508	501	503	499	504

现使用t检验-双样本等方差假设法分析哪台设备的贡献度大。

▼ 原始文件 下载资源\实例文件\第20章\原始文件\假设检验.xlsx

▼ 最终文件 下载资源\实例文件\第20章\最终文件\假设检验.xlsx

 扫码看视频

步骤01 打开下载资源\实例文件\第20章\原始文件\假设检验.xlsx，工作表中列出了甲、乙两种设备每天12个小时中每个小时生产产品的数量，在"数据"选项卡中单击"数据分析"按钮，如图20-62所示。

步骤02 弹出"数据分析"对话框，选择"t-检验：双样本等方差假设"分析工具，再单击"确定"按钮，如图20-63所示。

图20-62 单击"数据分析"按钮

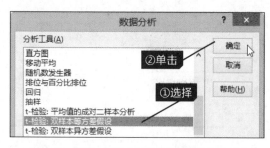

图20-63 选择t-检验:双样本等方差假设分析工具

步骤03 弹出"t-检验：双样本等方差假设"对话框，设置"变量1的区域"为A1:A13单元格区域，设置"变量2的区域"为B1:B13单元格区域，在"假设平均差"文本框中输入"0"，勾选"标志"复选框，设置α的值为"0.05"，单击选中"输出区域"单选按钮，并设置输出区域为D1单元格区域，单击"确定"按钮，如图20-64所示。

步骤04 返回工作表中，从分析结果可以看出在α为0.05的情况下，t-检验的临界值是2.07，t-检验的结果值是0，检验结果小于临界值，所以可以认为两种设备生产产品样本的"假设平均差为0"的假设是成立的，也就是说这两种设备的贡献度没有明显的差别。如图20-65所示。

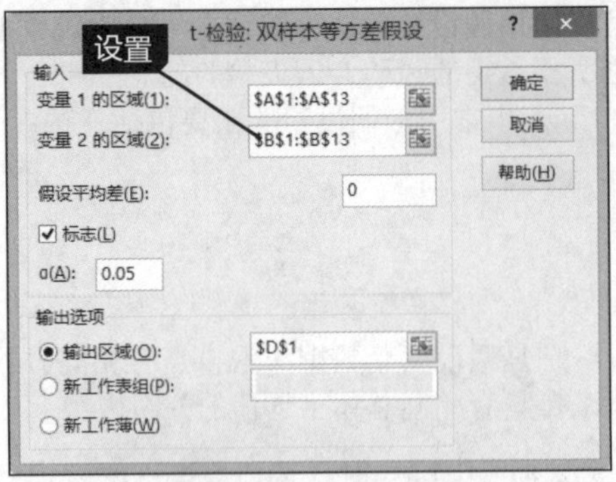

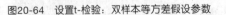

图20-64 设置t-检验：双样本等方差假设参数

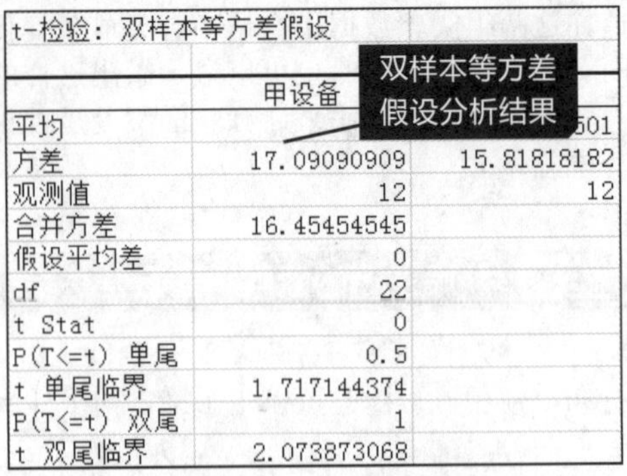

t-检验：双样本等方差假设		
	甲设备	
平均		501
方差	17.09090909	15.81818182
观测值	12	12
合并方差	16.45454545	
假设平均差	0	
df	22	
t Stat	0	
P(T<=t) 单尾	0.5	
t 单尾临界	1.717144374	
P(T<=t) 双尾	1	
t 双尾临界	2.073873068	

图20-65 假设检验结果

提示

“t-检验：双样本等方差假设”对话框中几个比较特殊的参数介绍如下。

变量1的区域：为第一组数据的输入区域。

变量2的区域：为第二组数据的输入区域。

α：用于判断F统计的临界值。可以更改，默认的值为0.05。

读书笔记

第21章 幻灯片中静态内容的添加与管理

PowerPoint主要用于会议、培训讲座、产品介绍等动态展示。PowerPoint演示文稿由很多张幻灯片组成，用户可以对幻灯片进行新建、更改版式、移动和复制等操作，完成演示文稿内容的组建。可以使用节管理幻灯片，使用页面设置、主题、母版为幻灯片添色。

21.1 幻灯片的基本操作

每一个PowerPoint演示文稿都是由一张或若干张幻灯片组成的。幻灯片和演示文稿的关系与工作表和工作簿的关系相似。因此，要使用PowerPoint制作出专业的演示文稿，首先得熟悉幻灯片的基本操作，包括新建幻灯片、更改幻灯片版式、移动和复制幻灯片。

21.1.1 新建幻灯片

新建一个空白的演示文稿，默认情况下，创建了一张"标题幻灯片"版式的幻灯片。用户要在该演示文稿中使用多张幻灯片，需要自己动手新建。可通过"新建幻灯片"按钮创建两种不同的幻灯片：新建默认版式幻灯片和新建不同版式的幻灯片。

1 新建默认版式的幻灯片

新建默认版式的幻灯片是指创建一个与上一张幻灯片相同版式的幻灯片。新建该种幻灯片的方法有四种：功能区法、快捷菜单法、快捷键法、回车法。

◆ 功能区法：在"开始"选项卡下，单击"新建幻灯片"按钮即可创建。

◆ 快捷菜单法：右击默认版式的幻灯片，在弹出的快捷菜单中单击"新建幻灯片"命令，即可创建与当前幻灯片版式相同的新的幻灯片。

◆ 快捷键法：按【Ctrl+M】组合键，可新建与选中的幻灯片相同版式的幻灯片。

◆ 回车法：选中要新建版式的幻灯片，按【Enter】键，可新建与选中的幻灯片相同版式的幻灯片。

21-1 在培训演示文稿中新建与上一张幻灯片版式相同的幻灯片

新员工培训用于向接受培训的员工展示培训内容。这些内容可能包含职业规划、价值观、公司情况介绍等。在介绍同一个类型的内容时，会使用相同版式的幻灯片。这时可使用新建与上一张幻灯片相同版式的幻灯片创建。

 原始文件　下载资源\实例文件\第21章\原始文件\新员工培训. pptx

 最终文件　下载资源\实例文件\第21章\最终文件\新员工培训. pptx

扫码看视频

步骤 01 打开下载资源\实例文件\第21章\原始文件\新员工培训.pptx，选中要新建的相同版式的幻灯片，在"开始"选项卡下单击"新建幻灯片"按钮，如图21-1所示。

步骤 02 随后，在选中的幻灯片的下方显示与该幻灯片版式相同的幻灯片，如图21-2所示。在"幻灯片"窗格中显示幻灯片为空白，在幻灯片预览窗格中可以看到新建幻灯片的版式。

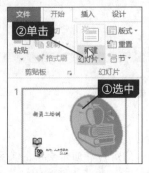

图21-1 单击"新建幻灯片"按钮

图21-2 新建与上一张相同版式的幻灯片

◁2▷ 新建不同版式的幻灯片

Excel提供了多种幻灯片版式，如标题幻灯片、标题和内容、节标题、两栏内容、比较、仅标题、空白、内容与标题、图片与标题等。单击"新建幻灯片"下三角按钮，在展开的下拉列表中选择合适的幻灯片版式缩略图，即可新建该版式幻灯片。

21-2 通过功能区按钮新建"两栏内容"版式的幻灯片

在新员工培训演示文稿中需要创建不一样版式的幻灯片，如新建两栏内容的版式。这里可以通过单击"新建幻灯片"下三角按钮创建。

扫码看视频

⬇ 原始文件 下载资源\实例文件\第21章\原始文件\新员工培训1. pptx

⬇ 最终文件 下载资源\实例文件\第21章\最终文件\新员工培训1. pptx

步骤 01 打开下载资源\实例文件\第21章\原始文件\新员工培训1.pptx，单击"新建幻灯片"下三角按钮，在展开的下拉列表中单击"两栏内容"选项，如图21-3所示。

步骤 02 随后，创建了两栏内容的幻灯片，如图21-4所示。

图21-3 选择合适的版式

图21-4 新建幻灯片后的效果

21.1.2 更改幻灯片版式

新建幻灯片后，若对幻灯片的版式不满意，可进行更改。选择需要更改版式的幻灯片，单击"版式"下三角按钮，在展开的下拉列表中选择合适的版式即可更改幻灯片版式。

 21-3 将"两栏内容"版式更改为"比较"版式

在示例21-2中，为新员工培训演示文稿新建了"两栏内容"版式的幻灯片。在该幻灯片中少了一项"文本"占位符，可将其版式更改为"比较"版式，以更符合实际需求。

 原始文件 下载资源\实例文件\第21章\原始文件\新员工培训2. pptx

 最终文件 下载资源\实例文件\第21章\最终文件\新员工培训2. pptx

 扫码看视频

步骤01 打开下载资源\实例文件\第21章\原始文件\新员工培训2.pptx，选中要更改版式的幻灯片，单击"版式"下三角按钮，在展开的下拉列表中单击"比较"选项，如图21-5所示。

步骤02 随后可以看到将"两栏内容"版式更改为"比较"版式后的效果，如图21-6所示。

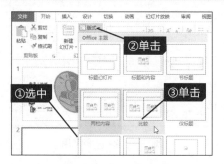

图21-5 单击"比较"选项

图21-6 更改为比较版式后的效果

 提示

创建演示文稿后，PowerPoint自动会对演示文稿中的版式创建母版，用户可以通过更改母版中的内容更改版式风格。

21.1.3 移动和复制幻灯片

移动和复制幻灯片是幻灯片的基本操作之一。使用移动和复制幻灯片操作能够快速将幻灯片的次序进行调整和创建内容相同的幻灯片。

◁1 移动幻灯片

移动幻灯片是指将当前幻灯片移动到演示文稿中的其他位置，在原来的位置不再存在该幻灯片。移动幻灯片的方法有两种：拖动法和剪切法。

◆ 拖动法：选中幻灯片，按住鼠标左键不放，将其拖动到要移动幻灯片到的位置后释放鼠标。

◆ 剪切法：右击幻灯片，在弹出的菜单中单击"剪切"命令。选中要插入幻灯片的位置，粘贴幻灯片，即可成功移动幻灯片。也可以在"开始"选项卡的"剪贴板"组中单击"剪切"按钮。

 21-4 将产品管理分析的第2张幻灯片移动到第4张的后面

产品管理分析用于分析产品的策略、设计、生命周期、组合与扩展等情况。在该幻灯片中有多张幻灯片，需要将幻灯片按照一定的顺序进行排列，因此需要调整第2张幻灯片的位置。

扫码看视频

📥 原始文件　下载资源\实例文件\第21章\原始文件\产品管理分析.pptx

📥 最终文件　下载资源\实例文件\第21章\最终文件\产品管理分析.pptx

步骤 01　打开下载资源\实例文件\第21章\原始文件\产品管理分析.pptx，选中第2张幻灯片，按住鼠标左键不放，将其拖动到第4张和第5张幻灯片之间，如图21-7所示。

步骤 02　释放鼠标，即可将幻灯片移动到原来的第4张幻灯片后面，此时，移动的幻灯片变成第4张，如图21-8所示。

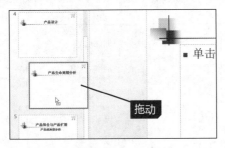

图21-7　移动幻灯片

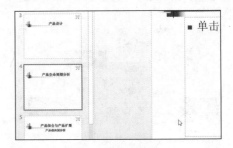

图21-8　移动后的效果

2　复制幻灯片

复制幻灯片是指创建一个与当前幻灯片版式和内容相同的幻灯片。复制幻灯片的方法有三种：拖动法、功能区法和快捷菜单法。

◆ 拖动法：选择要复制的幻灯片，按住【Ctrl】键的同时拖动鼠标，将幻灯片拖动到要复制的位置，释放鼠标和【Ctrl】键即可完成幻灯片的复制。

◆ 功能区法：选中要复制的幻灯片，在"开始"选项卡下，单击"新建幻灯片"下三角按钮，在展开的下拉列表中单击"复制所选幻灯片"选项，即可复制当前幻灯片。

◆ 快捷菜单法：右击要复制的幻灯片，在弹出的快捷菜单中单击"复制"命令。选择要粘贴幻灯片的位置，右击鼠标，在弹出的快捷菜单中单击"粘贴"命令，即可复制幻灯片。

 21-5 将产品管理分析的第2张幻灯片进行复制后生成新幻灯片

在产品管理分析演示文稿中需要创建与第2张幻灯片内容和版式都相同的幻灯片。如果使用新建幻灯片功能，需要查看第2张幻灯片的版式，并且新建后幻灯片中并没有内容。若使用"复制所选幻灯片"功能，便可快速解决问题。

原始文件　下载资源\实例文件\第21章\原始文件\产品管理分析1. pptx

 扫码看视频

最终文件　下载资源\实例文件\第21章\最终文件\产品管理分析1. pptx

步骤01 打开下载资源\实例文件\第21章\原始文件\产品管理分析1.pptx，选中要复制的幻灯片，单击"新建幻灯片"下三角按钮，在展开的下拉列表中单击"复制选定幻灯片"选项，如图21-9所示。

步骤02 随后在选中的幻灯片下方创建相同内容的幻灯片，如图21-10所示。

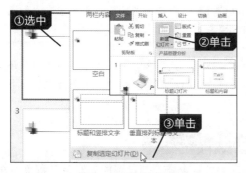

图21-9　单击"复制所选幻灯片"选项

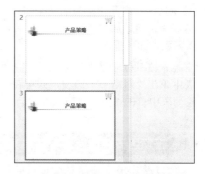

图21-10　复制幻灯片后的效果

技巧 21-1　就近复制幻灯片

就近复制幻灯片是指快速为当前幻灯片创建副本，并在当前幻灯片的下方显示。在PowerPoint中可以使用多种方法实现，这里介绍快捷菜单法。

右击要就近复制的幻灯片，在弹出的快捷菜单中单击"复制幻灯片"命令，如图21-11所示，随后，在当前幻灯片下创建一张相同的幻灯片。

图21-11　就近复制幻灯片

提示 在"开始"选项卡中的"剪贴板"组中单击"复制"下三角按钮，在展开的下拉列表中有两个"复制"选项。单击 复制(C) 选项，可将复制的内容放入剪贴板中，再使用"粘贴"命令；单击 复制(D) 选项，可就近复制当前幻灯片的内容。两个"复制"的快捷键不同，前者是【Ctrl+C】组合键，后者是【Ctrl+D】组合键。

技巧 21-2　重用幻灯片

利用重用幻灯片功能可快速应用其他演示文稿中的幻灯片版式到当前幻灯片中，以提高工作效率。

单击"新建幻灯片"下三角按钮，在展开的下拉列表中单击"重用幻灯片"选项，在右侧显示"重用幻灯片"窗格，单击"浏览"下三角按钮，在展开的下拉列表单击"浏览文件"选项，弹出"浏览"对话框，选择重用的演示文稿所在的位置，单击选中演示文稿。随后，在"重用幻灯片"中显示选中的演示文稿中的所有幻灯片，单击要添加到当前演示文稿中的幻灯片，如图21-12所示，即可将其添加到幻灯片中。

图21-12　重用幻灯片

21.2 使用节管理幻灯片

当演示文稿中的幻灯片较多时，为了便于演示文稿的编辑和维护，可使用节功能将演示文稿划分成若干个小节来管理。

21.2.1 新建与重命名节

要使用节，首先需要新建节。对节进行命名，不仅便于认识不同的节，还能够清楚地了解节中幻灯片的主题。可使用快捷菜单法和功能区法新建和重命名节。

◆ 快捷菜单法：右击要创建节的两个幻灯片之间的位置，在弹出的快捷菜单中单击"新增节"命令，即可在两个幻灯片之间添加节。右击节，在弹出的快捷菜单中单击"重命名节"命令，弹出"重命名节"对话框，输入名称，即可重命名。

◆ 功能区法：在要新增节的两个幻灯片之间单击，在"开始"选项卡下单击"节"下三角按钮，在展开的下拉列表中单击"新增节"选项，即可在两个幻灯片之间添加。选中节，单击"节"下三角按钮，在展开的下拉列表中单击"重命名节"选项。

 21-6 在项目概述中新建节并将其重命名为"第2节"

项目概述用于阐述某个项目的情况，如项目目标、项目说明、竞争分析等。在项目创建之前，可以使用该幻灯片向领导或投资方介绍。项目完成之后，可向客户介绍项目内容。

扫码看视频

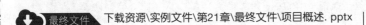

原始文件　下载资源\实例文件\第21章\原始文件\项目概述.pptx

最终文件　下载资源\实例文件\第21章\最终文件\项目概述.pptx

步骤01 打开下载资源\实例文件\第21章\原始文件\项目概述.pptx，选择要添加节的位置，这里单击第3张幻灯片和第4张幻灯片之间的位置，然后在"开始"选项卡下单击"幻灯片"组中"节"右侧的下三角按钮，在展开的下拉列表中单击"新增节"选项，如图21-13所示。

步骤02 随后，在第3张幻灯片和第4张幻灯片之间显示新增节。选中节，单击"节"下三角按钮，在展开的下拉列表中单击"重命名节"选项，如图21-14所示。

步骤03 弹出"重命名节"对话框，输入名称，单击"重命名"按钮，如图21-15所示，随后，可以看到重命名后的节。

图21-13　单击"新增节"选项

图21-14　单击"重命名"选项

图21-15　重命名节

21.2.2　折叠与展开节内容

创建节后，可以将节中的内容折叠或展开，以根据实际情况显示节和节中的幻灯片。节的名称左侧有▷按钮，展开节内容时，该按钮为"折叠节"按钮，单击该按钮可将该节中的内容折叠；折叠内容时，该按钮为"展开节"按钮，单击该按钮可将该节中的内容展开。

21-7　折叠第2节内容后再将其展开查看

在示例21-6中，创建了"第2节"节。此时节中的内容为展开的，若折叠该节可快速查看该节后面的内容，若要查看该节中的具体内容，可再次将其展开。

原始文件　　下载资源\实例文件\第21章\原始文件\项目概述1.pptx

最终文件　　下载资源\实例文件\第21章\最终文件\项目概述1.pptx

扫码看视频

步骤 01　打开下载资源\实例文件\第21章\原始文件\项目概述1.pptx，单击"第2节"前面的"折叠节"按钮，如图21-16所示。

步骤 02　随后，可以看到折叠节内容后的效果。单击"第2节"前面的"展开节"按钮，如图21-17所示，可以将节内容展开。

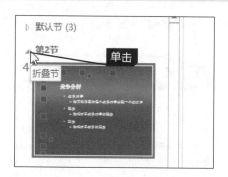

图21-16　单击"折叠节"按钮

图21-17　单击"展开节"按钮

提示　单击"节"下三角按钮，在展开的下拉列表中单击"全部展开"或"全部折叠"选项，可将所有的节展开或折叠。

技巧 21-3　快速清除节及节内的幻灯片

实际工作中，可能会创建错误的幻灯片或节。在PowerPoint中可快速清除节及节内的幻灯片。

右击要删除的节以及节内幻灯片的节名，在弹出的快捷菜单中单击"删除节和幻灯片"命令，如21-18所示。弹出提示框，提示"这些幻灯片将被删除，是否继续？"，单击"确定"按钮，可将其删除。

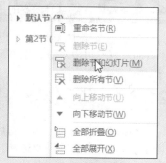

图21-18　快速清除节及节内的幻灯片

21.2.3　使用节轻松调整幻灯片组的位置

创建组后，可以通过调整节轻松移动幻灯片组的位置，移动的方法有两种：拖动法和快捷菜单法。

◆ 拖动法：选中要拖动的节，按住鼠标左键不放，将其拖动到合适的位置后，释放鼠标左键，即可移动鼠标。

◆ 快捷菜单法：右击要调整的节，在弹出的快捷菜单中单击"向下移动节"或"向上移动节"命令，即可调整节的位置。

21-8　利用节批量移动项目概述中的幻灯片

在项目概述演示文稿中创建了"第2节"，剩余的幻灯片自动显示为默认节。现在要将默认节中的幻灯片调整到"第2节"后面，可使用"向下移动节"命令。

扫码看视频

　原始文件　下载资源\实例文件\第21章\原始文件\项目概述2. pptx

　最终文件　下载资源\实例文件\第21章\最终文件\项目概述2. pptx

步骤 01　打开下载资源\实例文件\第21章\原始文件\项目概述2.pptx，右击要移动的节，在弹出的快捷菜单中单击"向下移动节"命令，如图21-19所示。

步骤 02　随后，可以看到默认节被移动到了"第2节"下方，如图21-20所示。

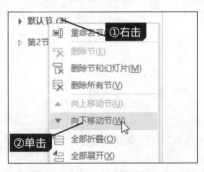

图21-19　单击"向下移动节"命令

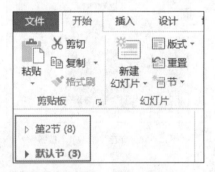

图21-20　移动后的效果

21.3　统一调整幻灯片页面

当演示文稿中默认的幻灯片大小和展示方向不符合实际的工作需要时，可在"设计"选项卡下的"页面设置"组中对幻灯片的大小和方向进行调整。

21.3.1　设置幻灯片大小

PowerPoint内置了多种幻灯片大小，如A4纸张、B4纸张、B5纸张、35毫米幻灯片等，用户可以根据幻灯片内容和实际需要选择。当然，还可以自定义幻灯片的大小。在"设计"选项卡下，单击"页面设置"按钮。打开"页面设置"对话框，即可设置。

将幻灯片比例更改为16：10

公司背景演讲演示文稿用于向其他人介绍公司的背景、宗旨、历史、现状、产品销售等情况。在实际使用时，为了方便宽屏的显示，可以将比例设置为16：10。

 原始文件 下载资源\实例文件\第21章\原始文件\公司背景演讲.pptx

最终文件 下载资源\实例文件\第21章\最终文件\公司背景演讲.pptx

 扫码看视频

步骤01 打开下载资源\实例文件\第21章\原始文件\公司背景演讲.pptx，在"设计"选项卡下单击"幻灯片大小"按钮，在弹出的快捷菜单中选择"自定义幻灯片大小"选项，如图21-21所示。

步骤02 弹出"幻灯片大小"对话框，单击"幻灯片大小"下三角按钮，在展开的下拉列表中单击"全屏显示（16：10）"选项，设置完毕后，单击"确定"按钮，如图21-22所示。

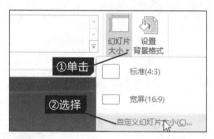

图21-21 单击"幻灯片大小"按钮

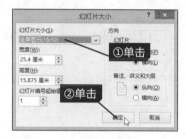

图21-22 设置幻灯片的大小

步骤03 返回幻灯片中可以看到设置完毕后的效果，如图21-23所示。

图21-23 设置幻灯片大小后的效果

技巧 21-4 自定义幻灯片大小

实际工作中，在内置的幻灯片大小不能满足要求时，可以自定义幻灯片的大小。

打开"幻灯片大小"对话框，单击"幻灯片大小"下三角按钮，在展开的下拉列表中单击"自定义"选项，并在下面的文本框中设置宽度和高度，设置完毕后，单击"确定"按钮，如图21-24所示。

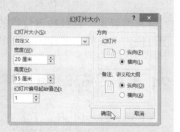

图21-24 自定义幻灯片大小

21.3.2　设置幻灯片方向

默认情况下，幻灯片都是横向显示的。用户可以手动将幻灯片的方向设置为纵向。在"设计"选项卡中单击"幻灯片方向"按钮，在展开的下拉列表中单击"纵向"选项。

21-10　更改幻灯片方向为"纵向"

虽然幻灯片以"横向"显示有助于在宽屏显示器中显示幻灯片，但是在打印幻灯片时，按照习惯都以纵向显示。因此，若要将公司背景演讲演示文稿打印出来，可以将其设置为纵向显示。

扫码看视频

原始文件　下载资源\实例文件\第21章\原始文件\公司背景演讲1. pptx

最终文件　下载资源\实例文件\第21章\最终文件\公司背景演讲1. pptx

步骤01　打开下载资源\实例文件\第21章\原始文件\公司背景演讲1.pptx，在"设计"选项卡下，单击"幻灯片大小"下三角按钮，在展开的下拉列表中单击"自定义幻灯片大小"选项，在"幻灯片大小"对话框中选择"幻灯片"组中的"纵向"选项，如图21-25所示。

步骤02　单击"确定"按钮后，可看到整个演示文稿中的幻灯片被设置为纵向后的效果，如图21-26所示。

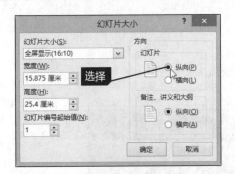

图21-25　选择"纵向"选项

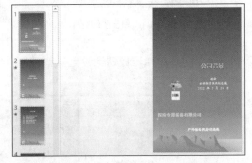

图21-26　设置为纵向后的效果

21.4　使用主题更改配色方案

使用主题可以简化具有专业设计水准的演示文稿的创建过程。在PowerPoint中使用主题，还可以让幻灯片的版式、背景和占位符的位置发生显著的变化。主题包括主题颜色、字体和效果等内容。用户不仅可使用内置的主题样式，还可分别对主题颜色、字体和效果进行设置。

21.4.1　应用内置主题样式

PowerPoint中内置了多种主题样式，使用这些内置的主题样式可轻松快捷地更改演示文稿的整体外观。在"设计"选项卡下单击"主题"组中的快翻按钮，在展开的下拉列表中可以选择合适的主题样式，此时选择的主题会应用到整个样式文稿中。若要在同一个幻灯片中使用不同的主题，可在"幻灯片母版"视图下进行操作。

21-11 为公益宣传片添加内置主题样式

一般公益宣传片包括所宣传的公益活动的重要性、现状、如何改善等内容。需要根据宣传的内容添加内置主题来统一样式。

 原始文件　下载资源\实例文件\第21章\原始文件\公益宣传片.pptx

最终文件　下载资源\实例文件\第21章\最终文件\公益宣传片.pptx

 扫码看视频

步骤 01 打开下载资源\实例文件\第21章\原始文件\公益宣传片.pptx，在"设计"选项卡下，单击"主题"组中的快翻按钮，在展开的主题样式库中选择合适的样式，如图21-27所示。

图21-27　选择合适的幻灯片主题

步骤 02 随后可以看到整个演示文稿应用了所选主题后的效果，如图21-28所示。

图21-28　更改主题后的效果

21.4.2　更改主题颜色、字体和效果

应用了内置主题样式后，还可以在"设计"选项卡下的"主题"组中更改主题颜色、字体和效果元素。

21-12 自定义公益宣传片的主题颜色、字体和效果

为公益宣传片应用内置主题样式后，可以修改主题颜色、字体和效果中的某一个或某几个，使幻灯片的配色方案更加丰富。

原始文件　下载资源\实例文件\第21章\原始文件\公益宣传片1. pptx

最终文件　下载资源\实例文件\第21章\最终文件\公益宣传片1. pptx

步骤01 打开下载资源\实例文件\第21章\原始文件\公益宣传片1.pptx，在"设计"选项卡下单击"变体"组中的下三角按钮，在展开的下拉列表中单击"颜色"选项，在颜色菜单中选择合适的颜色，如图21-29所示。

步骤02 单击"字体"选项，在展开的下拉列表中选择合适的字体，如图21-30所示。

步骤03 单击"效果"选项，在展开的下拉列表中选择合适的效果，如图21-31所示。

图21-29　设置颜色　　　　图21-30　设置字体　　　　图21-31　设置效果

步骤04 随后，可以看到为演示文稿设置主题颜色、字体和效果后的效果，如图21-32所示。

图21-32　设置后的效果

技巧 21·5　保存自定义主题

在实际工作中，可能会制作很多的演示文稿。若要一一自定义主题非常麻烦，可以将自定义主题保存，以便应用到更多的演示文稿中。

自定义好主题后，在"设计"选项卡下单击"主题"组中的快翻按钮，在展开的下拉列表中单击"保存当前主题"选项，如图21-33所示。弹出"选择主题或主题文档"对话框，选择主题文档，输入文件名，即可保存。

图21-33　保存自定义主题

三组件应用分析

共性

在Excel组件中可以通过修改主题来修改工作表中的颜色、字体等内容。在"页面布局"选项卡下，单击"主题"下三角按钮，在展开的下拉列表中选择合适的主题样式即可，如图21-34所示。还可以单独更改主题的颜色、字体和效果。同样，在Word组件中也可以执行相同的操作达到同样的效果，如图21-35所示。

特殊

在PowerPoint组件中，主题效果不仅仅有颜色、字体和效果，还包括对幻灯片背景的一些设置。

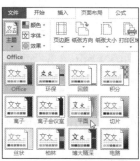

图21-34　在Excel中应用主题

图21-35　在Word中应用主题

21.5 使用母版设计幻灯片版式

母版用于存储有关演示文稿的主题和幻灯片版式的信息，包括背景、颜色、字体、效果、占位符大小和位置。

21.5.1 演示文稿母版介绍

演示文稿母版用于设置演示文稿中要创建的各版式的幻灯片的预设样式，可以对背景、颜色、效果、占位符大小和位置进行设置，方便快速创建预设样式的幻灯片。PowerPoint 2013提供了三类母版：幻灯片母版、讲义母版和备注母版。在"视图"选项卡的"母版视图"组中可打开相应的母版视图，如图21-36所示。

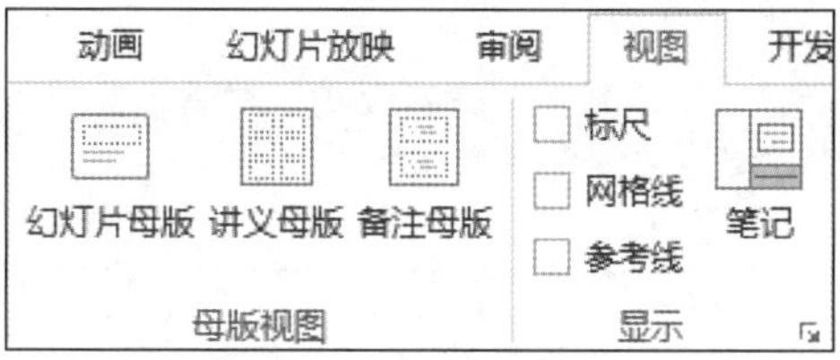

图21-36　"母版视图"组

◆ 幻灯片母版：统一整个演示文稿的幻灯片格式。

◆ 讲义母版：统一讲义的打印设计和版式。

◆ 备注母版：创建和编辑备注页母版和版式。

打开相应的母版视图后，在该母版选项卡下，如在"幻灯片母版"选项卡下，单击"关闭母版视图"按钮，可将母版视图关闭。

21.5.2 创建幻灯片母版与版式

幻灯片母版通常用来统一整个演示文稿的幻灯片格式，一旦修改了幻灯片母版，则所有采用这一母版建立的幻灯片格式也随之发生改变。幻灯片版式包括要在幻灯片上显示的全部内容的格式设置、位置、占位符和幻灯片主题。

在"幻灯片母版"视图下的"编辑母版"组中可创建新的幻灯片母版和版式。在"幻灯片母版"视图的左侧"幻灯片缩略图窗格"中，幻灯片母版是较大的幻灯片图像，相关版式位于幻灯片母版下方。

21-13 插入并重命名幻灯片母版

公司会议演示文稿在开展会议的过程中使用，向与会者展示会议的详细内容，如会议名称、会议流程、会议主要内容等。默认情况下，幻灯片中有默认的母版，用户可以自定义插入新的幻灯片母版，以创建更多的版式。

扫码看视频

原始文件　下载资源\实例文件\第21章\原始文件\公司会议. pptx

最终文件　下载资源\实例文件\第21章\最终文件\公司会议. pptx

步骤 01

打开下载资源\实例文件\第21章\原始文件\公司会议.pptx，在"视图"选项卡下，单击"幻灯片母版"按钮，如图21-37所示。

步骤 02

在"幻灯片母版"选项卡下单击"插入幻灯片母版"按钮，如图21-38所示。

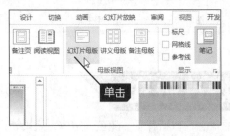

图21-37　单击"幻灯片母版"按钮

图21-38　单击"插入幻灯片母版"按钮

步骤 03

随后，在幻灯片缩略图窗格中可以看到创建的幻灯片母版，单击"重命名"按钮，如图21-39所示。

步骤 04

弹出"重命名版式"对话框，修改版式名称，单击"重命名"按钮，如图21-40所示，完成母版的创建和重命名。

图21-39　单击"重命名"按钮

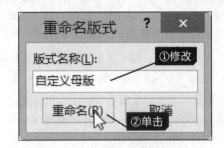

图21-40　重命名幻灯片母版

技巧 插入版式

21-6

除了创建整个幻灯片母版，还可以在幻灯片母版中创建单个的版式。

在幻灯片缩略图窗格中，选择与要创建的版式相近的版式，在"幻灯片母版"选项卡下，单击"插入版式"按钮，如图21-41所示，即可插入版式，并对其进行编辑。

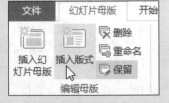

图21-41　插入版式

在左侧窗格中选中新插入的版式，在"幻灯片母版"选项卡下，单击"编辑母版"组中的"重命名"按钮，弹出"重命名版式"对话框，输入名称，可对版式重命名。

21.5.3　更改幻灯片版式内的内容布局

幻灯片版式内的内容布局是可以自定义编辑的，如在幻灯片版式中插入占位符。占位符是带有包含内容的点线边框的框，位于幻灯片版式内。除了"空白"版式之外，所有内置幻灯片版式都包含占位符。用户可以自定义向幻灯片版式中添加正文、表格、图表、SmartArt图形、图片、音频或视频的占位符。在"幻灯片母版"选项卡下的"母版版式"组中可进行操作。

 21-14 在幻灯片版式内插入需要的占位符

在公司会议演示文稿中，创建了新的幻灯片母版后，可以编辑幻灯片版式。例如在幻灯片版式内插入需要的占位符。

 原始文件　下载资源\实例文件\第21章\原始文件\公司会议1.pptx

 最终文件　下载资源\实例文件\第21章\最终文件\公司会议1.pptx

 扫码看视频

步骤01 打开下载资源\实例文件\第21章\原始文件\公司会议1.pptx，选择要插入占位符的幻灯片版式，在"幻灯片母版"选项卡下，单击"插入占位符"下三角按钮，在展开的下拉列表中选择需要的占位符，如图21-42所示。

步骤02 鼠标指针变成十字形状，在幻灯片版式中合适的位置拖动鼠标，绘制占位符，如图21-43所示。

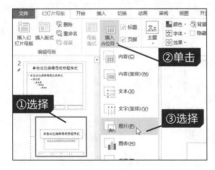

图21-42　选择合适的占位符类型

图21-43　插入占位符

 步骤03 拖动至合适大小后释放鼠标，成功插入占位符，并显示其类别"图片"，如图21-44所示。

图21-44　插入占位符后的效果

21.5.4 统一幻灯片的页脚

　　默认情况下，在幻灯片母版的底部有页脚、幻灯片编号、日期等内容，用户可以根据实际需要，在幻灯片中自定义下部的内容，若不需要可将其删除，若需要可将其添加。选中要删除的内容对应的占位符，按【Delete】键，可将其删除。在"幻灯片母版"选项卡下，单击"母版版式"组中的"母版版式"按钮。打开"母版版式"对话框，如图21-45所示，可插入相应的内容。

图21-45　设置母版版式

◆ 日期：勾选该复选框，可在幻灯片的底部左侧添加日期占位符。

◆ 幻灯片编号：勾选该复选框，可在幻灯片的底部右侧添加幻灯片编号占位符。

◆ 页脚：勾选该复选框，可在幻灯片的底部中间添加页脚占位符。

示例 21-15　为公司会议演示文稿插入统一的页脚、编号和日期

　　在公司会议演示文稿中，在幻灯片的下方插入页脚、编号和日期，有利于向与会者说明幻灯片的页数等内容。

 扫码看视频

原始文件 ▶ 下载资源\实例文件\第21章\原始文件\公司会议2. pptx

最终文件 ▶ 下载资源\实例文件\第21章\最终文件\公司会议2. pptx

步骤01　打开下载资源\实例文件\第21章\原始文件\公司会议2.pptx，打开"幻灯片母版"视图，选中要插入页脚内容的母版，在"幻灯片母版"选项卡下单击"母版版式"按钮，如图21-46所示。

步骤02　弹出"母版版式"对话框，勾选需要的页脚内容，单击"确定"按钮，如图21-47所示。

步骤03　随后，在幻灯片母版的下方的相应位置可以看到插入的日期、页脚和幻灯片编号，如图21-48所示。

图21-46　单击"母版版式"按钮

图21-47　设置母版版式

图21-48　添加后的效果

技巧 21-7　设置备注母版的页面大小

　　要设置备注页的页面大小，可通过设置备注母版的页面大小快速统一。

　　在"视图"选项卡下，单击"备注母版"按钮。在"备注母版"选项卡下，单击"页面设置"组中的"幻灯片大小"按钮，在弹出的下拉菜单中单击"自定义幻灯片大小"选项，打开"幻灯片大小"对话框，选择幻灯片的大小或自定义幻灯片的大小，单击"确定"按钮即可，如图21-49所示。

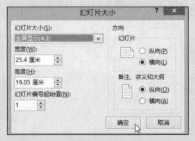
图21-49　设置备注母版的页面大小

技巧 21-8　选择备注母版中要显示的占位符

与幻灯片母版的占位符类型不同，备注母版的占位符类型有页眉、幻灯片图像、页脚、日期、正文和页码，可自定义选择。

在"视图"选项卡下单击"备注母版"按钮，在"备注母版"选项卡下的"占位符"组中，勾选要显示的占位符前的复选框，如图21-50所示，即可在备注母版中显示勾选的占位符。

图21-50　选择备注母版中要显示的占位符

技巧 21-9　设置讲义母版中每页幻灯片的数量

讲义母版中可快速统一讲义的每页幻灯片的数量，如1张、3张、4张。

在"视图"选项卡下，单击"讲义母版"按钮，在"讲义母版"选项卡下，单击"每页幻灯片数量"下三角按钮，在展开的下拉列表中选择合适的数量，如图21-51所示。

图21-51　设置讲义母版中每页
幻灯片的数量

提示

统一页脚后，还可以更改页脚的位置、大小、格式等内容。选中要更改位置的页脚内容，拖动鼠标，将其拖动到合适的位置释放鼠标即可；选中要更改大小的页脚内容，将鼠标指针指向其边缘，当其变成双向箭头形状，拖动鼠标，即可改变其大小；选中要更改格式的页脚内容，在"开始"选项卡的"字体"组中可更改页脚内容的字体、字号、颜色等内容。

21.5.5　更改单张幻灯片版式的背景格式

在PowerPoint的母版幻灯片中可为单张幻灯片版式应用内置样式和自定义背景格式。

◆ 应用内置样式：打开"幻灯片母版"选项卡，选择要设置背景格式的版式，单击"背景样式"下三角按钮，在展开的下拉列表中选择内置的背景格式。

◆ 自定义背景格式：单击"设置背景格式"选项，打开"设置背景格式"窗格，自定义设置。

示例 21-16　重新设置公司会议演示文稿中标题幻灯片的背景

在公司会议演示文稿的幻灯片母版中，每个版式和母版的背景都相同。若要为单个的幻灯片版式设置背景，可在"幻灯片母版"的"背景"组中设置。

原始文件　下载资源\实例文件\第21章\原始文件\公司会议3. pptx

最终文件　下载资源\实例文件\第21章\最终文件\公司会议3. pptx

扫码看视频

步骤 01　打开下载资源\实例文件\第21章\原始文件\公司会议3.pptx，打开"幻灯片母版"视图，选中要更改背景的幻灯片版式，在"幻灯片母版"选项卡下，单击"背景样式"下三角按钮，在展开的下拉列表中单击"设置背景格式"选项，如图21-52所示。

步骤 02 弹出"设置背景格式"窗格，在"填充"选项卡下设置背景填充效果，设置完毕后，单击"关闭"按钮，如图21-53所示。

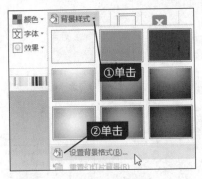

图21-52 单击"设置背景格式"选项

图21-53 设置背景格式

步骤 03 返回幻灯片母版中，可以看到更改单张幻灯片母版背景格式后的效果，如图21-54所示。

图21-54 更改单张幻灯片版式的背景格式后的效果

技巧 21-10 隐藏背景图形

在幻灯片中可设置背景图形，重新更改背景格式后，背景图形仍然显示，但是可以将其隐藏。

在"幻灯片母版"选项卡下，勾选"背景"组中的"隐藏背景图形"复选框，如图21-55所示，即可隐藏背景图形。

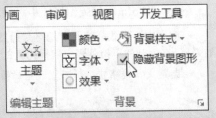

图21-55 隐藏背景图形

技巧 21-11 重置背景

对版式设置背景后，可使用"重置背景"功能，将其快速设置为与母版相同的背景。

选中要重置背景的版式，在"幻灯片母版"选项卡下，单击"背景样式"下三角按钮，在展开的下拉列表中单击"重置幻灯片背景"选项，如图21-56所示，即可将当前版式重置为与母版相同的背景。

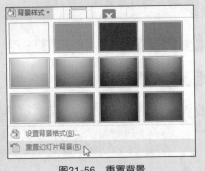

图21-56 重置背景

第 22 章 幻灯片内动态音像的添加与管理

在一些宣传广告、产品展示等演示文稿中，静态的展示未免显得太过单调，如果能在这些演示文稿中添加适当的音频和视频，将生硬的视觉转换为具有冲击力的听觉和视觉相结合的效果，则更能吸引观众的注意力，从而提高演示文稿的演示效率。

22.1 为幻灯片添加音频

如果为演示文稿配上一段美妙的音乐，就可以让演讲者在演示或演讲时更容易吸引听众，听众也不会觉得枯燥乏味。那么如何才能在演示文稿中插入背景音乐呢？其实在演示文稿中可以插入多种类型的音频文件，包括本地计算机中保存的音频及自己录制的音频。

PowerPoint 2013提供了两种音频插入方式。在幻灯片中插入音频文件的方法很简单，只需在"插入"选项卡下单击"音频"按钮，从展开的下拉列表中选择插入音频的方式即可，如图22-1所示。

图22-1 为幻灯片添加音频文件的方式

◆ PC上的音频：在幻灯片中插入本地计算机中保存的音频文件。

◆ 录制音频：在幻灯片中插入自己录制的音频文件。

22.1.1 插入PC上的音频

如果本地计算机中已保存了所需的音频文件，则可直接将其插入到幻灯片中，以调动观众观看演示文稿的积极性。在PowerPoint 2013中，能插入的音频文件种类繁多，包括*.aif、*.aifc、*.au、*.snd、*.mid、*.midi、*.mp3等。

 22-1 在旅游宣传片中插入音乐

旅游宣传片通过向观众展示某地区的风景、人文或地理特色，达到吸引旅游者前去旅游的目的。仅仅将旅游地点的风景展示出来，不足以吸引观众，如果再配上生动优美的音乐，往往就能从听觉上吸引观众的注意力，增强现场的气氛。

 原始文件　下载资源\实例文件\第22章\原始文件\旅游宣传片.pptx、古典音乐.mp3

 最终文件　下载资源\实例文件\第22章\最终文件\插入PC上的音频.pptx

扫码看视频

 打开下载资源\实例文件\第22章\原始文件\旅游宣传片.pptx，切换至第1张幻灯片，在"插入"选项卡中单击"音频"按钮，从展开的下拉列表中单击"PC上的音频"选项，如图22-2所示。

步骤 02 弹出"插入音频"对话框，从"查找范围"下拉列表中选择要插入音频的保存位置，再选择要插入的音频文件"古典音乐.mp3"，单击"插入"按钮，如图22-3所示。

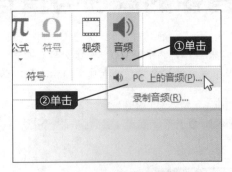

图22-2　单击"PC上的音频"选项

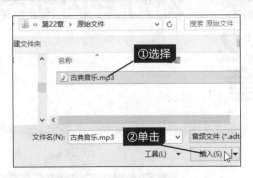

图22-3　选择要插入的音频文件

步骤 03 返回幻灯片中，此时在幻灯片中插入了一个喇叭形状的音频图标，其下方显示一个工具条，单击工具条中的"播放"按钮，如图22-4所示。

步骤 04 将音频图标移至幻灯片的左下角，此时系统自动开始播放插入的音频，并在工具条中显示播放的进度，如图22-5所示。若用户要暂停播放，单击工具条中的"暂停"按钮即可。

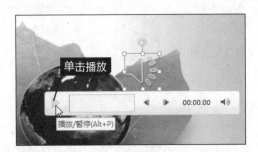

图22-4　播放音频文件

图22-5　显示播放进度

22.1.2　插入幻灯片的旁白录音

很多时候，我们制作的演示文稿中不仅要展示宣传的产品、旅游地等内容，还需要配以声情并茂、绘声绘色的解说，观众在观看演示文稿时，才能进一步感受到所宣传产品、旅游地等的强大魅力，从而心生向往。

示例 22-2　在旅游宣传片中插入录制的旁白

为了吸引观众的注意力，在旅游宣传片中添加背景音乐固然是很好的方法，但很多时候，观众更想了解的还是关于所宣传旅游地点的一些风土人情，如果将这些内容录制下来，插入到演示文稿中，能使旅游宣传片更具说服力，也更有特色。

扫码看视频

原始文件　下载资源\实例文件\第22章\原始文件\旅游宣传片.pptx

最终文件　下载资源\实例文件\第22章\最终文件\插入旁白录音.pptx

步骤 01　打开下载资源\实例文件\第22章\原始文件\旅游宣传片.pptx，切换至第1张幻灯片，在"插入"选项卡下单击"音频"按钮，从展开的下拉列表中单击"录制音频"选项，如图22-6所示。

步骤 02　弹出"录制声音"对话框，在"名称"文本框中输入录制音频的名称，如输入"红原旅游景点解说"，输入完毕后单击 ● 按钮便可开始录音，如图22-7所示。

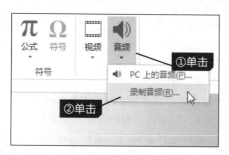

图22-6　单击"录制音频"选项

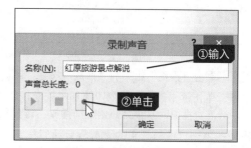

图22-7　设置录制音频的名称

步骤 03　用户可以对着麦克风录制幻灯片解说，录制完毕后单击■按钮，最后单击"确定"按钮，如图22-8所示。

步骤 04　返回幻灯片中，此时插入了一个音频图标，单击工具条中的"播放"按钮，即可听到自己录制的旁白，并显示播放的进度，如图22-9所示。

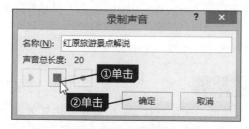

图22-8　结束录制

图22-9　播放录制的旁白

技巧 22-1　格式化音频图标外观

音频文件插入到幻灯片中后，其图标是以图片的形式存在，用户可像设置图片格式一样对其进行美化。

要对音频图标进行格式化，首先需要选择音频图标，然后在"音频工具-格式"选项卡下的"调整"组和"图片样式"组中分别对音频图标的颜色、艺术效果、样式等项目进行设置，如图22-10所示。

图22-10　格式化音频图标外观

22.2 简单处理音频

对于插入到幻灯片中的音频，可以根据用户的不同需求进行一些简单的处理，例如调节播放的音量、剪裁音频只保留需要的部分、添加书签标记当前的播放位置等，这些设置都是在"音频工具-播放"选项卡中完成的，如图22-11所示。

图22-11 "音频工具-播放"选项卡

◆ 预览：单击"预览"组中的"播放"按钮，可以开始播放音频。

◆ 书签：单击"书签"组中的"添加书签"按钮，即可在当前播放到的位置添加一个书签，以标记播放的位置，待下次播放时从该处开始继续播放；若要删除书签，则单击"删除书签"按钮。

◆ 编辑：单击"编辑"中的"剪裁音频"按钮，可对音频进行剪裁，只保留音频中需要的部分；在"淡入"和"淡出"中可以设置音频开始和结束时的淡入、淡出时间，使音频首尾过渡更自然、流畅。

◆ 音频选项：单击"音频选项"组中的"音量"按钮，可设置音频音量；从"开始"下拉列表中可选择音频开始播放的方式；勾选"放映时隐藏"复选框可在放映幻灯片时隐藏音频图标；勾选"循环播放，直到停止"复选框可在整个演示文稿中循环播放音频；勾选"播完返回开头"复选框是表示若音频过短，当其播放完毕后，演示文稿还没有放映完毕，将返回开头继续播放。

22.2.1 设置音频音量和播放方式

根据不同的场合，幻灯片中音频的音量也是需要进行调节的，PowerPoint提供了很好的音量调节工具，可根据需要设置音量大小。另外，根据不同场合、不同用户的需求，音频的播放方式和要求是不同的，PowerPoint为此提供了多种播放方式供用户选择。

22-3 设置旅游宣传片中音频的音量和播放方式

由于旅游宣传片是在众多的观众面前放映的，所以对其音量的要求当然是更高一些是最好的。另外，在放映幻灯片时最好能让音乐自动播放出来，并伴随着幻灯片的一页一页翻动，音乐也伴随在耳。

扫码看视频

原始文件　下载资源\实例文件\第22章\原始文件\旅游宣传片1.pptx

最终文件　下载资源\实例文件\第22章\最终文件\设置音频音量和播放方式.pptx

步骤01 打开下载资源\实例文件\第22章\原始文件\旅游宣传片1.pptx，选择音频图标，在"音频工具-播放"选项卡中单击"音量"按钮，从展开的下拉列表中选择音量大小，如选择"高"选项，如图22-12所示。

步骤02 勾选"音频选项"组中的"跨幻灯片播放"选项，如图22-13所示。即表示音频文件将在整个演示文稿中进行播放。

图22-12　选择音量大小

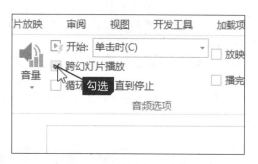

图22-13　选择音频播放方式

步骤 03　勾选"放映时隐藏"复选框，在放映时将音频图标隐藏起来；再勾选"循环播放，直到停止"复选框，让音频文件循环播放，如图22-14所示。

步骤 04　按【Shift+F5】组合键切换至幻灯片放映状态，此时音频自动开始播放，并且不再显示音频图标，如图22-15所示。切换至其他幻灯片时，音频文件也会继续播放。

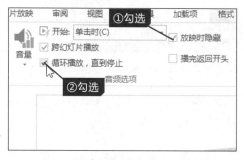

图22-14　放映时隐藏图标并循环播放

图22-15　放映状态下试听音频

技巧 22-2　控制音频的播放进度

音频文件开始播放后，用户如果不想播放开始的一段，希望直接跳到某一段开始播放；或者播放了一段时间后，希望返回到原先的一个地方重新播放，此时该如何操作才能控制音频文件的播放进度呢？

当音频文件开始播放后，其下方会出现一个工具条。若单击"向前移动"按钮，则会使音频文件快速前进，单击一次前进0.25秒；同样，若单击"向后移动"按钮，则会使音频快速后退，单击一次后退0.25秒，如图22-16所示。

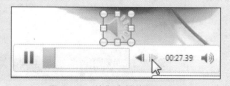

图22-16　控制音频的播放进度

22.2.2　剪裁音频

如果插入的音频文件过长，而演示文稿并不需要那么长的音频进行播放，此时就需要对音频文件进行剪裁，只保留需要的部分。

示例 22-4　将旅游宣传片中的音频首尾进行剪裁

由于在旅游宣传片中插入的音频文件过长，待宣传片放映完毕后，音乐都还没有播放完，这样就很浪费优美的音乐素材，此时可以将首尾过渡的一些没必要的地方进行剪裁，只保留中间的部分。

原始文件	下载资源\实例文件\第22章\原始文件\旅游宣传片1.pptx
最终文件	下载资源\实例文件\第22章\最终文件\剪裁音频.pptx

步骤 01　打开下载资源\实例文件\第22章\原始文件\旅游宣传片1.pptx，选择音频图标，在"音频工具-播放"选项卡下单击"剪裁音频"按钮，如图22-17所示。

步骤 02　弹出"剪裁音频"对话框，此时可以看到开始时间为"00:00"，结束时间为"03:24.118"，单击"播放"按钮，如图22-18所示，开始播放音频。

图22-17　单击"剪裁音频"按钮

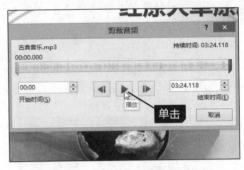

图22-18　播放音频文件

步骤 03　当播放到需要剪裁的位置后，如播放到"00:54.923"时单击"暂停"按钮，暂停播放，然后向右拖动左侧的绿色滑块，如图22-19所示。

步骤 04　当拖动至暂停位置，即"00:54.923"时，释放鼠标左键，即确定了开始时间为此处，而之前的部分音频将被删除，继续单击"播放"按钮，如图22-20所示。

图22-19　拖动滑块确定开始位置

图22-20　开始位置确定后继续播放音频文件

步骤 05　当播放到需要结束的位置时暂停播放，如播放到"02:14.133"后，单击"暂停"按钮暂停播放，如图22-21所示。

步骤 06　此时，向左拖动右侧的红色滑块，将其拖动至暂停位置处，即"02:14.133"处，确定音频的结束位置为此处，而后面的音频部分将被删除。音频的开始和结束位置都确定好之后，单击"确定"按钮即可完成音频的剪裁，如图22-22所示。

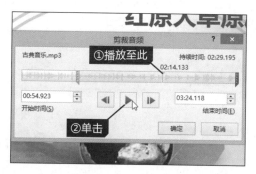

图22-21 暂停至结束处

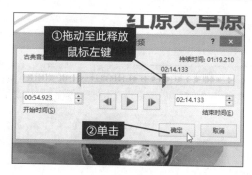

图22-22 确定音频结束位置

提示

如果用户拖动绿色滑块和红色滑块不能精确移动至开始位置和结束位置时，可以直接在"开始时间"和"结束时间"文本框中输入时间即可。

技巧 22-3 设置音频的淡入、淡出时间

剪裁音频后，如果觉得音频的开始和结尾处有些突兀，可以使用"淡入""淡出"功能对剪裁后的音频进行完善。

要设置音频的淡入、淡出效果，在"音频工具-播放"选项卡下分别设置具体的"淡入"和"淡出"持续时间即可，如图22-23所示。

图22-23 设置音频的淡入、淡出时间

22.2.3 使用书签标注音频跳转位置

放映演示文稿时，如果演示文稿中有音频，音频也会随之播放，但当音频播放到一个位置后，如果用户要去进行其他的操作，如切换至其他页幻灯片，或许大多数用户都会想到先暂停音频的播放，不过这样操作后，当再次回到幻灯片中继续播放时，音频文件便不会从暂停位置处开始播放，而是从头开始播放了。为了避免这样的情况发生，利用PowerPoint 2013中的"书签"功能，可以为音频添加书签，以标记音频的暂停处，下次再从此处继续播放。

示例 22-5 为旅游宣传片中的音频添加书签以标记音频跳转位置

在放映旅游宣传片时，为了使插入到幻灯片中的音频能够从指定位置开始播放，可以将音频已经播放的部分进行标记，为其添加一个书签，下次放映时就可以从书签标记处继续播放了。

 原始文件 下载资源\实例文件\第22章\原始文件\旅游宣传片1.pptx

 最终文件 下载资源\实例文件\第22章\最终文件\添加书签.pptx

扫码看视频

 步骤01

打开下载资源\实例文件\第22章\原始文件\旅游宣传片1.pptx，选中音频图标，然后单击工具条中的"播放"按钮开始播放音频，播放至指定位置时，可单击"暂停"按钮暂停播放音频，如图22-24所示。

步骤 02 在"音频工具-播放"选项卡下单击"添加书签"按钮，如图22-25所示。

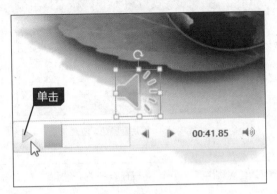

图22-24 暂停音频播放

图22-25 单击"添加书签"按钮

步骤 03 此时在暂停处添加了一个黄色的小圆点，这个就是书签，它将暂停位置进行了标记，如图22-26所示。

步骤 04 用户便可以放心地去进行其他的操作了。再次返回到幻灯片中时，选中音频图标，可以看到工具条中还保留了书签小圆点，标记的位置即为刚刚暂停播放的位置，单击该小圆点，然后单击"播放"按钮，即可从此处继续播放音频文件，如图22-27所示。

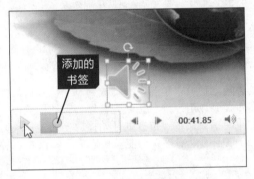

图22-26 添加的书签效果

图22-27 从标签处继续开始播放音频文件

提示 如果用户需要将音频文件中的书签删除，可首先选中工具条中的黄色小圆点，然后在"音频工具-播放"选项卡下单击"删除书签"按钮即可。

22.3 为幻灯片添加视频

在演示文稿中不仅可以添加音频文件来吸引观众的注意力，还能够插入动态的视频，使演示文稿更具有说服力。在演示文稿中插入的视频包括两种来源：联机视频和PC上的视频，如图22-28所示。

◆ PC上的视频：可在幻灯片中插入本地计算机中保存的视频文件。

◆ 联机视频：可插入网络上的视频文件。

如果用户的计算机中已经存储了需要插入到演示文稿中的视频文件，则直接在本地计算中选择视频文件，插入到演示文稿中即可。可以插入演示文稿中的视频文件类型也很多，主要包括*.flv、*.mov、*.mp4、*.wmv、*.avi、*.mpg等。

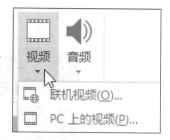

图22-28　插入视频文件的方式

 22-6　为产品宣传插入产品展示视频

为了更全面地宣传公司的产品，不仅需要将产品的文字和图片资料制作成演示文稿，最好还要在演示文稿中插入产品展示视频，这样的演示文稿在展会上放映时会更具说服力。

原始文件　下载资源\实例文件\第22章\原始文件\产品宣传.pptx、农作物展示.wmv

最终文件　下载资源\实例文件\第22章\最终文件\插入PC上的视频.pptx

扫码看视频

步骤 01 打开下载资源\实例文件\第22章\原始文件\产品宣传.pptx，切换至需要插入视频的第5张幻灯片，在"插入"选项卡下单击"视频"按钮，从展开的下拉列表中选择"PC上的视频"选项，如图22-29所示。

步骤 02 弹出"插入视频文件"对话框，选择要插入的视频文件保存位置，然后再选择"农作物展示.wmv"视频文件，单击"插入"按钮，如图22-30所示。

图22-29　单击"PC上的视频"选项

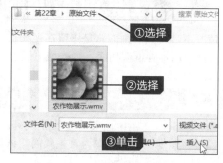

图22-30　选择要插入的视频文件

步骤 03 返回幻灯片中，可以看到插入的视频，默认显示首帧画面，并在视频下方出现了一个工具条，如图22-31所示。

步骤 04 单击工具条中的"播放"按钮，此时可以看到视频文件开始播放，画面也开始切换，工具条中显示了播放的进度，如图22-32所示。

图22-31　插入的视频文件

图22-32　播放视频文件

技巧　**在演示文稿中链接视频文件**

22-4

用户可以在PowerPoint 2013演示文稿中链接外部视频文件，通过链接视频，可以减小演示文稿的文件大小。

链接视频文件的方法很简单，在"插入"选项卡中单击"视频"按钮，在展开的下拉列表中单击"PC上的视频"选项，弹出"插入视频文件"对话框，选择好要插入的视频文件后，单击"插入"右侧的下三角按钮，在展开的下拉列表中单击"链接到文件"选项即可，如图22-33所示。

图22-33　在演示文稿中链接视频文件

22.4　为视频添加标牌框架

默认情况下，视频的画面总是停留在视频首帧中的，如果用户需要更换其他的图片来作为视频的预览图片，可以使用标牌框架功能，轻松地更换。

示例　**22-7**　以特定图片作为产品宣传片视频的首帧画面

在演示文稿中插入的视频默认显示为首帧画面，如果为了突出该产品宣传片的特点，需要将该地区的风光作为首帧画面，该如何操作呢？

扫码看视频

原始文件　下载资源\实例文件\第22章\原始文件\产品宣传1.pptx、宁县风貌.jpg

最终文件　下载资源\实例文件\第22章\最终文件\标牌框架.pptx

步骤01　打开下载资源\实例文件\第22章\原始文件\产品宣传1.pptx，切换至第5张幻灯片，选中视频图标，在"视频工具-格式"选项卡中单击"标牌框架"按钮，从展开的下拉列表中单击"文件中的图像"选项，如图22-34所示。

步骤02　弹出"插入图片"对话框，选择需要插入的图片的保存位置，然后选择需要插入的图片"宁县风貌.jpg"，单击"插入"按钮，如图22-35所示。

图22-34 单击"文件中的图像"选项

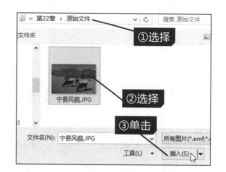

图22-35 选择要作为首帧的图片

步骤 03 返回幻灯片中，可以看到所选的图片设置为了视频的标牌框架，如图22-36所示。

步骤 04 单击工具条中的"播放"按钮，视频开始播放，标牌框架图片瞬间消失，如图22-37所示。

图22-36 更改首帧画面后的效果

图22-37 播放视频首帧画面消失

22.5 轻松处理视频

对于插入到幻灯片中的视频文件，也如同插入的音频文件一样，可以进行一些简单的处理，以满足不同用户的需求。处理视频文件的方法与处理音频文件的方法类似，但也有些不同的地方，用户可以在"视频工具-播放"选项卡中完成视频文件的处理，如图22-38所示。

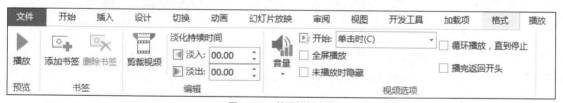

图22-38 处理视频文件

◆ 预览：单击"预览"组中的"播放"按钮，可以播放视频文件。

◆ 书签：单击"书签"组中的"添加书签"按钮，即可在当前播放到的位置添加一个书签，以标记播放的位置，待下次播放时从该处开始继续播放；若要删除书签，则单击"删除书签"按钮。

◆ 编辑：单击"编辑"组中的"剪裁视频"按钮，可对视频进行剪裁，只保留视频中需要的部分；在"淡入"和"淡出"中可以设置视频开始和结束时的淡入、淡出时间，使首尾部分过渡更自然。

◆ 视频选项：单击"视频选项"组中的"音量"按钮，可设置视频文件播放的声音大小；在"开始"下拉列表中可选择视频文件开始播放的方式；勾选"全屏播放"复选框可将视频进行全屏幕播放；勾选

"未播放时隐藏"复选框可在未播放视频时隐藏视频图标；勾选"循环播放，直到停止"复选框可循环播放视频文件，直到用户手动停止播放；勾选"播完返回开头"复选框表示视频文件播放完毕后，将自动返回到首帧画面中。

22.5.1　使用书签标记视频播放位置

当视频播放到一个画面后，用户突然要查看或讲解其他的幻灯片时，就需要暂停视频的播放，但当返回后想继续播放时，发现暂停处已不知是何处了，视频又返回到最开始的位置，为视频添加书签标记可以解决这一问题。

 22-8 为产品宣传片添加书签

假如用户在放映产品宣传片时，当其中的视频播放到一个画面后暂停播放，切换至其他页幻灯片中进行演示。此时，为了避免视频从头开始播放，可为视频添加书签。

 扫码看视频

 原始文件　下载资源\实例文件\第22章\原始文件\产品宣传2.pptx

 最终文件　下载资源\实例文件\第22章\最终文件\为视频添加书签.pptx

步骤01 打开下载资源\实例文件\第22章\原始文件\产品宣传2.pptx，播放第5张幻灯片的视频，当播放到一个画面后单击"暂停"按钮，图22-39所示。

步骤02 在"视频工具-播放"选项卡中单击"添加书签"按钮，如图22-40所示。

图22-39　暂停播放视频

图22-40　为视频添加书签

步骤03 此时，可以看到在暂停处添加了一个黄色的小圆点，即书签，效果如图22-41所示。

步骤04 待用户讲解或查看完其他幻灯片后返回该页幻灯片后，选中视频图标，然后单击工具条中的小圆点，即书签位置，视频画面回到刚刚暂停处，如图22-42所示。

图22-41　添加的书签效果

图22-42　重新定位暂停处

22.5.2　剪裁视频

剪裁视频的方法与剪裁音频的方法类似，首先需要定位需要剪裁到的开始位置和结束位置，然后重新设置视频的开始位置的时间和结束位置的时间，而将开始之前和结束之后的一段视频删减。

 22-9　剪裁产品宣传片的视频

根据展会需求，需要将产品宣传片中第1个画面及最后1个画面进行剪裁，只保留中间的画面，这时就要用到剪裁视频功能。

原始文件　下载资源\实例文件\第22章\原始文件\产品宣传2.pptx

最终文件　下载资源\实例文件\第22章\最终文件\剪裁视频.pptx

扫码看视频

步骤01　打开下载资源\实例文件\第22章\原始文件\产品宣传2.pptx，切换至第5张幻灯片，选中视频图标，在"视频工具-播放"选项卡中单击"剪裁视频"按钮，如图22-43所示。

步骤02　弹出"剪裁视频"对话框，单击"播放"按钮开始播放视频，如图22-44所示。

图22-43　单击"剪裁视频"按钮

图22-44　播放视频

步骤03　当播放到第2个画面时，单击"暂停"按钮，然后将左侧的绿色滑块拖动至此，确定新的开始位置，如图22-45所示。

步骤 04 再次单击"播放"按钮，继续播放视频，待播放到倒数第2个画面时单击"暂停"按钮暂停播放，然后向左拖动右侧的红色滑块，如图22-46所示。

图22-45　确定新的开始位置处　　　　　　　　　图22-46　暂停至结束位置处

步骤 05 将红色滑块拖动至暂停位置处后释放鼠标，确定新的结束位置，最后单击"确定"按钮，如图22-47所示。

步骤 06 返回幻灯片中，单击工具条中的"播放"按钮，此时可以看到视频从第2幅画面开始播放，如图22-48所示。

图22-47　确定新的结束位置处　　　　　　　　　图22-48　播放剪裁后的视频

技巧 22.5 设置视频淡入、淡出时间

与剪裁音频后一样，如果剪裁视频后，视频画面的过渡效果生硬，可以为剪裁后的视频添加上淡入、淡出效果，以完善剪裁后的视频效果。

要设置视频的淡入、淡出效果，可以在"视频工具-播放"选项卡下分别设置"淡入"和"淡出"效果的持续时间，如图22-49所示。

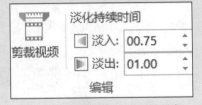

图22-49　设置视频淡入、淡出时间

22.5.3　设置视频音量和播放方式

根据不同用户的需求，可更改视频的音量大小、开始播放的方式、未播放时是否隐藏、是否全屏播放、是否采用循环播放等。

22-10 设置产品宣传片中视频的音量和播放方式

在放映产品宣传演示文稿时，可根据不同场合、不同人群的需求，来调节其中视频的音量的大小和播放方式。

原始文件 下载资源\实例文件\第22章\原始文件\产品宣传2.pptx

最终文件 下载资源\实例文件\第22章\最终文件\设置视频音量和播放方式.pptx

 扫码看视频

步骤 01　打开下载资源\实例文件\第22章\原始文件\产品宣传2.pptx，切换至第5张幻灯片，选择视频图标，在"视频工具-播放"选项卡中单击"音量"按钮，从展开的下拉列表中选择音量大小，如选择"中"选项，如图22-50所示。

步骤 02　单击"开始"右侧的下三角按钮，从展开的下拉列表中选择视频文件开始播放的方式为"自动"，如图22-51所示，表示视频文件在放映幻灯片时会自动开始播放。

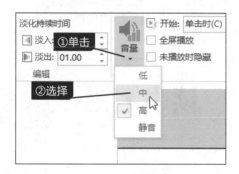

图22-50　选择音量大小

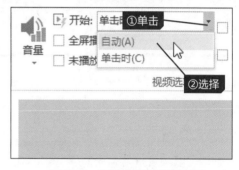

图22-51　选择视频开始播放方式

步骤 03　勾选"全屏播放"复选框，再勾选"未播放时隐藏"复选框，最后勾选"循环播放，直到停止"复选框，如图22-52所示。

步骤 04　按【Shift+F5】组合键切换至幻灯片放映状态，此时可以看到视频以全屏方式自动开始播放，播放完毕后又返回开头循环播放，效果如图22-53所示。

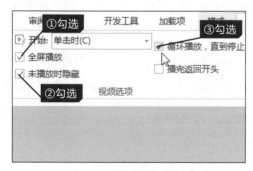

图22-52　设置视频放映方式

图22-53　全屏循环播放视频

377

技巧 22-6 在幻灯片中插入Flash动画

PowerPoint 2013不仅支持插入音频和视频，还可以插入Flash动画。要在 PowerPoint 中播放 Flash 文件，必须将名为"Shockwave Flash Object"的 ActiveX 控件"注册"到用户的计算机上。

首先打开"PowerPoint选项"对话框，切换至"自定义功能区"选项卡，在"自定义功能区"列表框中勾选"开发工具"复选框，然后单击"确定"按钮；接着返回到演示文稿中，在"开发工具"选项卡中单击"其他控件"按钮，弹出"其他控件"对话框，拖动垂直滚动条，选择 Shockwave Flash Object控件，选定后单击"确定"按钮，如图22-54所示。然后返回幻灯片中，拖动鼠标在幻灯片中绘制出该控件；最后右击绘制的控件，从弹出的快捷菜单中单击"属性表"命令，弹出"属性"对话框，切换至"按字母序"选项卡，将光标插入点定位到Movie属性右侧的文本框中，输入Flash动画名称和路径，关闭"属性"对话框后，返回幻灯片中，单击状态栏中的"幻灯片放映"按钮，进入幻灯片放映状态，即可放映指定路径的Flash动画。

图22-54　在幻灯片中插入Flash动画

读书笔记

使用动画让静态幻灯片动起来

为使幻灯片更加活泼和生动，可以为幻灯片添加切换效果。通俗地讲，就是在幻灯片的放映过程中，放完一页后，这一页怎么消失，下一页怎么出现。另外，也可以为幻灯片中的不同元素添加动画效果，可添加进入、退出、强调及路径等动画效果。

23.1 使用切换为幻灯片添加转场效果

幻灯片的切换效果是指一张幻灯片从屏幕上消失后，另一张幻灯片显示在屏幕上的方式。为幻灯片添加切换效果可使幻灯片放映更加活泼、生动、有趣，吸引观众的注意。

要为幻灯片添加转场效果，可在"切换"选项卡下的"切换到此幻灯片"库中选择相应的切换效果。当然，在为幻灯片添加切换效果后，还可以按照不同用户的需求对切换效果进行相应的设置，这些设置功能也是在"切换"选项卡中完成的，如图23-1所示。

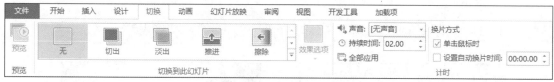

图23-1 选择和设置切换效果

◆ 预览：为幻灯片添加切换效果后，可以单击"预览"组中的"预览"按钮观看效果。

◆ 切换到此幻灯片：单击"切换到此幻灯片"组中的快翻按钮，从展开的库中可选择系统预设的切换方式；单击"效果选项"按钮，可在展开的下拉列表中选择所添加切换效果的不同运行方式。

◆ 计时：在"计时"组中可设置换片时的声音、持续时间、换片方式，还可以选择将为当前幻灯片所添加的切换效果应用于演示文稿的所有幻灯片中。

23.1.1 为幻灯片添加切换效果

PowerPoint 2013预设了多种幻灯片切换效果，用户只需先选中要添加切换效果的幻灯片，然后在"切换到此幻灯片"库中选择需要套用的切换效果即可，既简单、又快捷。

23-1 为调查报告中的幻灯片添加统一的切换效果

调查报告是对某项工作、某个事件、某个问题，经过深入细致的调查后，将调查中收集到的材料加以系统整理，分析研究，以书面形式向组织和领导汇报调查情况的一种文书。制作调查报告演示文稿时，为了增强其趣味性，提高观众的积极性，可以为调查报告添加上统一的切换效果。

 原始文件　下载资源\实例文件\第23章\原始文件\大学生网购调查报告.pptx

 最终文件　下载资源\实例文件\第23章\最终文件\添加切换效果.pptx

步骤 01   打开下载资源\实例文件\第23章\原始文件\大学生网购调查报告.pptx，在幻灯片缩略图窗格中选中需要添加切换效果的幻灯片，如第1张幻灯片，然后在"切换"选项卡下单击"切换到此幻灯片"组中的快翻按钮，如图23-2所示。

步骤 02   从展开的库中选择预设的切换效果，如选择"分割"切换效果，如图23-3所示。

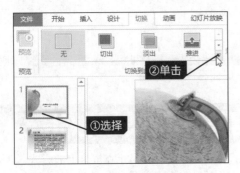

图23-2　选择需要添加切换效果的幻灯片

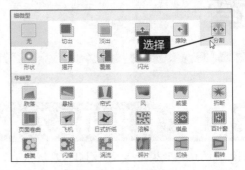

图23-3　选择切换效果

步骤 03   添加完毕后，可在"切换"选项卡下单击"预览"按钮，预览所添加的切换效果，如图23-4所示。

步骤 04   此时，可以看到第1张幻灯片中添加的"分割"切换效果，如图23-5所示。

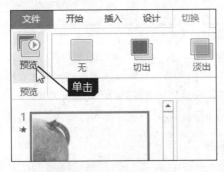

图23-4　单击"预览"按钮

图23-5　预览添加的切换效果

提示　　PowerPoint 2013提供了即时预览的功能，当用户选择好一种切换效果后，马上就可以在普通视图下预览其切换效果，如果用户对于预览的切换效果不满意，可重新在"切换到此幻灯片"库中选择其他的切换效果。

步骤 05   若要将该效果应用到所有的幻灯片中，在"切换"选项卡单击"全部应用"按钮即可，如图23-6所示。

步骤 06   为了看到是否将切换效果添加于其他幻灯片，可切换至其他幻灯片中，如切换至第2张幻灯片中，单击"预览"按钮预览该幻灯片中应用的"分割"切换效果，如图23-7所示。

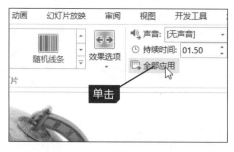

图23-6 单击"全部应用"按钮

图23-7 查看其他页幻灯片切换效果

23.1.2 更改幻灯片的切换方向

为演示文稿中的幻灯片添加了切换效果后，如果对切换的方向不满意，可通过效果选项功能来进行更改。需要注意的是，所选择的切换效果不同，可设置的切换方向也会有所不同。

23-2 为添加的切换效果选择切换方向

虽然在调查报告中添加了"分割"切换效果，但默认情况下其切换采用的是"中央向左右展开"的方向，如果要将其设置为其他方向，该如何操作呢？

原始文件 下载资源\实例文件\第23章\原始文件\大学生网购调查报告1.pptx

最终文件 下载资源\实例文件\第23章\最终文件\选择切换方向.pptx

扫码看视频

步骤01 打开下载资源\实例文件\第23章\原始文件\大学生网购调查报告1.pptx，切换至第1张幻灯片，在"切换"选项卡中单击"效果选项"按钮，从展开的下拉列表中选择切换方向，如选择"上下向中央收缩"选项，如图23-8所示。

步骤02 在"切换"选项卡中单击"预览"按钮，此时可预览方向更改后的切换效果，如图23-9所示。更改了切换效果后用户还可以单击"全部应用"按钮，将该切换方向应用到整个演示文稿中。

图23-8 选择切换方向

图23-9 预览更改切换方向后的切换效果

23.1.3 设置切换时的声音和速度

默认情况下，为幻灯片添加的任何切换效果都是没有声音的，但是为了吸引观众的注意，可以为幻灯片的切换效果添加声音。另外，切换效果过快或过慢都会影响幻灯片的演示效果，所以还需要设置适当的切换速度。

23-3 选择切换时发出的声音及切换速度

在已经添加了切换方式的调查报告中，如果能增加切换的声音效果，那么会令切换效果更加生动。另外，如果觉得默认的切换速度过快，可将切换效果的节奏放慢一点，使切换的效果更明显一些。

扫码看视频

📥 **原始文件** 下载资源\实例文件\第23章\原始文件\大学生网购调查报告2.pptx

📥 **最终文件** 下载资源\实例文件\第23章\最终文件\切换声音和速度.pptx

步骤 01 打开下载资源\实例文件\第23章\原始文件\大学生网购调查报告2.pptx，切换至第1张幻灯片，在"切换"选项卡中单击"声音"右侧的下三角按钮，从展开的下拉列表中选择切换的声音，如选择"风铃"声，如图23-10所示。

步骤 02 若要对切换的速度进行调整，可单击"持续时间"右侧的微调按钮，对切换效果持续的时间进行设置。例如将持续时间调整为"03.25"秒，如图23-11所示。

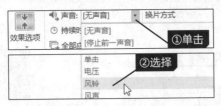

图23-10 选择切换声音

图23-11 设置切换速度

技巧 23-1 为切换效果添加自选声音

如果用户对于系统预设的声音都不满意，还可以添加本地计算机中保存的不同格式的声音文件，如mp3、m4a、wav等。

要添加自备的声音，首先需从"声音"下拉列表中单击"其他声音"选项，弹出"添加音频"对话框。选择需要添加的声音文件保存的位置，然后再选择需要添加的声音文件，选定后单击"确定"按钮即可，如图23-12所示。

图23-12 为切换效果添加自选声音

23.1.4 设置幻灯片的换片方式

在PowerPoint 2013中，默认的换片方式为单击鼠标时换片，即放映时，只有当用户单击鼠标左键，才会切换至下一张幻灯片，但有时为了方便或需要幻灯片自动放映，用户可以将幻灯片设置为自动切换，并设置适当的换片时间。

23-4 选择切换方式为自动换片并设置换片时间

为了方便放映调查报告，本示例不采用传统的单击时切换幻灯片的方式，而采用自动换片方式，并设置好自动换片的间隔时间。放映时，每张幻灯片在屏幕上停留的时间即为设定的间隔时间，时间一到则自动切换到下一张幻灯片。

原始文件　下载资源\实例文件\第23章\原始文件\大学生网购调查报告3.pptx

最终文件　下载资源\实例文件\第23章\最终文件\设置换片方式.pptx

步骤01　打开下载资源\实例文件\第23章\原始文件\大学生网购调查报告3.pptx，切换至第一张幻灯片，在"切换"选项卡下先取消勾选"单击鼠标时"复选框，再勾选"设置自动换片时间"复选框，如图23-13所示。

步骤02　若要设置自动换片的时间，可单击"设置自动换片时间"右侧的微调按钮进行设置，如调整为"00:09.00"秒，如图23-14所示。

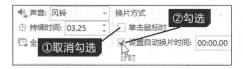

图23-13　勾选"设置自动换片方式"复选框

图23-14　设置自动换片间隔时间

23.2　为幻灯片中的对象添加动画

　　虽然在制作的幻灯片中添加了不同的对象，但是很多时候却由于内容普通、单调，给观众带来枯燥、无新鲜的感觉。为了吸引观众的注意力，可以为幻灯片中的文本和其他对象添加动画效果，实际上，动画是一种在演示中用以强调和辅助的表现手段，它不仅能吸引观众的注意，还能加强幻灯片中的重点内容。

　　要为幻灯片中的对象添加动画效果，可首先选中要添加动画效果的对象，然后在"动画"选项卡下的"动画"库中选择预设的动画效果。系统提供了四种类型的预设动画效果：进入、强调、退出和动作路径。不同类型的动画效果中又包含了多种子类型，如图23-15所示。

　　◆ 无：如果用户需要去掉对象的动画效果，可单击"无"选项。

　　◆ 进入：如果用户需要为对象添加"进入"动画效果，可在"进入"选项组中进行选择。

　　◆ 强调：如果用户需要对幻灯片中的某个对象进行强调，可在"强调"选项组中选择强调动画效果。

　　◆ 退出：如果用户需要为幻灯片中某个对象设置退场效果，可在"退出"选项组中选择退出动画效果。

　　◆ 动作路径：在"动作路径"选项组中，用户不仅可以选择预设的动作路径动画效果，还可以自定义对象的动作路径。

　　◆ 更多动画效果：除了能在"动画"库中选择提供的各种动画效果外，用户还可以

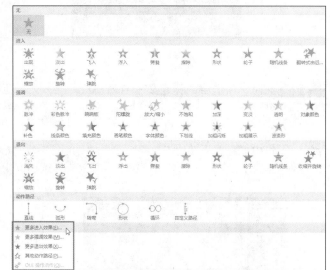

图23-15　不同类型动画效果中的子类型

在"更多动画效果"区域中单击对应的更多动画效果选项，在弹出的对话框中选择该类型更多的动画效果。

23.2.1　添加并设置进入动画效果

进入动画是指在幻灯片放映过程中，对象进入放映界面的动画效果，也就是说对象从不显示到正常显示这个过程的动态效果。如为标题文本添加进入幻灯片的效果，动态展示标题。

 23-5 为培训演讲稿添加进入动画效果

在制作新员工入职培训时，为了调动现场的气氛，使新员工对于培训的内容感兴趣，可以适当地为培训演讲稿中的幻灯片对象添加动画效果，如在标题幻灯片中，为正副标题分别添加进入动画效果。

原始文件　下载资源\实例文件\第23章\原始文件\新员工培训.pptx

最终文件　下载资源\实例文件\第23章\最终文件\进入动画.pptx

步骤 01　打开下载资源\实例文件\第23章\原始文件\新员工培训.pptx，切换至第1张幻灯片，选择正标题所在占位符，然后在"动画"选项卡下单击"动画"组中的快翻按钮，如图23-16所示。

步骤 02　在展开的库中选择"进入"选项组中的进入动画效果，如"飞入"动画效果，如图23-17所示。

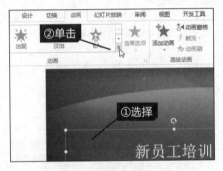

图23-16　选择要添加动画的对象

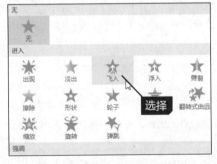

图23-17　选择飞入动画效果

步骤 03　此时，所选中的标题文本自动播放"飞入"动画效果，飞入方向是自底部飞入的，如图23-18所示。

步骤 04　选中副标题所在的占位符，展开"动画"库，如果用户对"动画"库中提供的进入动画效果都觉得不合适，可以单击"更多进入效果"选项，如图23-19所示。

图23-18　飞入动画效果

图23-19　单击"更多进入效果"选项

步骤 05　弹出"更改进入效果"对话框，在该对话框中可以看到所有预设的进入动画效果，包括基本型、细微型、温和型、华丽型，选择"温和型"类型中的"翻转式由远及近"子类型，单击"确定"按钮，如图23-20所示。

步骤 06　返回幻灯片中，在"动画"选项卡中单击"预览"按钮，此时可以看到副标题文本由远及近翻转式地进入页面，效果如图23-21所示。

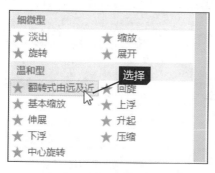

图23-20　选择更多的飞入动画效果

图23-21　翻转式由远及近进入效果

技巧 23-2　启用选择动画时预览效果功能

系统提供的动画效果多种多样，用户如果不是经常使用这些动画效果，很难从动画的名称上分辨出动画的效果如何。PowerPoint提供了即时预览动画效果的功能，即当用户选择一种动画效果后，可马上预览其效果。

要启用选择动画时预览效果功能，可在"更改进入效果"对话框中勾选"预览效果"复选框，如图23-22所示。当然，用户若要预览其他动画类型的效果，在对应的对话框中勾选"预览效果"复选框即可。例如要预览强调动画效果，可在"更改强调效果"对话框中勾选"预览效果"复选框。

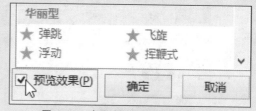

图23-22　启用选择动画时预览效果功能

23.2.2　添加并设置强调动画效果

强调动画效果用于突出显示幻灯片的演讲重点，通过设置特殊的动画效果来区分其重点演讲内容，操作方法类似于进入动画。

23-6　为培训演讲稿添加强调动画效果

为了突出培训演讲文稿中的欢迎致辞，需要为该页幻灯片中的相关文本添加强调动画效果。

原始文件　下载资源\实例文件\第23章\原始文件\新员工培训1.pptx

最终文件　下载资源\实例文件\第23章\最终文件\强调动画.pptx

扫码看视频

步骤 01 打开下载资源\实例文件\第23章\原始文件\新员工培训1.pptx，切换至第2张幻灯片，选择幻灯片中的文本框，如图23-23所示。

步骤 02 在"动画"选项卡下单击"动画"组中的快翻按钮，从展开的库中选择"强调"选项组中的强调动画效果，如"填充颜色"动画效果，如图23-24所示。

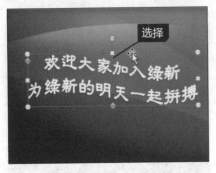

图23-23　选择要添加强调动画效果的对象

图23-24　选择强调动画效果

步骤 03 在"动画"选项卡下单击"预览"按钮，如图23-25所示。

步骤 04 此时可以预览为文本框对象添加的"填充颜色"动画效果，要强调的文本被填充上了红色的底纹效果，如图23-26所示。

图23-25　单击"预览"按钮

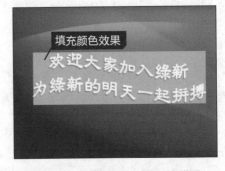

图23-26　"填充颜色"强调动画效果

 若对当前选择的动画效果不满意，需要删除已经添加的动画效果，可首先在幻灯片中选择要删除的动画编号，然后按【Delete】键对其进行删除即可。

技巧 23-3　使用动画刷快速添加动画

当用户为某个对象添加了动画效果后，如果想为其他对象设置同样的动画效果，可以使用PowerPoint 2013中的"动画刷"功能快速复制动画，该功能与"格式刷"功能类似，只是采用动画刷复制的不是格式，而是动画效果。

要使用"动画刷"功能，首先选中已经添加了动画效果的对象，在"动画"选项卡中单击"动画刷"按钮，如图23-27所示，然后再在其他需要应用该动画的对象上单击即可。

图23-27　使用动画刷快速添加动画

23.2.3 添加并设置退出动画效果

退出动画效果与进入动画效果是相反的,它是指对象从幻灯片上消失时使用的动画效果,即对象是采用何种方式退场的。

23-7 为培训演讲稿添加退出动画效果

在新员工培训演讲稿中有一张"培训流程"幻灯片,这张幻灯片中通过一张流程图介绍了培训的主要内容,如果要在浏览完流程图之后让流程图消失,不再显示在幻灯片中,可以为流程图添加退出动画效果。

原始文件 下载资源\实例文件\第23章\原始文件\新员工培训2.ppt

最终文件 下载资源\实例文件\第23章\最终文件\退出动画.pptx

扫码看视频

步骤01 打开下载资源\实例文件\第23章\原始文件\新员工培训2.pptx,切换至第3张幻灯片,在该页幻灯片中已经为标题添加了"进入"动画效果,接下来选择需要添加退出动画效果的对象"培训流程图",如图23-28所示。

步骤02 在"动画"选项卡中单击"动画"组快翻按钮,从展开的库中选择"退出"选项组中的"形状"动画效果,如图23-29所示。

图23-28 选择要添加退出动画的对象

图23-29 选择退出动画效果

步骤03 在"动画"选项卡中单击"预览"按钮,如图23-30所示。

步骤04 此时可以预览为流程图添加的"形状"退出动画,可以看到流程图以椭圆形状退出幻灯片,效果如图23-31所示。

图23-30 单击"预览"按钮

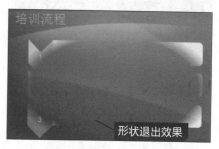

图23-31 预览"形状"退出动画效果

23.2.4　添加并设置动作路径动画效果

PowerPoint中还提供了一种相当精彩的动画效果，它允许你在一幅幻灯片中为某个对象指定一条移动路线，这在PowerPoint中被称为"动作路径"。使用"动作路径"能够为演示文稿添加非常有趣的效果，可以利用幻灯片对象的运动将观众的视线引向要突出的重点。

 23-8　为培训演讲稿添加默认路径动画效果

在新员工培训演示文稿中，为了将观众的眼光引向企业文化页中的图片，可以将企业文化的几个要点依次以路径的形式移动到图片的方向。

扫码看视频

 原始文件　下载资源\实例文件\第23章\原始文件\新员工培训3.pptx

最终文件　下载资源\实例文件\第23章\最终文件\动作路径效果.pptx

步骤01　打开下载资源\实例文件\第23章\原始文件\新员工培训3.pptx，切换至第6张幻灯片，选中要添加动作路径的对象，如选择内容所在的占位符，如图23-32所示。

步骤02　在"动画"选项卡中单击"动画"组的快翻按钮，从展开的库中的"动作路径"选项组中选择预设的动作路径，如"弧形"路径，如图23-33所示。

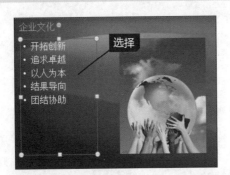

图23-32　选择要添加动作路径的对象

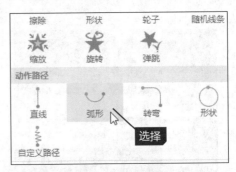

图23-33　选择动作路径

步骤03　在"动画"选项卡中单击"预览"按钮，此时可以看到为文本对象所添加的"弧形"动作路径效果，可以看到占位符中的文本依次以弧形的路线移向图片，如图23-34所示。

步骤04　当动画播放完毕后，可以看到在幻灯片中留下了弧形的路径路线，如图23-35所示。

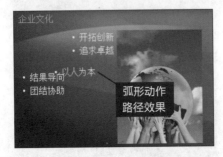

图23-34　弧形动作路径效果

图23-35　留下路径路线

技巧 23-4　自定义动画路径

除了采用系统预设的5种动作路径外，用户还可以自定义对象的动作路径，自定义对象的动作路径时只需绘制对象运动的路线，系统将记载所绘制的路线，然后对象会按照该路线运动。

用户若要自定义对象的动作路径，首先需选中该对象，然后在"动画"选项卡中单击"动画"组快翻按钮，从展开的库中单击"自定义路径"选项，此时鼠标指针变成十字形状，按住鼠标左键不放，在幻灯片中绘制对象将要运动的路线，如图23-36所示。绘制完毕后释放鼠标左键即可，此时可以看到所选中的对象将按照你所绘制的路线运动。

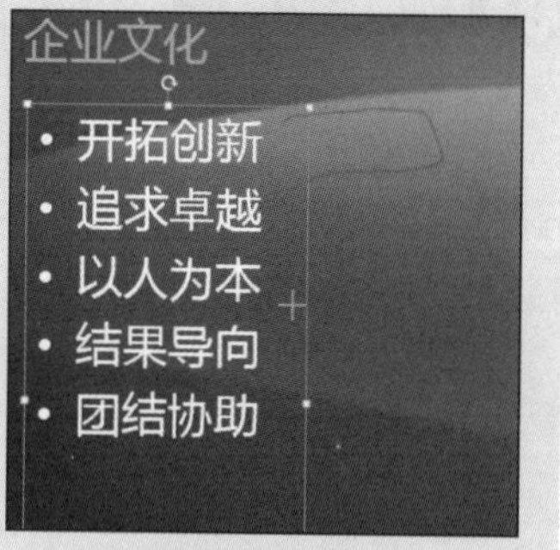

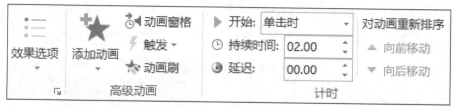

图23-36　自定义动画路径

23.3　设置动画效果

在演示文稿中添加了各种各样的动画效果后，为了使动画效果更加满足实际需求，可对动画的效果进行不同的设置。设置动画的效果主要包括设置其播放效果、播放顺序、声音效果、播放时间及控制其播放等。这些设置选项都可在"动画"选项卡的"高级动画""计时"组及"动画"组中的"效果选项"中完成的，如图23-37所示。

图23-37　设置动画效果

◆ 效果选项：用于选择当前所选择对象的动画运行方式。

◆ 高级动画：在"高级动画"组中可打开"动画窗格"，查看当前幻灯片中添加的所有动画，还可以使用触发器控制动画的播放。

◆ 计时：在"计时"组中可以设置动画开始播放的方式、持续时间及延迟时间，还可以对幻灯片中添加的多个动画进行排序。

23.3.1　设置动画播放效果

虽然为幻灯片中的不同对象添加上了动画效果，但不同动画的运行方式可以是多种多样的。例如进入动画，用户可以选择其进入的方式是左侧、右侧、上方或是下方。

示例 23-9　为培训演讲稿中的不同动画设置其效果

在示例23-5和示例23-6中分别为培训演讲稿中的对象添加了进入动画和强调动画，接下来对这两种不同的动画效果进行设置，使其更符合用户的需求。

原始文件　下载资源\实例文件\第23章\原始文件\培训演讲稿.pptx

最终文件　下载资源\实例文件\第23章\最终文件\动画播放效果.pptx

扫码看视频

步骤 01　　打开下载资源\实例文件\第23章\原始文件\培训演讲稿.pptx，切换至第1张幻灯片，选中正标题所在的占位符，然后在"动画"选项卡中单击"效果选项"按钮，从展开的下拉列表中选择动画播放的运行方式，如选择"自左上部"选项，如图23-38所示。

步骤 02　　在"动画"选项卡中单击"预览"按钮，此时可以看到标题文本自幻灯片页面的左上部飞入，效果如图23-39所示。

图23-38　选择飞入动画运行方式

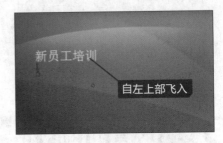

图23-39　自左上部飞入效果

步骤 03　　切换至第2张幻灯片，选中文本框，在"动画"选项卡中单击"效果选项"按钮，从展开的下拉列表中选择合适的颜色，如"浅蓝"，如图23-40所示。

步骤 04　　单击"预览"按钮，此时可以看到文本框中的填充色逐渐变成了浅蓝色，以强调文本框中的文字，效果如图23-41所示。

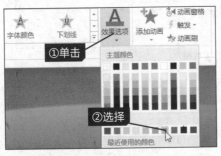

图23-40　选择强调填充色

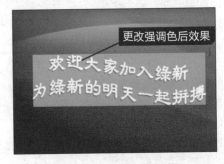

图23-41　更改强调色后效果

23.3.2　修改动画的播放顺序

幻灯片中的动画都是按照用户所添加动画的顺序进行播放的，若不想按照添加动画时的顺序进行播放，可利用PowerPoint中的调整动画播放顺序的功能，选中要调整的动画，将其向前或向后移动。

23-10　调整幻灯片中动画的播放顺序

在培训演讲稿的最后一页幻灯片中共为三个对象添加了动画，分别是标题、文本和图片，播放顺序也是按照添加动画时的标题、文本、图片顺序进行播放的，但此时需要先将图片的动画优于文本动画播放出来，而标题动画放到最后来播放，那么就需要重新调整动画的播放顺序。

扫码看视频

原始文件　下载资源\实例文件\第23章\原始文件\培训演讲稿1.pptx

最终文件　下载资源\实例文件\第23章\最终文件\调整动画播放顺序.pptx

步骤 01 打开下载资源\实例文件\第23章\原始文件\培训演讲稿1.pptx，切换至第6张幻灯片。此时，可以看到幻灯片中动画的播放顺序，先是标题，再是文本，最后是图片。选择要调整动画顺序的对象，如图片，如图23-42所示。

步骤 02 在"动画"选项卡中单击"向前移动"按钮，如图23-43所示。

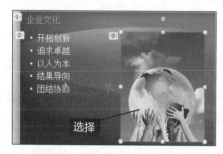

图23-42 选择要调整动画顺序的对象

图23-43 单击"向前移动"按钮

步骤 03 此时，可以看到图片的动画顺序由原来的第"3"位更改为第"2"位。接着再选中标题占位符，单击两次"向后移动"按钮，如图23-44所示。

步骤 04 此时可以看到标题的动画移动到了第"3"位，文本对象动画移动到了第"2"位，图片对象动画移动到了第"1"位，如图23-45所示。

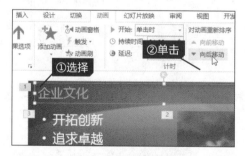

图23-44 调整标题动画顺序

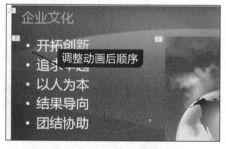

图23-45 调整动画顺序后效果

技巧 23-5 在"动画窗格"中调整动画播放顺序

用户除了可以通过在"动画"选项卡下"计时"组中单击"向前移动"和"向后移动"来调整动画顺序外，还可以通过"动画窗格"来对动画顺序进行调整。

要通过"动画窗格"调整动画的播放顺序，首先需要在"动画"选项卡中单击"动画窗格"按钮，打开"动画窗格"窗格，这时可以在该窗格中看到幻灯片中添加的所有动画及动画排列的顺序，若要对某个对象的动画顺序进行调整，首先要选中该动画，然后单击窗格下方的 ▲ 按钮或 ▼ 按钮来向前或向后移动动画即可，如图23-46所示。

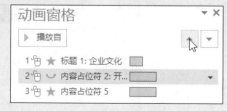

图23-46 在"动画窗格"中调整动画播放顺序

23.3.3 为动画播放添加声音

与幻灯片切换一样，播放幻灯片中的动画时，默认是不会发出声音的。但为了使动画播放时更具动感，更能吸引观众的注意，很多时候还需要为动画的播放添加声音效果。要为动画播放添加声音，需要在所对应动画的选项对话框中进行设置。

  23-11 为培训演讲稿中的动画添加声音

在培训演讲稿中，为了增添动画播放时的吸引力，可以为每幅动画的播放添加声音，如为第3张幻灯片中的培训流程图添加上动画播放声音。

 扫码看视频

原始文件 下载资源\实例文件\第23章\原始文件\培训演讲稿1.pptx

最终文件 下载资源\实例文件\第23章\最终文件\动画播放声音.pptx

步骤01　打开下载资源\实例文件\第23章\原始文件\培训演讲稿1.pptx，切换至第3张幻灯片，在"动画"选项卡中单击"动画窗格"按钮，如图23-47所示。

步骤02　打开"动画窗格"窗格，单击"内容占位符"右侧的下三角按钮，从展开的下拉列表中单击"效果选项"选项，如图23-48所示。

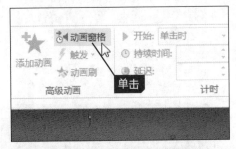

图23-47　单击"动画窗格"按钮

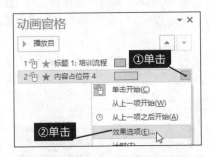

图23-48　单击"效果选项"选项

步骤03　弹出"圆形扩展"对话框，单击"声音"右侧的下三角按钮，从展开的下拉列表中选择动画的声音，如"风铃"，如图23-49所示。

步骤04　单击喇叭图标，从展开的下拉列表中拖动滑块调节动画声音的音量，如图23-50所示。最后单击"确定"按钮返回幻灯片，即可听到动画播放的"风铃"声音了。

图23-49　选择动画播放声音

图23-50　调整声音大小

技巧 23-6 设置动画播放后的效果

幻灯片中的对象播放完毕动画后，默认情况下会以其原始状态自动显示在幻灯片中，如果用户想让对象的动画播放完毕后，采用其他的方式显示出来，可按照以下的方式进行操作。

打开"动画窗格"，单击要设置对象右侧的下三角按钮，从展开下拉列表中单击"效果选项"对话框，弹出该对象对应的动画对话框，切换至"效果"选项卡，单击"动画播放后"右侧的下三角按钮，从展开的下拉列表中选择动画播放后的效果即可。例如可选择动画播放后变成其他颜色、播放后隐藏、播放后不变暗等，如图23-51所示。

图23-51 设置动画播放后的效果

技巧 23-7 设置动画文本发送方式

默认情况下，当用户为一段文本添加了动画效果后，这段文本都是作为一个整体进行动画播放的，要进入就一起进入，要退出就一起退出。那么如果用户想采用其他的文本发送方式，该如何操作呢？

打开"动画窗格"，单击要设置对象右侧的下三角按钮，从展开的下拉列表中单击"效果选项"对话框，弹出该对象对应的动画对话框，切换至"效果"选项卡，单击"动画文本"右侧的下三角按钮，从展开的下拉列表中选择动画文本的发送方式，默认情况下为"整批发送"，用户还可以选择"按字/词"或"按字母"发送，如图23-52所示。

图23-52 设置动画文本发送方式

23.3.4 设置动画播放的时间

默认情况下，幻灯片中对象的动画播放方式是"单击时"，即单击鼠标左键一次即可开始播放动画，但若用户想自动播放动画，可以将动画的播放方式设置为自动，并设置上一个动画与下一个动画播放的间隔时间。这点与设置切换效果是一样的。

23-12 设置培训演讲稿中动画播放的时间

在放映培训演讲稿时，如果用户不希望手动来控制幻灯片中动画的播放，而是希望能够自动播放每页幻灯片中的动画效果，使动画的播放效果更加灵活，可以更改动画的开始方式，并设置动画与动画之前播放的间隔时间。

 原始文件 下载资源\实例文件\第23章\原始文件\培训演讲稿1.pptx

 最终文件 下载资源\实例文件\第23章\最终文件\动画播放时间.pptx

 扫码看视频

步骤 01 打开下载资源\实例文件\第23章\原始文件\培训演讲稿1.pptx，切换至第1张幻灯片，首先选择需要设置动画开始方式的对象，如选择标题所在的占位符，如图23-53所示。

步骤 02　在"动画"选项卡中单击"开始"右侧的下三角按钮，从展开的下拉列表中选择开始方式为"上一动画之后"，如图23-54所示。由于该动画为该页幻灯片的第1个动画，所以选择该方式后，该动画将在该页幻灯片的背景页面出现自动播放。

图23-53　选择要设置动画的对象

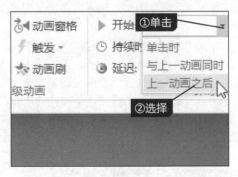

图23-54　选择开始播放方式

步骤 03　单击"延迟"右侧的微调按钮，设置动画自动播放的间隔时间，如将延迟时间调整为"00.25"秒，如图23-55所示。

步骤 04　采用与上述相同的方法，选择副标题所在的占位符，从"开始"下拉列表中选择开始播放方式为"上一动画之后"，并设置其延迟时间为"00.50"秒，如图23-56所示。

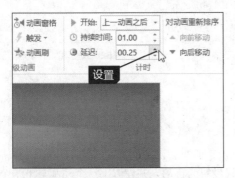

图23-55　设置标题动画延迟播放时间

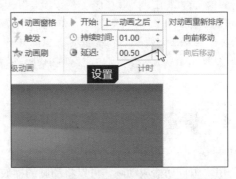

图23-56　设置副标题动画开始方式和延迟时间

技巧 23-8　设置动画播放的速度

　　如果用户不满意动画默认的播放速度，则可根据自己的需求进行调节。在"动画"选项卡的"持续时间"文本框中输入动画播放的时间即可，如图23-57所示。时间越长播放得就越慢，反之则越快。

图23-57　设置动画播放的速度

技巧 设置动画播放的重复次数
23-9

有时候，为了强调幻灯片中的某个对象，不仅可以为其设置强调动画，还可以重复播放该动画，用户可以根据自己的需求设置动画播放的重复次数。

要设置动画播放的重复次数，可先打开"动画窗格"，单击要设置对象右侧的下三角按钮，从展开下拉列表中单击"效果选项"对话框，弹出该对象对应的动画对话框，切换至"计时"选项卡，单击"重复"右侧的下三角按钮，从展开的下拉列表中选择动画重复的次数，如图23-58所示。

图23-58 设置动画播放的重复次数

技巧 实现多个对象同时播放动画
23-10

如果一张幻灯片中的多个对象均设置了动画效果，在放映时默认将依次播放动画，那么能否让这些对象的动画同时播放呢？

答案是肯定的，具体的方法为：选择幻灯片中除第1个播放的动画对象以外的其他对象，然后在"动画"选项卡中单击"开始"右侧的下三角按钮，从展开的下拉列表中选择"与上一动画同时"选项即可，如图23-59所示。

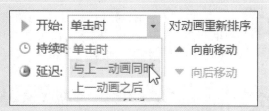

图23-59 实现多个对象同时播放动画

23.4 使用触发器控制动画播放

触发器仅仅是 PowerPoint 幻灯片中的一项功能，它可以理解为一个"开关"，但它可以是一个图片、图形、按钮，甚至可以是一个段落或文本框，单击触发器时它会触发一个操作。用户可以利用触发器来控制动画的播放。

23-13 为幻灯片中的对象动画指定触发对象

如果不希望在放映幻灯片时自动播放对象动画，可以采用触发器来控制其播放。在为对象动画指定触发器时，可首先绘制一个"播放"按钮，然后将该对象的动画触发器指向所绘制的"播放"按钮。

原始文件 下载资源\实例文件\第23章\原始文件\培训演讲稿1.pptx

最终文件 下载资源\实例文件\第23章\最终文件\触发器控制动画播放.pptx

扫码看视频

步骤 打开下载资源\实例文件\第23章\原始文件\培训演讲稿1.pptx，切换至第5张幻灯片，在
01 "插入"选项卡中单击"形状"按钮，从展开的下拉列表中选择"圆角矩形"形状，如图23-60所示。

步骤 02 　在幻灯片的下方绘制一个"圆角矩形"，然后为其添加文字"播放"，并为其选择一种合适的形状样式，得到按钮的最终效果如图23-61所示。

图23-60　选择绘制圆角矩形　　　　　图23-61　绘制并设置后的"播放"按钮

步骤 03 　在幻灯片中选择要触发的对象，如选择幻灯片中的组织结构图，然后在"动画"选项卡中单击"触发"按钮，从展开的下拉列表中指向"单击"选项，再在其展开的下拉列表中选择"圆角矩形2"形状，如图23-62所示。即单击"圆角矩形2"将会触发播放选中对象的动画。

步骤 04 　此时，可以看到幻灯片中的组织结构图左上方出现了一个 图标，说明该对象的动画添加了触发器，如图23-63所示。

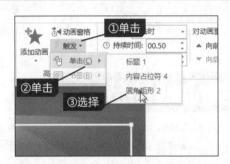 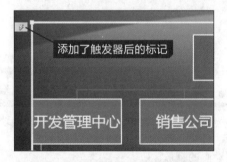

图23-62　选择触发对象　　　　　　图23-63　为动画添加触发器后效果

步骤 05 　按【Shift+F5】组合键，进入幻灯片放映状态，单击"播放"按钮，如图23-64所示。

步骤 06 　此时可以看到，幻灯片中的组织结构图形自动播放了添加的"破裂"动画效果，如图23-65所示。

 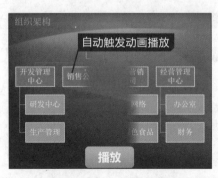

图23-64　单击"播放"按钮　　　　　图23-65　自动触动动画播放

PowerPoint可以使用自定义动画来实现闪烁的文字，但不论选择"快速""中速""慢速"，文字都闪一下就没了，不能连续闪烁。要怎么让它闪烁不停呢？

要制作不停闪烁的文字，在选定对象后，在"动画"选项卡的"动画样式"列表中单击"更多强调效果"选项，在弹出的"更改强调效果"对话框中，单击"细微型"组中的"加粗闪烁"效果，再单击"确定"按钮返回幻灯片。打开"动画窗格"，单击该对象右侧的下三角按钮，从展开的下拉列表中单击"计时"选项，弹出"加粗闪烁"对话框，将"期间"设置为"快速（1秒）"，然后设置"重复"闪烁的次数为"5"，最后单击"确定"按钮即可，如图23-66所示。

图23-66　制作不停闪烁的文字

PowerPoint中提供了丰富的动画效果，用户可以合理组合动画效果，制作出相当漂亮的动画来。这里介绍如何在PowerPoint中制作字幕滚动效果。

如果需要制作"由上往下"或是"由下往上"的字幕滚动效果，可直接选择更多进入效果中的"字幕式"效果。

如果要制作"由左向右"或是"由右向左"的字幕滚动效果，方法就要复杂得多了，首先需为对象添加"飞入"动画效果，设置其飞入方向为"自左侧"，并设置更长一点的"持续时间"，如"04.00"；接着在"动画"选项卡中单击"添加动画"按钮，从展开的库中选择"飞出"动画效果，设置其飞出方向为"到右侧"，并同样设置其持续时间为"04.00"。此时就为同一对象添加了两个动画效果，在"动画窗格"中可以看到同一对象的两个动画效果，如图23-67所示。单击"预览"按钮后即可预览文字先从左侧缓慢飞入，再从右侧缓慢飞出的过程。

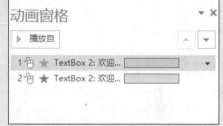

图23-67　为幻灯片添加电影字幕效果

读书笔记

第24章 交互式演示文稿的创建

放映演示文稿时，一般由演讲者操作幻灯片上的对象一步一步完成放映。当演讲者想根据自己的需要选择幻灯片的演示顺序和演示内容时，可在众多幻灯片中用超链接或动作按钮实现幻灯片内容的快速跳转或快速启动某个应用程序。

24.1 使用超链接创建

如果希望在幻灯片放映过程中单击某个幻灯片对象时快速跳转至同一演示文稿的另一张幻灯片、不同演示文稿的另一张幻灯片、电子邮件地址、网页或文件等，可以通过创建超链接来实现操作。

24.1.1 创建超链接

在PowerPoint 2013组件要创建超链接，可以使用"插入超链接"对话框来实现。在该对话框中包括链接同一演示文稿中的幻灯片、链接到其他演示文稿、链接到新建文档、链接到电子邮件等项目，如图24-1所示。

◆ 链接同一演示文稿中的幻灯片：链接到"本文档中的位置"。用于在同一个演示文稿中实现幻灯片与幻灯片的快速跳转。

◆ 链接到其他演示文稿：链接到"现有文件或网页"，用于从当前指定幻灯片跳转到另一个演示文稿指定的幻灯片中。

◆ 链接到新建文档：用于从当前幻灯片快速跳转到新建的文档中。

◆ 链接到电子邮件：用于从当前幻灯片快速跳转到指定的电子邮件。

图24-1 "插入超链接"对话框

1 链接同一演示文稿中的幻灯片

链接同一演示文稿中的幻灯片只需在"插入超链接"对话框的"链接到"列表框中选择"本文档中的位置"选项，然后在右侧列表框中选择链接到的目标幻灯片即可。

示例 24-1 将公司简介目录链接到该演示文稿的其他幻灯片

目录是演示文稿内容结构的大纲，用户可以在幻灯片的目录页中添加超链接，实现幻灯片放映时在目录中直接跳转到相应的幻灯片中。

扫码看视频

 原始文件 下载资源\实例文件\第24章\原始文件\公司简介.pptx

 最终文件 下载资源\实例文件\第24章\最终文件\公司简介.pptx

步骤 01 打开下载资源\实例文件\第24章\原始文件\公司简介.pptx，选择要添加超链接的文本，切换至"插入"选项卡，在"链接"组中单击"超链接"按钮，如图24-2所示。

步骤 02 弹出"插入超链接"对话框，在"链接到"列表框中单击"本文档中的位置"按钮，在"请选择文档中的位置"列表框中选择目标幻灯片，如图24-3所示。

图24-2 单击"超链接"按钮

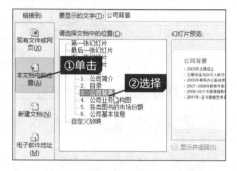

图24-3 设置本文档的目标幻灯片

步骤 03 设置完成后单击"确定"按钮，可以看到所选文本应用了超链接样式，如图24-4所示。

步骤 04 用相同的方法设置其他目录文本的超链接，将其分别链接到相应的幻灯片中，得到如图24-5所示的目录页。

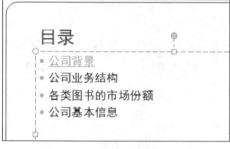

图24-4 设置超链接效果

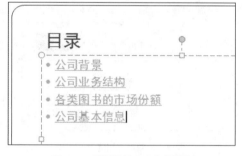

图24-5 设置其他文本的超链接

步骤 05 选中目录页幻灯片，按【Shift+F5】组合键，从当前幻灯片开始放映幻灯片，将鼠标指针置于添加超链接的文本上，当指针呈手形时单击，如单击"公司背景"文本链接，如图24-6所示。

步骤 06 自动跳转到文本链接到的目标幻灯片，即自动跳转至"公司背景"幻灯片进行放映，如图24-7所示。

图24-6 单击文本超链接

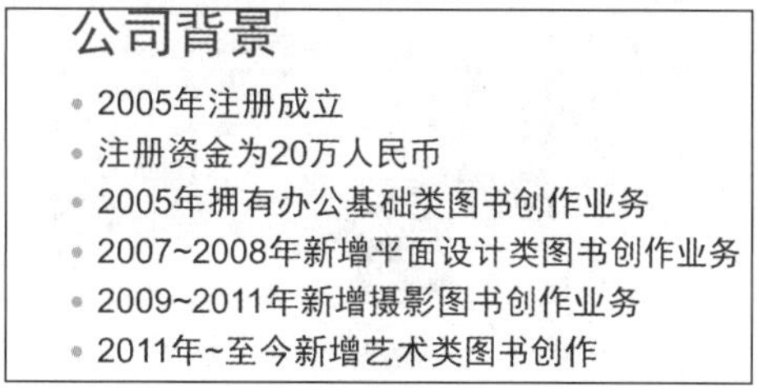

图24-7 自动跳转到的目标幻灯片

2 链接到其他演示文稿

当用户希望将当前幻灯片与其他演示文稿中的幻灯片进行链接时，只需在"插入超链接"对话框中的"链接到"列表框中选择"现有文件或网页"选项来设置。

24-2 将公司简介中的产品介绍链接到其他演示文稿

在公司简介演示文稿中简述了企业产品的市场份额，如果希望将公司简介中的产品与"产品介绍"演示文稿中的产品建立一定的链接，则需使用"链接到其他演示文稿"功能来实现。

扫码看视频

 原始文件　下载资源\实例文件\第24章\原始文件\公司简介1.pptx、产品介绍.pptx

 最终文件　下载资源\实例文件\第24章\最终文件\公司简介1.pptx

步骤 01 打开下载资源\实例文件\第24章\原始文件\公司简介1.pptx，切换至第5张幻灯片中，选择要添加超链接的文本，在"插入"选项卡的"链接"组中单击"超链接"按钮，如图24-8所示。

步骤 02 弹出"插入超链接"对话框，在"链接到"列表框中单击"现有文件或网页"选项，然后在右侧单击"当前文件夹"，在"查找范围"下拉列表中选择保存链接到目标演示文稿的位置，选择要链接到的目标演示文稿，如图24-9所示。

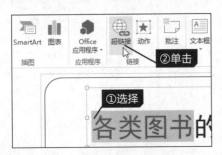

图24-8　单击"超链接"按钮

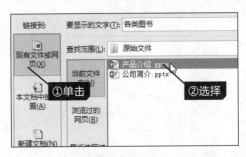

图24-9　选择链接到的目标演示文稿

步骤 03 选择目标演示文稿后，单击"书签"按钮，如图24-10所示。

步骤 04 弹出"请选择文档中原有的位置"对话框，在列表框中选择链接到的现有文档的指定位置幻灯片，如图24-11所示，设置完成后依次单击两个"确定"按钮完成超链接的添加。

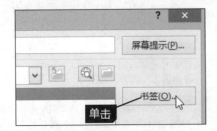

图24-10　单击"书签"按钮

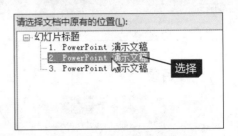

图24-11　在文档中选择位置

3 链接到新建文档

当用户要将当前选中的对象链接到新建的文档，所谓新建的文档即当前不存在的，要求用户新建编辑的文档。可以使用"插入超链接"对话框下的"链接到"列表框中的"新建文档"来实现。在新建文档时可以选择文档编辑的时间。

 24-3 在公司简介中添加组织结构图链接

当用户希望在公司简介中添加公司组织结构情况介绍，可以直接使用超链接的"链接新建文档"来创建公司简介与公司组织结构图的链接。

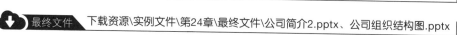

原始文件 下载资源\实例文件\第24章\原始文件\公司简介2.pptx

最终文件 下载资源\实例文件\第24章\最终文件\公司简介2.pptx、公司组织结构图.pptx

 扫码看视频

步骤01 打开下载资源\实例文件\第24章\原始文件\公司简介2.pptx，选择要添加超链接的对象，打开"插入超链接"对话框，在"链接到"列表框中单击"新建文档"选项，然后在"新建文档名称"文本框中输入"公司组织结构图"，在"何时编辑"选项组中勾选"开始编辑新文档"，如图24-12所示。

步骤02 设置超链接信息后，单击"确定"按钮，新建一个名为"公司组织结构图"的演示文稿，在演示文稿中单击自动添加第1张幻灯片，如图24-13所示。

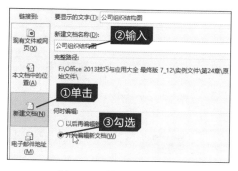

图24-12 链接到新建文档

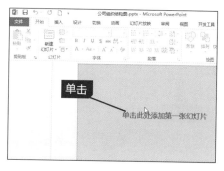

图24-13 添加第1张幻灯片

步骤03 在新建的演示文稿中使用SmartArt图形功能创建"公司组织结构图"，图解公司的组织结构情况，如图24-14所示。

步骤04 设置完成后保存并关闭该演示文稿，返回"公司简介2.pptx"演示文稿中，可以看到所选文本应用了超链接样式，其效果如图24-15所示。

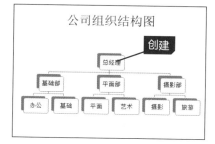

图24-14 创建的公司组织图

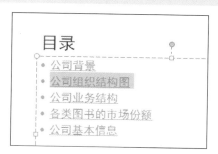

图24-15 添加超链接效果

4 链接到电子邮件

在演示文稿中输入网址或电子邮件地址时，会自动将其转换为超链接，在放映时用户可以单击该链接直接跳转到目标网址或电子邮件。如果在幻灯片中添加的电子邮件地址没有自动转换为超链接，用户也可以使用"插入超链接"功能为其添加链接。在设置超链接时，只需选择"链接到电子邮件地址"，然后设置收件人地址和主题即可。

 24-4 将公司简介中的联系方式链接到电子邮件

公司简介中的联系方式一般写明了公司的电子邮件地址，若要将其转换为链接文本，只需使用"插入超链接"对话框来设置即可。

 扫码看视频

 原始文件　下载资源\实例文件\第24章\原始文件\公司简介3.pptx

 最终文件　下载资源\实例文件\第24章\最终文件\公司简介3.pptx

步骤01 打开下载资源\实例文件\第24章\原始文件\公司简介3.pptx，右击要添加超链接的电子邮件地址文本，在弹出的快捷菜单中单击"超链接"命令，如图24-16所示。

步骤02 弹出"插入超链接"对话框，在"链接到"列表框中单击"电子邮件地址"选项，在"电子邮件地址"文本框中设置链接到的电子邮件地址，然后根据需要设置主题或最近用过的电子邮件地址等信息，如图24-17所示。

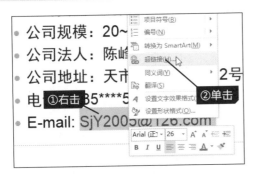

图24-16　单击"超链接"命令

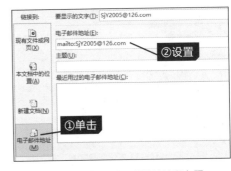

图24-17　设置电子邮件地址和主题

步骤03 设置完成后，单击"确定"按钮，返回幻灯片中可以看到所选文本应用了超链接样式，如图24-18所示，在放映时，用户可以通过该超链接打开邮件发送页面。

- 公司行业：计算机软件
- 公司类型：民营
- 公司规模：20~99人
- 公司法人：陈峰
- 公司地址：天市江玉路10-012号
- 电话：135****5874
- E-mail: SjY2005@126.com

图24-18　添加超链接效果

链接到网页

24-1

如果想要在演示文稿中链接到某个网页，可以通过以下方法来实现。

打开"插入超链接"对话框，在"链接到"列表框中单击"现有文件或网页"选项，然后在"地址"文本框中输入要链接的网页地址，完成后单击"确定"按钮，如图24-19所示。

图24-19　链接到网页

24.1.2　设置屏幕提示信息

屏幕提示信息是指将鼠标指针置于超链接对象上显示的描述性文本，用于说明超链接链接到的目标文本或是超链接的用途。超链接默认的屏幕提示信息为链接到的目标位置，若要更改提示信息，可在"插入超链接"对话框中单击"屏幕提示"按钮，在弹出的"设置超链接屏幕提示"对话框中进行设置。

24-5　**为公司简介的超链接设置屏幕提示信息**

为了使公司简介演示文稿中添加的每个超链接用途更加清晰、明确，用户可以更改"屏幕提示"。

 原始文件　下载资源\实例文件\第24章\原始文件\公司简介4.pptx

 最终文件　下载资源\实例文件\第24章\最终文件\公司简介4.pptx

扫码看视频

步骤 01　打开下载资源\实例文件\第24章\原始文件\公司简介4.pptx，右击需设置屏幕提示信息的超链接文本，在弹出的快捷菜单中单击"编辑超链接"命令，如图24-20所示。

步骤 02　弹出"编辑超链接"对话框，单击"屏幕提示"按钮，如图24-21所示。

图24-20　单击"编辑超链接"命令

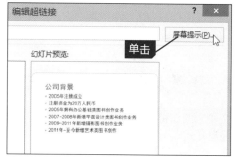

图24-21　单击"屏幕提示"按钮

步骤 03　弹出"设置超链接屏幕提示"对话框，在"屏幕提示文字"文本框中输入提示文本，如输入"跳转到本演示文稿的公司背景幻灯片中"，如图24-22所示，单击"确定"按钮。

步骤 04 更改屏幕提示文本后，进入幻灯片放映视图下，将鼠标指针置于超链接文本上，可以看到更改屏幕提示文本后的效果，如图24-23所示。

图24-22 设置屏幕提示文本

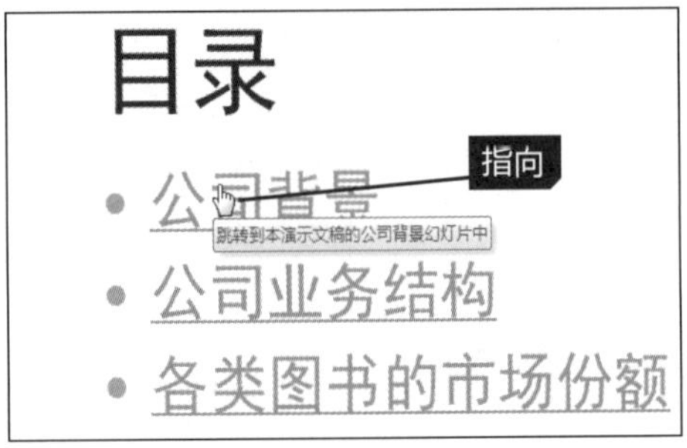

图24-23 查看更改屏幕提示文本后的效果

技巧 24-2 在普通视图下实现超链接的跳转

默认情况下，在普通视图中添加的超链接仅应用了超链接样式，不具备单击超链接文本跳转到目标位置的功能。若要在普通视图下实现链接文本的链接跳转，则可以右击设置超链接的文本或对象，在弹出的快捷菜单中单击"打开超链接"命令，如图24-24所示，即可在普通视图下跳转到超链接的目标位置。

图24-24 在普通视图下实现超链接的跳转

技巧 24-3 取消超链接

如果幻灯片中现有的超链接对象不再需要时，用户可以取消该功能，使其还原为普通文本。取消超链接有两种方法，一是右击要取消超链接的文本，在弹出的快捷菜单中单击"取消超链接"命令，如图24-25所示。二是打开"编辑超链接"对话框，在对话框中单击"删除超链接"按钮。

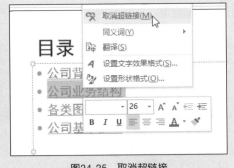

图24-25 取消超链接

24.1.3 更改超链接外观样式

演示文稿中的超链接外观样式是由当前所选的主题样式决定的，如果用户希望单独更改演示文稿中的超链接外观样式，可以通过新建主题颜色来实现。

示例 24-6 更改公司简介中超链接的外观样式

在公司简介演示文稿中默认的超链接颜色为"深绿色"，已访问的超链接颜色为"褐色"，如果希望将超链接颜色更改为红色，已访问的超链接颜色更改为深紫色，可以通过"新建主题颜色"来操作。

原始文件 下载资源\实例文件\第24章\原始文件\公司简介5.pptx

最终文件 下载资源\实例文件\第24章\最终文件\公司简介5.pptx

扫码看视频

步骤01 打开下载资源\实例文件\第24章\原始文件\公司简介5.pptx，在第2张幻灯片中可以看到现在添加超链接和已访问超链接的超链接外观样式，如图24-26所示。

步骤02 切换至“设计”选项卡，在“变体”组中单击展开按钮，然后单击“颜色”按钮，在展开的下拉列表中单击“自定义颜色”选项，如图24-27所示。

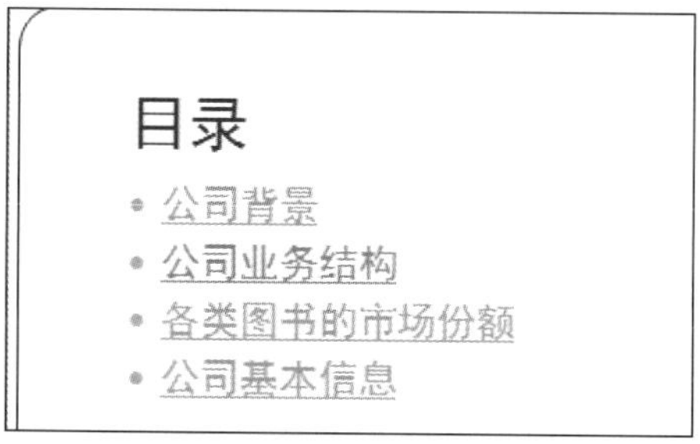

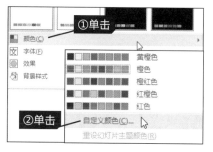

图24-26 默认的超链接样式

图24-27 单击“新建主题颜色”选项

步骤03 弹出“新建主题颜色”对话框，在“主题颜色”选项组中显示了当前主题的文字/背景等颜色配色方案，如图24-28所示。

步骤04 单击“超链接”颜色右侧的下三角按钮，在展开的颜色列表框中选择“红色”，如图24-29所示。

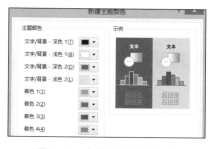

图24-28 当前主题的颜色方案

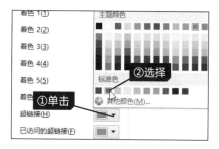

图24-29 更改超链接颜色

步骤05 单击“已访问的超链接”颜色右侧的下三角按钮，在展开的颜色列表框中选择“紫色”，如图24-30所示。

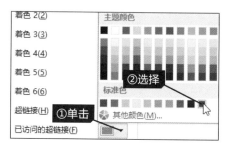

图24-30 设置已访问的超链接颜色

步骤06 在“名称”文本框中输入主题颜色名称，单击“保存”按钮，如图24-31所示。

步骤07 返回幻灯片中，可以看到当前主题的超链接和已访问的超链接外观样式更改为自定义的样式，如图24-32所示。

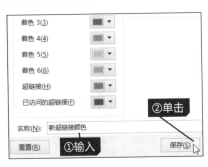

着色 3(3)
着色 4(4)
着色 5(5)
着色 6(6)
超链接(H)
已访问的超链接(F)
②单击
名称(N): 新超链接颜色
重置(R)
①输入
保存(S)

图24-31 保存主题颜色

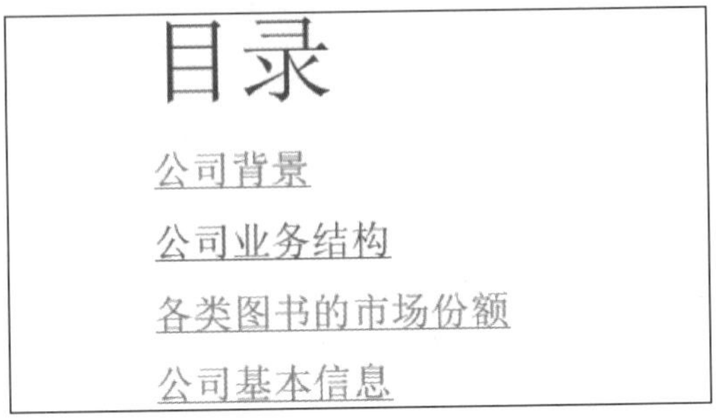
目录
公司背景
公司业务结构
各类图书的市场份额
公司基本信息

图24-32 更改超链接颜色后效果

技巧 24-4 去掉超链接文本的下画线

在为文本添加超链接时，系统自动会为文本应用当前主题的超链接样式，该超链接样式不仅包括字体颜色，还包括下画线。如果希望为文本添加超链接后不显示超链接下画线，可以将文本放置在文本框中，对文本框对象添加超链接，则不会应用超链接文本样式，如图24-33所示，为文本框添加超链接后，文本框中的文本没有添加下画线。

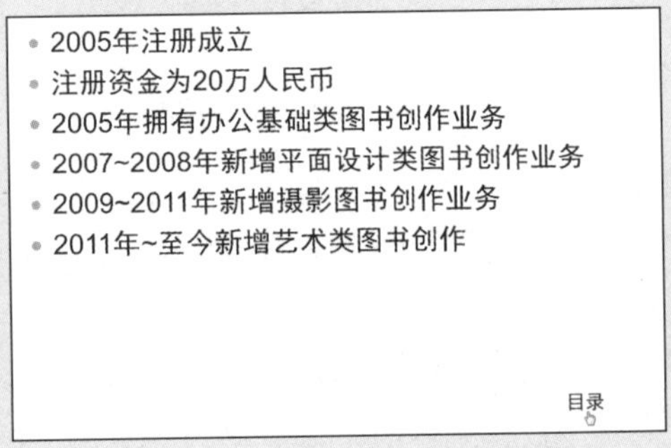
2005年注册成立
注册资金为20万人民币
2005年拥有办公基础类图书创作业务
2007~2008年新增平面设计类图书创作业务
2009~2011年新增摄影图书创作业务
2011年~至今新增艺术类图书创作
目录

图24-33 去掉超链接文本的下画线

24.2 使用动作按钮创建

在PowerPoint 2013组件中除了使用超链接外，还可以使用动作按钮来创建幻灯片的交互式操作。使用动作按钮既可以控制幻灯片的放映过程，也可以实现超链接的功能，如激活另一个程序，播放音频或视频，快速跳转到其他幻灯片、文件或网页中等。在创建动作时，还可以设置单击鼠标和鼠标悬停时要执行的操作。

24.2.1 绘制动作按钮

在PowerPoint 2013组件的“形状”库中提供了一组“动作按钮”图标，如图24-34所示，包括“动作按钮：后退或前一项”“动作按钮：前进或下一项”“动作按钮：开始”“动作按钮：结束”“动作按钮：第1张”“动作按钮：信息”“动作按钮：上一张”“动作按钮：影片”“动作按钮：文档”“动作按钮：声音”“动作按钮：帮助”“动作按钮：自定义”等。

动作按钮

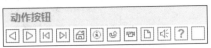

图24-34 动作按钮图标

24-7 在公司简介中绘制自定义按钮跳转到目录页

在公司简介演示文稿中使用超链接实现了目录页到指定幻灯片页的快速跳转，如果希望从具体的幻灯片内容页返回目录页，用户可以在内容页中绘制动作按钮来实现。

原始文件　　下载资源\实例文件\第24章\原始文件\公司简介6.pptx

最终文件　　下载资源\实例文件\第24章\最终文件\公司简介6.pptx

扫码看视频

步骤01 打开下载资源\实例文件\第24章\原始文件\公司简介6.pptx，切换至"插入"选项卡，在"插图"组中单击"形状"按钮，在展开的下拉列表中单击"动作按钮"选项组中的"动作按钮：自定义"图标，如图24-35所示。

步骤02 在目标幻灯片中拖动鼠标绘制所选动作按钮，如图24-36所示。

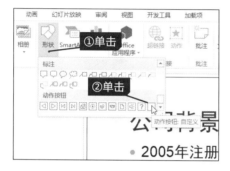

图24-35 选择动作按钮图标

图24-36 绘制动作按钮

步骤03 弹出"操作设置"对话框，切换至"单击鼠标"选项卡，单击选中"超链接到"单选按钮，然后单击其下拉列表中"下一张幻灯片"右侧的下三角按钮，在展开的下拉列表中单击"幻灯片"选项，如图24-37所示。

步骤04 弹出"超链接到幻灯片"对话框，选择要链接到的幻灯片标题选项，如选择"目录"选项，单击"确定"按钮，如图24-38所示。

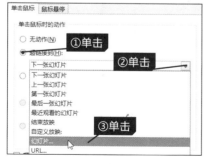

图24-37 设置单击鼠标动作

图24-38 选择链接到的幻灯片

步骤05 返回幻灯片中，在所绘制的动作按钮对象上添加文本，如"目录"，如图24-39所示。

步骤 06 进入幻灯片放映视图，将鼠标指针置于动作按钮对象上，鼠标指针呈手形，如图24-40所示。

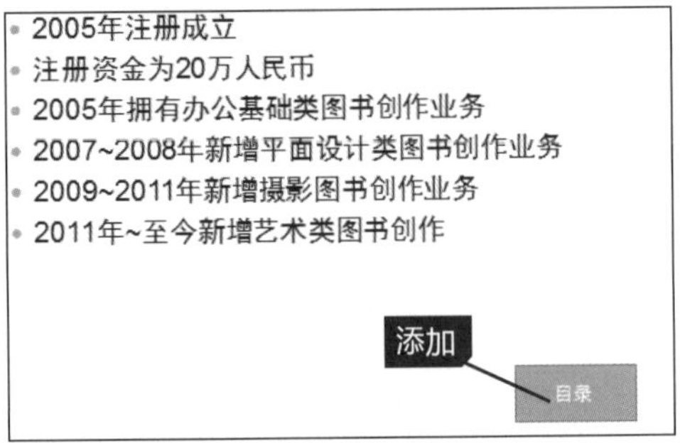

- 2005年注册成立
- 注册资金为20万人民币
- 2005年拥有办公基础类图书创作业务
- 2007~2008年新增平面设计类图书创作业务
- 2009~2011年新增摄影图书创作业务
- 2011年~至今新增艺术类图书创作

添加 / 目录

图24-39　添加文本

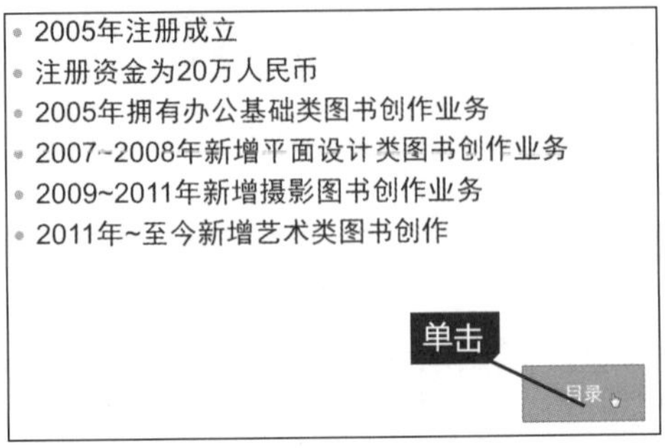

- 2005年注册成立
- 注册资金为20万人民币
- 2005年拥有办公基础类图书创作业务
- 2007~2008年新增平面设计类图书创作业务
- 2009~2011年新增摄影图书创作业务
- 2011年~至今新增艺术类图书创作

单击 / 目录

图24-40　指向动作按钮效果

步骤 07 若要跳转到目标幻灯片，只需单击"目录"动作按钮对象，即可快速跳转到目录页中，如图24-41所示。

步骤 08 返回普通视图中，选中"目录"动作按钮，按【Ctrl+C】组合键，然后在除标题页和目录页外的所有幻灯片中按【Ctrl+V】组合键，将"目录"动作按钮复制到每张幻灯片中，如图24-42所示。

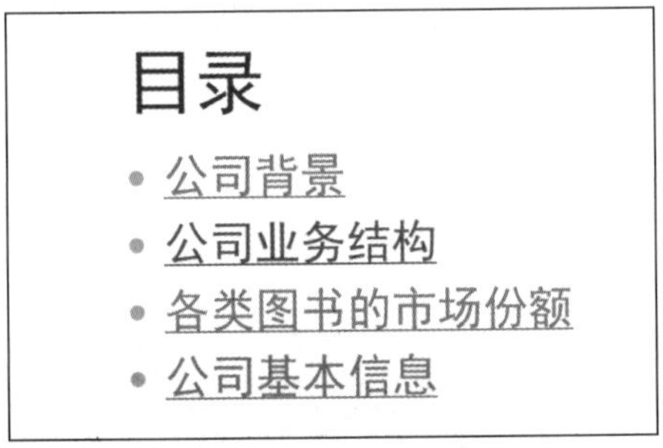

目录

- 公司背景
- 公司业务结构
- 各类图书的市场份额
- 公司基本信息

图24-41　跳转到的目标幻灯片

- 公司行业：计算机软件
- 公司类型：民营
- 公司规模：20~99人
- 公司法人：陈峰
- 公司地址：天市江玉路10-012号
- 电话：135****5874
- E-mail: SjY2005@126.com

复制 / 目录

图24-42　复制目录动作按钮

技巧 24-5　绘制特定的动作按钮

在PowerPoint幻灯片中绘制动作按钮时，若要快速绘制控制上一张幻灯片、下一张幻灯片的动作按钮，可以直接在"形状"下拉列表的"动作按钮"选项组中选择适当的动作按钮图标，如选择"动作按钮：后退或前一项"图标，在幻灯片中绘制后，自动弹出"操作设置"对话框，在"超链接到"下拉列表中自动选择"上一张幻灯片"选项，如图24-43所示。

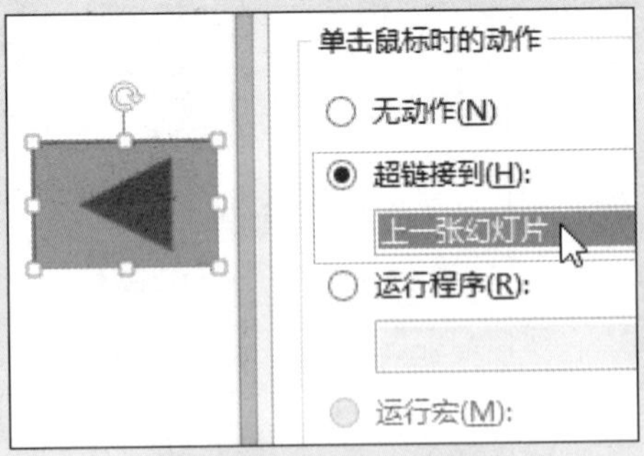

单击鼠标时的动作

○ 无动作(N)

● 超链接到(H)：

上一张幻灯片

○ 运行程序(R)：

○ 运行宏(M)：

图24-43　绘制特定的动作按钮

提示 在PowerPoint 组件中用户除了可以为绘制的"动作按钮"图形对象设置动作外，还可以为幻灯片中的任意对象设置动作。用户只需选中要设置动作的对象，在"插入"选项卡的"链接"组中单击"动作"按钮，再在弹出的"操作设置"对话框中进行设置即可。

24.2.2 设置单击鼠标时产生的动作

在PowerPoint组件中除了可以绘制动作按钮来设置动作外，还可以通过功能区按钮直接为对象添加超链接、运行程序、运行宏、对象动作等，如图24-44所示。

◆ 超链接到：它与使用超链接创建交互式动作相似，可以设置在同一演示文稿中不同幻灯片的链接，也可以链接到其他演示文稿中，或是网页中。

◆ 运行程序：用于单击鼠标调用指定的程序。

◆ 运行宏：用于单击鼠标调用指定的宏过程。

◆ 对象动作：用于单击某个对象实现相应的操作。

◆ 播放声音：用于设置单击鼠标时发出的声音。

图24-44 单击鼠标进行的操作设置

24-8 在公司简介中调用计算器程序

在公司简介中包括了各类图书的市场份额页面，若想对该页面中的表格数据进行计算，可以调用Windows自带的计算器，因为PowerPoint组件的表格不具备计算功能。

 原始文件 下载资源\实例文件\第24章\原始文件\公司简介7.pptx

 最终文件 下载资源\实例文件\第24章\最终文件\公司简介7.pptx

 扫码看视频

步骤 **01** 打开下载资源\实例文件\第24章\原始文件\公司简介7.pptx，选择要设置动作的对象，如选中"计算器"形状对象，如图24-45所示。

步骤 **02** 切换至"插入"选项卡，在"链接"组中单击"动作"按钮，如图24-46所示。

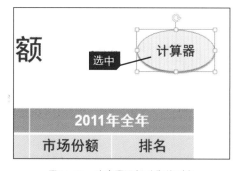

图24-45 选中要添加动作的对象

图24-46 单击"动作"按钮

步骤 **03** 弹出"操作设置"对话框，在"单击鼠标"选项卡下，单击选中"运行程序"单选按钮，然后单击"浏览"按钮，如图24-47所示。

步骤 **04** 弹出"选择一个要运行的程序"对话框，根据需要选择一个要运行的程序，如选择计算器程序，如图24-48所示。

图24-47　设置运行程序

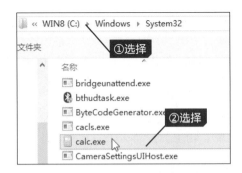

图24-48　选择要运行的程序

步骤 05　　返回"操作设置"对话框，在"运行程序"文本框中显示了所选程序的路径，单击"确定"按钮，如图24-49所示。

步骤 06　　返回幻灯片，进入幻灯片放映视图，将鼠标指针置于"计算器"对象上，将自动显示该对象添加的动作提示，单击该对象，如图24-50所示。

图24-49　确认运行程序

图24-50　单击添加动作的形状对象

步骤 07　　启动Windows系统自带的计算器，如图24-51所示，用户可用此程序进行数值计算。

图24-51　启动的计算器程序

提示　　在设置超链接或动作时，如果用户希望为鼠标动作添加相应的声音提示，可以选择添加超链接或动作的对象，打开"操作设置"对话框，在"单击鼠标"或"鼠标移过"选项卡中勾选"播放声音"复选框，然后在其下的下拉列表中选择适合的提示声音选项，即可为所选链接文本或动作对象添加声音提示。

第25章 演示文稿的放映设置

放映幻灯片是PowerPoint的重要且基本的操作之一。只有了解了幻灯片的放映设置，才能将创建的精美幻灯片展示得淋漓尽致。在放映幻灯片之前，可对放映方式、放映类型等内容自定义设置。可以使用排练计时和录制幻灯片演示功能预演幻灯片，让幻灯片自动放映。在放映幻灯片时，还可以执行快速跳转等操作。

25.1 设置放映方式

完成演示文稿的制作后，就需要将其展示给同事、领导、客户或其他人群，但在放映之前，用户还可以设置幻灯片放映方式，如自定义幻灯片放映的顺序和范围、设置放映类型、放映指定幻灯片和隐藏不放映幻灯片，以获得最佳的演示效果。

25.1.1 自定义幻灯片放映

默认情况下，演示文稿中的幻灯片是按照幻灯片的先后顺序放映的，并且会放映整个演示文稿。PowerPoint中的"自定义幻灯片放映"功能，可自定义幻灯片放映的顺序和范围。在"幻灯片放映"选项卡下，单击"自定义幻灯片放映"下三角按钮，在展开的下拉列表中单击"自定义放映"选项。打开"自定义放映"对话框可对幻灯片放映进行新建、编辑、删除、复制等操作。

25-1 为广告策划案创建自定义放映

广告策划案是对公司产品或服务进行调查、分析以确定方案的流程的展示。在制作广告策划案时，有很多调查数据，而这些数据会根据用户的不同要求，在展示之前进行顺序的调整。使用"自定义幻灯片放映"功能可轻松解决。

原始文件　下载资源\实例文件\第25章\原始文件\广告策划案.pptx

最终文件　下载资源\实例文件\第25章\最终文件\广告策划案.pptx

扫码看视频

步骤01 打开下载资源\实例文件\第25章\原始文件\广告策划案.pptx，在"幻灯片放映"选项卡下，单击"自定义幻灯片放映"下三角按钮，在展开的下拉列表中单击"自定义放映"选项，如图25-1所示。

步骤02 弹出"自定义放映"对话框，单击"新建"按钮，如图25-2所示。

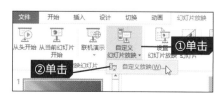
图25-1　单击"自定义放映"选项

图25-2　单击"新建"按钮

411

步骤03 弹出"定义自定义放映"对话框，输入幻灯片放映名称，在"在演示文稿中的幻灯片"列表框中选择要放映的幻灯片，单击"添加"按钮，如图25-3所示。

步骤04 在"在自定义放映中的幻灯片"列表框中选择需要调整位置的幻灯片，单击"上移"或"下移"按钮，如图25-4所示。

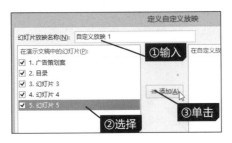
图25-3　单击"添加"按钮

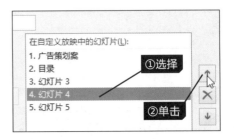
图25-4　设置播放次序

步骤05 单击"确定"按钮后，返回"自定义放映"对话框中，选中自定义的幻灯片放映，单击"放映"按钮，如图25-5所示。

步骤06 随后即可全屏放映幻灯片，效果如图25-6所示。

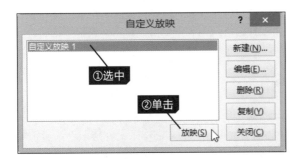
图25-5　单击"放映"按钮

图25-6　放映幻灯片

技巧 25-1　让幻灯片自动循环放映

　　默认情况下，幻灯片放映完毕后，会显示黑色屏幕，并提示幻灯片放映完毕。在实际工作中，有时候需要循环放映幻灯片。

　　在"幻灯片放映"选项卡下，单击"设置幻灯片放映"按钮。弹出"设置放映方式"对话框，在"放映选项"组中勾选"循环放映，按ESC键终止"复选框，如图25-7所示，单击"确定"按钮，可让幻灯片自动循环放映。

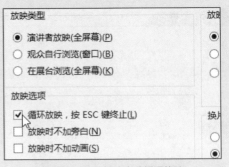
图25-7　让幻灯片自动循环放映

25.1.2　放映类型

演示文稿制作完成后，有的由演讲者放映，有的由观众自行放映。为了达到理想的放映效果，用户可以根据放映对象设置放映类型。PowerPoint提供了三种放映类型：演讲者放映（全屏幕）、观众自行浏览（窗口）、在展台浏览（全屏幕）。

- ◆ 演讲者放映（全屏幕）：默认的放映方式。幻灯片全屏放映，放映者有完全的控制权。
- ◆ 观众自行浏览（窗口）：幻灯片在窗口中放映，由观众选择要看的幻灯片。
- ◆ 在展台浏览（全屏幕）：幻灯片全屏幕放映。每次放映完毕，自动循环放映。

在"幻灯片放映"选项卡下，单击"设置幻灯片放映"按钮。打开"设置放映方式"对话框，在"放映类型"组中单击选中对应的单选按钮即可。

25-2　设置广告策划案的放映方式

　　广告制作公司制作的广告策划案是给购买广告的公司查看的。如果购买广告公司的负责人希望自行查看广告策划案，可将广告策划案的放映方式设置为"观众自行浏览（窗口）"。

　下载资源\实例文件\第25章\原始文件\广告策划案1. pptx

　下载资源\实例文件\第25章\最终文件\广告策划案1. pptx

扫码看视频

步骤01　打开下载资源\实例文件\第25章\原始文件\广告策划案1.pptx，在"幻灯片放映"选项卡下，单击"设置幻灯片放映"按钮，如图25-8所示。

步骤02　弹出"设置放映方式"对话框，单击选中"观众自行浏览（窗口）"单选按钮，如图25-9所示，单击"确定"按钮，完成放映类型的设置。

图25-8　单击"设置幻灯片放映"按钮

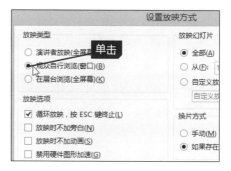

图25-9　设置放映类型

25.1.3　放映指定幻灯片

默认情况下，放映的是整个演示文稿中的幻灯片。用户可设置放映指定的幻灯片，如从第几张到第几张，还可以放映在自定义幻灯片放映中设置的幻灯片。在"设置放映方式"下的"放映幻灯片"组中可设置。

25-3 放映广告策划案中的部分幻灯片

广告策划案包括调查、分析、方案等几个部分，根据用户的需求，可设置只放映演示文稿中某部分的幻灯片。

扫码看视频

⬇ 原始文件 下载资源\实例文件\第25章\原始文件\广告策划案2. pptx

⬇ 最终文件 下载资源\实例文件\第25章\最终文件\广告策划案2. pptx

步骤 01 打开下载资源\实例文件\第25章\原始文件\广告策划案2.pptx，在"幻灯片放映"选项卡下单击"设置幻灯片放映"按钮，如图25-10所示。

步骤 02 弹出"设置放映方式"对话框，在"放映幻灯片"组中单击选中"从"单选按钮，并设置放映范围，如图25-11所示，单击"确定"按钮，完成设置。

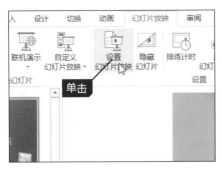

图25-10 单击"设置幻灯片放映"按钮

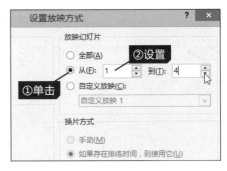

图25-11 设置放映部分幻灯片

25.1.4 隐藏不放映的幻灯片

若演示文稿中的某些幻灯片不需要放映，可以将这些幻灯片隐藏。选中要隐藏的幻灯片，在"幻灯片放映"选项卡下单击"隐藏幻灯片"按钮即可。

25-4 隐藏广告策划案中有机密内容的幻灯片不放映

广告策划案中包含了对策划内容调查结果的分析，而这个分析结果不能让竞争对手看到，在同台比稿时，需要将其隐藏。

扫码看视频

⬇ 原始文件 下载资源\实例文件\第25章\原始文件\广告策划案3. pptx

⬇ 最终文件 下载资源\实例文件\第25章\最终文件\广告策划案3. pptx

步骤 01 打开下载资源\实例文件\第25章\原始文件\广告策划案3.pptx，选中要隐藏的幻灯片，在"幻灯片放映"选项卡下单击"隐藏幻灯片"按钮，如图25-12所示。

步骤 02 随后，在该幻灯片的左上角显示为，如图25-13所示，在放映时将不再放映该幻灯片。

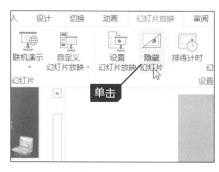

图25-12　单击"隐藏幻灯片"按钮

图25-13　隐藏后的效果

25.2 预演幻灯片

PowerPoint 2013提供了两个预演幻灯片的功能：排练计时和录制幻灯片演示。两个功能都可以记录幻灯片放映的时间，而录制幻灯片演示还可以录制旁白和激光笔等。

25.2.1 使用排练计时

排练计时功能用于控制自动运行幻灯片时的放映时间。选中第1张幻灯片，在"幻灯片放映"选项卡下，单击"排练计时"按钮。进入幻灯片的放映状态，在左上方显示"录制"工具栏，如图25-14所示，可设置排练时间。

◆ 下一项 →：单击该按钮或单击鼠标左键，切换到下一张幻灯片。

◆ 暂停 ‖：单击该按钮可暂停计时。

◆ 重复 ↺：单击该按钮，可重新开始排练当前幻灯片，当前幻灯片的时间从0开始。

图25-14　"录制"工具栏

◆ 幻灯片放映时间：在该文本框中显示当前幻灯片的放映时间。

◆ 累计放映时间：在最右侧显示从第1张幻灯片开始的累计时间。

对所有的幻灯片进行排练计时后，弹出对话框，在对话框中显示排列的时间，并且询问是否保存，按照实际情况选择即可。单击"是"按钮后，显示每张幻灯片的放映时间。此时，可更改计时放映时间。在"设置放映方式"对话框的"换片时间"组中可选择使用排练时间放映。

 25-5 对教学课件进行排练计时

教学课件用于向授课者展示教学的主要内容即上课的流程。每堂教学都有固定的时间，因此，可以使用排练计时功能为演示文稿进行排练，以保证教学的正常进行。

 原始文件　下载资源\实例文件\第25章\原始文件\教学课件.pptx

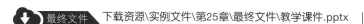 最终文件　下载资源\实例文件\第25章\最终文件\教学课件.pptx

  扫码看视频

 步骤01 打开下载资源\实例文件\第25章\原始文件\教学课件.pptx，选择第1张幻灯片，在"幻灯片放映"选项卡下单击"排练计时"按钮，如图25-15所示。

步骤 02 　随后，进入幻灯片的放映状态，并开始排练计时，当第1张幻灯片计时完毕后，单击左上角的"下一项"按钮，如图25-16所示。

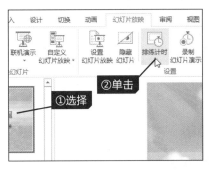
图25-15　单击"排练计时"按钮

图25-16　单击"下一项"按钮

步骤 03 　开始第2张幻灯片的排练计时，若计时不正确，单击"重复"按钮，如图25-17所示。

步骤 04 　弹出Microsoft PowerPoint提示框，提示"录制已暂停"，单击"继续录制"按钮，如图25-18所示。

步骤 05 　返回放映的幻灯片中，第2张幻灯片的计时清零，并重新开始计时，如图25-19所示。

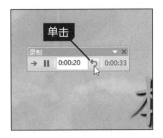
图25-17　单击"重复"按钮

图25-18　单击"继续录制"按钮

图25-19　重新开始录制

步骤 06 　按照同样的方法，为其他的幻灯片进行排练计时，计时完毕后，弹出Microsoft PowerPoint提示框，提示共需时间，单击"是"按钮，如图25-20所示。

步骤 07 　随后，在"幻灯片浏览"视图中显示当前所有幻灯片的演示时间，如图25-21所示，当放映幻灯片时，便会按照排练计时的时间进行放映。

图25-20　确认保留排练时间

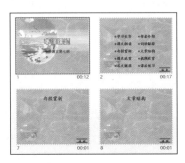
图25-21　显示排练时间

25.2.2 录制幻灯片演示

录制幻灯片演示可以记录幻灯片的放映时间，同时，允许用户使用鼠标、激光笔或麦克风为幻灯片添加注释。这不仅增加了幻灯片的互动性，还实现了不用演讲者在场的具有旁白和激光笔操作的幻灯片展示。在"幻灯片放映"选项卡下，单击"录制幻灯片演示"下三角按钮，在展开的下拉列表中单击"从头开始录制"或"从当前幻灯片开始录制"选项。设置要录制的内容，即可开始录制。

 25-6 对教学课件进行预演

在实际教学工作中，一个教学者可能有多堂教学课，需要反复地教授同样的内容。此时，可使用录制幻灯片演示的功能录制计时和旁白。

原始文件 下载资源\实例文件\第25章\原始文件\教学课件1.pptx

最终文件 下载资源\实例文件\第25章\最终文件\教学课件1.pptx

 扫码看视频

步骤01 打开下载资源\实例文件\第25章\原始文件\教学课件1.pptx，在"幻灯片放映"选项卡下单击"录制幻灯片演示"下三角按钮，在展开的下拉列表中单击"从头开始录制"选项，如图25-22所示。

步骤02 弹出"录制幻灯片演示"对话框，勾选需要的选项，单击"开始录制"按钮，如图25-23所示。

步骤03 随后，幻灯片进入放映状态，此时，不仅记录放映时间，如计算机上有录音设备，可直接录音。完毕后，单击"下一项"按钮，如图25-24所示。

图25-22 单击"从头开始录制"选项

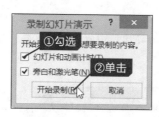

图25-23 设置录制项目

图25-24 录制幻灯片

步骤04 按照同样的方法，录制其他的幻灯片，录制完毕后，在演示文稿中显示录制时间，若有旁白，在幻灯片右下角显示 符号，如图25-25所示。

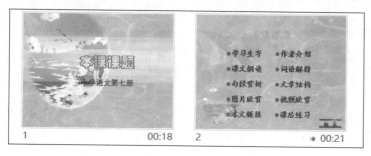

图25-25 录制后的效果

技巧 放映幻灯片时不播放旁白
25-2

旁白是对幻灯片内容的介绍或是背景音乐。在幻灯片放映过程中，有时候不需要播放旁白。此时，只需要在PowerPoint中简单设置即可。

在"幻灯片放映"选项卡下，单击"设置幻灯片放映"按钮。打开"设置放映方式"对话框，在"放映选项"组中勾选"放映时不加旁白"复选框，如图25-26所示，即可实现在放映时不播放旁白。

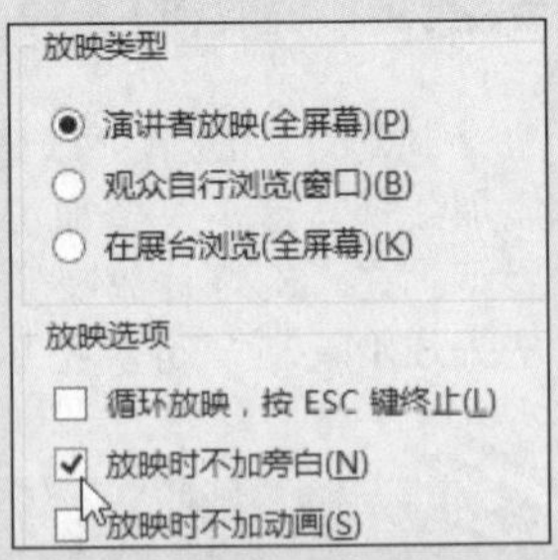

放映类型
- ● 演讲者放映(全屏幕)(P)
- ○ 观众自行浏览(窗口)(B)
- ○ 在展台浏览(全屏幕)(K)

放映选项
- ☐ 循环放映，按 ESC 键终止(L)
- ☑ 放映时不加旁白(N)
- ☐ 放映时不加动画(S)

图25-26 放映幻灯片时
不播放旁白

提示 录制幻灯片演示后，单击"录制幻灯片演示"下三角按钮，在展开的下拉列表中指向"清除"，可在展开的下级列表中选择清除计时或旁白。

25.3 放映幻灯片

演示文稿的放映设置好后，就可以放映幻灯片了。PowerPoint不仅为用户提供了多种放映方式，还可以在放映中进行设置以更好地展示放映内容。

25.3.1 选择适当的开始放映方式

PowerPoint为用户提供了多种放映方式：从头开始、从当前幻灯片开始、联机演示。在"幻灯片放映"的"开始放映幻灯片"组中可选择这几种放映方式。

1 从头开始

从头开始即从演示文稿的第1张幻灯片开始放映幻灯片。无论当前选中的是哪张幻灯片，只要单击"从头开始"按钮便从第1张开始放映。

示例 25-7 从头开始放映年度营销计划演示文稿

年度营销计划用于向领导、同事展示年度营销的内容，如市场环境分析、营销战略、财务计划、审查计划等。一般情况下都需要从头开始放映演示文稿。

 扫码看视频

 原始文件 　下载资源\实例文件\第25章\原始文件\年度营销计划. pptx

 最终文件 　无

 步骤 01 打开下载资源\实例文件\第25章\原始文件\年度营销计划.pptx，在"幻灯片放映"选项卡下单击"从头开始"按钮，如图25-27所示。

 步骤 02 随后，进入幻灯片放映状态，并从第1张开始放映，如图25-28所示。

图25-27 单击"从头开始"选项　　　　　图25-28 从第1张幻灯片开始放映

2 从当前幻灯片开始

从当前幻灯片开始即从选中的幻灯片开始放映。选择要放映的幻灯片中的第1张幻灯片，单击"从当前幻灯片开始"按钮即可。

25-8 从第3张幻灯片开始放映年度营销计划演示文稿

年度营销计划演示文稿的第1张幻灯片显示年度营销计划标题，第2张幻灯片显示目录内容，第3张开始介绍正文内容。在实际放映过程中，可能会从正文内容开始介绍。这里可以使用"从当前幻灯片开始"按钮。

原始文件　下载资源\实例文件\第25章\原始文件\年度营销计划1.pptx

最终文件　无

扫码看视频

步骤01　打开下载资源\实例文件\第25章\原始文件\年度营销计划1.pptx，选中第3张幻灯片，在"幻灯片放映"选项卡下单击"从当前幻灯片开始"按钮，如图25-29所示。

步骤02　立即进入幻灯片放映状态，并从第3张幻灯片开始放映，如图25-30所示。

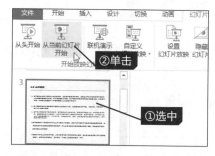
图25-29 单击"从当前幻灯片开始"按钮

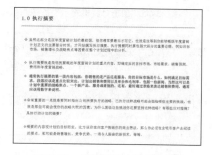
图25-30 从第3张幻灯片开始放映

技巧　让演示文稿自动放映
25-3

除了可以通过排练计时和录制幻灯片演示让演示文稿自动放映之外，还可以设置"切换"时间，让演示文稿自动放映。

选中要设置切换时间的幻灯片，在"切换"选项卡的"计时"组中勾选"设置自动换片时间"复选框，并输入换片时间，如图25-31所示，放映时，即可按照设置的时间进行换片。

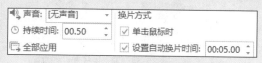
图25-31 让演示文稿自动放映

3 联机演示

通过"联机演示"功能，用户能与任何人在任何位置轻松共享演示文稿。只需要发送一个链接并单击，收到链接的人即使没有安装PowerPoint，也能够在Web浏览器中观看幻灯片放映。需要注意的是，在联机演示之前，用户需要准备Microsoft账户。

25-9 向远程观众演示年度营销计划演示文稿

演示文稿制作好后，需要远程向公司领导介绍年度介绍计划。此时，利用"联机演示"功能，可轻松实现。

 扫码看视频

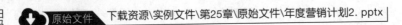 原始文件　下载资源\实例文件\第25章\原始文件\年度营销计划2.pptx

 最终文件　无

 步骤 01 打开下载资源\实例文件\第25章\原始文件\年度营销计划2.pptx，在"幻灯片放映"选项卡下，单击"联机演示"按钮，如图25-32所示。

步骤 02 弹出"联机演示"对话框，单击"连接"按钮，如图25-33所示。

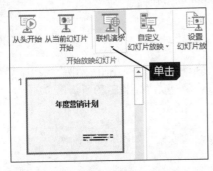

图25-32　单击"联机演示"按钮

图25-33　单击"连接"按钮

 步骤 03 弹出"登录"对话框，输入电子邮件地址和密码，单击"登录"按钮，如图25-34所示。

步骤 04 弹出"联机演示"对话框，在对话框中显示联机的进度，如图25-35所示。

图25-34　输入电子邮件地址

图25-35　显示联机的进度

步骤 05 随后，在对话框中显示共享链接，单击"复制链接"按钮，如图25-36所示。将链接发送给要共享幻灯片的人。

步骤 06 单击"启动演示文稿"按钮，如图25-37所示。当收到共享链接的人打开链接后，可同步观看放映的演示文稿。

图25-36　复制链接

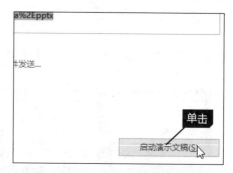

图25-37　单击"启动演示文稿"按钮

25.3.2 幻灯片放映中的一些设置

幻灯片的放映过程中，可能会进行跳转、标注重点等操作，在右键菜单中可执行这些操作。在幻灯片中右击鼠标，弹出快捷菜单，如图25-38所示，单击相应命令即可完成操作。

◆ 下一张：快速跳转到下一张幻灯片。

◆ 上一张：快速跳转到上一张幻灯片。

◆ 上次查看过的：跳转切换到上次查看过的幻灯片。

◆ 查看所有幻灯片：在放映中以浏览视图的方式查看所有幻灯片。

◆ 放大：选择幻灯片的指定区域进行放大显示。

◆ 自定义放映：若幻灯片设置了自定义放映，可选择自定义放映。

◆ 显示演示者视图：开启该功能后，演讲者可以看到幻灯片的备注信息，但投影到屏幕上则不会显示备注信息。

◆ 屏幕：设置显示黑屏或白屏。

◆ 指针选项：设置箭头、笔、荧光笔、墨迹颜色等选项。

◆ 帮助：打开帮助信息。

◆ 暂停：暂停自动放映。

◆ 结束放映：结束放映，退出放映状态。

图25-38　右键菜单

1 使用右键菜单跳转幻灯片

在放映过程中，右击鼠标，弹出的快捷菜单中的上一张、下一张、查看所有幻灯片命令用于快速跳转幻灯片，如单击"查看所有幻灯片"命令，即可在所有幻灯片中选择要跳转到的幻灯片。

25-10 在放映年度营销计划演示文稿时快速跳转到第4张幻灯片

在介绍年度营销计划时，可能会遇到需要再次展示前面内容的幻灯片的情况。此时，可快速跳转到介绍某内容的幻灯片。

原始文件　下载资源\实例文件\第25章\原始文件\年度营销计划3.pptx

最终文件　无

步骤 01　打开下载资源\实例文件\第25章\原始文件\年度营销计划3.pptx，放映幻灯片，在幻灯片中任意位置右击鼠标，在弹出的菜单中单击"查看所有幻灯片"，在弹出的所有幻灯片中选择第4张幻灯片，如图25-39所示。

步骤 02　随后即可跳转到第4张幻灯片，如图25-40所示。

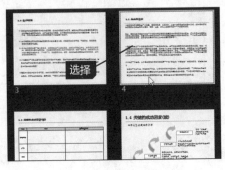

图25-39　选择要跳转到的幻灯片

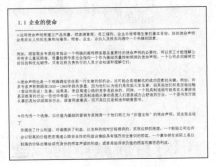

图25-40　跳转后的效果

提示　在放映幻灯片时，可使用快捷键快速实现操作。例如按键盘上的【数字+Enter】键，可跳转到数字对应的幻灯片；同时按住鼠标左右键2秒以上，可返回第1张幻灯片；按【S】键可暂停自动幻灯片放映，按【F5】键可重新开始自动幻灯片放映。

技巧 25-4　取消鼠标单击切换幻灯片

默认情况下，在放映幻灯片时，单击鼠标左键会自动切换到下一张幻灯片中。有时候不需要该操作，用户可以将其取消。

在"切换"选项卡下的"计时"组中取消勾选"单击鼠标时"复选框，如图25-41所示，即可取消鼠标单击时切换幻灯片。

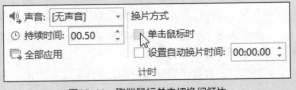

图25-41　取消鼠标单击切换幻灯片

2　使用笔标记重点信息

PowerPoint提供了笔和荧光笔两种标记重点信息的工具，用户可根据实际需要选择合适的画笔及画笔颜色进行标记。本小节主要介绍如何使用笔工具标注重点信息。

示例 25-11　在年度营销计划演示文稿中标记重要内容

介绍年度营销计划时，需要在幻灯片中勾画出重要内容。使用"画笔"功能可轻松完成。

扫码看视频

| 原始文件 | 下载资源\实例文件\第25章\原始文件\年度营销计划4.pptx |
| 最终文件 | 下载资源\实例文件\第25章\最终文件\年度营销计划4.pptx |

步骤01　打开下载资源\实例文件\第25章\原始文件\年度营销计划4.pptx，在幻灯片中右击鼠标，在弹出的快捷菜单中指向"指针选项"，在弹出的下级菜单中指向"墨迹颜色"，选择合适的颜色，如图25-42所示。

步骤02　鼠标指针变成相应颜色的点状，在需要添加墨迹标记的位置拖动鼠标，即可看到绘制的墨迹效果，如图25-43所示。退出幻灯片放映时，会提示是否保存墨迹标记，单击"保留"按钮可保留墨迹。

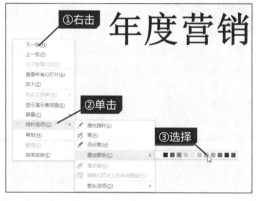
图25-42　选择合适的墨迹颜色

图25-43　添加墨迹标记后的效果

读书笔记

第 26 章

演示文稿的打包与发布

打包与发布演示文稿和将演示文稿转换为其他类型的文件都可便于实现演示文稿的共享。可将演示文稿打包到CD中，在没有安装PowerPoint组件的计算机上自动放映；可将演示文稿发布到幻灯片库中，以电子邮件的形式发送演示文稿并实现共享；还可以将演示文稿创建为PDF/XPS、视频、讲义等多种类型的文件。

26.1 打包演示文稿

在实际工作中，会遇到制作好的演示文稿由于另一台计算机没有安装PowerPoint无法放映，或者由于幻灯片中的内容不全导致放映效果不佳。PowerPoint 2013的"打包成CD"功能可以处理以上问题。

26.1.1 将演示文稿打包

通过PowerPoint的"打包成CD"功能，可以将演示文稿文件及演示所需的所有其他文件捆绑在一起，并将它们复制到一个文件夹或直接复制到CD中。单击"文件"按钮，在弹出的菜单中单击"导出"命令。在右侧页面中单击"将演示文稿打包成CD"选项，再在右侧单击"打包成CD"按钮，弹出"打包成CD"对话框，如图26-1所示。

◆ "添加"按钮：单击该按钮，打开"添加文件"对话框，选择更多的演示文稿并打包成CD。

◆ "删除"按钮：将不需要的文件删除。

◆ "选项"按钮：单击该按钮，打开"选项"对话框，设置文件中包含的内容和隐藏设置。

◆ "复制到文件夹"按钮：单击该按钮，开始执行复制到文件夹。

◆ "复制到CD"按钮：单击按钮，开始复制到CD。

◆ "关闭"按钮：单击该按钮，关闭对话框。

图26-1 "打包成CD"对话框

26-1 将市场推广计划演示文稿打包到文件夹

市场推广计划演示文稿展示了市场推广的目的、目标受众、组合、信息设计、预算、评估效果等内容。该演示文稿需要在多台计算机上放映，可使用"打包成CD"功能，确保演示文稿的内容完整，并能正常放映。

扫码看视频

原始文件　下载资源\实例文件\第26章\原始文件\市场推广计划. pptx

最终文件　下载资源\实例文件\第26章\最终文件\演示文稿CD

步骤01 打开下载资源\实例文件\第26章\原始文件\市场推广计划.pptx，单击"文件"按钮，在弹出的菜单中单击"导出"命令，在右侧双击"将演示文稿打包成CD"选项，如图26-2所示。

步骤 02　弹出"打包成CD"对话框，显示要复制的文件，可根据实际需求设置CD文件夹名称，这里保持默认名称不变，单击"复制到文件夹"按钮，如图26-3所示。

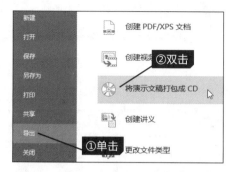

图26-2　双击"将演示文稿打包成CD"选项

图26-3　单击"复制到文件夹"按钮

步骤 03　弹出"复制到文件夹"对话框，输入文件夹名称，单击"浏览"按钮设置位置，勾选"完成后打开文件夹"复选框，单击"确定"按钮，如图26-4所示。

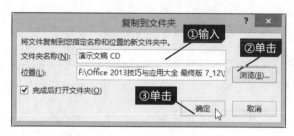

图26-4　设置复制到的文件夹

步骤 04　弹出Microsoft PowerPoint提示框，提示是否要在包中包含链接文件，单击"是"按钮，如图26-5所示。

图26-5　确定包中包含链接文件

步骤 05　复制完成后，打开文件夹，显示复制的内容，如图26-6所示。AUTORUN文件用于让打包的演示文稿自动放映。

图26-6　打包后的文件夹

提示　在"打包成CD"对话框中，单击"选项"按钮。打开"选项"对话框，可设置包含链接的文件和嵌入的TrueType文字，可设置打开演示文稿时所用的密码和修改每个演示文稿时所用的密码等内容。

技巧 26-1　将演示文稿复制到CD

若计算机具有刻录CD的功能，可以直接将演示文稿复制到CD。

在"打包成CD"对话框中，单击"复制到CD"按钮，如图26-7所示。弹出提示框，在刻录区中放入刻录盘，单击"是"按钮。随后，即可将演示义稿复制到CD。

图26-7　将演示文稿复制到CD

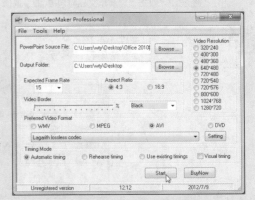

技巧 26-2　将演示文稿打包成AVI格式

AVI格式是一种音频与视频交错格式，它的应用十分广泛。使用PowerVideoMaker软件能够将演示文稿打包成AVI格式。

下载并成功安装软件后，打开软件主界面，选择PowerPoint演示文稿和即将打包成的文件保存的位置，设置转换的格式即其他信息，设置完毕后，单击Start按钮，如图26-8所示，即可将PowerPoint演示文稿打包为AVI格式。

图26-8　将演示文稿打包成AVI格式

26.1.2　打开打包的演示文稿

若计算机上安装有PowerPoint组件，则可直接打开打包的演示文稿。若没有安装，也可以自动放映打包的演示文稿。双击生成的文件即可打开或放映。需要注意的是，使用PowerPoint 2013打包后，不会自动生成PowerPoint Viewer应用程序，若没有安装PowerPoint 2013组件，使用者需在计算机上安装该程序才能打开打包后的演示文稿，在打包后的文件夹中双击PresentationPackage.html文件可打开PowerPoint Viewer程序的下载页面。

示例 26-2　放映打包到文件夹的演示文稿

市场推广计划演示文稿打包完成后，可以在没有安装PowerPoint程序但已经安装了PowerPoint Viewer的计算机上试运行是否能够自动放映，以确保发送到其他的人手里能够看到演示文稿中的内容。

原始文件　下载资源\实例文件\第26章\原始文件\演示文稿CD

最终文件　无

步骤 01　打开下载资源\实例文件\第26章\原始文件\演示文稿CD，在文件夹中双击后缀名为pptx的文件，如图26-9所示。

步骤 02 随后，在PowerPoint Viewer播放器中打开要放映的演示文稿，如图26-10所示。成功打开打包的演示文稿。

图26-9 双击要打开的演示文稿

图26-10 打开后的效果

当为打包的演示文稿设置密码后，打开打包的演示文稿时，需要输入设置的密码，才能正常打开。

26.1.3 压缩演示文稿

压缩演示文稿可缩小其体积，以便于使用电子邮件等进行文件传输。打开"另存为"对话框，单击"工具"下三角按钮，在展开的下拉列表中单击"压缩图片"选项，在弹出的"压缩图片"对话框中设置即可。

26-3 压缩市场推广计划演示文稿以缩小体积

在实际工作中，有可能将市场推广计划演示文稿使用电子邮件进行发送，若体积太大，发送的速度较慢，可使用"压缩"功能缩小演示文稿的体积。

原始文件 下载资源\实例文件\第26章\原始文件\市场推广计划2. pptx

最终文件 下载资源\实例文件\第26章\最终文件\市场推广计划2. pptx

扫码看视频

步骤 01 打开下载资源\实例文件\第26章\原始文件\市场推广计划2.pptx，单击"文件"按钮，在展开的下拉列表中单击"另存为"按钮，然后在右侧单击"浏览"按钮，如图26-11所示。

步骤 02 弹出"另存为"对话框，单击"工具"下三角按钮，在展开的下拉列表中单击"压缩图片"选项，如图26-12所示。

图26-11 单击"另存为"命令

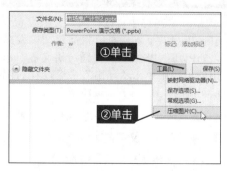

图26-12 单击"压缩图片"选项

步骤 03　弹出"压缩图片"对话框，设置压缩选项和目标输出，单击"确定"按钮，如图26-13所示。

步骤 04　返回"另存为"对话框中设置保存位置，单击"保存"按钮。保存成功后，可以看到压缩之前的文件大小为479 KB，压缩后的文件大小为89.0 KB，如图26-14所示。

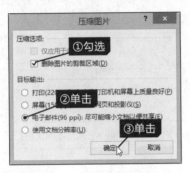

图26-13　设置压缩选项和目标输出

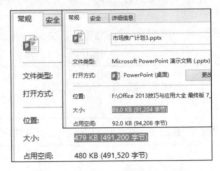

图26-14　压缩前后幻灯片大小对比

三组件应用分析

共性　在Office三个组件中，Word、Excel与PowerPoint组件相同，都可以压缩文档，并且操作方法与在PowerPoint组件中相同，图26-15所示为Word的"另存为"对话框，图26-16所示为Excel的"另存为"对话框。

特殊　将演示文稿打包成CD是PowerPoint中特有的功能。

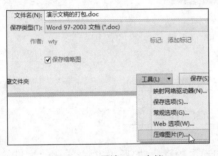

图26-15　压缩Word文档

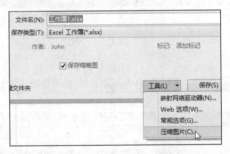

图26-16　压缩Excel工作簿

26.2 发布演示文稿

在PowerPoint 2013中可以将演示文稿发布到幻灯片库中使其能够与其他用户共享。还可以将演示文稿发布为多种形式，方便使用，如PDF/XPS文档、视频、讲义等。单击"文件"按钮，在弹出的菜单中单击"导出"命令，在右侧的页面中可完成发布演示文稿的操作，如图26-17所示。

◆ 创建PDF/XPS文档：将演示文稿创建为PDF或XPS文档。

◆ 创建视频：将演示文稿创建为视频文件。

◆ 创建讲义：将演示文稿发布到Word中。

◆ 更改文件类型：更改当前演示文稿的文件类型。

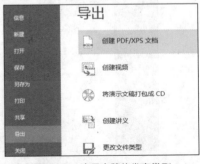

图26-17　演示文稿的发布类型

26.2.1　将幻灯片发布到幻灯片库

幻灯片库是一种特殊类型的库，可用作共享和重用PowerPoint 2013的幻灯片的中心位置。发布到幻灯片库中的演示文稿是以单张幻灯片的形式存在的。

 26-4 将商业计划书发布到幻灯片库进行共享

商业计划书是国际惯用的标准文本格式形成的项目建议书，是全面介绍公司和项目运作情况，阐述产品市场及竞争、风险等未来发展前景和融资要求的书面材料。将商业计划书发布到幻灯片库中可快速实现共享。

 原始文件　下载资源\实例文件\第26章\原始文件\商业计划书.pptx

最终文件　下载资源\实例文件\第26章\最终文件\商业计划书_001. pptx等

扫码看视频

步骤01 打开下载资源\实例文件\第26章\原始文件\商业计划书.pptx，单击"文件"按钮，在弹出的菜单中单击"共享"命令，在右侧依次单击"发布幻灯片"选项，"发布幻灯片"按钮，如图26-18所示。

步骤02 弹出"发布幻灯片"对话框，选择要发布的幻灯片，可勾选"全选"按钮全部选中，单击"浏览"按钮设置发布到的位置，单击"发布"按钮，如图26-19所示。经过一段时间后，发布成功。

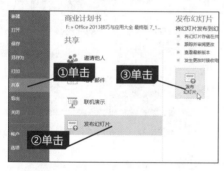

图26-18　单击"发布幻灯片"按钮

图26-19　单击"发布"按钮

26.2.2　创建为PDF/XPS文档

PDF和XPS格式是两种电子印刷品的格式，这两种格式都方便传输和携带。在PowerPoint 2013中，可以将演示文稿创建为PDF/XPS文档。

 26-5 将商业计划书发布到PDF文档

商业计划书在某些情况下，可不采用动态的放映形式，而是发布为电子印刷品形式，以方便阅读。

 原始文件　下载资源\实例文件\第26章\原始文件\商业计划书1.pptx

 最终文件　下载资源\实例文件\第26章\最终文件\商业计划书1.pdf

扫码看视频

步骤 01 打开下载资源\实例文件\第26章\原始文件\商业计划书1.pptx，单击"文件"按钮，在弹出的菜单中单击"导出"命令，在右侧依次单击"创建PDF/XPS文档"选项、"创建PDF/XPS"按钮，如图26-20所示。

图26-20 单击"创建PDF/XPS"按钮

步骤 02 弹出"发布为PDF或XPS"对话框，选择发布的位置，设置文件名和保存类型，单击"发布"按钮，如图26-21所示。

步骤 03 经过一段时间后，即可利用PDF阅读器打开创建的PDF文档，如图26-22所示。

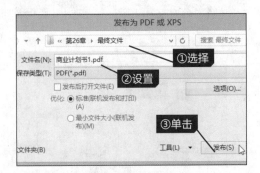

图26-21 设置发布选项

图26-22 发布后的效果

技巧 26-3 将演示文稿保存为图片

实际工作中，有时候需要将演示文稿保存为图片，在PowerPoint 2013中可轻松实现。

单击"文件"按钮，在弹出的菜单中单击"另存为"命令。弹出"另存为"对话框，设置保存的位置，输入文件名，并根据具体需求设置保存类型，单击"保存"按钮，如图26-23所示。弹出提示框，提示导出幻灯片的数量，单击"每张幻灯片"按钮，可将演示文稿中的每张幻灯片都保存为图片文件。

图26-23 将演示文稿保存为图片

提示　单击"文件"按钮，在弹出的菜单中单击"另存为"命令，打开"另存为"对话框，将保存类型设置为PDF或XPS文档，也可以将演示文稿保存为PDF或XPS格式。

26.2.3　创建为视频

将演示文稿创建为视频后，可直接在视频播放器中播放，无需用户操作，便可达到动态、连续的演示效果。

26-6　将产品展示文稿创建为视频

产品展示文稿用于展示具有代表性的某些产品，可将创建的产品展示文稿转换为视频，使演示文稿能够在多种环境下自动播放。

原始文件　下载资源\实例文件\第26章\原始文件\产品展示.pptx

最终文件　下载资源\实例文件\第26章\最终文件\产品展示.wmv

扫码看视频

步骤01　打开下载资源\实例文件\第26章\原始文件\产品展示.pptx，单击"文件"按钮，在弹出的菜单中单击"导出"命令，在右侧单击"创建视频"选项。设置在"计算机和HD显示"及"不要使用录制的计时和旁白"，设置放映每张幻灯片的秒数，单击"创建视频"按钮，如图26-24所示。

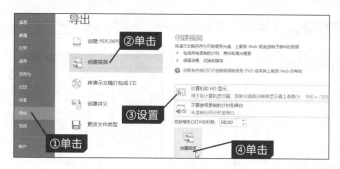

图26-24　单击"创建视频"按钮

步骤02　弹出"另存为"对话框，选择保存的位置，设置文件名和保存类型，单击"保存"按钮，如图26-25所示。

步骤03　经过一段时间后，视频创建完成，即可使用视频播放器播放，如图26-26所示。

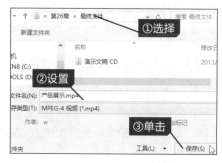

图26-25　单击"保存"按钮

图26-26　播放创建的视频

26.2.4 创建为讲义

在PowerPoint中创建讲义是指将PowerPoint中的幻灯片、备注等内容发送到Word中。单击"文件"按钮，在弹出的菜单中单击"导出"命令，依次单击"创建讲义"选项、"创建讲义"按钮。打开"发送到Microsoft Word"对话框，如图26-27所示，可设置Word使用的版式和幻灯片添加到Word文档的形式。设置完毕后，单击"确定"按钮即可完成操作。

图26-27　设置版式

- ◆ 备注在幻灯片旁：在Word文档中备注在幻灯片旁边。
- ◆ 空行在幻灯片旁：空行在幻灯片旁。
- ◆ 备注在幻灯片下：备注内容显示在幻灯片下方。
- ◆ 空行在幻灯片下：空行在幻灯片下方。
- ◆ 只使用大纲：只显示大纲内容，不显示幻灯片。
- ◆ 粘贴：当演示文稿中的内容更新时不更新。
- ◆ 粘贴链接：当演示文稿中的内容更新时，提示并可以更新。

26-7　将商业计划书发布到Word中

在实际工作中，商业计划书需要演讲者进行详细的演讲。在PowerPoint中显示的内容有限，将商业计划书发布到Word中，有助于演讲者根据Word中的更多内容进行演讲。在PowerPoint中可快速完成将演示文稿发布到Word中的操作。

扫码看视频

　原始文件　下载资源\实例文件\第26章\原始文件\商业计划书2.pptx

　最终文件　下载资源\实例文件\第26章\最终文件\商业计划书2.docx

　打开下载资源\实例文件\第26章\原始文件\商业计划书2.pptx，单击"文件"按钮，在弹出的菜单中单击"导出"命令，依次单击"创建讲义"选项，单击"创建讲义"按钮，如图26-28所示。

图26-28　单击"创建讲义"按钮

　弹出"发送到Microsoft Word"对话框，单击"备注在幻灯片下"和"粘贴"单选按钮，单击"确定"按钮，如图26-29所示。

　发布成功后，将自动在Word中打开发布的内容，可以看到版式效果，如图26-30所示。

图26-29 设置版式

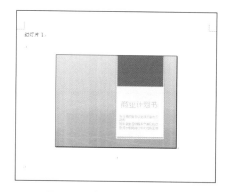

图26-30 发布到Word中的效果

在Office三个组件中，Word、Excel与PowerPoint组件都可以创建PDF/XPS文档，并且创建方法和PowerPoint组件的创建方法相同。在Word中创建如图26-31所示，在Excel中创建如图26-32所示。

将幻灯片发布到幻灯片库，将演示文稿创建为视频、讲义是PowerPoint组件特有的功能。

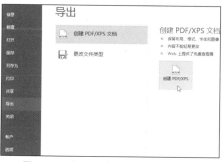

图26-31 在Word中创建PDF/XPS文档

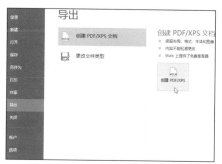

图26-32 在Excel创建PDF/XPS文档

26.3 以电子邮件发送演示文稿

用户可以通过电子邮件发送演示文稿，并且可将演示文稿作为附件发送、以PDF形式发送、以XPS形式发送、以Internet传真形式发送等。选择发送后，将打开Outlook程序，在该程序中只需要输入收件人，单击"发送"按钮即可成功发送。需要注意的是，在以电子邮件形式发送演示文稿之前，需要确保Outlook程序能够正常收发电子邮件。

26-8 以附件形式发送商业计划书

在日常工作中，需要将商业计划书以附件的形式发送给客户，以获取更多的投资者进行项目投资。

 原始文件 下载资源\实例文件\第26章\原始文件\商业计划书2. pptx

最终文件 无

扫码看视频

步骤01 打开下载资源\实例文件\第26章\原始文件\商业计划书2.pptx，单击"文件"按钮，在弹出的菜单中单击"共享"命令，在右侧单击"电子邮件"选项，单击"作为附件发送"按钮，如图26-33所示。

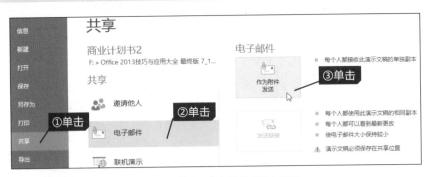

图26-33　单击"作为附件发送"按钮

步骤02 随后，打开Outlook程序，在附件位置显示演示文稿，输入收件人和正文内容，单击"发送"按钮，如图26-34所示，经过一段时间后，可成功发送电子邮件。

图26-34　单击"发送"按钮

三组件应用分析　共性 Office三个组件，PowerPoint、Word、Excel都可以以电子邮件的形式发送，操作方法相同。在Word中操作如图26-35所示，在Excel中操作如图26-36所示。

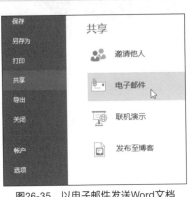

图26-35　以电子邮件发送Word文档

图26-36　以电子邮件发送Excel工作簿

第27章

三大组件融会大贯通

虽然大家已经了解了Word、Excel、PowerPoint的相关功能与操作方法，但在实际工作中，很多时候都需要将这三者结合起来完成同一项任务。本章介绍的是Word与Excel之间的协作、Word与PowerPoint之间的协作、Excel与PowerPoint之间的协作。

27.1 Word与Excel的协作

在使用Office办公软件时，经常需要协同使用Word与Excel，为了节省输入数据的时间，可以在Word中导入现有的Excel表格或者在Word中直接粘贴Excel数据，也可以在Excel中粘贴Word文本。

27.1.1 在Word中插入现有Excel表格

如果想要Word中插入已经创建完毕并保存到计算机中的Excel表格，只需选择该文件，然后以链接或图标的形式将其插入到文档中，当源文件的数据发生变化时，导入到Word中的Excel表格数据也会随之变化。在"插入"选项卡中单击"对象"按钮，弹出"对象"对话框，切换至"由文件创建"选项卡，即可进行Excel表格的导入操作，如图27-1所示。

◆ 文件名：单击"文件名"右侧的"浏览"按钮，可弹出"浏览"对话框，在该对话框中即可选择要插入的文件，并将文件的路径显示在"文件名"文本框中。

◆ 链接到文件：若勾选"链接到文件"复选框，那么所插入的文件的数据将随源文件的变化而变化。

◆ 显示为图标：若勾选"显示为图标"复选框，表示将文件内容插入到文档中，并以图标的形式表示。

图27-1　"对象"对话框

27-1 在销售报告中插入销售统计表

销售报告主要是对一段时间内销售情况的总结，现在假设用户已经初步创建完毕了一份销售报告文档，只欠缺关于各区域的销售额统计表，这张表格已经在Excel组件中编辑好，此时可以直接将Excel中的销售统计表插入到销售报告中。

原始文件　下载资源\实例文件\第27章\原始文件\销售报告.docx、销售统计表.xlsx

最终文件　下载资源\实例文件\第27章\最终文件\销售报告.docx

扫码看视频

步骤 01 打开下载资源\实例文件\第27章\原始文件\销售报告.docx，将光标插入点放置在要导入Excel表格的位置，在"插入"选项卡中单击"对象"右侧的下三角按钮，从展开的下拉列表中单击"对象"选项，如图27-2所示。

步骤 02 弹出"对象"对话框，切换至"由文件创建"选项卡，单击"浏览"按钮，如图27-3所示。

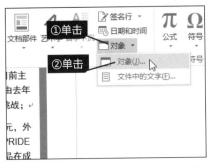

图27-2　单击"对象"选项

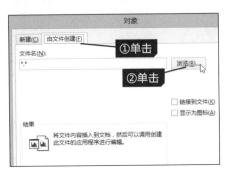

图27-3　单击"浏览"按钮

步骤 03 弹出"浏览"对话框，选择需要导入的Excel文件，如选择"销售统计表.xlsx"，单击"插入"按钮，如图27-4所示。

步骤 04 返回"对象"对话框，然后勾选"链接到文件"复选框，如图27-5所示。

图27-4　选择要导入的Excel工作簿

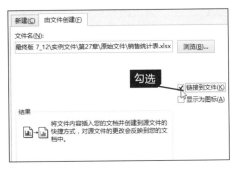

图27-5　勾选"链接到文件"复选框

步骤 05 单击"确定"按钮，返回文档中，此时在光标插入点处显示出了销售统计表内容，效果如图27-6所示。

步骤 06 双击Word中导入的工作表，打开"销售统计表.xlsx"工作簿，若用户更改工作表中的数据，如将B4单元格数据更改为"11"，此时可以看到Word中数据发生相应的更改，如图27-7所示。

图27-6　显示导入的Excel工作表数据

图27-7　更新数据

技巧 27-1 在Word中插入新的Excel工作表

除了导入已经创建完毕的Excel工作表外，还可以在Word中插入新的Excel工作表。

要在Word中插入新的Excel电子表格，还是需要在"对象"对话框中完成。在"对象"对话框中，切换至"新建"选项卡，在"对象类型"列表框中选择"Microsoft Excel 工作表"选项，如图27-8所示。单击"确定"按钮，返回文档中，系统将自动在Word中新建一个Excel工作表，用户即可在其中输入需要的数据。

图27-8 在Word中插入新的Excel电子表格

27.1.2 在Word中引用Excel表格部分数据

如果用户只需要Excel表格中的部分数据，再采用导入对象的方式就不合适了，那又该如何操作呢？用户可以直接采用复制粘贴的方式，只复制Excel中需要的部分数据，然后粘贴到Word中即可。

示例 27-2 采用复制粘贴的方法将销售统计表部分数据引入Word中

假如在销售报告中，用户只需要查看各地区各季度的销售情况，而不需要查看其总销售额，那么可利用复制粘贴的方法只将Excel表格中的部分数据引入到Word文档中。

 原始文件 下载资源\实例文件\第27章\原始文件\销售报告.docx、销售统计表.xlsx

 最终文件 下载资源\实例文件\第27章\最终文件\销售报告1.docx

 扫码看视频

步骤 01 打开下载资源\实例文件\第27章\原始文件\销售统计表.xlsx，选择要引入到Word中的数据区域，如选择A3:E7单元格区域，按【Ctrl+C】组合键复制数据，如图27-9所示。

步骤 02 打开下载资源\实例文件\第27章\原始文件\销售报告.docx，将光标插入点定位在要粘贴数据的位置，按【Ctrl+V】组合键粘贴要复制的数据，然后在"粘贴选项"中选择保留源格式选项，效果如图27-10所示。

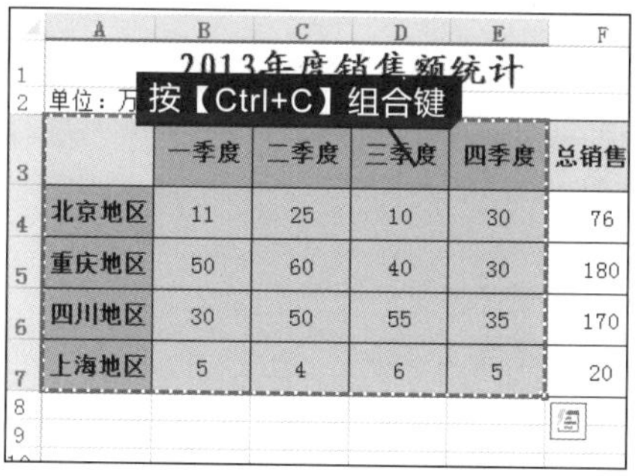

图27-9 复制Excel表格数据

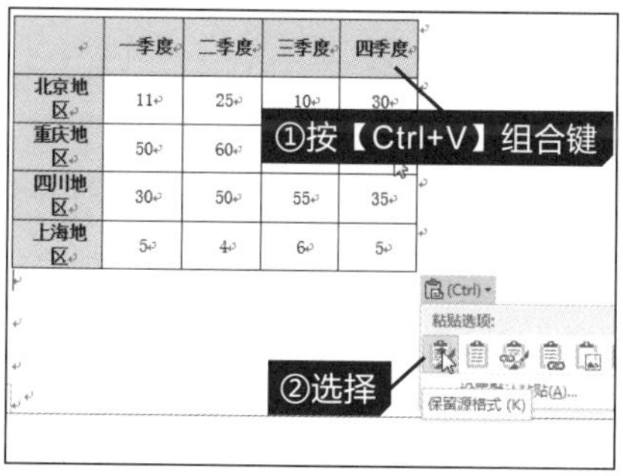

图27-10 粘贴到Word文档中

27.1.3 将Word表格转换为Excel表格

Excel中的数据可以复制粘贴到Word文档中，Word中的表格同样可以复制粘贴到Excel中，将数据转换到Excel表格中，更便于利用Excel强大的数据处理和分析功能，对数据进行进一步的分析。方法还是采用【Ctrl+C】组合键先复制Word表格中的数据，然后切换至Excel中，按【Ctrl+V】组合键粘贴表格。

示例 27-3 将Word中的公司人员流动表转换为Excel表格

已知在“公司人员流动情况”文档中，采用表格的形式列出2012年上半年各部门人员流动的情况，为了更好地分析这些数据，可以将其转换到Excel表格中。

扫码看视频

原始文件　下载资源\实例文件\第27章\原始文件\公司人员流动情况.docx

最终文件　下载资源\实例文件\第27章\最终文件\公司人员流动统计表.xlsx

步骤01 打开下载资源\实例文件\第27章\原始文件\公司人员流动情况.docx，选择文档中的表格，按【Ctrl+C】组合键对其进行复制，如图27-11所示。

步骤02 新建一个工作簿，将其保存后命名为“公司人员流动统计表.xlsx”，选中要粘贴数据的起始单元格，如A1单元格，按【Ctrl+V】组合键粘贴Word文档中的表格数据，粘贴后效果如图27-12所示。

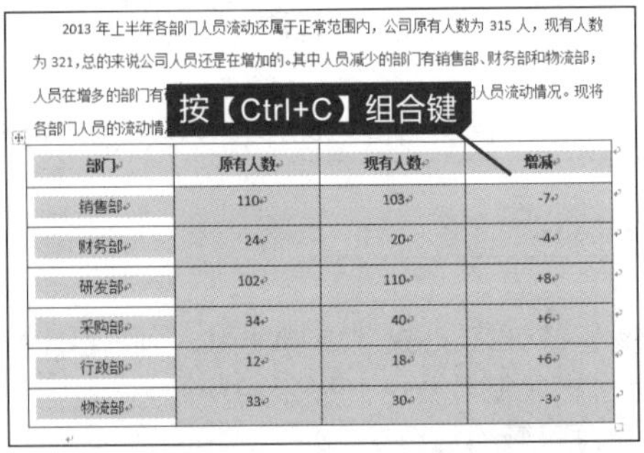

图27-11　复制Word表格数据

部门	原有人数	现有人数	增减
销售部	110	103	-7
财务部	24	20	-4
研发部	102	110	8
采购部	34	40	6
行政部	12	18	6
物流部	33	30	-3

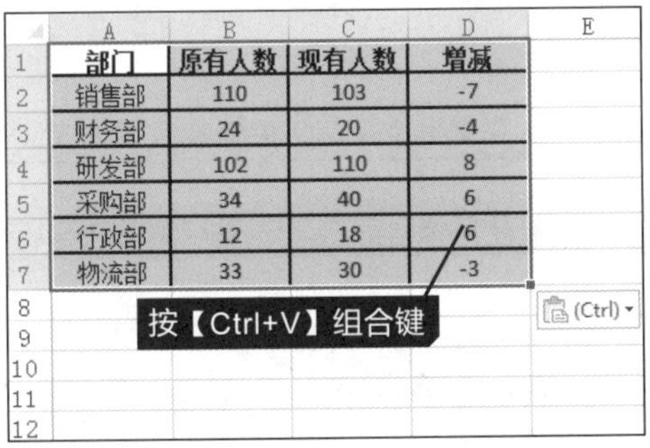

图27-12　粘贴到Excel工作表中

技巧 27-2 在Excel中插入Word文档

如果用户想插入Excel中的Word文档可以随原始文件的变化而变化，那么就需要使用插入功能。

要在Excel中插入Word文档，还是需要采用插入对象的方式来完成。打开Excel工作簿，在“插入”选项卡中单击“对象”按钮，弹出“对象”对话框，切换“由文件创建”选项卡，该选项卡与前面介绍的在Word中打开的“对象”对话框中的相同，用户只需单击“浏览”按钮，即可在弹出的对话框中选择要插入的Word文档，然后返回“对象”对话框后，可选择“链接到文件”或“显示为图标”两种方式插入，如图27-13所示。

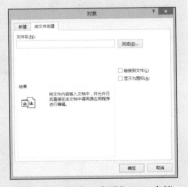

图27-13　在Excel中插入Word文档

27.2 Word与PowerPoint的协作

用户在编辑幻灯片中内容的时候，可以从已经编辑完毕的Word中转换来，而无须再重复编辑一次。所以，在使用Office软件时，有效地利用Word组件与PowerPoint组件之间的相互协作，可大大节省用户的时间。

27.2.1 将Word文档转换为PowerPoint演示文稿

将Word文档转换为PowerPoint演示文稿的方法通常有两种，一种是最简单的直接通过复制粘贴的方法；另外一种则是采用大纲形式，即先将文档转换为不同级别的大纲形式，然后再将其导入到PowerPoint演示文稿中。

 1 通过复制粘贴方式将Word文档转换为PowerPoint演示文稿

Word中的内容，比如文本、表格、图片，可以直接复制粘贴到幻灯片中，使用【Ctrl+C】和【Ctrl+V】组合键直接进行操作即可，复制的内容将包含原有的格式。

 27-4 将总结报告内容粘贴到PowerPoint中

在Word中完成了销售总结报告的编辑后，为了演示的需要，可以将该文档转换为PowerPoint演示文稿，但重新创建一份又显得太过麻烦，此时可直接将Word中的报告内容复制粘贴到PowerPoint中。

原始文件　下载资源\实例文件\第27章\原始文件\销售报告1.docx、销售总结演示文稿.pptx

最终文件　下载资源\实例文件\第27章\最终文件\销售总结演示文稿.pptx

扫码看视频

步骤01 打开下载资源\实例文件\第27章\原始文件\销售报告1.docx，选择标题文本"各区域销售报告"，然后按【Ctrl+C】组合键进行复制，如图27-14所示。

步骤02 打开下载资源\实例文件\第27章\原始文件\销售总结演示文稿.pptx，切换至第1张幻灯片，将光标插入点置于标题占位符中，按【Ctrl+V】组合键粘贴标题内容，然后在粘贴选项中选择"只保留文本"选项，如图27-15所示。

图27-14 复制Word文档标题

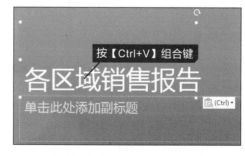
图27-15 将标题粘贴到幻灯片中

步骤03 采用相同的方法，在Word中选择要复制的内容后按【Ctrl+C】组合键，然后切换至PowerPoint中，切换至对应的幻灯片，将光标插入点定位在要粘贴的占位符中，按【Ctrl+V】组合键进行粘贴，如图27-16所示为粘贴的北京地区销售情况。

步骤 04 如果是需要粘贴表格，同样在Word中选中表格进行复制后，切换至对应的幻灯片中，粘贴到占位符中即可，表格将自动应用当前的主题效果，如图27-17所示。

图27-16　粘贴Word中的详细内容　　　　　　图27-17　粘贴Word中的表格

2　通过大纲形式将Word文档转换为PowerPoint演示文稿

通过复制粘贴的方法将Word文档内容转换为PowerPoint演示文稿虽然简单，但需要将Word文档中的内容逐一进行复制粘贴，操作起来还是有些麻烦且极易出错。下面介绍一种更快捷的方法。先将Word文档中的内容设置为不同的大纲级别，如将正标题设置为1级，副标题设置为2级，正文内容设置为3级，然后使用PowerPoint中的幻灯片大纲功能，将Word文档中的文本内容按照不同的大纲级别显示在对应的占位符中。

示例 27-5 通过大纲形式将总结报告内容导入到PowerPoint中

假如用户事先已经将各地区的销售情况单独保存在了不同的Word文档中，并且各文档中的标题级别相同、正文级别也相同，那么可将各地区的销售报告分别导入到PowerPoint中。

扫码看视频

原始文件　下载资源\实例文件\第27章\原始文件\北京地区销售报告.docx、重庆地区
销售报告.docx、四川地区销售报告.docx、销售总结演示文稿.pptx

最终文件　下载资源\实例文件\第27章\最终文件\销售总结演示文稿-大纲.pptx

步骤 01 打开下载资源\实例文件\第27章\原始文件\销售总结演示文稿.pptx，切换至第1张幻灯片中，分别输入其标题"各地区销售报告"，副标题"2013年度"，如图27-18所示。

步骤 02 在"开始"选项卡中单击"新建幻灯片"按钮，从展开的下拉列表中单击"幻灯片（从大纲）"选项，如图27-19所示。

图27-18　输入标题和副标题

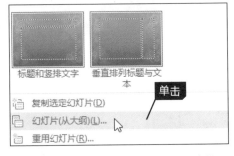

图27-19　单击"幻灯片（从大纲）"选项

步骤 03 弹出"插入大纲"对话框，选择需插入Word文档保存的位置，然后再选择要插入的文档，这里选择"北京地区销售报告.docx"文档，如图27-20所示。

步骤 04 单击"插入"按钮，返回幻灯片中，此时可以看到系统自动插入了Word文档中的内容，并将标题显示在标题占位符中，而将正文内容显示在内容占位符中，如图27-21所示。

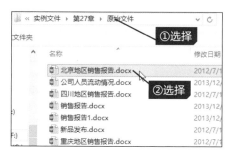

图27-20 选择要插入的Word文档

图27-21 导入Word文档内容

步骤 05 采用相同的方法，在"插入大纲"对话框中选择"重庆地区销售报告.docx"文档，该文档内容将自动插入到第3张幻灯片中，效果如图27-22所示。

步骤 06 采用相同的方法，在"插入大纲"对话框中选择"四川地区销售报告.docx"文档，该文档内容将自动插入到第4张幻灯片中，效果如图27-23所示。

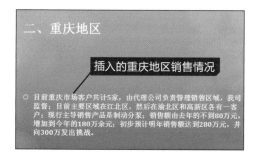

图27-22 导入重庆地区销售情况

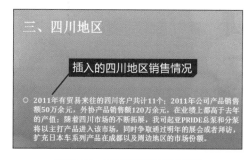

图27-23 导入四川地区销售情况

27.2.2 将PowerPoint演示文稿链接到Word文档中

利用Word的超链接功能，不但可以创建到其他文档或Web页的链接，而且也可以链接到其他的Office文件（如Excel工作簿、PowerPoint演示文稿）、电子邮件、网页等。在"插入超链接"对话框中显示了创建超链接的4种方式，如图27-24所示。

◆ 现有文件或网页：如果超链接目标是网页或计算机中存在的文件或文件夹，则使用该选项。

◆ 本文档中的位置：如果超链接目标是本文档所保存的位置，则使用该选项。

◆ 新建文档：如果超链接目标是尚未创建的新文档，则使用该选项。

◆ 电子邮件地址：如果超链接目标是电子邮件地址，则使用该选项。

图27-24 "插入超链接"对话框

27-6 在新品发布文档中插入新品推广演示文稿的链接

　　利用新品发布文档向消费者展示公司的新产品时，为了达到更直观的展示效果，可以将事先制作好的新品推广演示文稿以超链接的形式链接到新品发布文档中，使文档的内容更丰富，更具说服力。

原始文件　下载资源\实例文件\第27章\原始文件\新品推广.pptx、新品发布.docx

最终文件　下载资源\实例文件\第27章\最终文件\新品发布.docx

步骤01　打开下载资源\实例文件\第27章\原始文件\新品发布.docx，将光标插入点定位在要插入超链接的位置，然后在"插入"选项卡中单击"超链接"按钮，如图27-25所示。

步骤02　弹出"插入超链接"对话框，在"链接到"选项组中单击"现有文件或网页"选项，然后在右侧的列表框中选择要插入的"新品推广.pptx"，如图27-26所示。

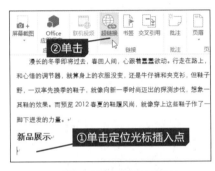

图27-25　单击"超链接"按钮

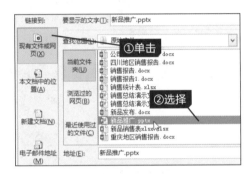

图27-26　选择要插入的超链接文件

步骤03　单击"确定"按钮，返回文档中，此时在光标插入点所在处插入了一个名为"新品推广.pptx"的超链接，按住【Ctrl】键后单击该超链接，如图27-27所示。

步骤04　系统自动打开所链接到的"新品推广.pptx"演示文稿，在该演示文稿中可详细浏览新品的介绍，如图27-28所示。

图27-27　单击超链接文件

图27-28　自动链接到相应的文件

27.3　Excel与PowerPoint的协作

很多时候，我们需要将在Excel中制作完成的表格数据或精美的图表插入到幻灯片中，为演示文稿提供更具说服力的有力证据；或者在Excel表格中插入演示文稿的链接，作为表格中某项数据的来源。

27.3.1　在PowerPoint中插入Excel工作表

在Word中可以导入现有的工作表，同样，在PowerPoint中也能以对象的形式将Excel工作表导入到PPT中，导入的Excel工作表对象可以是自行创建的，也可以是已经存在的Excel工作表。无论是哪种情况，都需要在"插入"选项卡中单击"对象"按钮后，在弹出的"插入对象"对话框中完成，如图27-29所示。该对话框中各选项的设置与前面介绍的"对象"对话框相同，只是前面的"新建"与"由文件创建"为两个选项卡，而这里变成了两个单选按钮，但其功能是相同的，其他项目的设置都与前面介绍的相同，这里不再赘述。

图27-29　"插入对象"对话框

 27-7 在总结报告演示文稿中导入销售业绩表

在销售总结报告演示文稿中，在制作各地区销售额统计幻灯片时，由于缺少相应的统计数据，所以需要将销售业绩表插入到销售总结报告指定的幻灯片中。

 原始文件　下载资源\实例文件\第27章\原始文件\销售总结演示文稿1.pptx、销售统计表.xlsx

 最终文件　下载资源\实例文件\第27章\最终文件\销售总结演示文稿1.pptx

扫码看视频

步骤 01 打开下载资源\实例文件\第27章\原始文件\销售总结演示文稿1.pptx，切换至需要插入销售业绩统计表的幻灯片，这里切换至第6张幻灯片，然后在"插入"选项卡中单击"对象"按钮，如图27-30所示。

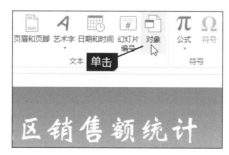

图27-30　单击"对象"按钮

步骤 02　弹出"插入对象"对话框，单击选中"由文件创建"单选按钮，再单击"浏览"按钮，如图27-31所示。

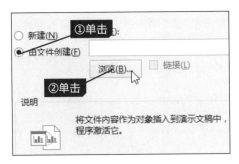

图27-31　单击"浏览"按钮

步骤 03　弹出"浏览"对话框，选择要插入文件的保存位置，然后选择要插入的文件"销售统计表.xlsx"，如图27-32所示。

步骤 04　单击"确定"按钮，返回"插入对象"对话框，然后勾选"链接"复选框，如图27-33所示。

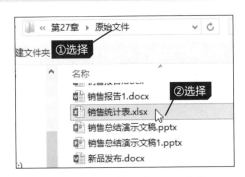

图27-32　选择要插入的Excel工作簿

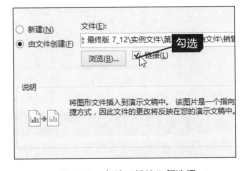

图27-33　勾选"链接"复选框

步骤 05　单击"确定"按钮，返回幻灯片中，此时，可以看到在幻灯片中插入了"销售统计表.xlsx"工作表的数据，效果如图27-34所示。

步骤 06　双击幻灯片中的表格，系统自动打开"销售统计表.xlsx"，如图27-35所示。用户可在其中修改数据，修改后幻灯片中的数据也会跟着变化。

图27-34　在幻灯片中插入的Excel工作表

图27-35　双击打开链接的工作表

27.3.2 在PowerPoint中插入Excel工作表

除了在PowerPoint中插入已经创建完毕的Excel工作表外，用户还可以直接在PowerPoint中插入Excel文件，然后在PowerPoint中编辑工作表内容。要在PowerPoint中插入Excel文件，可以先打开"插入对象"对话框，单击选中"新建"单选按钮，然后在"对象类型"列表框中选择"Microsoft Excel工作表"选项，如图27-36所示，即可在幻灯片中插入一个空白的Excel工作表。

图27-36 选择插入在PowerPoint中的Excel工作表

 27-8 在总结报告中插入Excel工作表

已知用户已经创建完毕了一份销售总结报告，但中间的某页幻灯片中还欠缺一个关于各地区各季度的销售业绩表格，此时可以直接在该页幻灯片中插入一个Excel电子表格，然后再对其中的内容进行编辑。

 原始文件 下载资源\实例文件\第27章\原始文件\销售总结演示文稿1.pptx

 最终文件 下载资源\实例文件\第27章\最终文件\销售总结演示文稿2.pptx

 扫码看视频

步骤01 打开下载资源\实例文件\第27章\原始文件\销售总结演示文稿1.pptx，切换至需要插入Excel工作表的幻灯片，这里切换至第6张幻灯片，在"插入"选项卡下单击"对象"按钮，如图27-37所示。

步骤02 弹出"插入对象"对话框，单击选中"新建"单选按钮，然后在"对象类型"列表框中选择"Microsoft Excel工作表"选项，如图27-38所示。

图27-37 启动插入对象功能

图27-38 选择插入Microsoft Excel工作表

步骤03 单击"确定"按钮，返回幻灯片中，此时在幻灯片中插入了一个空白的Excel工作表，工作表呈编辑状态，如图27-39所示。

步骤 04　在空白的工作表中输入需要的数据，如同在Excel组件中一样，用户可以在输入数据后适当调整字体大小、行列宽度等，并拖动四周的控点，调整表格的大小，隐藏多余的空白单元格，调整完毕后单击幻灯片任意空白处退出编辑状态，得到最后的效果如图27-40所示。

图27-39　插入的空白Excel工作表　　　　图27-40　在空白的Excel表中录入数据

提示　若用户需要重新修改录入的数据，可双击幻灯片中的Excel工作表，使其变为可编辑状态，修改完毕数据后，单击幻灯片任意空白处，退出工作表编辑状态即可。

27.3.3　在Excel中插入PowerPoint链接

用户已经知道了如何在Word文档中插入PowerPoint的方法。其实，在Excel中也是可以插入PowerPoint文件的，插入方法与前面介绍的类似，只是这里需要在Excel工作表中操作。在Excel工作表中选定要插入链接的单元格，然后在"插入"选项卡中单击"超链接"按钮，弹出"插入超链接"对话框，在该对话框中选择需要插入的超链接演示文稿即可。关于该对话框各选项的功能，因为前面已经讲过，就不再赘述。

示例 27-9　在新品销售表中插入新品推广演示文稿的链接

为了与前面实例有所区分，这里不直接插入已经创建完毕的演示文稿链接，而是新建一个演示文稿链接，将其链接到新品销售表中，使表格的内容更丰富、完整。

扫码看视频

原始文件　下载资源\实例文件\第27章\原始文件\新品销售表.xlsx

最终文件　下载资源\实例文件\第27章\最终文件\新品销售表.xlsx、新品推广演示文稿.pptx

步骤 01　打开下载资源\实例文件\第27章\原始文件\新品销售表.xlsx，选中要插入超链接的单元格，如F4单元格，然后在"插入"选项卡中单击"超链接"按钮，如图27-41所示。

步骤 02　弹出"插入超链接"对话框，在"链接到"选项组中单击"新建文档"选项，然后在"新建文档名称"文本框中输入需要新建演示文稿的名称"新品推广演示文稿.pptx"，在"何时编辑"组中单击选中"开始编辑新文档"单选按钮，即创建完毕后开始编辑，若要更改新建演示文稿默认的保存路径，可单击"更改"按钮，如图27-42所示。

图27-41 单击"超链接"按钮

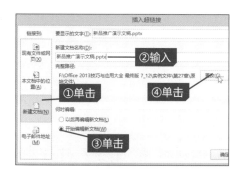

图27-42 选择链接方式并设置新建文档的名称

步骤 03 弹出"新建文档"对话框,从"保存位置"下拉列表中选择要将新建文档的保存位置,如图27-43所示。

步骤 04 单击"确定"按钮,返回"插入超链接"对话框中,在"要显示的文字"文本框中输入要在链接的单元格中显示的文字,如输入"新品推广演示文稿.pptx",然后单击"屏幕提示"按钮,如图27-44所示。

图27-43 选择新建演示文稿保存位置

图27-44 设置要显示的文字

步骤 05 弹出"设置超链接屏幕提示"对话框,在"屏幕提示文字"文本框中输入显示的提示文字,如输入"新品介绍",输入完毕后单击"确定"按钮,如图27-45所示。

步骤 06 返回"插入超链接"对话框,单击"确定"按钮。此时,系统自动新建一个名为"新品推广演示文稿"的演示文稿,如图27-46所示。用户可以单击屏幕中编辑区域,添加幻灯片然后对其进行编辑。

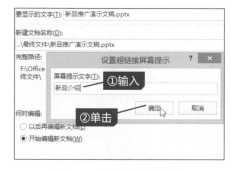

图27-45 设置屏幕提示文字

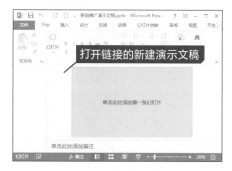

图27-46 打开链接的新建演示文稿

若用户不更改超链接的屏幕提示信息，系统将自动显示出该链接文件所保存的路径。

步骤 07 在Excel工作表中，此时可以在F4单元格中看到插入的链接，单击该链接，如图27-47所示。

步骤 08 打开链接的演示演示文稿，此时可以看到链接演示文稿的效果，如图27-48所示。

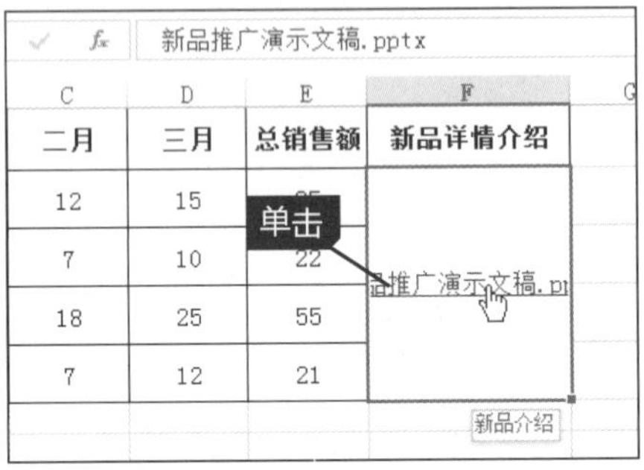

C	D	E	F	G
二月	三月	总销售额	新品详情介绍	
12	15	35		
7	10	22	推广演示文稿.p	
18	25	55		
7	12	21	新品介绍	

图27-47　单击链接文件

图27-48　打开链接的演示文稿

读书笔记